21世纪高等学校土木建筑类
创新型应用人才培养规划教材

岩土力学

主　编　李元松
副主编　张小敏 周春梅 蔡路军 王亚军

WUHAN UNIVERSITY PRESS
武汉大学出版社

图书在版编目(CIP)数据

岩土力学/李元松主编;张小敏,周春梅,蔡路军,王亚军副主编.—武汉:武汉大学出版社,2013.12(2023.2 重印)
21 世纪高等学校土木建筑类创新型应用人才培养规划教材
ISBN 978-7-307-12107-2

Ⅰ.岩…　Ⅱ.①李…　②张…　③周…　④蔡…　⑤王…　Ⅲ.岩土力学—高等学校—教材　Ⅳ.TU4

中国版本图书馆 CIP 数据核字(2013)第 264491 号

责任编辑:胡　艳　　　责任校对:汪欣怡　　　版式设计:马　佳

出版发行:**武汉大学出版社**　(430072　武昌　珞珈山)
(电子邮箱:cbs22@ whu.edu.cn 网址:www.wdp.com.cn)
印刷:武汉邮科印务有限公司
开本:787×1092　1/16　印张:22.75　字数:548 千字　插页:1
版次:2013 年 12 月第 1 版　　2023 年 2 月第 2 次印刷
ISBN 978-7-307-12107-2　　定价:38.00 元

前 言

岩石力学是研究岩石(体)在外力作用下的应力、变形及其破坏规律等力学特性的学科，它是解决岩石工程相关技术问题的理论基础。岩石属于固体，岩石力学应属于固体力学的范畴。一般从宏观意义上讲，把固体视为连续介质。但是，岩体不但有微观裂隙，而且有层理、片理、节理以至于断层等不连续面。岩体不是连续介质，而且常表现为各向异性或非均质性。岩石中若含水，则它又表现为两相体。从这些方面来看，岩石力学又是固体力学与地质科学的边缘学科，其应用范围涉及土木建筑、水利水电、铁道、公路、地质、采矿、地震、石油、地下工程、海洋工程等与岩石工程相关的众多工程领域。该学科经历了从19世纪末至20世纪初的初期发展阶段，20世纪初至30年代的经验发展阶段，20世纪30年代至60年代的经典理论阶段以及20世纪60年代至今的现代发展阶段。

土力学是研究土体的应力、变形、强度、渗流及长期稳定性的学科。广义的土力学又包括土的生成、组成、物理化学性质及分类在内的土质学。土力学也是一门实用的学科，它是土木工程的一个分支，主要研究土的工程性质，解决与土体相关的工程问题。土力学是为建筑工程、水利工程、交通工程、地下工程、地质灾害防治工程等许多专业领域服务的技术基础学科。它诞生于1925年，并从20世纪60年代起进入现代发展阶段。该学科发展至今，其内容已相当广泛，但仍未形成成熟而完整的理论体系。

随着各类建筑物日益向更高、更大、更重、更深方向的发展，岩土工程问题已不能仅由土力学或岩石力学的基本知识所解决，必须发展一种带有很强综合性和很强实践性的学科阐明解决岩土工程问题的基本原则、理论支撑、配套技术和运作规律，从而把建立现代岩土工程学的迫切任务和把岩土力学引入土木工程专业课程提上了议事日程。以往，土力学与岩石力学作为独立的课程开设，各相关专业根据行业特点有所侧重，有的开设土力学，有的开设岩石力学，有的则两门课程均开设。随着大土木概念逐渐深入人心及工程建设规模的日益扩大，对岩土工程技术人员的要求逐渐提高，单纯掌握土力学或岩石力学的知识，已不能适应现代工程建设的需求。然而增加学时，分别开设两门课程又与现阶段理论课程精简的指导原则相悖。武汉工程大学于1998年率先开设“岩土力学”课程，但一直没有完整的配套教材，给备课与课堂教学带来诸多不便，武汉科技大学等其他高校也存在这样的问题。

有鉴于此，作者总结近20年的教学经验，尝试将土力学与岩石力学的主要内容融合为一体，组编成《岩土力学》。其基本思路是：将岩石力学与土力学中基本概念、基础理论、基本方法与基本知识相同的部分归并在一起，比如：将岩土的物理性质、变形特性、强度特性、渗流特性等基本相同的内容归并在一起阐述；将岩体、土体具有鲜明特点的内容单独列出，如将地基的沉降固结理论、岩体结构面特征、岩石地下工程等内容分别阐释。使《岩土力学》成为既融合了土力学与岩石力学基本概念、基本理论，同时又能保留岩土各自特点的一门综合性教程，以适应现代工程建设的需求。

岩土力学是为建筑工程、水利工程、交通工程、地下工程、地质灾害防治工程等许多专业领域服务的技术基础学科。众所周知，在不同的领域中，岩土力学理论的应用可能有明显的差别，而且与岩土力学有关的专业技术标准很多，我国技术标准的稳定性又较差，将理论与应用兼顾起来是有困难的。《岩土力学》作为教程，应具有相对的稳定性和通用性，并反映带有共性的基本原理和方法。本书重点阐述基本概念、理论和方法，同时传递研究与设计中的重要信息；反映国内外最新学术成就，并指出仍需进一步深入研究的问题与方法。

教材建设目标：在"重基础，淡专业，宽口径，大土木"原则的指导下，将岩石力学与土力学的基本概念、基础理论、基本原理和研究方法统一于一体，达到既具有相对稳定的理论框架体系，又能包容本学科最新取得的研究成果；既具有一定的理论水平，又具有较强实用价值；适用于土木工程本科阶段通用的基础性教材。

推广言之，土力学与岩石力学的基础理论框架体系完全相同，研究方法与手段也相近，但在我国，因长期以来部门割据，行业保护，各自领域按行业特点制定标准、规范，编写教材，造成人为障碍，使得专业人员知识面狭窄、适应性差。本书致力于打破传统领域界限，将岩石力学与土力学的基本概念、基本原理、基础理论以及基本符号统一整合，通过一段时间的应用、推广与修改完善，形成完整通用的岩土力学基础理论体系，进而推动我国现行岩土工程规范、标准的统一，从而大大节约工程建设成本。事实上，欧洲规范的统一制订，早已体现了这一发展思路。

本书作为武汉工程大学的湖北省品牌专业"土木工程"与省级精品课程"岩土力学"的重点建设教材，由武汉工程大学土木工程教研室组织编写，武汉科技大学参与编写，李元松教授任主编，张小敏、周春梅、蔡路军任副主编。绪论、第7章、第9章、第11章和第12章由李元松编写；第1章、第2章、第3章、第4章和第5章由张小敏编写；第6章、第8章和第10章由周春梅编写。全书由李元松、蔡路军统稿。

在本书的编写过程中，研究生段鑫和夏进完成了部分文字的输入和图表编辑与校对工作，同时得到我校土木工程学科和矿业工程学科师生的大力支持，在此一并表示感谢。

鉴于编者水平的局限和编写时间仓促，书中错误与不妥之处在所难免，敬请读者批评指正。联系方式：li_yuan_song@126.com。

编　者

2013年10月

主要符号表

A	基础底面面积，m^2
a	压缩系数，kPa^{-1}
a_{1-2}	土样上的压力在 100kPa 至 200kPa 区间土的压缩系数，kP_a^{-1}
b	条形基础宽度，矩形基础短边，分条法分条的宽度，m
b_c、b_q、b_γ	基底倾斜修正系数
C_c	土的曲率系数，土的压缩指数
C_u	土的不均匀系数
C_v	土的固结系数，cm^2/a
c	黏聚力，kPa
c'	有效黏聚力，kPa
c_{cu}	固结不排水抗剪强度，kPa
c_d	排水抗剪强度，kPa
c_u	不排水抗剪强度，kPa
d	天然地面下基础埋深，m；土粒粒径，mm
d_{10}	累计百分含量为 10%对应的粒径，mm
d_{60}	累计百分含量为 60%对应的粒径，mm
d_c、d_q、d_γ	基础埋深修正系数
d_w	地下水位深度，m
d_u	上覆非液化土层厚度，m
d_0	液化特征深度，m
d_s	土粒相对密度
D_r	无黏性土的相对密度
e	孔隙比
e_0	初始孔隙比
E	变形模量，kPa
E_a	主动侧压力，kN
E_d	岩土的动弹性模量，GPa
E_i	初始模量，kPa
E_t	切线模量，kPa
E_s	割线模量，kPa；压缩模量，kPa
E_0	静止侧压力，kN
E_p	被动侧压力，kN

f	岩石的坚固性系数
f_a	地基承载力特征值，kPa
f_k	地基承载力标准值，kPa
F_s	稳定系数
G	剪切模量，kPa
G_d	岩土的动剪切模量，kPa
h_q	荷载等效高度，m
I_L	液性指数
I_p	塑性指数
I_s	岩块的点荷载强度，MPa
i	水力坡降；
J	渗流力，kN
JCS	壁岩强度，MPa
JRC	粗糙度
J_v	岩体单位体积内结构面条数
J_n	节理组数
J_r	节理粗糙度系数
J_a	节理蚀变影响系数
J_w	节理水折减系数
K	基床系数，kN/m^3；弹性抗力系数，kN/m
K_a	主动侧压力系数
K_0	静止侧压力系数
K_h	水平地震系数
K_p	被动侧压力系数
K_v	岩体完整性系数；体积模量
k	渗透系数，cm/s，m/d
M	作用于基础底面的力矩，kN · m
M_x	荷载合力对矩形基底 x 轴的力矩，kN · m
M_y	荷载合力对矩形基底 y 轴的力矩，kN · m
M_r	抗滑力矩，kN · m
M_c、M_d、M_b	承载力系数
m_V	体积压缩系数，MPa^{-1}
N_c、N_q、N_γ	粗糙基底的承载力系数
N_0	液化判别标准贯入锤击数基准值
N_{10}	锤重 10kg 的轻便触探试验锤击数
$N_{63.5}$	锤重 63.5kg 的标准贯入试验锤击数
N_{cr}	液化判别标准贯入锤击数临界值
n	土的孔隙率,%
p_c	自重压力，kPa

p_{cr}	地基的临塑荷载，kPa
p_0	基础底面平均附加压力，kPa
p_s	静力触探比贯入阻力，kPa
p_u	地基极限荷载，kPa
q	单位渗流量 cm^3/s
q_u	无侧限抗压强度，kPa
R_a	单桩竖向承载力特征值，kN
R_c	单轴抗压强度，MPa
R_k	单桩竖向承载力标准值，kN
RQD	岩石质量指标
s	地基最终沉降量，mm
s'	计算的地基变形值，mm
s_c	地基的固结沉降量，mm
s_d	地基的瞬时沉降量，mm
S_r	土的饱和度
s_s	地基的次固结沉降量，mm
s_t	经历时间 t 时的地基沉降量，mm
s_{ct}	地基固结过程中任一时刻 t 的固结沉降量，mm
s_∞	地基最终沉降量，mm
S_c、S_q、S_γ	基础形状修正系数
SRF	应力折减系数
T_v	固结时间因数(无量纲)
U_t	固结度,%
U_z	任一时刻 t 的平均固结度,%
u	孔隙水压力，kPa
V_a	气体所占的体积，cm^3
V_s	土粒体积，cm^3
V_v	岩土中孔隙体积，cm^3
V_0	压缩前孔隙体积，cm^3
$\dot{V}$	剪胀率
v	渗透速度，cm/s
v_{mp}	岩体纵波速度，km/s
v_{ms}	岩体横波速度，km/s
W	截面抵抗矩，m^3
W_x	基础底面对 x 轴的抵抗矩，m^3
W_y	基础底面对 y 轴的抵抗矩，m^3
w	含水率,%
w_{sa}	岩石的饱和吸水率,%

w_L 液限,%

w_p 塑限,%

w_s 缩限,%

z_n 地基压缩层沉降计算深度，m

z_d 设计冻深，m

α_d 剪胀角,°

γ_d 干重度，kN/m^3

γ_m 基底水平面以上土的加权平均重度，kN/m^3

γ_{sat} 饱和重度，kN/m^3

γ_w 水的重度，kN/m^3

γ' 有效重度，或称浮重度，kN/m^3

δ 土对挡土墙墙背的外摩擦角,°

δ_x 力 P 作用下沿 P 作用方向产生的位移，mm

δ_s 湿陷系数

δ_{ep} 膨胀率,%

ε 应变

ε_d 横向应变

ε_L 轴向应变

ε_e 弹性变形

ε_p 塑性变形

ζ 阻尼比

θ 地基的附加压力扩散角,°

λ 拉梅常数；侧压力系数

λ_c 压实系数

μ 泊松比；侧膨胀系数

μ_d 动泊松比

ρ_{sat} 饱和密度，g/cm^3

ρ_c 黏粒含量百分率,%

σ_c 抗压强度，kPa

σ_t 抗拉强度，kPa

σ'_v 竖向有效应力，kPa

σ_h 水平应力，kPa

$\sigma_{h\max}$ 最大水平主应力，kPa

$\sigma_{h\min}$ 最小水平主应力，kPa

σ' 土中有效应力，kPa

τ_f 抗剪强度，kPa

τ_ω 有效黏结应力

φ 内摩擦角,°

φ' 有效摩擦角,°

φ_d 排水内摩擦角,°

φ_g 计算摩擦角,°

φ_{cu} 固结不排水内摩擦角,°

φ_u 不排水内摩擦角,°

ω_a 岩石吸水率

ω 沉降系数

ω_r 刚性基础的沉降影响系数

η 黏性系数

η_b 基础宽度的承载力修正系数

η_d 基础埋深的承载力修正系数

ψ_s 沉降计算经验系数

ψ_t 采暖对冻深的影响系数

ψ_γ 折减系数

ξ 黏粒含量修正系数

Δ_z 地表冻胀量，mm

目　录

绪 论

0.1 岩土力学的概念、内容及研究方法

0.1.1 基本概念

岩石力学(Rock Mechanics)是研究岩石或岩体在外力作用下的应力、变形及其破坏规律等力学特性的学科，它是解决岩石工程相关技术问题的理论基础。岩石属于固体，岩石力学应属于固体力学的范畴。一般从宏观意义上讲，把固体看做连续介质。但是，岩体不但有微观的裂隙，而且有层理、片理、节理以至于断层等不连续面。岩体不是连续介质，而且常表现为各向异性或非均质。岩石中若含水，则它又表现为两相体。从这些角度看，岩石力学又是固体力学与地质科学的边缘科学，其应用范围涉及采矿、土木建筑、水利水电、铁道、公路、地质、地震、石油、地下工程、海洋工程等众多的与岩石工程相关的工程领域。

土力学(Soil Mechanics)是研究土体的应力、变形、强度、渗流及长期稳定性的学科。广义的土力学又包括土的生成、组成、物理化学性质及分类在内的土质学。土力学也是一门实用的学科，它是土木工程的一个分支，主要研究土的工程性质，解决与土体相关的工程问题。

由上述两门学科的定义可以看出，其内容与方法以及研究目标与应用范围完全平行，或相互交融，其主要差异仅体现在“岩石”与“土体”的材料特性，如果忽略这种差异，则两者基本相同，因而可合并成为一门统一的学科——岩土力学。

岩土力学(Rock and Soil Mechanics)是研究岩土体力学性质及其应用的一门学科，是研究岩土体在外力作用下的应力、变形及其破坏规律等力学特性的学科，其目的是解决岩土工程相关的技术问题。

岩石(Rock)是组成地壳的基本物质，它是由矿物或岩屑在地质作用下按一定规律凝聚而成的自然地质体。按成因分类，岩石可分为岩浆岩、沉积岩和变质岩。

岩体(Rock Mass)是指一定工程范围内的自然地质体，它经历了漫长的自然历史过程，经受了各种地质作用，并在地应力的长期作用下，其内部保留了各种永久变形和各种各样的地质构造形迹，例如不整合、褶皱、断层、层理、节理、劈理等不连续面。岩石与岩体的重要区别就是岩体包含若干不连续面。

岩体结构(Rock Mass Structure)包括两个基本要素：结构面和结构体。结构面即岩体内具有一定方向、延展较大、厚度较小的面状地质界面，包括物质的分界面和不连续面，它是在地质发展历史中，尤其是地质构造变形过程中形成的。被结构面分割而形成的岩

块，四周均被结构面所包围，这种由不同产状的结构面组合切割而形成的单元体称为结构体。

土中固体颗粒(Grain)是岩石风化后的碎屑物质，简称土粒。土粒集合体构成土的骨架，土骨架的孔隙中存在液态水和气体。因此，土是由土粒(固相)、土中水(液相)和土中气(气相)所组成的三相物质；当土中孔隙被水充满时，则是由土粒和土中水组成的二相体。土体具有与一般连续固体材料(如钢、木、混凝土及砌体等建筑材料)不同的孔隙特性，它不是刚性的多孔介质，而是大变形的孔隙性物质。在孔隙中水的流动显示土的透水性(渗透性)，土孔隙体积的变化显示土的压缩性、胀缩性，在孔隙中土粒的错位显示土内摩擦和黏聚的抗剪强度特性。土的密度、孔隙率、含水量是影响土的力学性质的重要因素。土粒大小悬殊甚大，有大于60mm粒径的巨粒粒组，有小于0.075mm粒径的细粒粒组，介于0.075~60mm的粒径为粗粒粒组。

工程用土总的分为一般土(Common Soil)和特殊土(Special Soil)。广泛分布的一般土又可分为无机土(Inorganic Soil)和有机土(Organic Soil)。原始沉积的无机土大致可分为碎石类土(Breakstone)、砂类土(Sand)、粉性土(Silt)和黏性土(Clay)四大类。当土中巨粒、粗粒粒组的含量超过全重50%时，属于碎石类土或砂类土；反之，属于粉性土或黏性土。碎石类土和砂类土总称为无黏性土，其一般特征是透水性大，无黏性；黏性土的透水性小；而粉性土的性质介于砂类土和黏性土之间。特殊土有遇水沉陷的湿陷性土(如常见的湿陷性黄土)、湿胀干缩的胀缩性土(习称膨胀土)、冻胀性土(习称冻土)、红黏土、软土、填土、混合土、盐渍土、污染土、风化岩与残积土等。

0.1.2 研究内容

岩土力学研究的主要内容包括：

(1)岩土的工程地质特征研究。岩土体工程地质特征研究的基本任务是岩土体的成因、应力历史及赋存环境的研究，其主要内容有岩石、岩体、土的概念，矿物成分及结构构造，岩土体的工程分类，岩体结构特征，土体颗粒级配，赋存环境对岩土体力学性质的影响以及地应力等的研究。

(2)岩土基本力学性质研究。岩土基本力学性质研究的基本任务是研究材料的力学性质，主要内容有岩土的变形特性及其表征参数，强度特性及其表征参数，破坏特征、岩土本构关系及破坏准则、变形及强度的时效特性、岩土力学性质的测量理论与方法。

(3)岩土地下工程的稳定性研究。岩土地下工程稳定性研究的基本任务是岩土力学理论在地下工程中的应用问题，主要内容有地下开挖引起的应力重分布、围岩(土)的变形和破坏、支护结构上的围岩(土)压力、围岩(土)的支护设计理论与计算方法。

(4)岩土边坡工程的稳定性研究。岩土体边坡工程稳定性研究的基本任务是岩土力学理论在边坡工程中的应用问题，主要内容有边坡破坏机制、边坡稳定性分析和评价方法与加固技术、滑坡预测与防治理论与方法。

(5)岩土地基工程的稳定性研究。岩土地基工程稳定性研究的基本任务是岩土力学理论在地基工程中的应用问题，主要内容有地基中的应力分布、地基的变形沉降、地基承载力、地基稳定性的分析理论与计算方法。

0.1.3 研究方法

由于岩土力学是一门边缘交叉科学，研究的内容广泛，对象复杂，这就决定了岩土力学研究方法的多样性。根据所采用的研究手段或所依据的基础理论所属学科领域的不同，岩土力学的研究方法可大概归纳为以下四种，在进行研究方法论述的时候也涉及一些研究内容，也可作为上述研究内容的补充。

(1)工程地质研究方法。着重于研究与岩土体的力学性质有关的岩土体地质特征，如用岩矿鉴定方法，了解岩土体的类型、矿物组成及结构构造特征；用地层学方法、构造地质学方法及工程勘察方法等，了解岩土体的成因、空间分布及岩体中各种结构面的发育情况等；用水文地质学方法了解赋存于岩土体中地下水的形成与运移规律等。

(2)科学实验方法。科学实验是岩土力学发展的基础，包括室内实验岩土力学参数的测定，模型试验，现场原位试验及监测技术，地应力的测定和岩体构造的测定等。实验结果可为岩土变形和稳定性分析计算提供必要的物理力学参数。同时，还可以用某些实验结果(如模拟实验及原位应力、位移、声发射监测结果等)直接评价岩土体的变形和稳定性，以及探讨某些岩土力学理论问题。另一方面，室内岩土的微观测定也是岩土力学研究的重要手段。近代发展起来的新的实验技术都已不断地应用于岩土力学领域，如遥感技术、激光散斑和切层扫描技术、三维地震勘测成像和三维地震 CT 成像技术、微震技术等，都已逐渐为岩土工程服务。

(3)数学力学分析方法。数学力学分析是岩土力学研究中的一个重要环节。它是通过建立工程岩土结构的力学模型和利用适当的分析方法，预测工程岩土体在各种力场作用下的变形与稳定性，为岩土工程设计和施工提供定量依据，其中，建立符合实际的力学模型和选择适当的分析方法是数学力学分析中的关键。目前常用的力学模型有：刚体力掌模型、弹性及弹塑性力学模型、流变模型、断裂力学模型、损伤力学模型、渗透网络模型、拓扑模型，等等。常用的分析方法有：①数值分析方法，包括有限差分法、有限元法、边界元法、离散元法、无界元法、流形元法、不连续变形分析法、块体力学和反演分析法等；②模糊聚类和概率分析，包括随机分析、可靠度分析、灵敏度分析、趋势分析、时间序列分析和灰色系统理论等；③模拟分析，包括光弹应力分析、相似材料模型试验、离心模型试验等。在边坡研究中，还普遍采用极限平衡的分析方法。

(4)整体综合分析方法。这种方法是对整个工程，以系统工程为基础，进行多种方法的综合分析。这是岩土力学与岩土工程研究中极其重要的一套工作方法。由于岩土力学与工程研究中每一环节都是多因素的，且信息量大，因此必须采用多种方法并考虑多种因素(包括工程的、地质的及施工的等)进行综合分析和综合评价。应特别注重理论和经验相结合，才能得出符合实际情况的正确结论。就岩土工程而言，整体综合分析方法又必须以不确定性分析方法为指导。因为在岩土工程问题中，存在着工程的、地质的及施工的多方面不确定性因素，只有采用不确定性研究方法，才能彻底摆脱传统的固体力学、结构力学的确定性分析方法的影响，使研究和分析的结果更符合实际，更可靠和实用。现代非线性科学理论、信息科学理论、系统科学理论、模糊数学、人工智能、灰色理论和计算机科学技术的发展等为不确定性分析方法奠定了必要的技术基础。

0.2 岩土力学的发展与展望

0.2.1 土力学发展

土力学的发展可划分为三个阶段：1920 年以前的萌芽阶段，1920 年至 1960 年左右的古典土力学阶段和 1960 年左右至今的现代土力学阶段，各阶段代表人物和其主要研究成果如下：

1. 萌芽阶段

18 世纪，欧美国家在产业革命推动下，社会生产力有了快速发展。大型建筑、桥梁、铁路、公路的兴建，促使人们开始对地基土和路基土的一系列技术问题进行研究。1773 年，法国科学家 C. A. Coulornb 发表了《极大极小准则在若干静力问题中的应用》，介绍了刚滑楔理论计算挡土墙背粒料土压力的计算方法；法国学者 H. Darcy 在 1855 年创立了土的层流渗透定律；英国学者 W. T. M. Rankine 在 1857 年发表了土压力塑性平衡理论；法国学者 J. Boussinesq 在 1885 年推导了弹性半空间半无限体表面竖向集中力作用时土中应力、变形的理论解。

2. 经典土力学阶段

20 世纪 20 年代开始，土力学的研究有了迅速的发展。瑞典 K. E. Petterson 在 1915 年首先提出，后由瑞典 W. Fellenius 及美国的 D. W. Taylor 进一步发展的土坡稳定分析整体圆弧滑动面法；法国学者 L. Prandtl 在 1920 年发表了“地基剪切破坏时滑动面形状和极限承载力公式”；1925 年美籍奥地利人 K. Terzaghi 写出第一本《土力学》专著，他是第一个重视土的工程性质和土工试验的人，他所创导的饱和土的有效应力原理将土的主要力学性质，如应力-变形-强度-时间各因素相互联系起来，并有效地用于解决一系列土工问题，从此土力学成为一门独立的学科；L. Rendulic 在 1936 年发现土的剪胀性、土的应力-应变非线性关系、土体具有加工硬化与软化性质。有关土力学论著和土力学教材像雨后春笋般地蓬勃发展。

3. 现代土力学阶段

1963 年，Roscoe 发表了著名的剑桥模型，提供了一个可以全面考虑土的压硬性和剪胀性的数学模型，宣告了现代土力学的开端。伴随着工程建设事业的蓬勃发展，土力学围绕从宏观到微观结构、本构关系与强度理论、物理模拟与数值模拟、测试与监测技术、土质改良等方面取得了长足进展。同时，计算机技术的应用又为这门学科注入了新的活力，实现了测试技术的自动化，提高了理论分析的准确性，标志着本学科进入一个新的时期。至此，土力学已派生出理论土力学、试验土力学、计算土力学和应用土力学四大分支。

早在 20 世纪 50 年代，我国学者的研究成果主要有：陈宗基教授对土的流变学和黏土结构的研究；黄文熙院士对土的液化的探讨以及提出考虑土侧向变形的地基沉降计算方法，他在 1983 年主编的土力学专著《土的工程性质》系统地介绍了国内外有关各种土的应力-应变本构模型理论和研究成果；钱家欢、殷宗泽教授主编的《土工原理与计算》较全面地总结了土力学的最新发展，作为很多高等院校研究生“高等土力学”课程的教材，在国内有较大的影响；沈珠江院士在土体本构模型、土体静、动力数值分析、非饱和土理论等方面取得了令人瞩目的成就，2000年出版了《理论土力学》专著，较全面总结了近70年来国内外学者的研究成果。

1936年，第一届国际土力学及基础工程学术会议在美国麻州坎布里奇召开，由土力学创始人 Karl Terzaghi 主持工作。由于二战的影响，12年后才召开第二届学术会议（鹿特丹，1948），以后每4年一届，至今已召开十七届。1999年，国际土力学及基础工程协会（the International Society of Soil Mechanics and Foundation Engineering，ISSMFE）改名为国际土力学及岩土工程协会（the International Society of Soil Mechaincs and Geotechnical Engineering，ISSMGE），相应十五届学术会议起名为十五届国际土力学及岩土工程学术会议（the fifteenth International Conference on Soil Mechanics and Geotechnical Engineering，XV ICSMGE）。

我国1957年在北京设立了全国性的土力学及基础工程学术委员会，由茅以升主持工作，并于1978年成立了土力学及基础工程学会。1999年，为与国际土协的名称相适应，中国土木工程学会土力学及岩土工程学会（Chinese Society of Soil Mechanics and Geotechnical Engineering，China Civil Engineering Society）改名为中国土木工程学会土力学及岩土工程分会（the Chinese Institution of Soil Mechanics and Geotechnical and Engineering-the China Civil Engineering Society，CISMGE-CCES）。此外，欧洲、美洲、亚洲、东南亚等地区召开的历届学术会议，等等，都大大促进了土力学学科的发展。

从1925年土力学创立至今，经过了近百年的发展，已经取得丰硕成果，并在工程建设领域发挥重大的作用，但是学科的发展是无止境的，与此同时，现代大型建筑、高层建筑、高速公路、高速铁路和地下空间开发对土力学提出了更高的要求，势必会出现更多新的领域等待探索、新的问题等待研究。

（1）区域性土分布和特性的研究。经典土力学是建立在无结构强度理想的黏性土和无黏性土基础上的，但由于形成条件、形成年代、组成成分、应力历史不同，土的工程性质具有明显的区域性。对各类、各地区域性土的工程性质，开展深入系统的研究是土力学发展的方向之一。

（2）多因素影响和符合实际、更具有应用价值的本构模型研究。实际工程土的应力-应变关系非常复杂，具有非线性、弹性、塑性、黏性、剪胀性、各向异性等，同时，应力路径、强度发挥度以及岩土的状态、组成、结构、温度等均对其有影响。企图建立能反映各类岩土的、适用于各类岩土工程的理想本构模型是非常困难的，或者说是不可能的。因此，研究建立用于解决实际工程问题的实用模型或建立能进一步反映某些土体应力-应变特性的理论模型，将是土力学研究的重要课题。

（3）不同介质间相互作用及共同分析的研究。土体由固、液、气三相组成，其中固相是以颗粒形式的散体状态存在。固、液、气三相间相互作用对土的工程性质有很大的影响。土体应力-应变关系的复杂性从根本上讲，都与土颗粒相互作用有关。从颗粒间的微观作用入手研究土的本构关系是非常有意义的。通过土中三相相互作用研究，还将促进非饱和土力学理论的发展。

（4）土工试验技术的研究。土工试验技术不仅在工程建设实践中十分重要，而且在理论的形成和发展过程中也起着决定性作用，因此，应在土工试验中大力引进和发展现代测试技术，如虚拟测试技术、电子测量技术、光学测试技术、航测技术、电磁场测试技术、声波测试技术和遥感测试技术等，以提高测试结果的可靠性、可重复性和可信度，这将对土力学理论的发展和完善起到重要的作用。

(5)计算技术的研究。虽然土工计算分析在大多数情况下只能给出定性分析结果，但该结果对工程师决策意义重大，因此，应重视各种数值计算方法、专家系统、CAD 技术和计算机仿真技术等在土木工程中的应用，提高非确定性计算方法，如有限元法(FEM)、有限差分法(FLAC)、离散单元法(DEM)、不连续变形分析方法(DDA)、流形元法(MEM)和半解析元法(SAEM)等在土力学中的应用，为工程建设提供有力指导，为理论分析的发展奠定坚实基础。

在 21 世纪，土力学理论与实践在非饱和土力学、环境土力学、土体破坏理论等方面将取得长足的发展。

0.2.2 岩土力学发展

岩石力学是伴随着采矿、土木、水利、交通等岩石工程的建设和数学力学等学科的进步而逐步发展形成的一门新兴学科，按其发展进程可划分四个阶段：

(1)初始阶段(19 世纪末至 20 世纪初)。这是岩石力学的萌芽时期，产生了初步理论，以解决岩体开挖的力学计算问题。例如，1912 年海姆(A. Heim)提出了静水压力理论。他认为地下岩石处于一种静水压力状态，作用在地下岩石工程上的垂直压力和水平压力相等，均等于单位面积上覆岩层的重量，即 γH。

朗肯(W. J. M. Rankine)和金尼克也提出了相似的理论。但他们认为只有垂直压力等于 γH，而水平压力应为 γH 乘一个侧压系数，即 $\lambda\gamma H$。朗肯根据松散理论，认为 $\lambda=\tan^2\left(\frac{\pi}{4}-\frac{\phi}{2}\right)$；而金尼克根据弹性理论的泊松效应认为 $\lambda=\frac{\mu}{1-\mu}$，其中，$\gamma$、$\mu$、$\phi$ 分别为上覆岩层容重、泊松比和内摩擦角，H 为地下岩石工程所在深度。由于当时地下岩石工程埋藏深度不大，因而曾一度认为这些理论是正确的。但随着开挖深度的增加，越来越多的人认识到上述理论是不准确的。

(2)经验理论阶段(20 世纪初至 20 世纪 30 年代)。该阶段出现了根据生产经验提出的地压理论，并开始用材料力学和结构力学的方法分析地下工程的支护问题。最有代表性的理论就是普罗托季亚科诺夫提出的自然平衡拱学说，即普氏理论。该理论认为，围岩开挖后自然塌落成抛物线拱形，作用在支架上的压力等于冒落拱内岩石的重量，仅是上覆岩石重量的一部分，于是，确定支护结构上的荷载大小和分布方式成了地下岩石工程支护设计的前提条件。太沙基(K. Terzahi)也提出相同的理论，只是他认为塌落拱的形状是矩形，而不是抛物线形。普氏理论是相应于当时的支护型式和施工水平发展起来的。由于当时的掘进和支护所需的时间较长，支护和围岩不能及时紧密相贴，致使围岩最终往往有一部分破坏、塌落。但事实上，围岩的塌落并不是形成围岩压力的唯一来源，也不是所有的地下空间都存在塌落拱。围岩和支护之间并不完全是荷载和结构的关系问题，在很多情况下，围岩和支护形成一个共同承载系统，而且维持岩石工程的稳定最根本的还是要发挥围岩的作用。因此，靠假定的松散地层压力来进行支护设计是不合实际的。尽管如此，上述理论在一定历史时期和一定条件下还是发挥了一定作用。

(3)经典理论阶段(20 世纪 30~60 年代)。这是岩石力学学科形成的重要阶段，弹性力学和塑性力学被引入岩石力学，确立了一些经典计算公式，形成了围岩和支护共同作用的理论。结构面对岩体力学性质的影响受到重视，岩石力学文献和专著的出版、实验方法的完善、岩体工程技术问题的解决，这些都说明岩石力学发展到该阶段，已经成为一门独立的学科。

在经典理论发展阶段，形成了"连续介质理论"和"地质力学理论"两大学派。

连续介质理论是以固体力学为基础，从材料的基本力学性质出发，认识岩石工程的稳定问题，这是认识方法上的重要进展，抓住了岩石工程计算的本质性问题。早在20世纪30年代，萨文就用无限大平板孔附近应力集中的弹性解析解来分析岩石工程的围岩应力分布问题。20世纪50年代，鲁滨涅特运用连续介质理论写出了求解岩石力学领域问题的系统著作，同期，开始有人用弹塑性理论研究围岩的稳定问题，导出著名的R. Fenner-J. Talobre公式和H. Kastner公式。S. Serata用流变模型进行了隧洞围岩的黏弹性分析。

但是，上述连续介质理论的计算方法只适用于圆形巷道等简单情况，而对普通的开挖空间却无能为力，因为没有现成的弹性或弹塑性理论解析解可供应用。20世纪60年代，运用早期的有限差分和有限元等数值分析方法，出现了考虑实际开挖空间和岩体节理、裂隙的围岩和支护共同作用的弹性或弹塑性计算解，使运用围岩和支护共同作用原理进行实际岩石工程的计算分析和设计变得普遍起来。同时，人们认识到，运用共同作用理论解决实际问题，必须以原岩应力作为前提条件进行理论分析，才能把围岩和支护的共同变形与支护的作用力、支护设置时间、支护刚度等关系正确地联系起来；否则，使用假设的外荷载条件计算，就失去了它的真实性和实际应用价值。这一认识促进了早期的地应力测量工作的开展。

早期的连续介质理论忽视了对地应力作用的正确认识，忽视了开挖的概念和施工因素的影响。地应力是一种内应力，由于开挖形成的"释放荷载"才是引起围岩变形和破坏的根本作用力，而传统连续介质理论采用固体力学或结构力学的外边界加载方式，往往得出远离开挖体部位的位移大，而开挖体内边缘位移小的计算结果，这显然与事实不符。多数的岩石工程不是一次开挖完成的，而是多次开挖完成的。由于岩石材料的非线性，其受力后的应力状态具有加载路径性，因此前面的每次开挖都对后面的开挖产生影响。施工顺序不同、开挖步骤不同，都有各自不同的最终力学效应，即不同的岩石工程稳定性状态。因此，忽视施工过程的计算结果，将很难用于指导工程实践。此外，传统连续介质理论过分注重对岩石"材料"的研究，追求准而又准的"本构关系"。但是，由于岩体组成和结构的复杂性和多变性，要想把岩体的材料性质和本构关系完全弄准确是不可能的。事实上，在岩石工程的计算中存在大量不确定性因素，如岩石的结构、性质、节理、裂隙分布、工程地质条件等均存在大量不确定性，所以传统连续介质理论作为一种确定性研究方法，是不适合用于解决岩石工程问题的。

地质力学理论注重研究地层结构和力学性质与岩石工程稳定性的关系，它是在20世纪20年代由德国人H. Cloos创立的。该理论反对把岩体当做连续介质，简单地利用固体力学的原理进行岩石力学特性的分析；强调要重视对岩体节理、裂隙的研究，重视岩体结构面对岩石工程稳定性的影响和控制作用。1951年6月，在奥地利成立了以J. Stini和L. Muller为首的"地质力学研究组"。在萨尔茨堡举行了第一届地质力学讨论会，形成了"奥地利学派"。从此，该项理论迅速发展，并广泛应用于岩石工程，在全世界产生了广泛的影响。该理论对岩石工程的重要贡献是提出了“研究工程围岩的稳定性必须了解原岩应力和开挖后岩体的力学强度变化”以及“节理裂隙对岩石工程稳定性的影响”等观点，该理论同时重视岩石工程施工过程中应力、位移和稳定性状态的监测，这是现代信息岩石力学的雏形。该学派重视支护与围岩的共同作用，特别重视利用围岩自身的强度维持岩石工程的稳定性。在岩石工程施工方面，提出了著名的“新奥法”，该方法特别符合现代岩石力学理论，至今仍被国内外广泛应用。1962 年 10 月，在第十三届地质力学讨论会上成立了国际岩石力学学会，米勒担任第一任主席，这是岩石力学发展史上的重要事件，值得一提的是，这一职位于 2011 年在北京举办的第十二届国际岩石力学学会上由中国学者冯夏庭教授担任。

该理论的缺陷是过分强调节理、裂隙的作用，过分依赖经验，而忽视理论的指导作用。该理论完全反对把岩体作为连续介质看待，也是不正确的和有害的。因为这种认识阻碍现代数学力学理论在岩石工程中的应用。譬如早期的有限元应用就受到这种理论的干扰。因为，虽然岩体中存在这样那样的节理、裂隙，但从大范围、大尺度看，仍可将其作为连续介质对待。对节理、裂隙的作用，对连续性和不连续性的划分，均需由具体研究的工程处理问题的方法而确定，没有绝对的统一的模式和标准。

(4)现代发展阶段(20 世纪 60 年代至今)。此阶段是岩石力学理论和实践的新进展阶段，其主要特点是，用更为复杂的多种多样的力学模型来分析岩石力学问题，把力学、物理学、系统工程、现代数理科学、现代信息技术等领域的最新成果引入岩石力学，而电子计算机的广泛应用，则为流变学、断裂力学、非连续介质力学、数值方法、灰色理论、人工智能、非线性理论等在岩石力学与工程中的应用提供了可能。

从总体来讲，现代岩石力学理论认为：由于岩石和岩体结构及其赋存状态、赋存条件的复杂性和多变性，岩石力学既不能完全套用传统的连续介质理论，也不能完全依靠以节理、裂隙和结构面分析为特征的传统地质力学理论，而必须把岩石工程看成是一个“人-地”系统，用系统论的方法进行岩石力学与工程的研究。用系统概念表征“岩体”，可使岩体的“复杂性”得到全面、科学的表述。从系统来讲，岩体的组成、结构、性能、赋存状态及边界条件构成其力学行为和工程功能的基础，岩石力学研究的目的是认识和控制岩石系统的力学行为和工程功能。

20 世纪 60、70 年代，原位岩体与岩块的巨大工程差异被揭示出来，岩体的地质结构和赋存状况受到重视，“不连续性”成为岩石力学研究的重点。从“材料”概念到“不连续介质”概念，是岩石力学理论上的飞跃。

随着计算机科学的进步，20 世纪 60、70 年代，开始出现用于岩石工程稳定性计算的数值计算方法，主要是有限元法。20 世纪 80 年代，数值计算方法发展很快，有限元、边界元及其混合模型得到广泛的应用，成为岩石力学分析计算的主要手段。20 世纪 90 年代，数值分析终于在岩石力学和工程学科中扎根。岩石力学专家和数学家合作创造出一系列新的计算原理和方法，例如，损伤力学——离散元法的进步，有限差分法 FLAC 的复兴，DDA 法和流形方法的发展，岩石力学专家建立起自己独到的分析原理和计算方法。

现代计算机科学技术的进步也带动了现代信息技术的发展。20 世纪 80 年代和 90 年代，岩石工程三维信息系统、人工智能、神经网络、专家系统、工程决策支持系统等迅速发展起来，并得到普遍的重视和应用。

20世纪90年代，现代数理科学的渗透是非线性科学在岩石力学中的重要应用。本质上讲，非线性和线性是互为依存的。耗散结构论、协同论、分叉和混沌理论正在被试图用于认识和解释岩体力学的各种复杂过程。岩石力学和相邻的工程地质学都因受到研究对象的“复杂性”挑战，而对非线性理论备加青睐。

由于岩体结构及其赋存状态、赋存条件的复杂性和多变性，致使岩石力学和工程所研究的目标和对象存在着大量不确定性，因而有人在20世纪80年代末提出不确定性研究理论，目前已被越来越多的人所认识和接受。现代科学技术手段，如模糊数学、人工智能、灰色理论和非线性理论等，为不确定性分析研究方法和理论体系的建立提供了必要的技术支持。

系统科学虽然早已受到岩石力学界的注意，但直到20世纪80年代和90年代才成为共识，并进入岩石力学理论和工程应用。时至今日，岩石工程力学问题已被当做一种系统工程来解决。系统论强调复杂事物的层次性、多因素性及相互关联和相互作用特征，并认为人类认识是多源的，是多源知识的综合集成，这些为岩石力学理论和岩石工程实践的结合提供了依据。可以说，从“材料”概念到“不连续介质”概念是现代岩石力学的第一步突破；进入计算力学阶段是第二步突破；而非线性理论、不确定性理论和系统科学理论进入实用阶段，则是岩石力学理论研究及工程应用的第三步意义更为重大的突破。

0.2.3 岩土力学展望

传统的岩土力学分析方法，不论是理论分析还是数值方法，都是一种正向思维或确定性思维，这是牛顿时代的思维模式，即从事物的必然性出发，根据实验建立模型，处理本构关系，在特定的有限的条件下求解。这反映在参数的研究上就是取样、设计试验、测定、结果分析；反映在模型的研究上就是根据已有的公理、定理或理论，再加上特定条件下的假定，通过推演得到结果。已经可以预见，这种传统的方法不可能将错综复杂的岩土力学与工程的研究提到一个全新的高度。如同自然界的一切不确定系统一样，只有将岩体也视为一个不确定系统，用系统思维、反馈思维、全方位思维(包括逆向思维、非逻辑思维、发散思维甚至直觉思维)对工程岩体的行为进行研究，才能在复杂的岩石力学问题的解决、提高理论和数值分析结果的可靠性和实用性方面取得新的突破。思维方法的变革是岩石力学与工程研究取得突破的关键。

20世纪70年代中后期发展起来的、基于实测位移反演岩土力学参数和初始地应力的位移反分析法，是逆向思维在岩土力学研究中的一次成功应用。由于反分析得到的参数作为在同一模型下正分析的输入参数，从而大大提高了分析结果的可靠性，但是参数反演并没有解决如何辨识与确定合理模型的问题。应该说，到目前为止，对线性问题的反分析是成功的，而对于非线性岩土体，由于其具有加载途径性，反分析的解往往不具有唯一性，这是今后反分析需要解决的关键问题。只有给定的模型能够更好地反映岩土体的真实力学行为，无论对参数反演的结果还是在参数反演的基础上做正演才会具有更好的效果。

从唯象的观点来看，岩体应归属各向异性流变介质。许多大的岩土工程项目，其服务年限都是几十年甚至上百年的时间，因此，现代岩土工程不仅要考虑施工期间的安全，而且要确认在日后运营长时间内的安全，即在工程投入运营以后，是否会随着时间的增长而产生破裂与失稳，这便是岩土流变和黏性时效研究的任务。但如同岩土力学分支一样，为提高时效分析的可靠性，同样存在着选择合适的流变模型和正确的输入黏性参数的问题。

20世纪80年代末，伴随思维方法的变革而提出的“不确定性系统分析方法”为大型岩土工程分析和设计提供了正确的方法。这种方法也可以称为综合智能分析方法，它是在系统科学、计算机科学、非线性理论、人工智能技术、信息技术等得到快速发展的基础上建立起来的。

不确定性系统分析方法首先将工程岩土体看成为“人地系统”。用“系统”概念来表征“岩土体”，可使岩土体的“复杂性”得到全面科学的表达。岩土或岩土工程系统不仅是因为多因子、多层次组合而只有“复杂性”，而且还在于它们大多具有很强的“不确定性”，即模糊性和随机性。岩土或岩土工程系统的“复杂性”还来源于它的非线性特性。因子之间、层次之间通过相互作用实现动态耦合，这些相互作用往往是非线性的，经过相互影响和反馈，形成系统的强非线性特性。将整个系统的非线性过程掌握住，才能做出正确的理解和描述。这样，一个自然或人为非线性系统不是固定不变的，而是不断发展变化的。随着时间的推进，各种因素在变化，系统进行“自组织”，对各种扰动有所反应，其工程功能将发生变化。因此，它是动态的系统，只有在动力学水平上研究它的动态规律，才能谈得上对它的过程做出可靠的预测和有效的控制。

岩土工程分析和设计的重点是对岩土工程条件的评价，对岩土工程变形、破坏的预测以及相应工程措施的决策。岩土工程和其他土木结构工程相比，其重要的差别在于岩土体是天然的地质体，而非人工设计加工的，首先要认识它，然后才能利用它。由于岩土体结构及其赋存条件和赋存环境的复杂性、多变性，并且受到工程施工的影响等，不可能在事先把它们搞得非常清楚，其中必然存在大量认识不清、认识不准的不确定性因素。这种内部结构或初始状态不清楚或不完全清楚的系统，就是所谓的“黑箱”或“灰箱”问题。必须采用“黑箱—灰箱—白箱”的研究方法，通过外部观测、试验，根据得到的信息来研究系统的功能和特性，探索其结构和行为，使一开始不清楚或不完全清楚的系统或事物逐渐变得清楚，即从黑箱逐步变成灰箱，再逐步变成白箱，这样才能使最终的分析结果符合实际。对于岩土工程系统而言，经过工程前期的勘测、试验，可以获得岩体结构、物理力学性、工程地质、水文地质条件和地应力等部分资料，因而把该类系统处理成“灰箱”，即“部分已知，部分未知”的系统比较合理。采用“黑箱—灰箱—白箱”的方法，就可以在整个岩土工程设计、施工过程中不断减小黑度，增加白度，达到工程设计和施工的逐步优化，人工智能、神经网络和灰色理论等是“黑箱—灰箱—白箱”以及研究方法的理论基础。

为促进不确定性系统分析方法的进一步发展，使之更完善、更实用，在岩土工程系统的研究中，必须强调以下两方面的工作：

(1)系统扎实的岩土力学基础资料的采集、调查、试验和研究工作。虽然岩土工程系统中存在大量不确定性因素，人们不可能把岩土工程系统的初始条件完全搞清楚，但这并不是说可以减少或放松工程前期岩土力学基础资料的调查和试验工作。这些基础资料包括：工程区域地应力状态，工程地质、水文地质条件，断层、节理、裂隙分布及状况，岩土体结构和岩性分布状况，岩土和岩土体的物理，力学性质等。为使基础资料的采集更全面和深入，还必须采用高新技术手段，发展和采用新的探测和实验技术，如遥感技术、切层扫描技术、三维地震CT成像技术、高精度地应力测量技术、高温高压刚性伺服岩石试验系统和多功能高效率原位岩土体测试系统等。只有把基础资料的采集工作做扎实，才能减少岩土工程"灰箱"系统的"黑"度或"灰"度，缩短"黑箱—灰箱—白箱"的分析、研究过程，提高工程规划、决策的准确性，加快工程设计和施工的进度。

(2)岩土工程施工和运行过程中的全方位、多手段的现场监测工作。除了采用多点位移计、倾斜仪、断面收敛仪、水准测量、经纬测量等常规的应力、位移监测手段外，还要大力发展及尽快完善 GPS、GIS 监测技术，声发射和微震监测技术，岩体能量聚集和破裂损伤探测技术等。丰富的监测资料将为"黑箱—灰箱—白箱"系统分析和研究系统的功能与特性提供必要的信息资料。随着信息技术的发展和应用，工程师们完全可以对工程过程监测的信息进行高效的理论分析和经验判断，将多源知识综合集成，并及时向工程执行系统反馈，进行工程决策，逐步优化设计和施工工艺。这样做，就将使工程实践和岩土力学理论分析达到高度融合，形成岩土工程普遍适用的现代岩土工程原理和方法。

0.3　岩土力学的特点、学习目的与基本要求

0.3.1　学科特点

岩土力学是用力学的基本理论分析岩土中的问题，而它又区别于一般力学。

土是由不连续的固体颗粒、液体和气体三相组成的，其固体颗粒的矿物成分、粗细、形状、级配、密度及构造，土粒间孔隙水与气体的比例及形态，对土的力学性质有很大的影响。因此，除运用一般连续介质力学的基本原理外，还应密切结合土的实际情况进行研究。土力学与其他力学学科所研究对象的不同之处还在于土是地质历史的产物。土历尽沧桑，经历过漫长的风化、搬迁、沉积和地壳运动等过程，形成其独特的性质。原状土一般是不均匀、各向异性的，有一定胶结性或特定的结构性，因而重复性极少，严格地讲，世界上没有性质完全相同的两种原状土。同样，在室内实验研究中的重塑土也由于制样、固结方式和程序等差别，很难达到完全一致。而室内实验中研究原状土，取样扰动或样品的代表性，就成了研究工作的主要障碍。

土的种类繁多，其工程性质十分复杂，在没有深入了解土的力学性质的变化规律，而通过土工实验发现土的应力-应变关系的非线性、非弹性特点，且没有条件进行繁复计算以前，不得不将土工问题计算做必要的简化。例如，采用弹性理论解土中应力分布，用塑性理论解地基承载力，将土体变形和强度分别作为独立的求解课题。20 世纪 60 年代以来，随着电子计算机的问世，已可将更接近于土本质的力学模型进行复杂的快速计算，现代科学技术的发展，也提高了土工试验的测试精度，发现了许多过去观察不到的新现象，为建立更接近实际的数学模型和测定正确的计算参数提供了可靠的依据。但由于土的力学性质的复杂性，对土的本构模型的研究以及计算参数的测定均远落后于计算技术的发展，而且计算参数的选择不当所引起的误差远大于计算方法本身的精度范围。因此，对土的基本力学性质的研究和对土的本构模型与计算方法验证，是土力学的两大重要研究课题。

在土木工程中，天然岩土层常被作为各种建筑物的地基，如在岩土层上建造房屋、桥梁、涵洞、堤坝等；或利用岩土作为构筑物周围的环境，如在岩土层中修筑地下建筑、地下管道、渠道、隧道等；还可利用岩土作为建筑材料，如修筑土堤、土石坝等。因此，岩土是土木工程中应用最广泛的一种介质。

地基是上部结构荷载的承载体，没有地基的安全稳定，一般的土木工程也难以建成，更不用说高楼大厦、大桥、高塔；基础是建筑物的一个实体部分，基础的安全稳定是上部结构(或桥梁的上、下部结构)安全屹立的保证；而整个场地的稳定，又是个别建筑物地基基础稳定的根本保证。因此，地基基础与场地稳定性是密切关联的。要对场地稳定性进行评价，进行建筑群选址或道路选线的可行性方案论证，对建筑物地基基础或路基进行经济合理的设计，还需具备工程地质学、岩土工程学等方面的知识。这也是岩土力学学科的特点。

理论力学将对象理想化为刚体，材料力学将对象理想化为线弹性固体，连续介质力学将对象理想化为均匀的连续介质，即便是这种理想化的连续介质，对于岩土体来说，仍然很粗糙。首先，所有岩石工程中的“岩体”是一种天然地质体，它具有复杂的地质结构和赋存条件，是典型的“不连续介质”；其次，岩体中存在地应力，它是由于地质构造和重力作用等形成的内应力。由于岩土工程的开挖引起地应力以变形能的形式释放，正是这种“释放荷载”才是引起岩石工程变形和破坏的作用力。因此，岩石力学的研究思路和研究方法与以外荷载作用为特征的材料力学、结构力学等有本质的不同。

此外，岩土力学既是基础理论学科，又具备实践科学的特点。最近的研究表明，无论是岩土体结构，还是其赋存状况、赋存条件，均存在大量的不确定性，岩土力学的理论计算结果只能是精度较差的大致估计，理论与现实的差距只能通过经验来估计和判断。因此，必须改变传统的固体力学的确定性研究方法，而从“系统”的概念出发，采用不确定性方法来进行岩土力学的研究。“岩土体”是自然系统；“岩土工程”是人地系统，其行为和功能与施工因素密切相关。

0.3.2 学习目的

岩土与土木工程的关系十分密切，多作为地基、周围介质和建筑材料等。若建筑物和构筑物修建在地表(如在岩土层上修建房屋、桥梁、道路、堤坝等)，则此时岩土被用做地基；若建筑物埋置于岩土之中(如隧道、涵洞、地铁等地下建筑)，则此时土被用做建筑物赖以存在的周围介质或环境；此外，绝大部分建筑材料是直接利用地球表层的岩土或由此合理配置而成的(如路堤、土坝等土工构筑物和混凝土、砂浆等)，此时岩土被用做建筑材料。

无论岩土在工程中扮演何种角色，确保建筑物和构筑物的安全和正常使用，都是土木工程建设的基本要求，同时也是岩土力学必须要应对和处理的两大基本问题。岩土的性质极其复杂，在外界环境、荷载、人类活动等因素作用下极易出现变化，这种变化将直接影响岩土作为地基、围岩和建筑材料的使用功能，导致地基上部、围岩内部建筑物或由其填筑而成的构筑物的不安全，如饱和砂土在振动荷载下的液化将使地基承载力在短期内急剧降低，致使上部结构失稳而丧失安全性；冻土在温度影响下的冻胀融沉；土体开挖引起的地表下沉；地下水开采引起的地表下沉和路基在动荷载作用下的累积变形等，当变形量超过结构所允许的范围，就会造成它的倾斜、开裂等，轻者结构会失去正常使用功能，重者会酿成事故。

此外，地基勘察是否准确、岩土力学参数的选取是否合理都将直接关系到工程的选址、设计和施工，从而影响到其正常使用，如地基承载力直接关系到建筑物的选型和设计，岩土的抗剪强度指标又是进行岩土体支护结构设计的必备参数。建筑物施工和使用过程中对岩土的性质和岩土体状态的动态监测，也将对其安全施工和正常使用发挥重要的作用，从而达到消除隐患、减少损失的目的，如地下工程施工监测、边坡监测和泥石流地段的监测预警等。

岩土力学理论知识的应用正确与否，直接关系到建筑物的安危。实践证明，许多工程事故均涉及岩土力学问题。例如，加拿大特朗斯康谷仓的破坏就是由于土体强度不足导致地基整体剪切破坏、建筑物丧失稳定的典型工程案例。该谷仓建于 1913 年，谷仓的平面为矩形，长为 59. 44m，宽为 23. 47m，高度为 31m，由 65 个圆柱形筒仓组成，采用钢筋混凝土筏形基础，厚为 2m，谷仓自重为 20×10^4kN。设计时，仅根据对邻近建筑物地基的调查确定地基承载力。谷仓建成后，于当年 9 月开始均匀地向仓内装载谷物，至 10 月发现谷仓产生大量快速沉降，1h 内的垂直沉降量竟达到 30. 5cm，在其后的 24h 内谷仓倾倒，倾倒后谷仓的西侧下沉达 7. 32m，东侧则抬高了 1. 53m，整体倾斜达近 27°。因谷仓采用的是钢筋混凝土筒体结构，整体性很强，筒仓本身完好无损。事后进行勘察分析，发现基底之下为厚达 15m 的淤泥质软黏土层，地基的极限承载力为 251kPa，而谷仓的基底压力已超过 300kPa，从而造成地基的整体滑动破坏。基础底面以下一部分土体滑动，向侧面挤出，使东端地面隆起。为了处理这一事故，在地基中做了 70 多个支承于深 16m 基岩上的混凝土墩，使用了 88 个 50kN 的千斤顶和支承系统，才把仓体逐渐纠正过来，但谷仓位置比原来降低了 4m。

国内外类似的工程事故很多，这说明对岩土力学理论缺乏系统研究，对相关的岩土力学问题分析处理不当，就会造成巨大的、不可挽回的损失，必须引起工程建设者的高度重视。因此，为了确保建筑物的安全和正常使用，工程师就必须认真学习岩土力学相关知识，并学会用理论联系实际解决工程问题，指导土木工程的设计和施工，真正发挥岩土力学在工程建设中的巨大作用。

0.3.3　基本要求

岩土力学是土木工程专业的重要技术基础课，它所包含的知识是本专业学生必须掌握的专业知识，又是为后续课程学习所必备的基础知识。其前期课程为材料力学、弹性力学与工程地质学，后续课程为基础工程、岩土工程和地下工程。岩土力学是一门实践性和理论性都比较强的课程，起着承上启下、从基础课到专业课过渡的桥梁作用，必须认真学习，掌握基本概念、基本理论与计算原理，为后续课程的学习奠定坚实基础。

岩土力学这门学科自身具备很多特点，内容广泛、综合性、实践性强，故学习应突出重点、顾及全面。下面就如何学习这门课程提出几点建议以供参考：

(1)着重厘清基本概念、基本理论，掌握基本计算方法，同时还应注意它们的基本假定和使用条件。基本概念、基本理论是进行分析、计算的前提，概念、理论的掌握重在理解，把握实质；基本计算方法多是一些通用的、易于掌握的方法，应充分理解，熟练掌握。

由于岩土力学问题十分复杂，其中的许多计算理论和公式是在某些假设和简化前提条件下建立的，如土中应力计算、土的压缩变形与地基固结沉降计算方法、土的抗剪强度理论等。因此，在学习中应当了解这些理论难以模拟、概括岩土各种力学性状全貌的不完善之处，注意这些理论在工程实际使用中的适用条件，全面掌握这些基本理论和方法，学会将其应用到工程实际中，并通过实际工程中经验的积累，对其进行验证、完善和发展。

(2)把握各理论之间的相互联系，明晰学习思路。尽管《岩土力学》全书内容非常广泛，但各章都是从不同的角度阐述岩土的应力、变形、强度、渗流及稳定性问题，抓住这一线索，找出各章间的内在联系，做到融会贯通，就会使纷杂的岩土力学知识变得相对体系化。

(3)重视理论和计算的同时，应注意掌握岩土力学指标和参数的相关实验技术。解决岩土工程问题的关键步骤之一是岩土的计算指标和参数的确定，即岩土的工程性质指标，包括物理性质和力学性质指标，要掌握颗粒分析、密度、含水量和液限、塑限等基本物理性质的测定方法和直剪、固结等基本力学性质指标的测定方法，了解三轴试验的基本原理和数据分析处理方法。

通过本课程的学习，学生应了解岩土的成因、分类方法；熟悉岩土的基本物理力学性质、岩土在动载作用下的特性、渗透性；掌握土的三相比例指标、岩土中的应力、地基沉降、岩土的抗剪强度、地基承载力、岩土压力的计算方法和岩土边坡稳定分析方法；掌握常规试验方法，达到能应用岩土力学的基本原理、方法和现行国家规范解决土木工程问题的目的，并为后续专业课程的学习打下良好的基础。

第1章　岩土的物理性质

1.1　岩土的形成

1.1.1　岩石的形成

岩石是由矿物或岩屑在地质作用下按一定的规律凝聚而形成的自然物体，是组成地壳的基本物质。岩石中的矿物成分、结构与构造等的存在和变化，会对岩石的物理力学性质产生影响。岩石可由单种矿物组成(如大理石由方解石组成)，而多数的岩石则是由两种以上的矿物组成，如花岗岩主要由石英、长石、云母三种矿物组成。按照成因，岩石可分为三大类：岩浆岩、沉积岩和变质岩。

岩浆岩(Magmatic Rocks)是岩浆冷凝而形成的岩石。绝大多数岩浆岩是由结晶矿物组成的。由于组成岩浆岩矿物的化学成分和物理性质较为稳定，通常具有较高的力学强度和均质性。

沉积岩(Sedimentary Rocks)是由母岩(岩浆岩、变质岩和早已形成的沉积岩)在地表经风化剥蚀产生的物质，通过搬运、沉积和固结成岩作用形成的岩石。组成沉积岩的主要物质成分为颗粒和胶结物。颗粒包括各种不同形状和大小的岩屑及某些矿物，胶结物常见的成分为钙质、硅质、铁质以及泥质等。沉积岩的物理力学特性不仅与矿物和岩屑的成分有关，而且与胶结物的性质有很大的关系，如硅质、钙质胶结沉积岩的强度一般较高，而泥质胶结的沉积岩和一些黏土的强度较低。另外，由于沉积环境的影响，沉积岩具有层理构造，这就使沉积岩沿不同方向表现出不同的力学性质。

变质岩(Metamorphic Rocks)是由岩浆岩、沉积岩甚至变质岩在地壳中受到高温、高压及化学活动性流体的影响下发生变质而形成的岩石。它在矿物成分、结构构造上具有变质过程中所产生的特征，也常常残存原岩的某些特点，因此，它的物理力学性质不仅与原岩的性质有关，而且与变质作用性质和变质程度有关。

岩体是指一定工程范围内的自然地质体，它经历了漫长的自然历史过程，经受了各种地质作用，并在地应力长期作用下，其内部保留各种永久变形和各种各样的地质构造形迹，例如假整合、不整合、褶皱、断层、层理、节理、劈理等不连续面。岩石与岩体的重要区别就是岩体包含若干不连续面。由于不连续面的存在，岩体的强度远低于岩石强度。因而对于设置在岩体上或岩体中的各种工程所关心的岩体稳定问题而言，起决定作用的是岩体强度，而不是岩石强度。

1.1.2 土的形成

地壳表层坚硬的岩石在大气中经受长期的风化作用而破碎、崩解，形成大小、形状各不相同的颗粒。这些颗粒经流水、风、冰川等动力搬运作用，在不同的自然环境下沉积下来，形成固体矿物、水和气体的集合体，即通常所说的土体。堆积下来的土，在漫长的地质年代中发生复杂的物理化学变化，逐渐压密、岩化，最终又形成岩石，也就是沉积岩或变质岩。这种长期的地质过程称为沉积过程。在自然界中，岩石不断风化破碎形成土，而土又不断压密、岩化而变成岩石。这一循环过程永无休止地重复进行。因此，土是岩石风化的产物。

1. 风化作用

岩石的风化是指岩石在自然界各种因素和外力的作用下遭到破碎与分解，产生颗粒变小及化学成分改变等现象。风化作用包括物理风化和化学风化，二者经常是同时进行的，而且是相互加剧发展的。物理风化是指由于温度变化、水的冻融、盐类结晶、植物根劈等因素，引起岩石机械破碎，但不伴随有化学成分和矿物成分明显变化的过程。这种作用使岩石变成碎块和细小的颗粒，但它们的成分与母岩成分相同，称为原生矿物。化学风化是指岩石在水、氧及有机体等作用下所发生的一系列化学变化，同时引起岩石结构构造、矿物成分和化学成分变化的过程。这种作用不仅使岩石颗粒变细，更重要的是使岩石成分发生变化，形成大量细微颗粒(黏粒)和可溶盐类，称为次生矿物。生物风化是指动物、植物和人类活动等引起的岩体破坏过程，它既有物理风化特点，又具有化学风化特点。例如，植物根系在生长过程中使岩石破碎；植物根分泌的某些有机酸、动植物死亡后遗体腐烂产物以及微生物作用等，使岩石成分变化而遭到腐蚀破坏等，都属于生物风化。

上述风化作用常常是同时存在、互相促进的，但是在不同地区，自然条件不同，风化作用又有主次之分。例如，在我国西北干旱大陆性地区，水很缺乏，气温变化剧烈，以物理风化为主；在东南沿海地区，雨量充沛，潮湿炎热，则以化学风化为主。

2. 土的成因类型

在自然界，岩石和土从形成、搬运到沉积各个阶段都不断进行风化，由于形成条件、搬运方式和沉积环境的不同，自然界的土也有不同的成因类型。

根据土的形成条件，常见的成因类型有：

(1)残积土(Residual Soils)：指岩石经风化后未经搬运残留于原地的堆积物。其特征是颗粒表面粗糙、多棱角、无分选、无层理。

(2)坡积土(Slope Debris)：指残积土受重力和短期性流水(雨水或雪水)的作用，搬运到山坡或坡脚处堆积起来的土。堆积体内土粒粗细不同，性质很不均匀。

(3)洪积土(Diluvial Soils)：指残积土和坡积土受洪水冲刷、搬运，在山沟的出口或山前平原堆积而成的土。其特征是距山口越近，颗粒越粗，分选差，磨圆度低；距山口越远，颗粒越细，分选好，磨圆度高。

(4)冲积土(Alluvial Soils)：指由于河流的流水作用，将碎屑物质搬运到河谷坡降平缓地带堆积而成的土，这类土经过长距离搬运，颗粒有较好的分选性和磨圆度，常常具有层理。

(5)湖积土(Marsh Deposits)：指在湖泊及沼泽等极为缓慢水流或静水条件下沉积下来

的土，或称淤积土，这类土除了含大量细微颗粒外，常伴有生物化学作用的有机物，成为具有特殊性质的淤泥或淤泥质土，其工程性质一般都很差。

(6)海积土(Marine Deposits)：指由河流流水搬运到海洋环境下沉积下来的土。其颗粒细，表层土质松软，工程性质较差。

(7)风积土(Aeolian Deposits)：指由风力搬运形成的土，其颗粒磨圆度好，堆积层很厚而不具有层理。我国西北黄土就是典型的风积土。

(8)冰积土(Glacial Deposits)：指由冰川或冰水挟带搬运形成的沉积物，其颗粒变化大，土质不均匀。

土的形成过程决定了其特殊的物理力学性质。归结起来，土主要有三个特征：①松散性：颗粒之间无黏结或具有一定的黏结，存在大量的孔隙，可以透水透气；②三相性：土往往是由固体颗粒、水和气体组成的三相体系，相系间质和量的变化直接影响其工程性质；③自然变异性：土是在漫长的地质年代内形成的性质复杂、不均匀、各向异性且随时间而不断变化的材料。由于土的形成过程不同，加上自然环境的不同，使土的性质存在极大差异，而人类工程活动又促使土的性质发生变异。因此，在进行工程建设时，必须密切结合土的实际性质进行设计和施工，预测到因土性质的变异带来的危害，并加以改良，否则，会影响工程的经济合理性和安全使用。

由于土性质的复杂多变，仅根据土的堆积类型不能十分清楚地说明土的工程性质，要进一步弄清土的性质并加以充分利用，必须具体分析和研究土的三相组成、土的物理状态和土的结构。

1.2 土的三相组成

土是由固体颗粒(固相)、水(液相)、气(气相)所组成的三相体系，如图1-1所示。历史上不同的风化作用，形成不同性质的土。固体部分一般由矿物组成，有时含有有机质，这部分构成土的骨架，称为土骨架。土骨架间布满相互贯通的孔隙，当孔隙完全被水充满时，称为饱和土；当孔隙一部分被水占据，而其余部分被气体占据时，称为非饱和土；当孔隙完全被气体占据时，称为干土。水和溶解于水的物质构成土中的液体部分，空气和其他一些气体构成土中的气体部分。这三部分本身的性质及它们之间的比例关系和相互作用决定土的物理力学性质，因此，研究土的工程性质，首先必须研究土的三相组成。

1.2.1 土中固体颗粒

1. 土粒的粒度成分

1)土粒的粒度与粒组划分

土粒的个体特征主要包括土颗粒的大小、形状及颗粒的组成情况。一般粗颗粒都是原生矿物，形状多为粒状；而颗粒很细的土，其成分大多是次生矿物，形状多为片状或针状。土颗粒的大小、形状、矿物成分及组成情况对土的物理力学性质有明显的影响。自然界中的土都是由大小不同的土粒组成的。随着土粒粒径由粗变细，土的性质相应地发生变化。土粒的大小通常以粒径表示。某一级粒径的变化范围内的土粒，称为粒组。划分粒组的原则是：

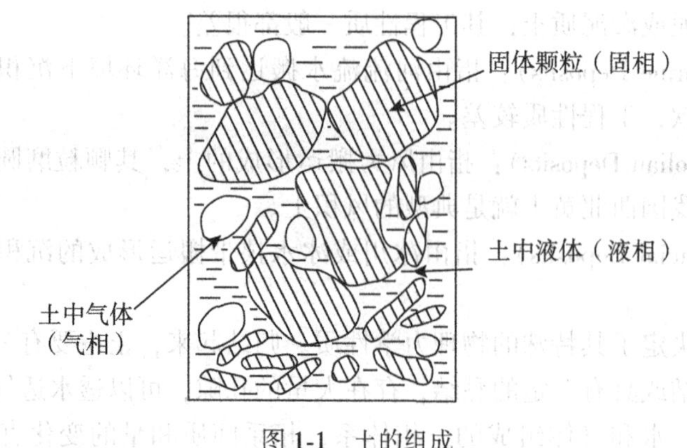

图 1-1 土的组成

(1)一定的粒径变化范围内，其工程地质性质是相似的，若超越这个变化幅度就要引起质的变化；

(2)与目前粒度成分的测定技术相适应。

表 1-1 列出了目前国内常用的粒组划分方法，根据界限粒径将土粒分为 6 大粒组：漂石(块石)、卵石(碎石)、圆砾(角砾)、砂粒、粉粒和黏粒。

表 1-1 土粒粒组的划分

粒组统称	粒组名称		粒径范围（mm）	一般特征
巨粒	漂石、块石颗粒		>200	透水性很大，无黏性，无毛细水
	卵石、碎石颗粒		200~60	
粗粒	圆砾或角砾颗粒	粗	60~20	透水性大，无黏性，毛细水上升高度不超过粒径大小
		中	20~5	
		细	5~2	
	砂粒	粗	2~0.5	易透水，当混有云母等杂质时透水性减小，而压缩性增大；无黏性，遇水不膨胀，干燥时松散；毛细水上升高度不大，随粒径变小而增大
		中	0.5~0.25	
		细	0.25~0.1	
		极细	0.1~0.075	
细粒	粉粒	粗	0.075~0.01	透水性小，湿时稍有黏性，遇水膨胀小，干时稍有收缩；毛细水上升较快，上升高度较大，极易出现冻胀现象
		细	0.01~0.005	
	黏粒		<0.005	透水性小，湿时有黏性和可塑性，遇水膨胀大，干时收缩显著；毛细水上升高度较大，但速度较慢

实际上，土常常是各种大小不同颗粒的集合体，集合体的性质取决于土中不同颗粒的

相对含量。土粒的大小及其组成情况通常以土中粒组的相对含量(质量百分数)来表示，称为土的粒度成分或颗粒级配。

2)土粒粒度分析方法

土的粒度成分或颗粒级配分析方法有筛分法(Sieve Analysis Method)和沉降分析法(Settlement Analysis Method)两种。前者用于颗粒大于 0.075mm 的巨粒土和粗粒土，后者用于粒径小于 0.075mm 的细粒土，对于天然混合土样，可联合使用这两种方法。

筛分法利用一套孔径大小不同的标准筛(如孔径为 2mm、0.5mm、0.25mm、0.1mm、0.075mm)，将风干或烘干的具有代表性的试样称重后置于振筛机上，充分振动后，依次称出留在各层筛子上的土粒质量，计算出各粒组的相对含量及小于某一粒径的土颗粒含量百分数。

沉降分析法的理论基础是土粒在水(或均匀悬液)中的沉降原理，如图 1-2 所示。当土样被分散于水中后，土粒下沉的速度与土粒形状、粒径、(质量)密度以及水的黏滞度

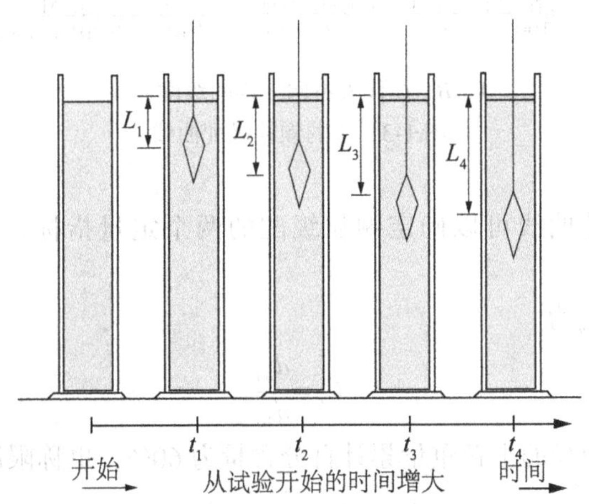

图 1-2　土粒在悬液中的沉降

(Viscosity)有关。当土粒简化为理想球体时，土粒的沉降速度可以用 G.G. 斯托克斯(Stokes，1845)定律计算：

$$v=\frac{\rho_s-\rho_w}{18\eta}gd^2 \tag{1-1}$$

式中，v——土粒在水中的沉降速度，cm/s；

g——重力加速度，9.81m/s^2；

ρ_s、d——土粒的密度，g/cm^3；直径，cm；

ρ_w、η——水的密度，g/cm^3，水的动力黏滞系数，10^{-3}Pa·s；

3)粒度成分分布曲线及其应用

根据土粒粒度分析试验结果，常采用颗粒累计曲线(Grain Size Accumulation Curve)表示土的颗粒级配。曲线的纵坐标表示小于某粒径的土颗粒含量占土样总量的百分数，这个百分数是一个累计含量百分数，是所有小于该粒径的各粒组含量百分数之和。横坐标为土粒径，由于土粒粒径的值域较宽，因此常采用对数坐标。

如图 1-3 所示，由颗粒累计曲线的连续性特征及走势的陡缓可以直接判断土的颗粒粗细、颗粒相的均匀程度及颗粒级配是否良好，从而评价土的工程性质，如曲线较陡，表示粒径大小差不大，土粒较均匀，级配不良；反之，曲线平缓，土粒不均匀，级配良好。

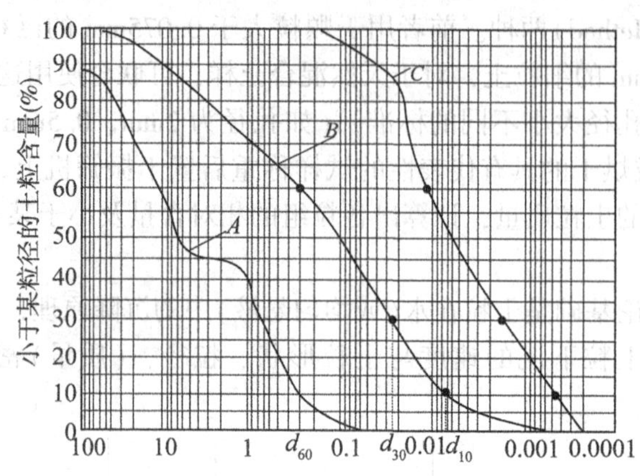

A、B、C 代表不同土样的级配曲线

图 1-3　土的颗粒级配曲线

土的粒径级配累计曲线可以确定颗粒级配的两个定量指标，即不均匀系数和曲率系数。

土的不均匀系数 C_u 为

$$C_u=\frac{d_{60}}{d_{10}} \tag{1-2}$$

式中，d_{60}——小于某粒径的土粒重量累计百分含量为 60%，也称限制粒径，如图 1-3 中 B 曲线；

d_{10}——小于某粒径的土粒重量累计百分含量为 10%，也称有效粒径，如图 1-3 中 B 曲线。

曲率系数 C_c 为

$$C_c=\frac{d_{30}^2}{d_{60}\cdot d_{10}} \tag{1-3}$$

式中，d_{30}——小于某粒径的土粒重累计百分含量为 30%，也称中值粒径，如图 1-3 中 B 曲线。

不均匀系数 C_u 反映大小不同粒组的分布情况，即土粒大小或粒度的均匀性程度。C_u 越大，表示土粒大小的分布范围越大，颗粒大小越不均匀，其级配越好，作为填方工程的土料时，则比较容易获得较大的密实度。曲率系数 C_c 描写的是累计曲线的分布范围，反映曲线的整体形状，在图 1-3 中，曲线 B 和曲线 C 都代表级配连续的土样，可以直观判断土样 B 比土样 C 更不均匀。如果土颗粒的级配是不连续的，那么在级配曲线上会出现平台段，在平台段内，只有横坐标粒径的变化，而没有纵坐标含量的增减，实际上说明平台段内的粒组含量为零，存在不连续粒径。

工程上，把 $C_u<5$ 的土看做均粒土，属级配不良；$C_u\geqslant5$ 的土称为级配不均粒土；$C_u>10$

的土属级配良好。经验证明，当级配连续时，C_c的范围为1~3，因此，当$C_c<1$或$C_c>3$时，均表示级配线不连续。工程中常用以下标准定量衡量土级配和性质的优劣：

(1)级配曲线光滑连续，不存在平台段，坡度平缓，土粒粗细颗粒连续，能同时满足$C_u \geqslant 5$且$C_c=1\sim3$的土，属于级配良好土，易获得较大的密实度，具有较小的压缩性和较大的强度，如图1-3中B曲线。

(2)级配曲线连续光滑，不存在平台段，坡度陡峭，粗细颗粒连续且均匀；或者级配曲线虽然平缓，但存在平台段，土粒粗细不均匀，存在不连续粒径。这两种情况不能同时满足$C_u \geqslant 5$且$C_c=1\sim3$条件，属级配不良土，不易获得较高的密实度，工程性质不良。如图1-3中A曲线和C曲线。

2. 土粒成分

土中的固体颗粒矿物成分绝大部分是矿物质，或多或少含有有机质，而土粒的矿物成分主要取决于母岩的成分及其所经受的风化作用。不同的矿物成分对土的性质有着不同的影响，其中以细粒组的矿物成分尤为重要。土中矿物成分可分为原生矿物和次生矿物。原生矿物由岩石经过物理风化后形成，其矿物成分与母岩相同，常见的如石英、长石和云母等。一般较粗颗粒的砾石、砂等都是由原生矿物组成的。原生矿物颗粒多呈圆状、浑圆状、棱角状，这种矿物成分的性质较稳定，由其组成的土具有无黏性、透水性较大、压缩性较低等特征。次生矿物是岩石经化学风化后所形成的新的矿物，其成分与母岩不相同，如黏土矿物的高岭石、伊利石和蒙脱石等。次生矿物颗粒多呈针状、片状、扁平状，其性质较不稳定，具有较强的亲水性，遇水易膨胀。

1.2.2　土中水

组成土的第二种主要成分是土中水。在自然条件下，土中一般含有水。土中水可以处于液态、固态或气态。土中细粒越多，即土的分散度越大，水对土的性质的影响也越大。研究土中水，必须考虑到水的存在状态及其与土粒的相互作用。存在于土粒矿物的晶体格架内部或是参与矿物构造中的水称为矿物内部结合水，它只有在比较高的温度才能化为气态水而与土粒分离，从土的工程性质上分析，可以把矿物内部结合水当做矿物颗粒的一部分。

存在于土中的液态水可分为结合水和自由水两大类。

1. 结合水(Absorbed Water)

结合水指受电分子吸引力吸附于土粒表面的土中水，这种电分子吸引力高达几千到几万个大气压，使水分子和土粒表面牢固地黏结在一起。结合水因离颗粒表面远近不同，受电场作用力的大小也不同，所以分为强结合水和弱结合水。

(1)强结合水。由于黏土颗粒表面带有负电荷，在其周围形成一个电场。在电场的作用下，水中的阳离子被牢固地吸附在黏土颗粒表面，形成一层极薄的水层，这种水称为强结合水。其特征是没有溶解盐类的能力，不能传递静水压力，只有吸热变成蒸汽时才能移动。由于受土粒表面的强大引力作用，吸着水紧紧地吸附于土粒表面，使水分子完全失去自由活动的能力，并且紧密整齐地排列着，其密度大于普通液态水的密度，且愈靠近土粒表面，密度愈大，其密度为1.2~2.4g/cm^3，冰点为-78℃，其力学性质类似固体，具有极大的黏滞性、弹性、抗剪强度，有抵抗外力的能力。如果将干燥的土置于天然湿度的空气中，则土的质量将增加，直到土中吸着的强结合水达到最大吸着度为止。土粒越细，土的比表面积越大，则最大吸着度就越大，砂土为1%，黏土为17%。

(2)弱结合水。紧靠于强结合水的外围形成的一层水膜，称为弱结合水(薄膜水)。它仍然不能传递静水压力，但水膜较厚的弱结合水能向临近的较薄的水膜缓慢移动。由于弱结合水的存在，使黏性土具有可塑性。黏性土颗粒比表面大，含薄膜水多，可塑性范围大；无黏性土颗粒比表面小，含薄膜水很少，几乎不具有可塑性。弱结合水离土粒表面愈远，其受到的电分子吸引力愈弱小，并逐渐过渡到自由水。弱结合水的厚度对黏性土的黏性特征及工程性质有很大影响。

(3)双电层。在最靠近土粒表面处静电引力最强，把水化离子和极性水分子牢固地吸附在颗粒表面上形成固定层。在固定层外围，静电引力较小，因此水化离子和极性水分子的活动性比在固定层中大些，形成扩散层。固定层和扩散层中所含的阳离子与土粒表面的负电荷的电位相反，故称为反离子，固定层和扩散层又合称为反离子层。该反离子层与土粒表面负电荷一起构成双电层(图1-4)。

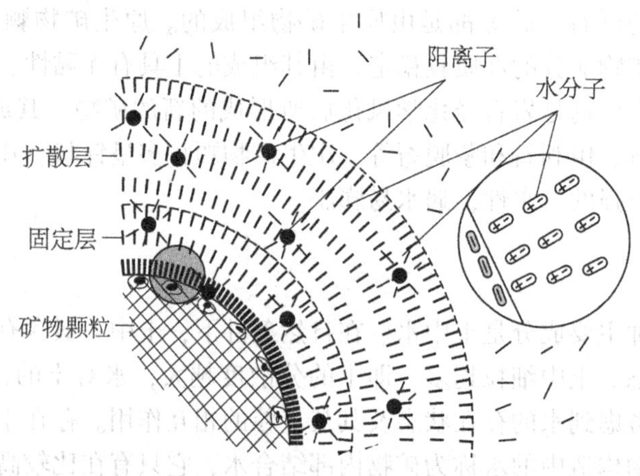

图1-4 结合水分子定向排列图

从上述双电层的概念可知，反离子层中水分子和阳离子分布，愈靠近土粒表面，排列得愈紧密和整齐，离子浓度愈高，活动性也愈小。因而，结合水中的强结合水相当于反离子层的内层(固定层)中的水，而弱结合水则相当于反离子层外层的扩散层中的水。因此，扩散层水膜的厚度对黏土的工程性质有重要影响。扩散层厚度大，土的塑性高，颗粒之间的距离相对也大，土体的膨胀和收缩性大。在工程实践中可利用这一机理改良土质，例如用三价及二价离子(Fe^{3+}、Al^{3+}、Ca^{2+}、Mg^{2+})处理黏土，扩散层中高价阳离子的浓度增加，扩散层厚度变薄，土容易产生絮凝，从而增加了土的强度与稳定性，减少了膨胀。

2. 自由水(Free Water)

自由水是存在于土粒表面电场影响范围以外的水。它的性质和普通水一样，能传递静水压力，冰点为0℃，有溶解能力。自由水按其移动所受到作用力的不同，可以分为重力水和毛细水。

重力水(Gravitational Water)是存在于地下水位以下的透水土层中的地下水，它是在重力或压力差作用下运动的自由水，对土粒有浮力作用，重力水的渗流特征是地下工程排水和防水工程的主要控制因素之一。重力水对土中的应力状态和开挖基槽、基坑以及修筑地下构筑物时所应采取的排水、防水措施有重要的影响。

毛细水(Capillary Water)是受到水与空气交界面处表面张力作用的自由水(图 1-5)。其形成过程通常用物理学中毛细管现象解释。分布在土粒内部相互贯通的孔隙，可以看成是许多形状不一、直径各异、彼此连通的毛细管。毛细压力会使相邻土粒挤紧，增加了粒间错动阻力，使湿砂具有一定的可塑性，即产生“似黏聚力”现象。

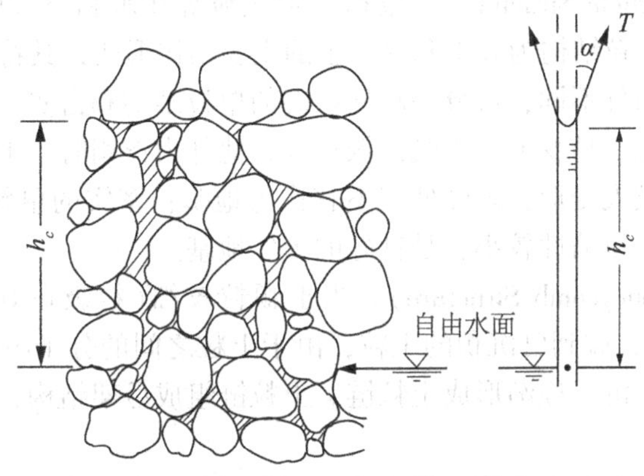

图 1-5　土中的毛细水

毛细水的工程意义在于毛细压力促使土的强度增高；毛细水对土中气体的分布与流通起有一定作用，常是导致产生密闭气体的原因；当地下水埋深较浅时，由于毛细管水上升，促使土的沼泽化、盐渍化，而且还会使地基土润湿，降低强度，增大变形量，在寒冷地区还会加剧土的冻胀作用。

1.2.3　土中气

土的孔隙中没有被水占据的部分都是气体，土中气体按其所处的状态和结构特点可分为以下几种类型：①自由气体；②四周为水和颗粒表面所封闭的气体；③吸附于颗粒表面的气体；④溶解于水中的气体。通常认为，自由气与大气连通对土的性质无大影响。密闭气体的体积与压力有关，压力增加，则体积缩小；压力减小，则体积胀大。因此，密闭气体的存在对土的变形有影响，例如增加土的弹性，同时还可阻塞土中的渗流通道，减小土的渗透性。由于分子引力作用，土粒不但能吸附水分子，而且能吸附气体，土粒吸附气体的厚度不超过 2~3 个分子层。土中吸附气体的含量决定于矿物成分、分散程度、孔隙度、湿度及气体成分等。在自然条件下，在沙漠地区的表层中可能遇到比较大的气体吸附量。在土的液相中主要溶解有 CO_2、O_2和水(H_2O)，其次为 H_2、Cl_2和 CH_4，其溶解数值取决于温度、压力、气体的物理化学性质及溶液的化学成分。

1.3 岩土的结构及构造

1.3.1 土的结构和构造

1. 土的结构

土颗粒之间的相互排列和连续形式，称为土的结构(Structure)。常见的土结构有以下三种：

(1)单粒结构(Particle Structure)。较粗矿物颗粒等在水和空气中下沉而形成单粒结构，如图1-6所示。单粒结构为砂土和碎石土的主要结构形式，其特点是土粒间存在点与点的接触。根据形成条件不同，可分为疏松状态的单粒结构和密实状态的单粒结构。疏松的单粒结构骨架不稳定，易变形，当受到振动或其他外力作用时，土粒易发生移动，土中孔隙减少，引起土的较大变形，未经处理不宜作为地基；密实的单粒结构土粒排列紧密，结构稳定，强度较大，压缩性较小，是良好的天然地基。

(2)蜂窝结构(Honeycomb Structure)。当土颗粒较细(粒级在0.075~0.005mm范围内)，在水中单个下沉，碰到已沉积的土粒，由于土粒之间的分子吸力大于颗粒自重，则正常土粒被吸引不再下沉，逐渐形成土粒链。土粒链组成弓架结构，形成具有很大孔隙的蜂窝状结构(图1-7)。

具有蜂窝结构的土有很大孔隙，但由于弓架作用和一定程度的粒间联结，使其承担一般水平的静力载荷。但是，当承受高应力水平荷载或动力荷载时，结构将破坏，并导致严重的地基变形。

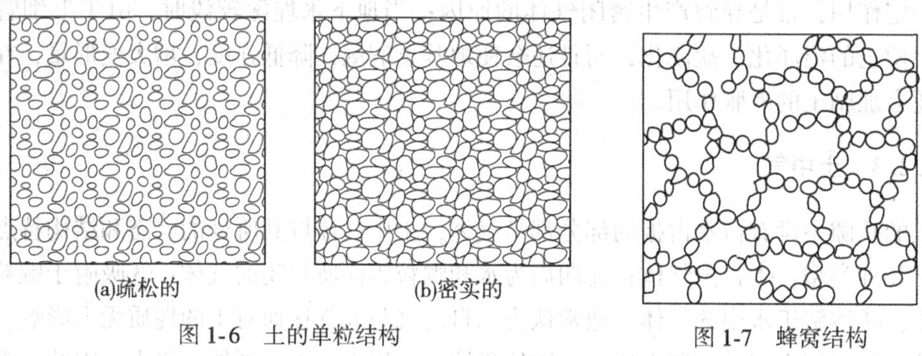

图1-6 土的单粒结构

图1-7 蜂窝结构

(3)絮状结构(Flocculent Structure)。絮状结构也称为絮凝结构。粒径小于0.005mm的黏土颗粒，在水中长期悬浮并在水中运动时，不因自重而下沉。如细小颗粒被带到电解质较大的海水中，土粒在水中作杂乱无章的运动时一旦接触，粒间力表现为净引力，彼此容易结合在一起逐渐形成小链环状的土粒集合体，使质量增大而下沉。当一个小链环碰到另一个小链环时相互吸引，不断扩大形成大链环，称为絮状结构。由于土粒的角、边常带正电荷，面带负电荷，角、边与面接触时净引力最大，因此絮状结构的特征是土粒之间以角、边与面的接触或边与边的搭接形式为主，如图1-8所示。

具有絮状结构的黏性土，其土粒之间的连接强度(结构强度)往往由于长期的固结作

图 1-8　土的絮状结构

用和胶结作用而得到加强。因此，粒间的联结特征是影响这一类土工程性质的主要因素之一。

2. 土的构造

土的构造(Fabric)是指在同一土层中的物质成分和颗粒大小等都相近的各部分之间的相互关系的特征。土的构造最主要的特征就是成层性，即层理构造。它是在土的形成过程中，由于不同阶段沉积的物质成分、颗粒大小或颜色不同，而沿竖向呈现的成层特征，常见的有水平层理构造和交错层理构造。土的构造的另一特征是土的裂隙性，如黄土的柱状裂隙、膨胀土的收缩裂隙等。裂隙的存在大大降低了土体的强度和稳定性。增大透水性，对工程不利，常常是工程结构或土体边坡失稳的原因。此外，也应注意到土中有无包裹物以及天然或人为孔洞的存在。土的构造特征还有不均匀性。土体构造与其沉积环境以及随后发生的化学、物理变化及应力改变等有关。

1.3.2　岩石的结构和构造

岩石的结构是指矿物颗粒的形状、大小和联结方式所决定的结构特征，岩石的构造则是指各种不同结构的矿物集合体的各种分布和排列方式。一般来说，岩石“结构”一词是针对构成岩石的微细粒子部分而言的，而岩石“构造”则是指较大的部分，“构造”比“结构”使用更广泛。

矿物颗粒间具有牢固的联结是岩石区别于土壤并使岩石具有一定强度的主要原因。岩石颗粒间联结分为结晶联结和胶结联结两类。结晶联结是矿物颗粒通过结晶相互嵌合在一起，如岩浆岩、大部分变质岩和部分沉积岩具有这种联结，它是通过共用原子或离子使不同晶粒紧密接触，故一般强度较高。胶结联结是矿物颗粒通过胶结物联结在一起，这种联结的岩石的强度取决于胶结物成分和胶结类型。岩石的矿物颗粒结合胶结物质有硅质、铁质、钙质、泥质等。一般来说，硅质胶结的岩石强度最高，铁质和钙质胶结的次之，泥质胶结的岩石强度最差，且抗水性差。

以风化程度划分，岩石又可分为微风化岩石、中等风化岩石和强风化岩石。在岩石力学中，根据岩石坚硬程度，岩石可分为坚硬岩、较硬岩、较软岩、软岩和极软岩。

1.4 岩土的物理性质指标

土是由土粒(固相)、水(液相)和空气(气相)三者所组成的。土的物理性质就是研究三相的质量与体积间的相互比例关系以及固、液两相相互作用表现出来的性质。土的物理性质指标可分为两类：一类是必须通过试验测定，如含水量、密度和土粒比重；另一类是可以根据试验测定的指标换算，如孔隙比、孔隙率和饱和度等。

岩石的物理力学性质除与其组成成分有关外，还取决于岩石的结构和构造。在研究和分析岩石受力后的力学表现时，必然要联系到岩石的某些物理性质指标，常用的岩石物理性质指标有容重、比重、孔隙率和吸水率等。

1.4.1 岩土的基本物理性质指标

岩土的物理性质指标中有三个基本指标，即比重、含水量、密度，可直接通过土工试验、岩石力学试验测定。

1. 比重

比重是指土粒质量(或岩石固体部分的质量)与同体积的4℃时纯水的质量之比。土粒比重又称土粒相对密度，可表示为

$$d_s=\frac{m_s}{V_s\rho_w} \tag{1-4}$$

式中：m_s——体积为 V 的土粒质量(或岩石固体部分的质量)，g；

V_s——土颗粒或岩石固体部分(不包括空隙)的体积，cm^3；

ρ_w——纯水在4℃时的密度，等于$1g/cm^3$。

土粒(一般无机矿物颗粒)的比重主要取决于土的矿物成分，变化幅度不大，在有经验的地区可按经验值选用，土粒比重的一般数值见表1-2。

表1-2 普通土粒的比重

土名	砂土	砂质粉土	黏质粉土	粉质黏土	黏土
土粒密度	2.65~2.69	2.70	2.71	2.72~2.73	2.74~2.76

比重可采用比重瓶法测定，对于岩石，试验时，先将岩石研磨成粉末，烘干后用比重瓶法测量，其原理和方法与土工试验相同。岩石的比重取决于组成岩石的矿物比重，岩石中重矿物含量越多，其比重越大，大部分岩石比重介于2.50~3.30之间。

2. 含水量

岩土中水的质量与土粒质量(或岩石烘干重量)之比，以百分数表示，即

$$w=\frac{m_w}{m_s}\times100\%=\frac{m-m_s}{m_s}\times100\% \tag{1-5}$$

式中，m_w——岩土中水的质量，g。

室内测定：一般用“烘干法”，先称小块原状岩土试样的湿质量，然后置于烘箱内维

持100~105℃烘至恒重，再称其干质量，湿、干质量之差与干质量的比值就是岩土的含水量。

含水量是标志岩土含水程度(或湿度)的一个重要物理指标。天然状态下岩土的含水量称岩土的天然含水量。天然岩土层的含水量变化范围较大，与土的类别、埋藏条件及所处的地理环境等有关。一般砂土天然含水量都不超过40%，以10%~30%最为常见；一般黏土大多在10%~80%之间，硬黏土可小于30%，饱和软黏土(淤泥)可大于60%。一般来说，同一类土，含水量越大，强度越低；反之，则强度越高。

3. 岩石的饱水系数

岩石在一定条件下吸收水分的性能称为岩石的吸水性，它取决于岩石孔隙的数量、大小、开闭程度和分布情况，表征岩石吸水性的指标有吸水率、饱和吸水率和饱水系数。

岩石吸水率指干燥岩石试样在一个大气压和室温条件下吸入水的重量 m_w 与岩石干重量 m_s 之比的百分率，一般以 w_a 表示，即

$$w_a=\frac{m_w}{m_s}=\frac{m_0-m_s}{m_s}\times 100\% \tag{1-6}$$

式中，m_0——烘干岩样浸水48h后的湿重；其余符号同前。

岩石吸水率的大小取决于岩石中孔隙数量多少和细微裂隙的连通情况。孔隙愈大、愈多，孔隙和细微裂隙连通情况愈好，则岩石的吸水率愈大。

岩石的饱和吸水率也称饱水率，是岩样在强制状态(真空、煮沸或高压)下，岩样的最大吸入水的重量与岩样的烘干重量比值的百分率，用 w_{sa} 表示，即

$$w_{sa}=\frac{m_p-m_s}{m_s}\times 100\% \tag{1-7}$$

式中，m_p——岩样饱和后的重量；

其余符号同前。

在高压条件下，通常认为水能进入岩样中所有敞开的裂隙和孔隙中去，国外采用高压设备使岩样饱和，由于高压设备较为复杂，国内实验室常用真空抽气法或煮沸法使岩样饱和。饱水率反映岩石中张开型裂隙和孔隙的发育情况，对岩石的抗冻性有较大的影响。

饱水系数 k_w 是指岩石吸水率与饱水率比值的百分率，即

$$k_w=\frac{w_a}{w_{sa}}\times 100\% \tag{1-8}$$

一般岩石的饱水系数在0.5~0.8之间，试验表明，当 $k_w<91\%$ 时，可免遭冻胀破坏。

4. 岩土的密度

密度指岩土的总质量 m 与总体积 V(包括孔隙体积)之比，即为岩土的单位体积的质量，g/cm^3。

$$\rho=\frac{m}{V}=\frac{m_s+m_w}{V_s+V_v} \tag{1-9}$$

岩土的重度(Gravity，岩石又称为容重)定义为岩土单位体积(包括岩石中孔隙体积)的重量，重度与岩土的密度之间存在如下关系：

$$\gamma=\rho g$$

根据试样含水情况的不同，密度分为干密度(Dry Density)、饱和密度(Saturated

Density)和土的浮密度(Buoyant Density)。

土的密度取决于土粒的密度、孔隙体积的大小和孔隙中水的质量多少，它综合反映了土的物质组成和结构特征。在天然状态下变化范围较大，砂土一般是1.6~2.0g/cm^3，黏土为1.8~2.0g/cm^3，腐殖土为1.5~1.7g/cm^3。

根据岩石试样的含水情况不同，容重可分为干容重(γ_d)、天然容重(γ)和饱和容重(γ_{sat})，一般未说明含水状态时是指天然容重。

岩石的容重取决于组成岩石的矿物成分、孔隙大小以及含水量。当其他条件相同时，岩石的容重在一定程度上与其埋藏深度有关。一般而言，靠近地表的岩石容重往往较小，而深层的岩石则具有较大的容重。岩石容重的大小在一定程度上反映出岩石力学性质的优劣，通常岩石容重愈大，其力学性质愈好。

1.4.2 岩土的孔隙性

1. 孔隙比(Void Ratio)

岩土的孔隙比是岩土中孔隙体积与固体体积(或土粒体积)之比，以小数表示，即

$$e=\frac{V_v}{V_s} \tag{1-10}$$

孔隙比e是个重要的物理性质指标，可以用来评价天然土层的密实程度。一般，$e<0.6$的土是密实的低压缩性土，$e>1.0$的土是疏松的高压缩性土。

2. 孔隙率(Porosity)

孔隙率(n)是岩土的孔隙体积与岩土体积之比，或单位体积岩土中孔隙的体积，以百分数表示，即

$$n=\frac{V_v}{V}\times 100\% \tag{1-11}$$

孔隙比和孔隙率(度)都是用以表示孔隙体积含量的概念，两者有如下关系：

$$n=\frac{e}{1+e} \tag{1-12}$$

岩石孔隙率分为开口孔隙率和封闭孔隙率，两者之和总称为孔隙率。由于岩石的孔隙主要是由岩石内的粒间孔隙和细微裂隙构成，所以孔隙率是反映岩石致密程度和岩石力学性能的重要参数。坚硬岩石的n远远小于1，例如石灰岩的n为0.1，砂岩的n为0.12，花岗岩的n为0.01，砂岩的n取决于粒度成分，可能为0.6~0.8。

3. 饱和度(Degree of Saturation)

岩土的饱和度是土中孔隙水体积与孔隙体积之比，以百分数表示，即

$$s_r=\frac{V_w}{V_v}\times 100\% \tag{1-13}$$

饱和度愈大，表明孔隙中充水愈多，干燥时$S_r=0$，孔隙全部为水充填时，$S_r=100\%$。工程中以S_r作为砂土湿度划分的标准为：$S_r\leqslant 50\%$为稍湿；$50\%<S_r\leqslant 80\%$为很湿；$S_r>80\%$为饱和。

工程研究中，一般将$S_r>95\%$的天然黏性土视为完全饱和土，而当砂土$S_r>80\%$时就认为已达到饱和了。

1.5 土的三相比例指标

1.5.1 土的三相比例关系图

土是由固体颗粒、水和气三相所组成的分散体系，土的各组成部分的质量和体积之间的关系称为三相比例关系。这种比例关系随各种条件的变化而改变。为方便说明和计算，固相、液相和气相的质量和体积表示在土的三相图中，如图1-9所示，图中各符号含义为：

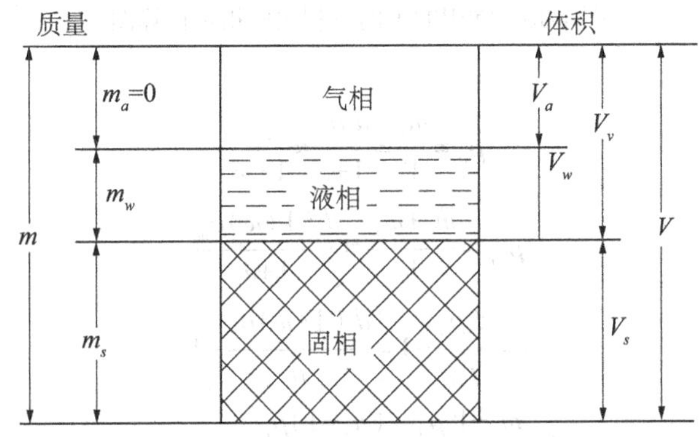

图1-9 土的三相比例关系图

m——土的总质量；

m_w——土中水的质量；

m_s——土中固体颗粒的质量；

V——土的总体积；

V_s、V_w、V_a——固体颗粒、土中水、气体所占的体积；

V_w——土中水所占的体积；

V_v——土中孔隙体积。

1.5.2 三相指标的换算

土的各项物理性质指标并不是相互独立的，只要通过土工试验直接测定土粒比重、土的含水量、土的密度这三个指标后，就可以推导出其他六个指标。由于土的各项物理性质指标都是反映土中三相物质成分的相对含量的比值，因而可用下述简便方法由已知指标导出其他物理性质指标(图1-10)。

设土体内土粒体积 $V_s=1$，则孔隙体积 $V_v=e$，土体体积 $V=V_s+V_v=1+e$，$m_s=V_sd_s\rho_w=d_s\rho_w$，$m_w=wm_s=wd_s\rho_w$，$m_w=d_s(1+w)\rho_w$。根据图1-10，可由指标的定义得到下述计算公式：

$$\rho=\frac{m}{V}=\frac{d_s(1+w)\rho_w}{1+e} \tag{1-14}$$

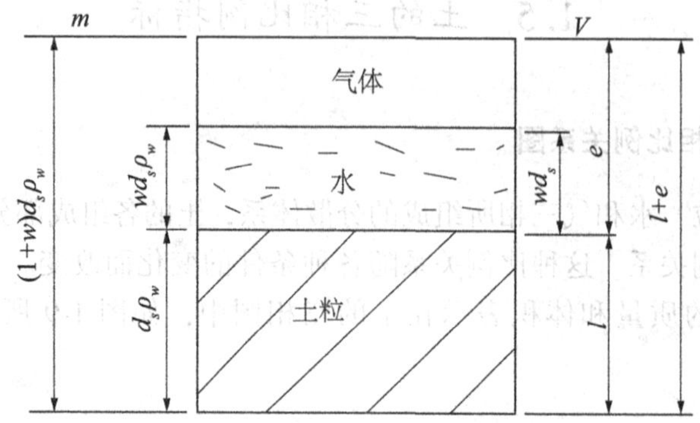

图 1-10 常用的土的三相比例指标换算图

$$\rho_d=\frac{m_s}{V}=\frac{d_s\rho_w}{1+e}=\frac{\rho}{1+w} \tag{1-15}$$

$$\rho_{sat}=\frac{m_s+m_w}{V}=\frac{d_s(1+w)\rho_w}{1+e} \tag{1-16}$$

$$e=\frac{d_s\rho_w}{\rho_d}-1=\frac{d_s(1+w)\rho_w}{\rho}-1 \tag{1-17}$$

$$\rho'=\frac{m_s-V_s\rho_w}{V}=\frac{(d_s-1)\rho_w}{1+e}=\rho_{sat}-\rho_w \tag{1-18}$$

$$n=\frac{V_v}{V}=\frac{e}{1+e} \tag{1-19}$$

$$S_r=\frac{V_w}{V_v}=\frac{m_w}{V_v\rho_w}=\frac{wd_s}{e} \tag{1-20}$$

常见的物理性质指标及互相关系换算公式见表 1-3。

表 1-3 常见的物理性质指标及互相关系换算公式

名称	符号	三相比例表达式	常用换算公式	单位	常见的数值的范围
含水量	w	$w=\frac{m_w}{m_s}\times100\%$	$w=\frac{S_re}{d_s}$ $w=\frac{\rho}{\rho_d}-1$		20%~60%
土粒相对密度	d_s	$\frac{m_s}{V_s\rho_w}$	$d_s=\frac{S_re}{w}$		黏性土：2.72~2.75 粉土：2.70~2.71 砂土：2.65~2.69
密度	ρ	$\rho=\frac{m}{V}$	$\rho=\rho_d(1+w)$ $\rho=\frac{d_s(1+w)\rho_w}{1+e}$	g/cm³	1.6~1.2

续表

名称	符号	三相比例表达式	常用换算公式	单位	常见的数值的范围
干密度	ρ_d	$\rho_d=\frac{m_s}{V}$	$\rho_d=\frac{d_s\rho_w}{1+e}=\frac{\rho}{1+w}$	g/cm³	1.3~1.8
饱和密度	ρ_{sat}	$\rho_{sat}=\frac{m_s+V_v\rho_w}{V}$	$\rho_{sat}=\frac{(d_s+e)\rho_w}{1+e}$	g/cm³	1.8~2.3
浮密度	ρ'	$\rho'=\frac{m_s-V_s\rho_w}{V}$	$\rho'=\frac{(d_s-1)\rho_w}{1+e}=\rho_{sat}-\rho_w$	g/cm³	0.8~1.3
重度	γ	$\gamma=\rho\cdot g$	$\gamma=\gamma_d(1+w)=\frac{d_s(1+w)\gamma_w}{1+e}$	kN/m³	16~20
干重度	γ_d	$\gamma_d=\rho_d\cdot g$	$\gamma_d=\frac{d_s\gamma_w}{1+e}=\frac{\gamma}{1+w}$	kN/m³	13~18
饱和重度	γ_{sat}	$\gamma_{sat}=\frac{m_s+V_v\rho_w}{V}g$	$\gamma_{sat}=\frac{(d_s+e)\gamma_w}{1+e}$	kN/m³	18~23
浮重度	γ'	$\gamma'=\rho'\cdot g$	$\gamma'=\frac{(d_s-1)\gamma_w}{1+e}=\gamma_{sat}-\gamma_w$	kN/m³	8~13
孔隙比	e	$e=\frac{V_v}{V_s}$	$e=\frac{wd_s}{S_r}=\frac{d_s(1+w)\rho_w}{\rho}-1$		黏性土和粉土：0.4~1.2 砂土：0.3~0.9
孔隙率	n	$n=\frac{V_v}{V}\times100\%$	$\frac{e}{1+e}$		黏性土和粉土：30%~60% 砂土：25%~45%
饱和度	S_r	$S_r=\frac{V_w}{V_v}\times100\%$	$S_r=\frac{w\rho_d}{n\rho_w}=\frac{wd_s}{e}$		$0\leq S_r\leq50\%$　稍湿 $50\%<S_r\leq80\%$　很湿 $80\%<S_r\leq100\%$　饱和

【例 1-1】 薄壁取样器采取的土样，测出其体积 V 与重量分别为 36.4cm³ 和 65.21g，把土样放入烘箱烘干，并在烘箱内冷却到室温后，测得重量为 48.10g。试求土样的 ρ(天然密度)、ρ_d(干密度)、w(含水量)、e(孔隙比)和饱和度。($d_s=2.72$)

解：本题中土样的天然密度、干密度、含水量可利用三相图根据定义直接求得，孔隙比和饱和度可直接代入换算公式计算求得。

$$\rho=\frac{m}{V}=\frac{m_s+m_w}{V_s+V_v}=\frac{65.21}{36.40}=1.79(\text{g/cm}^3)$$

$$\rho_d=\frac{m_s}{V}=\frac{48.10}{36.40}=1.32(\text{g/cm}^3)$$

$$w=\frac{w_w}{m_s}\times100\%=\frac{m-m_s}{m_s}=\frac{65.21-48.10}{48.1}\times100\%=35.57\%$$

$$e=\frac{d_s\rho_w}{\rho_d}-1=\frac{2.73\times1}{1.32}-1=1.068$$

$$S_r=\frac{w\cdot d_s}{e}=\frac{35.57\times2.72}{1.068}=90.59\%$$

1.6 土的物理状态

1.6.1 黏性土的可塑性及界限含水量

黏性土因含水量不同，可分别处于固态、半固态、可塑状态和流动状态。所谓可塑状态，是指黏性土在某含水量范围内，可用外力塑成任何形状而不发生裂缝，外力解除以后能保持已有形状而不恢复原状，土的这种性质称为可塑性。黏性土从一种状态转变为另一种状态的分界含水量称为界限含水量。土由可塑状态变化到流动状态的界限含水量称为液限(或称塑性上限或流限)，用符号 w_L表示；土由可塑状态变化到半固态的界限含水量称为塑限，用符号 w_p表示；土由半固态不断蒸发水分，体积逐渐缩小，直到体积不再缩小时土的界限含水量称为缩限，用符号 w_s 表示。界限含水量首先由瑞典科学家阿太堡(Atterberg)提出，又称为阿太堡界限，通常以百分数表示，它对黏性土的分类及工程评价有重要的作用。

我国目前采用锥式液限仪(图 1-11)测定黏性土的液限。将调成浓糊状的试样装满盛土杯，刮平杯口面，使 76g 的圆锥体在自重作用下徐徐沉入试样，如经过 5s 圆锥沉入深度恰好为 10mm 时，该试样的含水量即为液限。

美国、日本等国家大多采用碟式液限仪(图 1-12)测定液限。将调成糊状的试样装入碟内，刮平表面，做成深的土饼，用切槽器在土中划一条槽，槽底宽 2mm，然后将碟子抬高 10mm，自由撞击在硬橡皮垫板上。连续下落 25 次后，如土槽合拢长度刚好为 13mm，该试样的含水量就是液限。

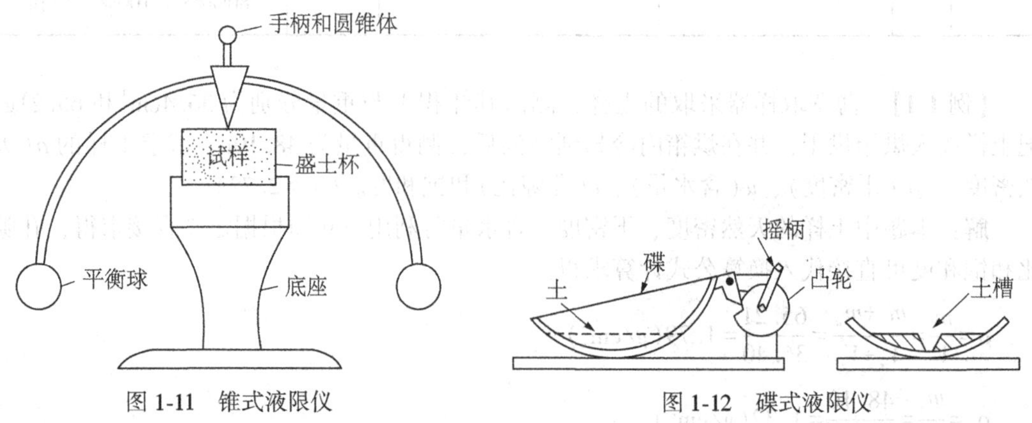

图 1-11 锥式液限仪

图 1-12 碟式液限仪

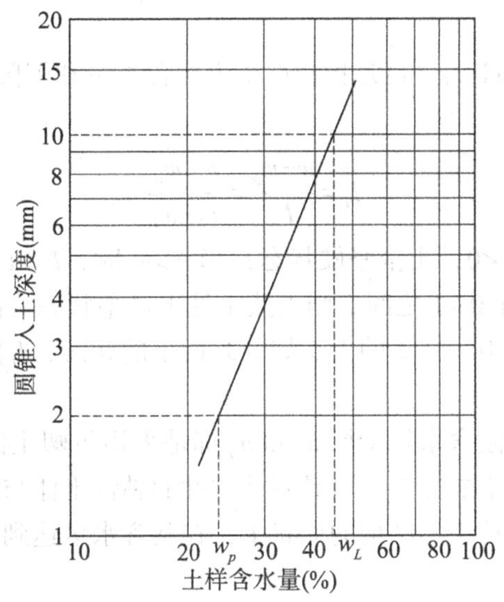

图 1-13　圆锥入土深度与含水量关系

黏性土的塑限采用“搓条法”测定。测定时，用手将天然湿度的土样搓成小圆球(球径小于 10mm)，放置在毛玻璃板上，再用手掌搓滚成细条，搓滚过程中，水分渐渐蒸发，若土条刚好搓至直径为 3mm 时产生裂缝并开始断裂，此时土条的含水量即为塑限。由于搓条法采用人工操作，人为因素影响较大，测试成果不稳定，因此采用锥式液限仪联合测定液、塑限。

联合测定法是采用锥式液限仪以电磁放锥，利用光电方式测读锥入土中深度。试验时，一般测试 3 个不同含水量的试样，在双对数坐标纸上作出 76g 锥入土深度及相应含水量的关系曲线(图 1-13)。对应于圆锥体入土深度为 10mm 和 2mm 土样的含水量分别为该土的液限和塑限。

国内外研究成果分析表明，取 76g 圆锥仪下沉 17mm 深度时的含水量与碟式仪测出的液限值相当。公路土工试验规程(JTG E40—2007)规定采用 100g 圆锥仪下沉 20mm 深度时的含水量与碟式仪测出的液限值相当。

1.6.2　黏性土的物理状态指标

1. 塑性指数

塑性指数(Plasticity Index，PI)是指液限与塑限之差，习惯上略去百分号，用符号 I_p 表示，即

$$I_p = w_L - w_p \tag{1-21}$$

塑性指数表示土处在可塑状态的含水量变化范围，I_p 值的大小与土中结合水的含量有关。就土的颗粒而言，颗粒愈细，比表面积也愈大，结合水含量高，因而 I_p 随之增大。就矿物成分而言，黏性土矿物(尤其是蒙脱石类)含量愈多，水化作用剧烈，结合水含量愈高，即 I_p 也大。因此，塑性指数反映了黏性土处在可塑状态的水含量变化范围，其值的大

小与土中结合水含量有关，工程中常用塑性指数对黏性土进行分类。

2. 液性指数

液性指数(Liquidity Index，LI)是指黏性土天然含水量和塑限之差与塑性指数的比值，用符号I_L表示，即

$$I_L=\frac{w-w_p}{I_P}=\frac{w-w_p}{w_L-w_P} \tag{1-22}$$

显然，当$w<w_p$时，$I_L<0$，土呈坚硬状态；当$w>w_L$时，$I_L>1$，土处于流动状态；当w在w_p和w_L之间时，即I_L在0~1之间，则天然土处于可塑状态。因此，根据I_L值，可直接判定土的物理状态。工程中，按I_L的大小划分黏性土的状态，I_L值愈大，土质愈软，反之土质愈硬。

特别指出，黏性土界限含水量指标w_p和w_L都是采用重塑土测定的，它们仅反映黏土颗粒与水的相互作用，并不能完全反应具有结构性的黏性土体与水的关系以及作用后表现出的物理状态。因此，保持天然结构的原状土，在其含水量达到液限以后，并不处于流动状态，而处于流塑状态。

液性指数用于划分黏性土的软硬程度，其划分标准见表1-4。

表1-4　　黏性土的状态(GB50007—2011，JTGD63—2007)

状态	坚硬	硬塑	可塑	软塑	流塑
液性指数	$I_L\leqslant 0$	$0<I_L\leqslant 0.25$	$0.25<I_L\leqslant 0.75$	$0.75<I_L\leqslant 1.0$	$I_L>1.0$

3. 天然稠度

天然稠度(Natural Consistency)是指原状土样测定的液限和天然含水量的差与塑性指数I_p之比，用符号w_c表示，即

$$w_c=\frac{w_L-w}{w_L-w_p} \tag{1-23}$$

在《公路土工试验规程》(JTG E40—2007)中，土的天然稠度实验采用直接法和间接法，直接法按烘干法测定原状土样天然含水量；间接法用液、塑限联合测定仪测定天然结构土体的锥入深度，并用联合测定结果确定土的天然稠度。土样制备：切削具有天然含水量、土质均匀的试件1块，其长度、宽度(或直径)不小于5cm，厚度不小于3cm，整平上下面；对于软黏土，若用环刀切入土体时，将切入环刀后土体的上下面整平。

土体的含水量和锥入深度h为曲线关系，用下式表示：

$$\lg h=\alpha+\beta\lg w \tag{1-24}$$

或

$$\lg h=\alpha+\beta\lg(w_L-I_p w_c) \tag{1-25}$$

式中，

$$\beta=\frac{\lg 20-\lg h_p}{\lg w_L-\lg w_p}$$

$$\alpha=\lg 20-\beta\lg w_L$$

在联合测定法中w_L、w_p、h_p和I_p均为已知，测得锥入深度h后，由上述公式可求得

稠度。

土的天然稠度可用于划分路基的干湿状态。天然稠度建议值取实测路床表面以下 80cm 深度内的平均稠度 w_c(图 1-14)。

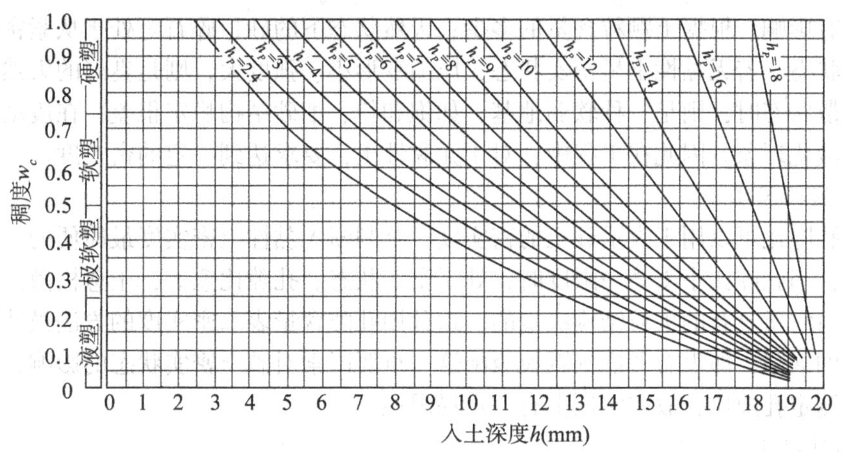

图 1-14 圆锥入土深度与天然稠度的诺谟图

1.6.3 黏性土结构性和触变性

1. 黏性土的灵敏度

天然状态下的黏性土，由于地质历史作用，常具有一定的结构性。当土体受到外力扰动作用时，土粒间的胶结物质以及土粒、离子、水分子所组成的平衡体系受到破坏，土的强度降低，压缩性增大。工程中常用灵敏度衡量黏性土结构性对强度的影响。灵敏度是以原状土样和重塑土样(土的结构彻底破坏)的无侧限抗压强度之比表示。重塑土样具有原状土试样相同的尺寸、密度和含水量。饱和黏性土的灵敏度可表示如下：

$$S_t = \frac{q_u}{q'_u} \tag{1-26}$$

式中，q_u——原状土的无侧限抗压强度，kPa；

q'_u——具有原状土试样相同的尺寸、密度和含水量的重塑土的无侧限抗压强度，kPa；

根据灵敏度，可将饱和黏性土分为低灵敏($1<S_t\leqslant 2$)、中灵敏($2<S_t\leqslant 4$)和高灵敏($S_t>4$)三类。土的灵敏度愈高，其结构性愈强，受扰动后土的强度降低就愈明显。因此，在基础工程施工中必须注意保护基槽，尽量减少对土结构的扰动。

2. 黏性土的触变性

饱和黏性土的结构受到扰动，导致强度降低，但当扰动停止后，土的强度随时间逐渐恢复。黏性土的这种抗剪强度随时间恢复的胶体化学性质称为土的触变性。这是由于土粒、离子和水分子体系随时间而趋于新的平衡状态之故。例如，在黏性土中打桩时，常常采用振扰的方法，破坏桩侧土和桩尖土的结构，以降低打桩的阻力，而打桩停止后，土的强度会随时间增长部分恢复，使桩的承载力逐渐增加，这就是利用了土的触变性的机理。

1.6.4 无黏性土的密实度

无黏性土一般是指碎石(类)土和砂(类)土。这两大类中一般黏粒含量较少，呈单粒结构，不具有可塑性。无黏性土的物理性质主要取决于密实度状态，土的湿度状态仅对细砂、粉砂有影响。根据土颗粒含量的多少，天然状态下的砂、碎石等处于从紧密到松散的不同物理状态。若无黏性土呈密实状态，压缩变形小、强度大，则是良好的天然地基。呈稍密、松散状态时，则是一种软弱地基，如饱和粉、细砂结构稳定很差，在震动荷载作用下将发生液化现象。因此在工程中，对于无黏性土，要求达到一定的密实度。

1. 天然孔隙比

天然孔隙比可以用于表示砂土的密实度，是判断无黏性土密实度最简便的方法。对于同一种土，当孔隙比小于某一限度时，处于密实状态。孔隙比愈大，土愈松散。砂土的这种特性是由它所具有的单粒结构决定的。这种用孔隙含量表示密实度的方法虽然简便，却有其明显的缺陷，即没有考虑到颗粒级配这一重要因素对砂土密实状态的影响，要求采取原装砂样测定孔隙比，故在实用上有一定局限性。

2. 相对密度

对于颗粒级配相差较大的不同类土，根据土的天然孔隙比难以有效判断密实度的相对高低。例如某级配不良的砂土所确定的孔隙比，根据该孔隙比可评定为密实状态；而对于级配良好的砂土，同样具有这一孔隙比，可判定为中密或者稍密状态。因此，为了合理确定砂土的密实状态，工程上提出了一个综合反映土粒级配、土粒形状和结构等因素的指标，即相对密实度，其表达式如下：

$$D_r=\frac{e_{\max}-e}{e_{\max}-e_{\min}}=\frac{\rho_{d\max}(\rho_d-\rho_{d\min})}{\rho_d(\rho_{d\max}-\rho_{d\min})} \tag{1-27}$$

当 $e=e_{\max}$ 时，表示土处于最疏松状态，此时 $D_r=0$；当 $e=e_{\min}$ 时，表示土处于最密实状态，此时 $D_r=1.0$。砂土密实度按相对密度 D_r 的划分标准参见表 1-5。

表 1-5 按相对密度 D_r 划分砂土密实度

密实度	密实	中密	松散
D_r	$D_r>\frac{2}{3}$	$\frac{1}{3}<D_r\leqslant\frac{2}{3}$	$D_r\leqslant\frac{1}{3}$

理论上，相对密度 D_r 比孔隙比能更合理确定土的密实状态，但是由于测定 e、$e_{\max}$ 与 $e_{\min}$ 很困难，通常 D_r 的划分标准多用于填方工程的质量控制中，对于天然土尚难以应用。

3. 砂土、碎石的密实度按标准贯入锤击数 N 划分

天然砂土的密实度可按原位标准贯入试验的锤击数 N 进行划分。标准贯入试验，是采用标准贯入器打入土中一定距离(30cm)所需落锤次数(标贯击数)来表示土的阻力大小。《建筑地基基础设计规范》中给出了判别标准(表 1-6)。

表 1-6　**按标准贯入锤击数 N 划分砂土密实度(GB 50007—2011)**

密实度	松散	稍密	中密	密实
N	$N\leqslant10$	$10<N\leqslant15$	$15<N\leqslant30$	$N>30$

4. *碎石土密实度按重型圆锥动力触探的锤击数 $N_{63.5}$ 划分*

天然碎石土的密实度可按原位重型圆锥动力触探的锤击数 $N_{63.5}$ 进行评定。圆锥动力触探是利用一定的落锤能量，将一定尺寸、一定形状的圆锥探头打入土中，根据打入的难易程度评价土的物理力学性质的一种原位测试方法，见表 1-7。

表 1-7　**重型圆锥动力触探的锤击数 $N_{63.5}$ 划分碎石土密实度(GB 50007—2011/JTG D63—2007)**

密实度	松散	稍密	中密	密实
$N_{63.5}$	$N_{63.5}\leqslant5$	$5<N_{63.5}\leqslant10$	$10<N_{63.5}\leqslant20$	$N_{63.5}>20$

5. *碎石土密实度的野外鉴别方法*

对于大颗粒含量较多的碎石土，其密实度很难做室内试验或原位触探试验，可以根据野外鉴别方法划分为密实、中密、稍密、松散四种密实度状态，其划分标准见表 1-8。

表 1-8　**碎石土密实度野外鉴别方法(GB50007—2011)**

密实度	骨架颗粒含量和排列	可挖性	可钻性
密实	骨架颗粒含量大于总质量的70%，呈交错排列，连续接触	锹、镐挖掘困难，用撬棍方能松动；井壁一般较稳定	钻进极困难；冲击钻探时，钻杆、吊锤跳动剧烈；孔壁较稳定
中密	骨架颗粒含量等于总质量的60%~70%，呈交错排列，大部分不接触	锹、镐可以挖掘，井壁有掉块现象，从井壁取出大颗粒处，能保持颗粒凹面形状	钻进较困难；冲击钻探时，钻杆、吊锤跳动不剧烈；孔壁有坍塌现象
稍密	骨架颗粒含量等于总质量的55%~60%，排列混乱，大部分不接触	锹可以挖掘，井壁易坍塌，从井壁取出大颗粒后，砂土立即坍落	钻进较容易；冲击钻探时，钻杆稍有跳动；孔壁易坍塌
松散	骨架颗粒含量小于总质量的55%，排列十分混乱，绝大部分不接触	锹易挖掘，井壁极易坍塌	钻进很容易；冲击钻探时，钻杆无跳动；孔壁易坍塌

注：(1)骨架颗粒是指与表中碎石土分类名称相对应粒径的颗粒；

(2)碎石土密实度的划分，应按表列各项要求综合确定。

【例 1-2】 某天然砂层，密度为 1.57g/cm³，含水量 14%，由实验求得该砂土的最小干密度为 1.25g/cm³；最大干密度为 1.68g/cm³。问：该砂层处于哪种状态？

解：已知：$\rho=1.57$，$w=14\%$，$\rho_{d\min}=1.25\text{g/cm}^3$，$\rho_{d\max}=1.68\text{g/cm}^3$。

由公式 $\rho=\dfrac{\rho}{1+w}$，得 $\rho_d=1.38\text{g/cm}^3$。

$$D_r=\frac{(\rho_d-\rho_{d\max})\rho_{d\max}}{(\rho_{d\max}-\rho_{d\min})\rho_d}=\frac{(1.38-1.25)\times1.68}{(1.68-1.25)\times1.38}=0.37$$

$0.67>D_r=0.37>0.33$，砂层处于中密状态。

【例 1-3】 从某地基取原状土样，测得土的液限为 37.4%，塑限为 23.0%，天然含水量为 26.0%。问：地基土处于何种状态？

解：已知：$w_L=37.4\%$，$w_p=23.0\%$，$w=16.0\%$。

$$I_p=w_L-w_p=0.374-0.23=0.144=14.4\%$$

$$I_L=\frac{w-w_p}{I_p}=\frac{0.26-0.23}{0.144}=0.21$$

$0<I_L\leqslant0.25$，该地基土处于硬塑状态。

1.7 土的压实性

土体在压实能量(振动、夯实和碾压等)作用下，土颗粒产生位移并重新排列，使土体密度增加的性质，称为土的压实性，以土的压实度作为土的压实性指标。土的压实性指标通常可在实验室内用击实试验测定。

1.7.1 击实试验与压实度

1. 击实试验

击实试验按击锤重量，可分为轻型和重型两种类型。《土工试验方法》规定轻型击实试验适用于粒径小于 5mm 的黏性土，重型击实试验采用大击实筒，当击实层数为 5 层时，适用于粒径不大于 20mm 的土，当击实层数为 3 层时，最大粒径不大于 40mm，且粒径大于 35mm 的颗粒含量不超过全重的 5%。轻型击实试验方法为：(1)取重为 3~3.5kg 的风干土过筛孔为 5mm 的筛，并加水湿润；(2)将筛下土样至少制成 5 个含水量依次相差约 2%的试样，且其中至少有两个大于最优含水量及两个小于最优含水量；(3)将拌和均匀的土样分 3 层装入标准击实仪中击实。第一层松土厚约为击实筒容积的$\frac{2}{3}$，击实后土样约为击实筒容积的$\frac{1}{3}$；第二层松土装置与击实筒口相平，击实后土样约为击实筒容积的$\frac{2}{3}$；然后按上套筒，再装松土至套筒口瓶(因套筒高约为击实筒的$\frac{1}{3}$)，这样，击实后土样可略高于击实筒；(4)根据土类规定击数进行击实，例如黏质粉土可采用 25 击；(5)取下套环，齐筒顶将试样面小心削平，再拆去底板，称其质量；(6)拆开土样筒，推出筒内试样，从试样中心处取出两个试样(各约 30g)，测定其含水量。重型击实试验方法与轻型相似，只是击实层数可采用 3 层或 5 层，如图 1-15 所示。

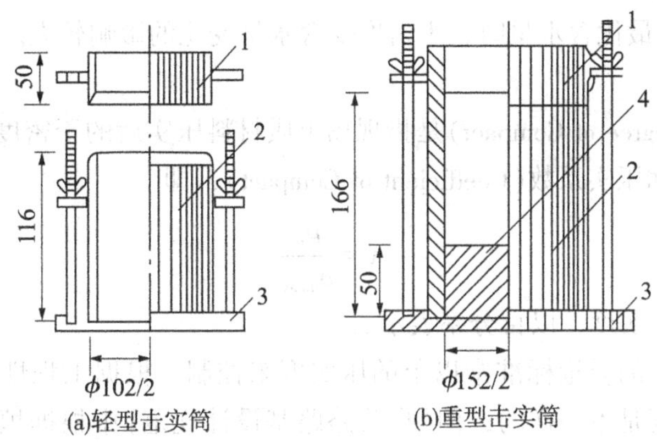

(a)轻型击实筒　(b)重型击实筒

1—护筒；2—击实筒；3—底板；4—垫块

图 1-15　击实仪

根据击实筒的体积和筒内压实土样的质量，可以计算出土样的湿密度，同时由烘干法可测出土样的含水量，由此计算土样的干密度。

2. 击实曲线

由一组中几个不同含水量(一般取 5 个)的同一土样按照相同的击实方法测其含水量和干密度，绘出含水量和干密度关系曲线，即为击实曲线，如图 1-16 所示。

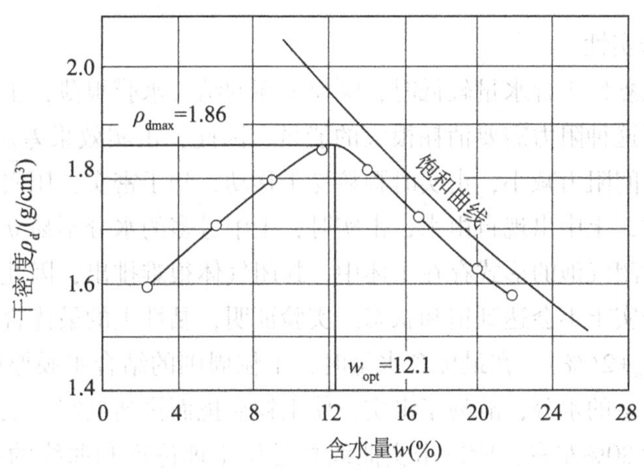

图 1-16　击实曲线

击实曲线可以反映土的以下压实特征：

(1)对于某一土样，在击实曲线上可找到一峰值，称为最大干密度(Maximum Dry Density)ρ_{dmax}，与之相对应的含水量称为最优含水量(Optimum Water Content or Optimum Moisture Content)w_{op}，它表示在一定击实功作用下，达到最大干密度的含水量，即当击实土样为最佳含水量时，压实效果最好。

(2)击实是通过挤出空气达到压实的目的，但不可能到完全饱和，击实曲线会接近饱和曲线，且不可能与其相交。

(3)含水量低于最优含水量时，干密度受含水量变化的影响较大。

3. 土的压实度

土的压实度(Degree of Compact)是指现场土质材料压实后的干密度与室内试验标准最大干密度之比，或称压实系数(Coefficient of Compact)，即

$$\lambda_c = \frac{\rho_d}{\rho_{d\max}} \tag{1-28}$$

式中，λ_c——土的压实度，以百分率表示。

在工程中，填土的质量标准常以土的压实度来控制。根据工程性质及填土的受力状况，所要求的压实度是不一样的，例如《公路路基设计规范》中根据填挖类型和公路等级确定路基的压实度；《建筑地基基础设计规范》中压实填土的质量以压实系数控制，并根据结构类型和压实填土所在部位确定。

必须指出，现场填土的压实，无论是在压实能量、压实方法还是在土的变形条件方面，与室内击实试验都存在一定的差异。因此，室内击实试验是近似模拟现场填筑情况，是一种半经验性试验，用锤击方法将土击实，以研究土在不同击实功能下土的击实特性，以便取得有参考价值的设计数值。

1.7.2 土的压实机理

1. 压实机理

1)黏性土的击实性

一般认为，在黏性土含水量较低时，颗粒表面的结合水膜很薄，土粒的相对位移阻力大，击实时要克服这种阻力需要消耗很大的能量，因此，击实效果差。随着含水量增加，结合水膜变厚，粒间阻力减小，击实时颗粒易于移动，趋于密实，压实效果好。但当水中含水量继续增大时，土中出现自由水，击实时，土中过多的水分不易立即排出，同时，土中剩余的气体以封闭气泡的形式存在土体中，封闭气体很难排出，因此击实曲线不可能达到饱和曲线，即击实土不会达到饱和状态。实验证明，黏性土的最优含水量一般在塑限附近，大约为 $w_{op}=w_p+2(\%)$。在最优含水量时，土粒周围的结合水膜厚度适中，土粒连结较弱，又不存在多余的水分，故易于击实，使土粒靠拢而排列最密。土被击实到最佳状态时，饱和度一般为80%左右，所以击实曲线总是位于理论饱和曲线的左下侧，而不会与之相交。

2)无黏性土的击实性

无黏性土情况有些不同，无黏性土的压实性也与含水量有关，不过不存在最优含水量。一般在完全干燥或者充分洒水饱和的情况下，容易压实到较大的干密度。处于潮湿状态时，由于具有微弱的毛细水连接，土粒间移动所受阻力较大，不易被挤紧压实，干密度不大。无黏性土的压实标准，一般用相对密度 D_r。一般要求砂土压实至 D_r>0.67，即达到密实状态。

2. 影响土压实性的主要因素

1) 含水量的影响

土的含水量是影响填土压实性的主要因素之一。含水量较低时，土粒受到冲击作用容易分散而难于获得较高的密实度。含水量较高时，土中多余的水分在夯击时很难快速排出，夯击或碾压时容易出现类似弹性变形的“橡皮土”现象，只有在某一含水量(最优含水量)下才能获得最佳的击实效果。

显然，在填土工程中应注意控制土的含水量，较干或较湿的土都不容易击实到最密实状态；含水量过高或过低都对填土工程不利。

2) 土类和级配的影响

无黏性土的击实特性与黏性土有很大不同。图 1-17(a)所示是五种不同的土的级配曲线，图 1-17(b)所示是它们的击实曲线。从图 1-17 中可见，不同的土的击实特性是不同的，粗粒含量多且级配较好的土，其最大干密度大而最优含水量小。

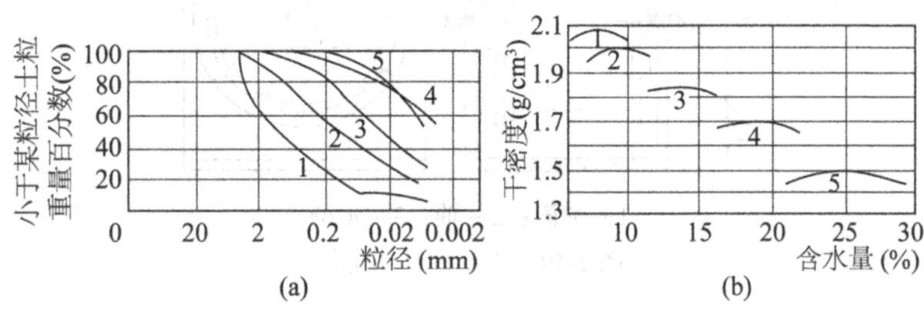

图 1-17　不同土料的击实曲线

填土中所含的细粒越多(即黏土矿物越多)，则最优含水量越大，最大干密度越小。在同类土中，土的颗粒级配对土的压实效果影响很大，颗粒级配不均匀的容易压实，均匀的不易压实，这是因为级配均匀的土中较粗颗粒形成的孔隙很少有细颗粒去充填。

3) 击实功能的影响

同一种土用不同的功能击实所得到的击实曲线，有一定的差异。由击实试验可知：①土粒的最大干密度和最优含水量不是常数。最大干密度随击数的增加而逐渐增大，最优含水量则逐渐减少，但这种增大或减少是递减的，因此，增加击实功能以提高土的最大干密度十分有限。②当含水量较低时，击数的影响较显著；当含水量较高时，含水量与干密度关系曲线趋近于饱和线，也就是说，这时提高击实功能是无效的，如图 1-18 所示。

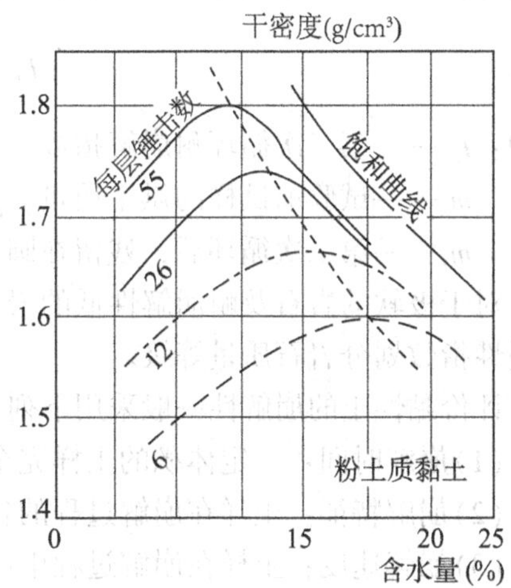

图 1-18　击实功能对击实曲线的影响

1.8 岩土的其他物理性质

1.8.1 岩土的崩解性

岩土的崩解性是指岩土与水相互作用时失去黏结性并变成完全丧失强度的松散物质的性能。这种现象是由于水化过程中削弱了岩土内部的结构联结引起的。

岩石崩解性一般用岩石的耐崩解性指数表示，这个指标可以在实验室内做干湿循环试验确定。如图 1-19 所示。

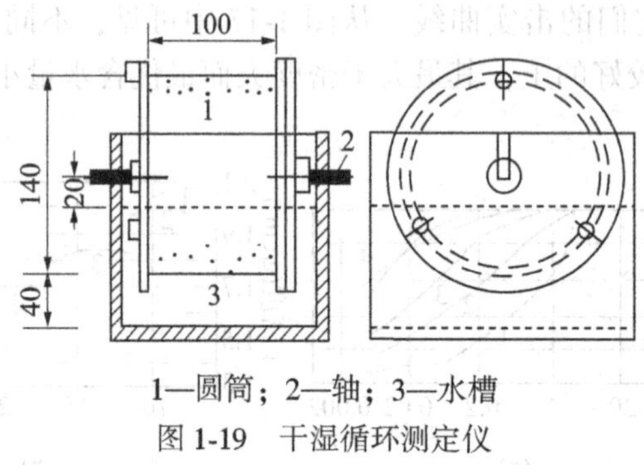

1—圆筒；2—轴；3—水槽

图 1-19 干湿循环测定仪

试验过程是将经过烘干的试块(500g，分成约 10 块)，放在带有筛孔的圆筒内，使该圆筒在水槽中以 20r/min 连续旋转 10min，然后将留在圆筒内的岩块取出烘干称重，如此反复进行两次，按下式计算耐崩解指数：

$$I_{d2}=\frac{m_r}{m_s}\times 100(\%) \tag{1-29}$$

式中：I_{d2}——第二次循环耐崩解指数；

m_s——试验前试样的烘干质量，g；

m_r——第二次循环后，残留在圆筒内试样的烘干质量，g。

对于极软的岩石及耐崩解性低的岩石，还应综合考虑崩解物的塑性指数、颗粒成分与耐崩性指数划分岩石质量等级。

评价黏性土的崩解性一般采用下列三个指标：

(1)崩解时间：一定体积的土样完全崩解所需的时间；

(2)崩解特征：土样在崩解过程的各种现象，即出现的崩解形式；

(3)崩解速度：土样在崩解过程中质量的损失与原土样质量之比和时间的关系，即

$$V=\frac{m-m_t}{t} \tag{1-30}$$

式中：V——崩解速度，g/s；

m——试样原重量，g；

m_t——在 t 时间段后试样的重量，g；

t——时间段，s。

影响土崩解性的因素主要有矿物成分、粒度成分及交换阳离子成分、土的结构特征（结构连接）、含水量、水溶解的成分及浓度，等等。一般来说，土的崩解性在很大程度上与原始含水量有关。干土或未饱和土比饱和土崩解得要快得多。

1.8.2　岩石的软化性

岩石的软化性是指岩石与水相互作用时降低强度的性质。软化作用机理也是由于水分子进入粒间间隙而削弱了粒间联结造成的。岩石的软化性与其矿物成分、粒间联结方式、孔隙率以及微裂隙发育程度等因素有关。大部分未经风化的结晶岩在水中不易软化，许多沉积岩如黏土岩、泥质砂岩、泥灰岩以及蛋白岩、硅藻岩等则在水中极易软化。

岩石的软化性高低一般用软化系数表示，软化系数是岩样饱水状态下的抗压强度与干燥状态的抗压强度的比值，即

$$\eta_c = \frac{R_{cw}}{R_c} \tag{1-31}$$

式中，η_c——岩石的软化系数；

R_{cw}——岩样在饱水状态下的抗压强度，kPa；

R_c——干燥岩样的抗压强度，kPa。

岩石的软化系数是小于 1 或等于 1 的系数，该值越小，表示岩石受水的影响越大。

1.8.3　岩石的抗冻性

岩石抵抗冻融破坏的性能称为岩石的抗冻性。岩石的抗冻性通常用抗冻系数来表示。岩石的抗冻系数 C_f 是指岩样在±25℃的温度区间内，反复降温、冻结、升温、融解，其抗压强度有所下降，岩样抗压强度的下降值与冻融前的抗压强度的比值，用百分率表示，即

$$C_f = \frac{R_c - R_{cf}}{R_c} \times 100\% \tag{1-32}$$

式中，C_f——岩石的抗冻系数；

R_c——岩样冻融前的抗压强度，kPa；

R_{cf}——岩样冻融后的抗压强度，kPa。

岩石在反复冻融后，其强度降低的主要原因，一是构成岩石的各种矿物的膨胀系数不同，当温度变化时由于矿物的胀缩不均而导致岩石结构的破坏；二是当温度降低到 0℃以下时，岩石孔隙中的水将结冰，其体积增大，会产生很大的膨胀压力，使岩石的结构发生改变，直至破坏。

1.8.4　岩土的膨胀性

岩土的膨胀性是指岩土浸水后体积增大的性质。某些含黏土矿物（如蒙脱石、水云母及高岭石）成分的软质岩石，经水化作用后在黏土矿物的晶格内部或细分散颗粒的周围生成结合水溶剂腔（水化膜），并且在相邻近的颗粒间产生楔劈效应，当楔劈作用力大于结构联结力时，岩石显示膨胀性。岩土膨胀性大小一般用膨胀率和膨胀力两项指标表示。

膨胀率 δ_{ep} 指在一定的压力下，试样浸水膨胀后的高度增量与原高度之比，用百分数

表示，即

$$\delta_{ep}=\frac{h_w-h_0}{h_0}\times 100\% \tag{1-33}$$

式中，h_w——试样浸水膨胀稳定后的高度，mm；

h_0——试样的原始高度，mm。

膨胀力 P_e 指原状试样在体积不变时，由于浸水膨胀产生的最大内应力。

膨胀率和膨胀力可通过室内试验确定(图 1-20)，目前国内大多采用土的固结仪和膨胀仪测定岩土的膨胀性，测定岩土膨胀力和膨胀率的试验方法常用的有平衡加压法、压力恢复法和加压膨胀法。

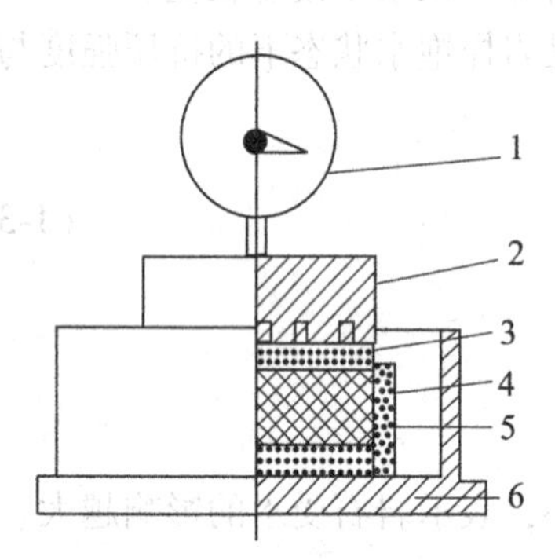

1—千分表；2—上压板；3—透水石；4—套环；5—试件；6—容器

图 1-20 膨胀仪

(1)平衡加压法。在试验过程中不断加压，使试样体积始终保持不变，所测得的最大应力就是岩土的最大膨胀力。然后，做逐级减压，直至荷载为零，测定其最大膨胀变形量，膨胀变形量与试件原始厚度的比值即为膨胀率。

(2)压力恢复法。试样浸水后，使其在有侧限的条件下进行自由膨胀，然后，再逐级加压，待膨胀稳定后，测定该压力下的膨胀率。最后加压，使试样恢复至浸水前的厚度，这时的压应力就是岩石的膨胀力。

(3)加压膨胀法。试验浸水前，预先加一级大于试样膨胀力的压应力，等受压变形稳定后，再将试样浸水膨胀，并让其完全饱和。做逐级减压，并测定不同压应力下的膨胀率，膨胀率为零时的压应力即为膨胀应力；压应力为零时的膨胀率即为有侧限的自由膨胀率。

1.8.5 土的湿陷性

土的湿陷性是指土在自重压力作用下或自重压力和附加压力综合作用下，受水浸湿后，使土体结构迅速破坏而发生显著的附加下陷特征。根据《岩土工程勘查规范》(GB50021—2001，2009 年版)，对于干旱、半干旱地区除黄土以外的湿陷性碎石土、湿陷性砂土和其他湿陷性的岩土，当不能取试样做室内湿陷性试验时，应采用现场载荷试验确定湿陷性。在 200kPa 压力下浸水载荷试验的附加湿陷量与承压板宽度之比等于或大于 0.023 的土，应判定为湿陷性。

黄土的湿陷性及湿陷性的强弱程度由湿陷系数衡量。黄土的湿陷性试验是在室内的固结仪内进行，其方法是：分级加荷至规定压力 p，测得下沉稳定后的高度 h_p，使土样浸水直至湿陷稳定为止，此时测其高度 h'_p，设土样的原始高度为 h_0，湿陷系数 δ_s 可表示为

$$\delta_s=\frac{h_p-h'_p}{h_0} \tag{1-34}$$

《湿陷性黄土地区建筑规范》(GB50025—2004)规定，当 $\delta_s<0.015$ 时为非湿陷性黄土；当 $\delta_s>0.015$ 时定为湿陷性黄土。

1.8.6　岩土的冻胀性

土的冻胀性是土的冻胀和冻融给建筑物或土工建筑物带来危险的变形特征。冻土的冻胀会使路基隆起，使柔性路面鼓包、开裂，使刚性路面错缝或折断；冻胀还会使修建在其上的建筑物抬起，引起建筑物开裂、倾斜，甚至倒塌。路基土冻融后，在车辆反复碾压下，易产生路面开裂、冒泥，即翻浆现象。冻融也会使房屋、桥梁、涵管发生大量不均匀下沉，引起建筑物开裂破坏。因此，在《冻土地区建筑地基基础设计规范》(JGJ118—2011)和《建筑地基基础设计规范》(GB50007—2011)中，确定基础埋深时，必须考虑地基土的冻胀性。地基土根据土的名称、冻前天然含水量、地下水位以及土的平均冻胀率 η，可将季节性土和季节融化层土的冻胀性划分为：Ⅰ级不冻胀、Ⅱ级弱冻胀、Ⅲ级冻胀、Ⅳ级强冻胀、V 级特强冻胀五类。冻土层的平均冻胀率，η 应按下式计算：

$$\eta=\frac{\Delta_z}{Z_d}\times 100(\%) \tag{1-35}$$

式中，Δ_z、h——地表冻胀量，mm；冻土层厚度，mm；

Z_d——设计冻深，$Z_d=h-\Delta_z$，mm。

习　　题

1-1　什么是颗粒级配曲线？它的形状如何影响土的工程性质？

1-2　无黏性土和黏性土在土的结构、构造和物理形态方面有何重要区别？

1-3　如果某天然黏土层的液性指数 I_L 大于 1.0，可是此土并未出现流动现象，仍有一定的强度，这是否可能？请解释其原因。

1-4　无黏性土是否也具有最大干重度和最优含水量的关系？它们的干重度与含水量关系曲线是否与黏性土的曲线相似？

1-5　以下说法是否正确？为什么？

(1) A 土的饱和度如果大于 B 土的饱和度，则 A 土必定比 B 土软；

(2) C 土的孔隙比大于 D 土的孔隙比，则 C 土的干重度应大于 D 土的干重度、C 土必定比 D 土疏松；

(3) 土的天然重度越大，则土必定越密实。

1-6　自然界中的岩石按地质成因分类可分为几大类？各有什么特点？

1-7　岩石的结构和构造有何区别？岩石颗粒间的联结有哪几种？

1-8　某试样经试验测得天然密度 $\rho=1.7\text{g/cm}^3$，含水量 $w=25\%$，土样相对密度 $d_s=2.68$。试求孔隙比 e、孔隙率 n、饱和度 S_r、干密度 ρ_d 和饱和密度 ρ_{sat}。(干密度 $\rho_d=1.36\text{g/cm}^3$)

1-9　某饱和原状土样，密度 $\rho=1.98\text{g/cm}^3$，$w_L=30.7\%$，土粒相对密度 $d_s=2.75$，土样的液限为 $w_L=37\%$，塑限为 $w_P=18\%$。试确定该土的名称。若将土样压密，使其干密度达到 1.66g/cm^3，此时土样的孔隙比减少多少？(孔隙比减少 0.1772)

1-10　有甲、乙两种饱和土样的试验结果如表 1-9 所示。

表 1-9 土样物理参数

土样	液限(%)	塑限(%)	含水量(%)	相对密度	饱和度(%)
甲	35.0	20.0	26.0	2.73	100
乙	15.0	10.0	22.0	2.68	100

试问：下列说法哪几种是正确的？请说明理由。

(1)甲土样比乙土样的黏粒含量多；

(2)甲土样的天然密度大于乙土样；

(3)甲土样的干重度大于乙土样；

(4)甲土样的孔隙比大于乙土样。

1-11 某土工试验颗粒分析的留筛质量如表 1-10 所示，底盘内试样质量 30g。试判断该粒组试样的级配是否良好。

表 1-10 试验颗粒分析的留筛质量

筛孔孔径(mm)	2.0	1.0	0.5	0.25	0.075
留筛质量(g)	50	150	150	100	20

1-12 某工程需填筑土坝，土体的最优含水量为 23%，土体天然含水量为 12%，汽车载重为 12t，若要把土体配制成最优含水量，每车土体需加多少吨水？(1.173t)

1-13 某土料土粒比重 $d_s=2.73$，$w=21\%$，室内击实试验的最大干密度 $\rho_{d\max}=1.86\text{g/cm}^3$，要求压实系数 $\lambda_c=0.95$，压实后饱和度 $S_r\leqslant 85\%$，土料含水量是否合适？

1-14 某建筑地基需要压实填土 9000m^3，控制压实后的含水量 $w_1=14\%$，饱和度 $S_r=90\%$，已知土料重度 $\gamma=15.5\text{kN/m}^3$，天然含水量 $w_0=10\%$，土粒相对密度 $d_s=2.72$，试计算需要土料的方量。(12191m^3)

第2章　岩土的渗透性

2.1　概　　述

土是多孔的粒状材料的集合体，土的固体颗粒之间存在大量相互连通的孔隙，岩石内部也存在着一定数量的孔隙和裂隙。当岩土体中存在一定的水头差时，水就会沿着孔隙(或裂隙)通道从水位高的位置向水位低的位置流动，这种现象称为渗流。岩土体具有被水等液体透过的性质称为岩土的渗透性。水在岩土孔隙(或裂隙)中的流动必然会引起岩土体中应力状态的改变，从而使其变形和强度特性发生变化，如图2-1和图2-2所示。

地下水在松散土体、松散破碎岩体及软弱夹层中运动时对土颗粒施加一体积力，在空隙动水压力的作用下可使岩土体中的细颗粒物质产生移动，有时被携出岩土体之外，产生渗透变形，甚至破坏，如边坡失稳、地面隆起、基坑突涌、坝基失稳等现象。渗流对铁路、水利、建筑和交通等工程的影响和破坏是多方面的，会直接影响到土工建筑物和地基的稳定和安全。

岩土的渗透性是其重要特性之一。因此，研究岩土的渗透性及渗透规律及其与工程的关系，是土木工程及有关领域的一个非常重要的课题。

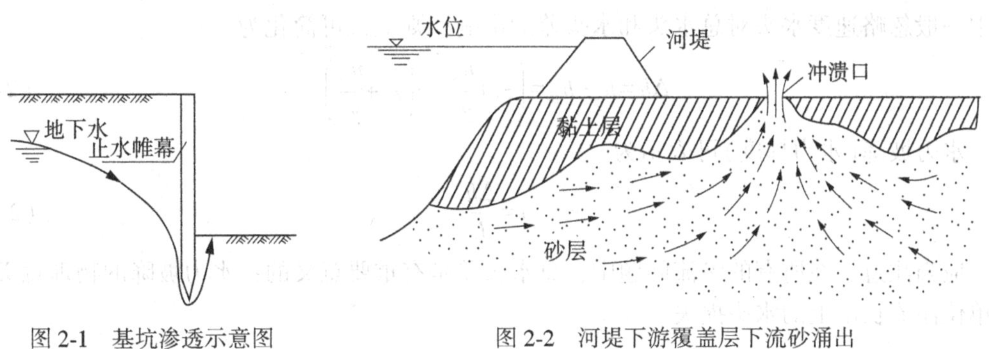

图2-1　基坑渗透示意图　　图2-2　河堤下游覆盖层下流砂涌出

2.2　岩土的渗透性和渗透规律

2.2.1　岩土的渗透性

水在岩土中的渗透是由水头差或水力梯度引起的，根据水力学知识，水在岩土中从A

点渗透到 B 点应该满足连续定律和能量平衡方程——伯努利(D. Bernoulli)方程，水在岩土中任意一点的水头可以表示为

$$h=z+\frac{u}{\gamma_w}+\frac{v^2}{2g} \tag{2-1}$$

式中，z——位置水头，与选定基准面的位置有关，m；

u——压力水头(土力学中称孔隙水压力)，kPa；

v——渗流速度，m/s；

γ_w——水的重度，kN/m³；

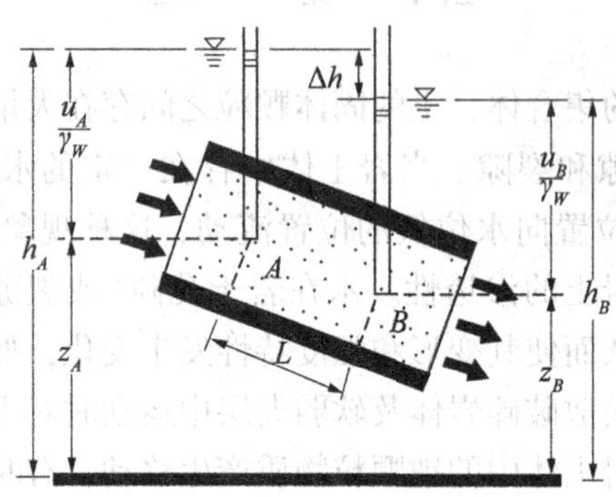

图 2-3　岩土体中渗流水头

图 2-3 中渗流在岩土体中流经 A、B 两点时，A、B 两点的总水头差为

$$\Delta h=h_A-h_B=\left(z_A+\frac{u_A}{\gamma_w}+\frac{v_A^2}{2g}\right)-\left(z_B+\frac{u_B}{\gamma_w}+\frac{v_B^2}{2g}\right) \tag{2-2}$$

由于水在岩土中渗流时受到的阻力较大，一般情况下渗流的速度很小，因此在岩土力学中一般忽略速度水头对总水头和水头差的影响，则上式可简化为

$$\Delta h=h_A-h_B=\left(z_A+\frac{u_A}{\gamma_w}\right)-\left(z_B+\frac{u_B}{\gamma_w}\right) \tag{2-3}$$

水力坡降(水力梯度)可表示为

$$i=\frac{\Delta h}{L} \tag{2-4}$$

应当注意，在所有的渗流问题中，总水头差是有重要意义的；水力坡降的物理意义就是单位渗流长度上的水头损失。

2.2.2　岩土体的层流渗透定律——达西定律

地下水在土体中流动时，由于孔隙通道很小，渗流过程中黏滞阻力很大，所以在多数情况下，水在土中的流速十分缓慢，属于层流。

法国工程师达西(H. Darcy，1855)对均匀砂进行了大量渗透试验，得出层流条件下，土中水渗流速度与能量之间的渗透规律，即达西定律。

达西实验的装置如图 2-4 所示。装置中的主体部分是上端开口的直立圆筒，下部放碎石，碎石上放一块多孔滤板 c，滤板上填放置颗粒均匀的土样，横截面积为 A，长度为 L。

筒的侧壁装有两只测压管，分别设置在土样上下端的过水断面 1、2 处。水由上端进水管 a 注入圆筒，并以溢水管 b 保持筒内为恒定水位。透过土样的水从装有阀门 d 的弯管流入容器 V 中。

当筒的上部水面保持恒定以后，通过砂土的是恒定流，测压管中的水面将恒定不变。图 2-4 中的 O-O 面为基准面，h_1、h_2分别为 1、2 断面处的测压管水头；Δh 即为经过渗流路径为 L 的土样后的水头损失。

达西根据对不同尺寸的圆筒和不同类型及长度的土样所进行的试验发现，单位时间内的渗出与圆筒断面积和水力梯度$\left(i=\dfrac{\Delta h}{L}\right)$成正比，且与土的渗透性质有关，即

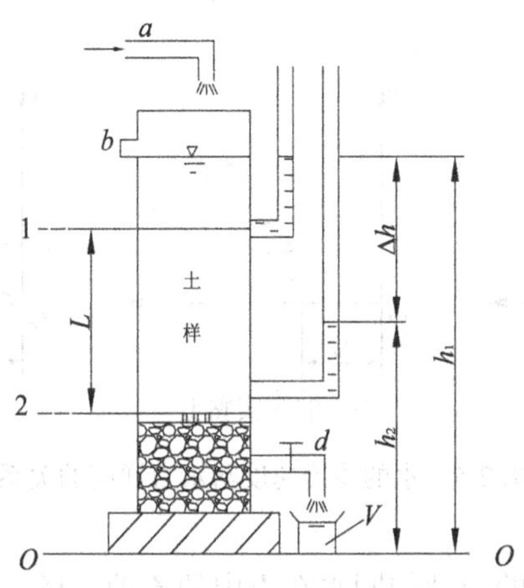

图 2-4　达西渗透试验装置

$$q \propto A \times \frac{\Delta h}{L} \tag{2-5}$$

或用等式则为

$$q = vA = kiA \tag{2-6}$$

或

$$v = \frac{q}{A} = ki \tag{2-7}$$

式中，v——渗透速度，cm/s 或 m/d；

q——单位渗流量，cm^3/s 或 m^3/d；

L——渗径长度；cm 或 m；

k——渗透系数，cm/s 或 m/d，其物理意义是当水力梯度 i 等于 1 时的渗透速度；

A——试样截面积，cm^2或 m^2。

值得注意的是，由上式求出的 v 是一种假想的平均流速，假定水在土中的渗透是通过整个土体截面来进行的。水在土体中的实际平均流速要比达西定律采用的假想平均流速大。

达西定律说明，在层流状态的渗流中，渗流速度 v 与水力坡降的一次方成正比，并与土的性质有关。

对于密实的黏土，由于结合水具有较大的黏滞阻力，只有当水力梯度达到某一数值，克服了结合水的黏滞阻力后才能发生渗透。通常将这一开始渗透时的水力坡降称为黏性土的起始水力梯度(坡降)。

水力梯度超过起始水力梯度后，黏性土渗透速度与水力坡降的规律偏离达西定律而呈非线性关系，如图 2-5(b)中的实线，常用图中虚线来描述密实黏土的渗透规律，即

$$v=k(i-i_b) \tag{2-8}$$

式中，i_b——密实黏土的起始水力坡降。

对于粗粒土中(如砾、卵石等)，在较小的 i 下，v 与 i 才呈线性关系；水在土中的流动进入紊流状态，渗透速度与水力坡降呈非线性关系，如图 2-5(c)所示，此时，达西定律不适用。

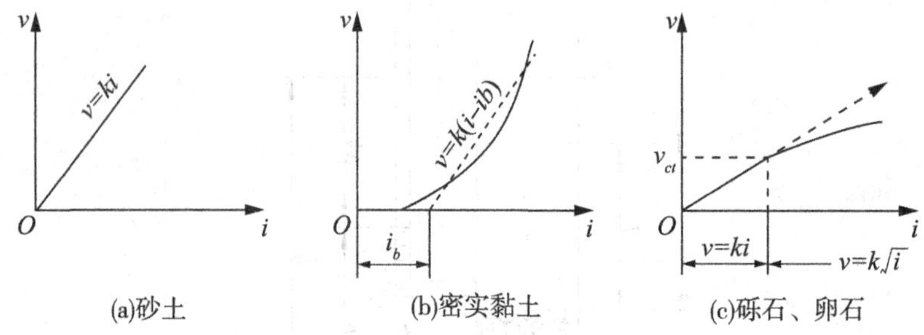

图 2-5 水的渗透速度与水力梯度的关系

一般认为，水在岩石中的流动如同水在土中的流动一样，也服从达西定律。岩石的渗透性大小也可用渗透系数来衡量。岩石渗透系数的大小取决于岩石的物理特性和结构特征，如岩石中孔隙和裂隙的大小、开闭程度以及连通情况等。

2.2.3 岩土渗透系数测定

渗透系数既是反映岩土体的渗透性能的定量指标，也是渗透计算时必须用到的基本参数。它的大小可通过试验测定。测定方法可分为室内渗透试验和现场试验两种。

1. 室内渗透试验

室内测定渗透系数的仪器和方法很多，但从原理上大体可分为常水头法和变水头法两种。

常水头法是在整个试验过程中，水头保持不变，从而水头差也是常数。常水头渗透试验装置如图 2-6(a)所示，设饱和试样的长度为 L，横截面面积为 A，水自上而下流经土样。待水头差 Δh 和渗水量 Q 稳定后，测出经过一段时间流经试样的水量，则

$$Q=qt=k\frac{\Delta h}{L}At \tag{2-9}$$

试样的渗透系数为

$$k=\frac{QL}{A\Delta ht} \tag{2-10}$$

常水头法适用于渗透性大的粗粒土(例如砾类土、砂类土)等。对于渗透性小的黏性

土，由于渗水量很少，用常水头渗透试验不易准确测定，因此，可采变水头试验测量。在整个试验过程中，水头差是随着时间不断变化的。变水头装置如图2-6(b)所示，试验时，

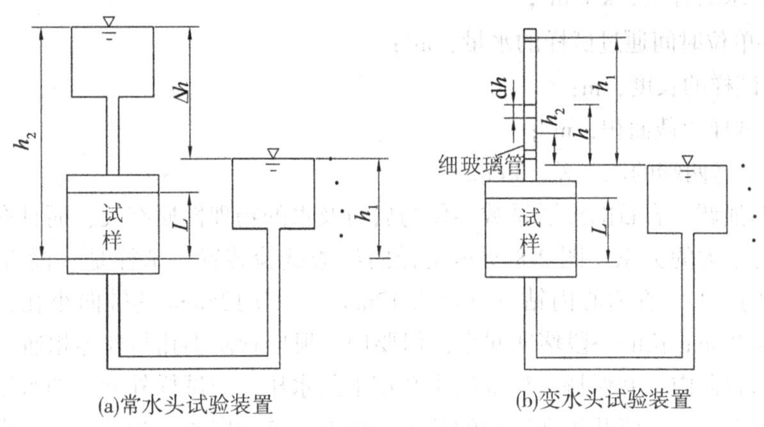

图2-6　室内渗透试验装置

装试样的容器内的水位保持不变，而变水头管内的水位逐渐下降。设试验过程中任意时刻 t 试样的水头差为 h，经过 dt 时间后，管内的水位下降 dh，变水头管横截面积为 a，则 dt 时间经过变水头管的水量为

$$dQ=-a\mathrm{d}h \tag{2-11}$$

式中"–"号表示水量随 h 的减少而增加。

根据达西定律，dt 时间流经试样的水量为

$$dQ=kiA\mathrm{d}t=k\frac{h}{L}A\mathrm{d}t \tag{2-12}$$

根据水流连续条件，同一时间内经过土样的水量与变水头管水量相等，即

$$\mathrm{d}t=-\frac{aL}{kA}\frac{\mathrm{d}h}{h} \tag{2-13}$$

上式两边积分得

$$\int_{t_1}^{t_2}\mathrm{d}t=-\frac{aL}{kA}\int_{h_0}^{h_1}\frac{\mathrm{d}h}{h} \tag{2-14}$$

得岩土的渗透系数表达式为

$$k=\frac{aL}{A(t_2-t_1)}\ln\frac{h_1}{h_2} \tag{2-15a}$$

如用常用对数表示，上式可写为

$$k=2.3\frac{aL}{A(t_2-t_1)}\lg\frac{h_1}{h_2} \tag{2-15b}$$

岩石的室内渗透试验的仪器和方法与土的渗透仪相类似，不过试验时采用的压力差比做土的试验大得多。图2-7表示岩石渗透仪的结构和试验原理。试验时，当试样两端的压力差为 p(kPa)时，采用下式计算渗透系数 k：

$$k=\frac{QL\gamma_w}{pA} \tag{2-16}$$

式中，γ_w——水的容重，kN/m^3；

Q——单位时间通过试样的水量，m^3；

L——试样的长度，m；

A——试样的截面积，m^2；

p——试样两端的压力差，kPa。

应当特别强调，岩石的渗透系数不仅与岩石及水的物理性质有关，而且有时与岩石的应力状态也有很大的关系。图 2-8 所示是径向渗透试验装置。试样是一段直径为 60mm、长为 150mm 的岩心，在岩心内钻一直径为 12mm、长为 125mm 的轴向小孔。试验前，把轴向小孔上端 25mm 长的一段堵塞起来，但要用一根导管使小孔与外界相通。将试样放进盛有压力水的容器内，并保持试样轴向小孔壁上的水压力与试样外壁上的水压力不等，这样就引起径向渗透，水流几乎在试样的整个高度上都是径向的。当外壁水压力大于内壁水压力时，水从外壁向内壁渗流，环形“岩管”处于受压状态；反之，当内壁压力大于外壁压力时，水从内壁向外壁渗流，试样处于受拉状态，这样就可以试验在各种应力状态下的岩石渗透性。

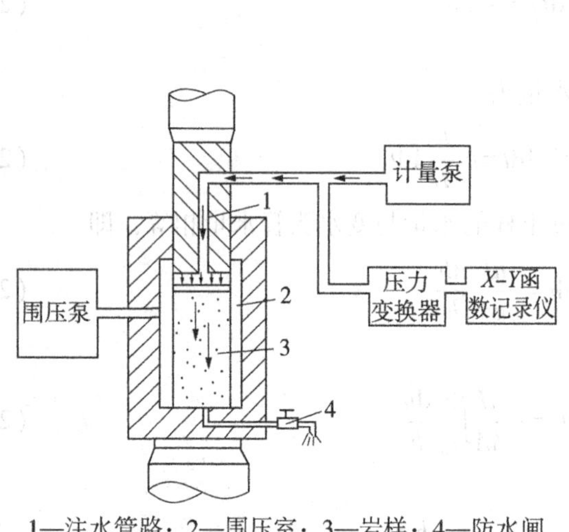

1—注水管路；2—围压室；3—岩样；4—防水闸

图 2-7 岩石渗透仪

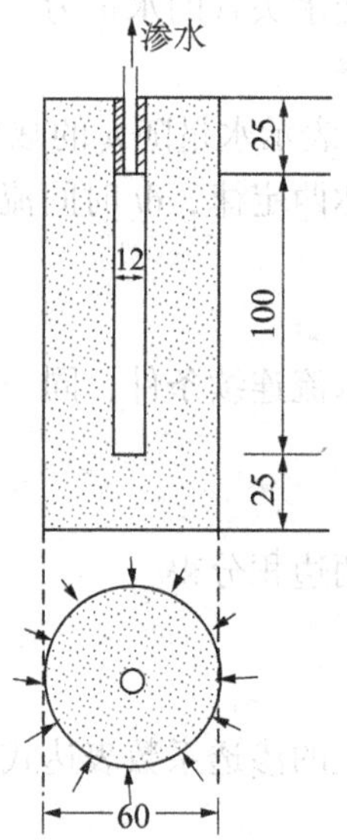

图 2-8 岩石径向渗透试验示意图

图 2-9 表示用径向渗透试验得到的四种不同岩石在荷载变化时渗透系数也随之相应变化的相关曲线。从图中可以看出，岩石的渗透性随着应力大小而变化的这一性质与岩石的种类有关。

2. 现场测定岩土的渗透系数

现场测定岩土体的渗透系数，常用井孔抽水试验或钻孔注水(渗水)试验的方法，后者又可分为钻孔常水头试验和钻孔变水头试验两种。这里仅介绍井孔抽水试验确定渗透系

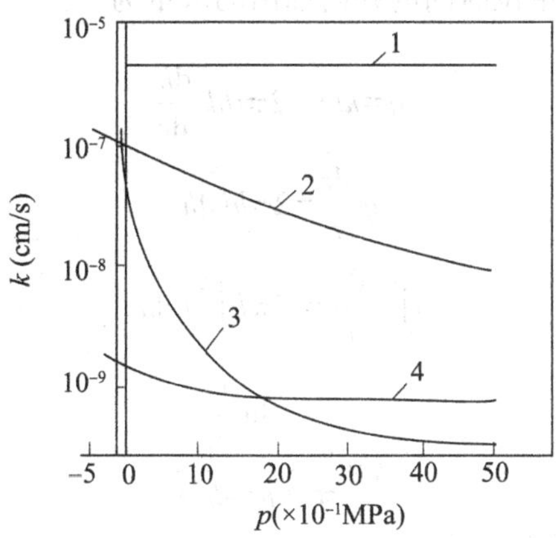

1—鲕状石灰岩；2—片麻岩；3—裂隙片麻岩；4—完整花岗岩

图 2-9　四种岩石的渗透系数随荷载变化曲线

数 k 的方法。根据井孔是否达到不透水层，分为完整井与非完整井。井孔达到不透水层，称为完整井，反之为非完整井。

图 2-10 所示为一现场井孔抽水试验示意图。在现场打一口试验井，井为贯穿要测定渗透系数的砂土(或岩)层的完整井。在距井中心不同距离处设置一个或两个观测孔。观测孔的布置取决于地下水的流向、坡度和含水层的均一性。一般布置在与地下水流向垂直的方向上。自井中以不变的速率连续进行抽水，形成一个以井孔为轴心的降落漏斗状的地下水面。通过测定试验井和观察孔中的稳定水位，可以画出测压管水位变化图形。当出水量和井中的动水位稳定一段时间后，若测得的抽水量为 q，观测孔距井轴线的距离 r_1、r_2，孔内的水位高度为分别为 h_1、h_2，通过达西定律即可求出土层的平均渗透系数 k。

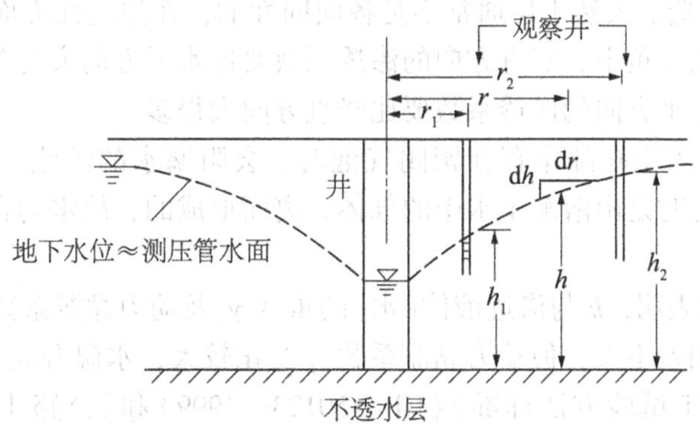

图 2-10　抽水试验示意图

假设水流是水平流向时，则流向水井的渗流过水断面应该是一系列的同心圆柱面。围绕井轴取一过水断面，该断面距井中心距离为 r，水面高度为 h，那么过水断面的面积为 $A=2\pi rh$，设该过水断面上各处的水力坡降 i 为常数，且等于地下水位线在该处的坡度，

则 $i=\frac{\mathrm{d}h}{\mathrm{d}r}$。根据达西定律，单位时间内井内抽出的水量为

$$q=kiA=2\pi rhk\frac{\mathrm{d}h}{\mathrm{d}r} \tag{2-17}$$

即

$$q\frac{\mathrm{d}r}{r}=2\pi hk\mathrm{d}h \tag{2-18}$$

等式两边积分：

$$q\int_{r_1}^{r_2}\frac{\mathrm{d}r}{r}=2\pi k\int_{h_1}^{h_2}h\mathrm{d}h \tag{2-19}$$

可得到渗透系数：

$$k=\frac{q}{\pi}\frac{\ln\frac{r_2}{r_1}}{(h_2^2-h_1^2)} \tag{2-20}$$

用常用对数表示，上式可写为

$$k=\frac{0.732q\ln\frac{r_2}{r_1}}{h_2^2-h_1^2} \tag{2-21}$$

2.2.4 影响渗透系数的因素

土体渗透性的影响因素很多，也比较复杂。影响土体渗透系数的因素主要有：

(1)土的粒度成分和矿物成分。土的颗粒大小、形状及级配影响土中孔隙大小及形状，因而影响渗透性。土粒越粗、越浑圆、越均匀时，渗透性就大。砂土中含有较多粉土或黏土颗粒时，其渗透系数就大大降低。土中含有亲水性较大的黏土矿物或有机质时，也大大降低土的渗透性。

(2)孔隙比。孔隙比 e 越大，渗透系数越大，而孔隙比的影响，主要取决于土体中的孔隙体积，而孔隙体积又取决于孔隙的直径大小，取决于土粒的颗粒大小和级配。

(3)土的结构构造。天然土层通常不是各向同性的，在渗透性方面往往也是如此。如黄土，特别是具湿陷性黄土，竖直方向的渗透系数要比水平方向大得多。层状黏土常夹有薄的粉砂层，它在水平方向的渗透系数要比竖直方向大得多。

(4)土中气体。当土孔隙中存在密闭气泡时，会阻塞水的渗流，从而降低了的渗透性。这种密闭气泡有时是由溶解于水中的气体分离而形成的，故水的含水量也影响土的渗透系数。

(5)水温。试验表明，k 与渗透液体(水)的重度 γ_w 及动力黏滞系数 η(Pa · s ×10^{-3})有关；水温不同，γ_w 相差不大，但动力黏滞系数 η 变化较大，水温升高，黏滞系数 η 降低，k 增大。目前，《土工试验方法标准》(GB/T50123—1999)和《公路土工试验规程》(JTG E40—2007)均采用 20℃ 为标准温度。因此，在标准温度 20℃ 下的渗透系数可按下式计算：

$$k_{20}=\frac{\eta_T}{\eta_{20}}k_T \tag{2-22}$$

式中，k_{20}、k_T——20℃、T℃时的渗透系数，cm/s；

η_{20}、η_T——20℃、T℃时水的动力黏滞系数(见表 2-1)。

表 2-1　水的动力黏滞系数(单位：10^{-6}kPa·s)

温度(℃)	η	温度(℃)	η	温度(℃)	η	温度(℃)	η	温度(℃)	η
5.0	1.516	10.0	1.310	15.0	1.144	20.0	1.010	27.0	0.859
5.5	1.493	10.5	1.292	15.5	1.130	20.5	0.998	28.0	0.841
6.0	1.470	11.0	1.274	16.0	1.115	21.0	0.986	29.0	0.823
6.5	1.449	11.5	1.256	16.5	1.101	21.5	0.974	30.0	0.806
7.0	1.428	12.0	1.239	17.0	1.088	22.0	0.963	31.0	0.789
7.5	1.407	12.5	1.223	17.5	1.074	22.5	0.952	32.0	0.773
8.0	1.387	13.0	1.206	18.0	1.061	23.0	0.941	33.0	0.757
8.5	1.367	13.5	1.190	18.5	1.048	24.0	0.919	34.0	0.742
9.0	1.347	14.0	1.175	19.0	1.035	25.0	0.899	35.0	0.727
9.5	1.328	14.5	1.160	19.5	1.022	26.0	0.879		

岩石渗透系数的大小取决于岩石的物理特性和结构特征，如岩石中孔隙和裂隙的大小、开闭程度以及连通情况等。

2.2.5　层状地基的等效渗透系数

天然沉积土往往是由渗透性不同的土层所组成的。对于与土层层面平行和垂直的简单渗流情况，当各土层的渗透系数和厚度为已知时，可求出整个土层与层面平行和垂直的等效渗透系数，作为渗流计算的依据。

如图 2-11(a)所示，已知地基内各层土的渗透系数分别为 k_1，k_2，…，k_n，厚度分别为 H_1，H_2，…，H_n，总厚度为 H。

在渗流场中任取距离为 L 的两水流断面，水头损失为 Δh，这种平行于各层面的水平渗流的特点是：

(1)各土层的水力坡降 $i\left(i=\dfrac{\Delta h}{L}\right)$与等效土层的平均水力坡降相同。

(2)若通过各土层的单位渗流量为 q_{1x}，q_{2x}，…，q_{nx}，则通过整个土层的总单位渗流量 q_x应为各土层渗流量之总和，即

$$q_x = q_{1x} + q_{2x} + \cdots + q_{nx} = \sum_{i=1}^{n} q_{ix} \tag{2-23}$$

将达西定律代入上式，可得

$$k_x iH = \sum_{i=1}^{n} k_i \times iH_i = i\sum_{i=1}^{n} k_i H_i \tag{2-24}$$

式中，k_x——沿水平方向的等效渗透系数。

从上式可得

$$k_x = \frac{1}{H}\sum_{i=1}^{n} k_{ix}H_i \tag{2-25}$$

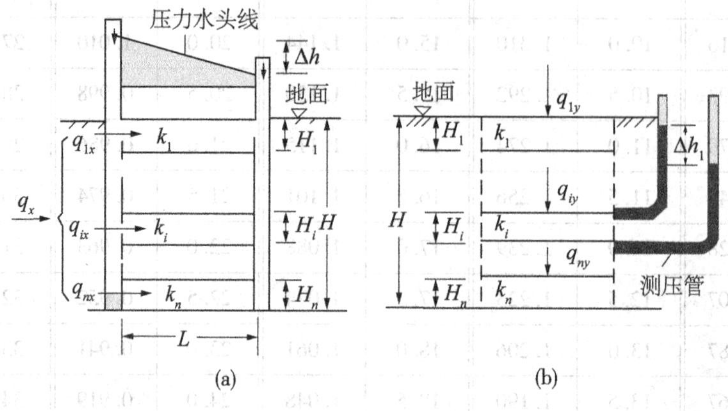

图 2-11 等效渗透系数计算示意图

对于成层土，如果各土层的厚度大致相近，而渗透性却相差悬殊时，与层向平行的等效渗透系数将取决于最透水层的厚度和渗透性。

对于与层面垂直的渗流的情况如图 2-11(b)所示，可用类似的方法来求解。设流经每一土层的水头损失为 Δh_i，与层面垂直的等效渗透系数为 k_y，根据水流连续原理，流经整个土层的单位渗流量必等于流经各个土层的单位渗流量，即

$$q_y = q_{1y} = q_{2y} = \cdots = q_{ny} \tag{2-26}$$

达西定律代入式(2-26)，得

$$k_{1y}\frac{\Delta h_1}{H_1}A = k_{2y}\frac{\Delta h_2}{H_2}A = \cdots = k_{iy}\frac{\Delta h_i}{H_i}A = k_y\frac{\Delta h}{H}A \tag{2-27}$$

从而可求出

$$\Delta h_i = \frac{h_y\Delta h}{H}\times\frac{H_i}{k_{iy}} \tag{2-28}$$

又因流经整个土层 H 的总水头损失 Δh 等于流经各个土层的水头损失之和，即

$$\Delta h = \Delta h_i + \Delta h_2 + \cdots + \Delta h_n = \sum_{i=1}^{n}\Delta h_i \tag{2-29}$$

将式(2-29)代入式(2-27)，得

$$\Delta h = \Delta h_1 + \Delta h_2 + \cdots + \Delta h_i = \frac{k_y\Delta h}{H}\times\frac{H_1}{k_{1y}} + \frac{k_y\Delta h}{H}\times\frac{H_2}{k_{2y}} + \cdots + \frac{k_y\Delta h}{H}\times\frac{H_n}{k_{ny}} \tag{2-30}$$

解之得

$$k_y = \frac{H}{\sum_{i=1}^{n}\frac{H_i}{k_{iy}}} \tag{2-31}$$

对于成层土，如果各土层的厚度大致相近，而渗透性却相差悬殊时，与层面垂直的平均渗透系数将取决于最不透水层的厚度和渗透性。

应特别注意，在实际工程中，选用等效渗透系数时，一定要注意水流的方向，选择正

确的等效渗透系数。

2.3　渗透力与渗透变形

2.3.1　渗透力和临界水力梯度

如果岩土体中任意两点之间存在水头差，将会产生渗流。水头差是水流经过岩土体时克服土粒的阻力所损失的能量，根据作用力与反作用力原理，水流必然对岩土体颗粒施加渗流作用力。为了应用方便，称每单位体积岩土体颗粒受到的渗流作用力为渗透力或动水力。

渗流所引起的变形(稳定)问题一般可归结为两类：

一类是岩土体的局部稳定问题。这是由于渗透水流将其中的细颗粒冲出，带走或局部土体产生移动，导致岩土体变形甚至失衡。

另一类是整体稳定问题。这是由于在渗流作用下，整个岩土体发生滑动或坍塌。

1. 渗透力

如图2-12所示，设试样的截面积为A。渗流入口与出口两测压管的水面高差为Δh，它表示水经过L厚的试样渗流时，必须克服整个试样土颗粒骨架对水流的摩阻力而引起的水头损失。因此，岩土体孔隙中的水流受到总的阻力为

$$F=\gamma_w \Delta h A \tag{2-32}$$

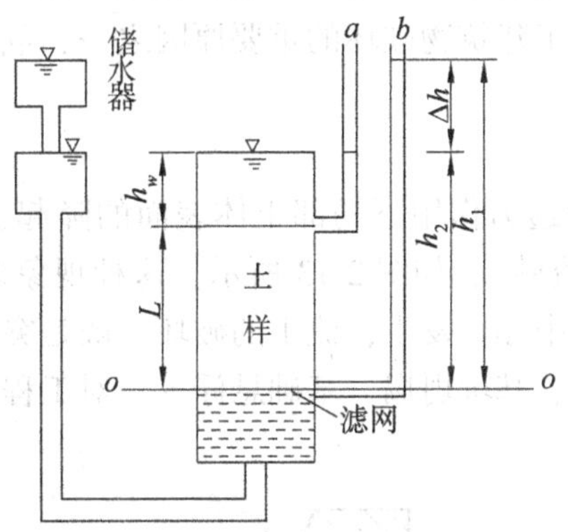

图2-12　渗透变形试验原理示意图

由于土中渗透速度一般极小，流动水体的惯性力可以忽略不计，根据作用力与反作用力原理，渗流作用于试样的总渗透力J应和试样中土粒对水流的阻力F大小相等而方向相反，即

$$J=F=\gamma_w \Delta h A \tag{2-33}$$

渗流作用于单位岩土体的力(称渗透力)为

$$j=\frac{J}{AL}=\frac{\gamma_w \Delta h A}{AL}=i\gamma_w \tag{2-34}$$

从式(2-33)知，渗透力是一种体积力，量纲与 γ_w 相同。渗透力的大小和水力梯度成正比，作用方向与渗流方向一致。

因此，当水的渗流由上向下时，土颗粒之间的接触压力增大，渗透力对土骨架起渗流压密作用，对土体的稳定性有利；当水的渗流由下向上时，土颗粒之间的接触压力减小，渗透力对岩土体起浮托作用，对其的稳定性十分不利。

2. 临界水力梯度

若将图2-12中的储水器不断上提，则 Δh 逐渐增大，从而作用在土体中的渗透力也增大。当增大到某一数值，向上的渗透力克服了向下的重力时，土体就要发生浮起或受到破坏，称为流土。发生流土时，当向上的总渗透力与土的有效重量相等，即

$$jLA=\gamma' LA=\gamma_w iLA \tag{2-35}$$

定义临界水力梯度为

$$i_{cr}=\frac{\gamma'}{\gamma_w}=\frac{d_s-1}{1+e} \tag{2-36}$$

由此可知，流土临界水力梯度与土性密切相关，研究表明，土的不均匀系数越大，i_{cr} 越小；土中细颗粒含量高，i_{cr}值增大；土的渗透系数越大，i_{cr}越低。工程上常用临界水力坡降 i_{cr}来评价土体是否发生渗透破坏。

2.3.2 渗透变形及其防治

土工建筑物及地基由于渗流作用而出现土层剥落、地面隆起、渗流通道等破坏或变形现象，叫做渗透破坏或者渗透变形。渗透变形包括流土(或称流砂)和管涌(或称潜蚀)两种基本形式。渗透变形是土工建筑物破坏的重要原因之一，危害很大。

1. 渗透变形的类型

1)流土

流土(或流砂)向上的渗透力作用下局部土体表面的隆起、顶穿或粗颗粒群同时浮动而流失的现象称为流土(或流砂)，如图2-13所示。这种现象多发生在颗粒级配均匀而细的粉、细砂中，有时在粉土中亦会发生，流土的破坏一般是突然发生的，其发展结果是使基础发生滑移或不均匀下沉、基坑坍塌、基础悬浮等，对工程危害很大。

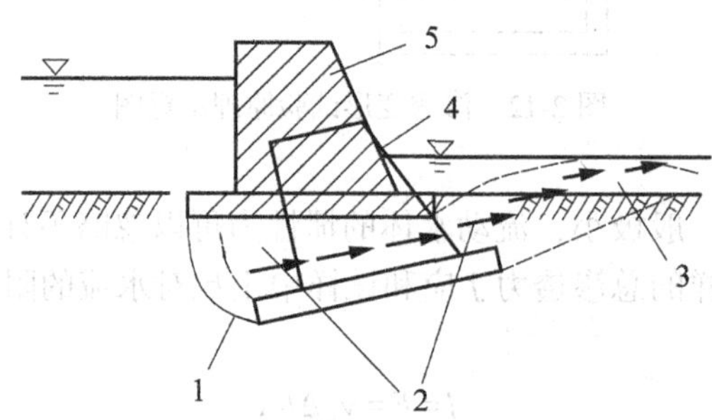

1—滑动面；2—流砂发生区；3—流砂堆积物；4—流砂后建筑物原位置；5—建筑物原位置

图2-13 流砂破坏示意图

由于流土一般发生在渗流的溢出处，因此只要将渗流溢出处的水力梯度，即溢出梯度i_c求出，就可判别流土的可能性：

当$i_c<i_{cr}$时，土体处于稳定状态；

当$i_c=i_{cr}$时，土体处于临界状态；

当$i_c>i_{cr}$时，土体处于流土状态。

在设计时，为保证建筑物安全，通常要求将溢出坡降i_c限制在容许坡降$[i]$之内，即

$$i_c \leqslant [i] = \frac{i_{cr}}{F_s} \tag{2-37}$$

式中，F_s——流土安全系数，常取2~2.5。

有一些文献指出：匀粒砂土的允许坡降$[i]$=0.27~0.44；细粒含量大于30%~50%的砂砾料$[i]$=0.3~0.4；黏土一般不容易发生流土，其临界梯度实测值较大，故$[i]$也可提高，有的文献中建议用$[i]$=4~6，可供设计参考。

2）管涌

管涌是指在渗流作用下土体中的细颗粒在粗颗粒形成的孔隙通道中发生移动并带出，逐渐形成管型通道，从而掏空地基或坝体，使地基或斜坡变形、失稳的现象，如图2-14所示。可见，管涌破坏有个时间发展过程，是一种渐进性质的破坏。管涌发生的部位可在渗流逸流处，也可以在土体内部。管涌多发生在有一定级配的无黏性土中。其产生的必要条件之一是土中含有适量的粗颗粒和细颗粒，且粗颗粒所构成的孔隙直径必须大于细颗粒直径。

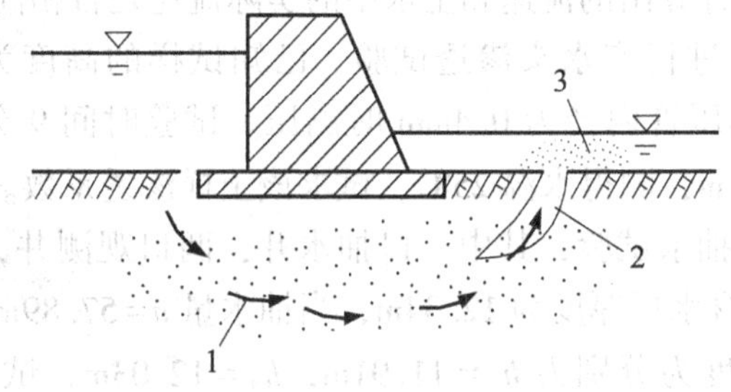

1—渗流方向；2—管涌通道；3—管堆积物

图2-14　管涌破坏示意图

研究结果表明，不均匀系数$C_u<10$的土，颗粒粒径相差尚不够大，一般不具备上述条件，不会发生管涌。对于不均匀系数$C_u>10$的砂和砾石、卵石，当孔隙中细粒含量较少时（小于30%），由于阻力较小，只要较小的水力坡降，就足以推动这些细粒而发生管涌；如果它们的孔隙中细粒增多，以至塞满全部孔隙（此时细料含量为30%~35%），此时的阻力最大，便不出现管涌，而会发生流土现象。管涌的临界水力梯度i_{cr}与细颗粒含量有关，由于其计算理论至今尚未成熟，对于重大工程，一般通过试验确定。

2. 渗流变形的防治

流砂现象的防治可采用以下措施：

（1）减小或消除水头差，如采取基坑外的井点降水法降低地下水位；

(2)增加渗流路径，降低水力梯度或流速，如在地基中打板桩、截水墙，建造悬挂式垂直防渗帷幕等；

(3)用透水材料，如砂砾石，铺设在向上渗流出口处形成压渗盖重；

(4)土层加固处理，如采用冻结法施工，用高压喷射注浆法形成水平隔渗层等。

防治管涌一般可采用以下措施：

(1)降低水力梯度，如打板桩；

(2)在渗流逸出部位铺设反滤层是防止管涌破坏的有效措施。反滤层是由 2~4 层颗粒大小不同的砂、碎石或卵石材料做成的，顺着水流的方向颗粒逐渐增大，任一层的颗粒都不允许穿过相邻较粗一层的孔隙。同一层的颗粒也不能产生相对移动，设置反滤层后渗透水流出时就不会带走堤坝体或地基中的土体。

习　题

2-1　影响土的渗透能力的主要因素有哪些？

2-2　实验室内测定渗透系数的方法有几种？它们之间有何不同？

2-3　何谓达西定律？达西定律成立的条件有哪些？

2-4　何谓渗透力、临界水头梯度？如何对其进行计算？

2-5　简述流砂现象和管涌现象的异同。

2-6　渗透变形中哪种变形容易发生？

2-7　根据达西定律计算出的流速和土水中的实际流速是否相同？为什么？

2-8　将某黏土试样进行变水头渗透试验。已知试样的高度为 4cm，横断面面积为 30cm^2，渗透仪变水头测压管内径为 0.4mm 时测压。试验时间 9 分钟，测压管的水位从 $h_1=300$cm 降至 $h_2=170$cm，测得水温 25℃，试求该土样渗透系数。(1.76×10^{-5}cm/s)

2-9　某完整井进行抽水试验，其中一口抽水井，两口观测井，观测井与抽水井相距 $r_1=4.3$m，$r_2=9.95$m，含水层厚度为 12.34m，当抽水量 $q=57.89$m^3/d 时，第一口、第二口观测井孔内的水位高度为分别为 $h_1=11.91$m，$h_2=12.03$m，试计算该土层渗透系数。(5.34m/d)

2-10　如图 2-15 所示，某基坑下土层的饱和密度 $\rho_{sat}=2$g/cm^3，当基坑底面积为 25m×15m时，如果忽略基坑周边的水的渗入，试求：(1)B 点的测压管水头；(2)为保持水深 2m 需要的抽水量。(粉质钻土层 $k=1.5\times10^{-6}$cm/s)

2-11　如图 2-16 所示，有三种土 A、B、C，其渗透系数分别为 $k_A=1\times10^{-2}$mm/s，$k_B=3\times10^{-3}$mm/s，$k_C=5\times10^{-4}$mm/s，装在横断面为 10cm×10cm 的方管中。问：(1)渗流经过 A 土后的水头降落值 Δh 为多少？(5cm)(2)若要保持上下水头差 $h=35$cm，需要加多少水？(0.1cm^3/s)

2-12　某基坑开挖深度为 6m，土体为细砂，饱和重度 $\gamma_{sat}=1.95$g/cm^3，地下水位在地表。基坑坑壁用不透水的板桩支撑，板桩打入坑底以下 5m，若在坑底四周设置排水沟，问：是否可能发生流砂现象？

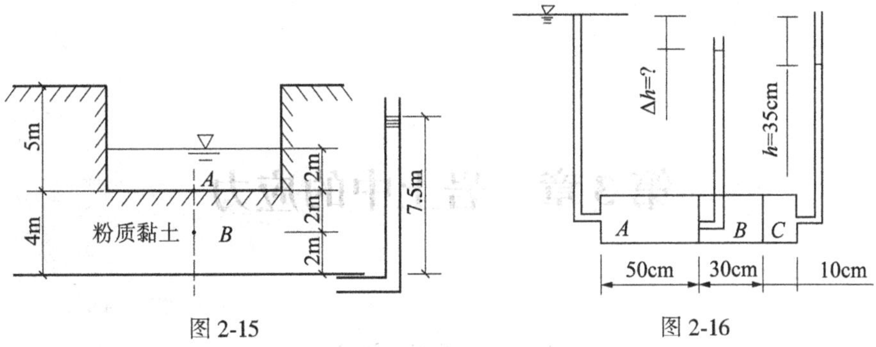

图 2-15　　　　图 2-16

2-13　如图 2-17 所示，在 8m 厚的黏土层上开挖基坑，黏土层下为砂层。砂层顶面具有 5.5m 高的水头(承压水)。问：开挖深度为 6m 时，基坑中水深至少多大才能防止发生流土现象？(1.7m)

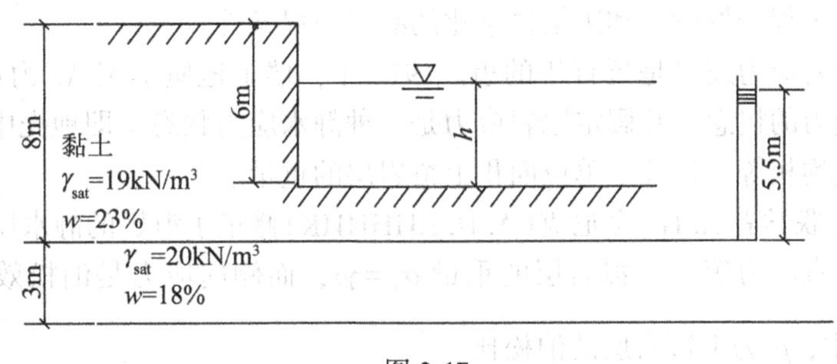

图 2-17

第3章 岩土中的应力

3.1 原岩应力

地应力是存在于地层中的未受工程扰动的天然应力，也称初始应力、绝对应力或原岩应力。它是引起采矿、水利水电、土木建筑、铁路、公路、军事和其他各种地下或露天岩土开挖工程变形和破坏的根本作用力，是确定工程岩土力学属性，进行围岩、地基稳定性分析，实现岩土工程开挖设计和决策科学化的必要前提条件。

人们认识原岩应力还只是近百年的事。1912年，瑞士地质学家A. 海姆(A. Heim)首次提出了原岩应力的概念，并假定原岩应力是一种静水应力状态，即地壳中任意一点的应力在各个方向上均相等，且等于单位面积上覆岩层的重量。

1926年，苏联学者A. H. 金尼克(A. H. ДИННИК)修正了海姆的静水压力假设，认为地壳中各点的垂直应力等于上覆岩层的重量 $\sigma_v=\gamma z$，而侧向应力是泊松效应的结果，即 $\sigma_h=\frac{\mu}{1-\mu}\gamma z$，式中，$\mu$ 为上覆岩层的泊松比。

同期的其他一些人主要关心的也是如何用数学公式定量计算原岩应力的大小，并且认为原岩应力只与重力有关，即以垂直应力为主，其不同点在于侧压系数不同。然而，许多地质现象，如断裂、褶皱等，均表明地壳中水平应力的存在。早在20世纪20年代，我国地质学家李四光就指出："在构造应力的作用仅影响地壳上层一定厚度的情况下，水平应力分量的重要性远远超过垂直应力分量。"

1958年，瑞典工程师N. 哈斯特(N. Hast)首先在斯堪的纳维亚半岛进行了原岩应力测量工作，发现存在于地壳上部的最大主应力几乎处处是水平或接近水平的，而且最大水平主应力一般为垂直应力的1~2倍以上；在某些地表处，测得的最大水平应力高达7MPa，这就从根本上动摇了原岩应力是静水压力的理论和以垂直应力为主的观点。

后来的进一步研究表明，重力作用和构造运动是引起地应力的主要原因，其中尤以水平方向的构造运动对地应力的形成影响最大。当前的应力状态主要由最近一次的构造运动所控制，但也与历史上的构造运动有关。地应力受各种因素的影响，造成地应力状态的复杂性和多样性。即使在同一工程区域，不同地应力的状态也可能很不相同，因此，地应力的大小和方向不可能通过数学计算或模型分析的方法获得。要了解一个地区的地应力状态，唯一的方法就是进行地应力测量。

产生原岩应力的原因十分复杂。实测和理论分析表明，原岩应力的形成主要与地球的各种动力运动过程有关，其中包括板块边界受压、地幔热对流、地球内应力、地心引力、地球旋转、岩浆侵入和地壳非均匀扩容等。另外，温度不均、水压梯度、地表剥蚀或其他物理化学变化等，也可引起相应的应力场。

岩体中原岩应力场主要由自重应力场和构造应力场组成，二者叠加起来便构成岩体中初始原岩应力场的主体。

3.1.1　自重应力

地壳上部各种岩体由于受地心引力的作用而引起的应力，称为自重应力，也就是说，自重应力是由岩体的自重引起的。岩体自重作用不仅产生垂直应力，而且由于岩体的泊松效应和流变效应，也会产生水平应力。研究岩体的自重应力时，一般把岩体视为均匀、连续且各向同性的弹性体，因而，可以引用连续介质力学原理来探讨岩体的自重应力问题。将岩体视为半无限体，即上部以地表为界，下部及水平方向均无界限，那么，岩体中某点的自重应力可按以下方法求得：

设距地表深度为 z 处取一单元体(图 3-1)，其上作用的应力为 σ_x，σ_y，σ_z，岩体自重在地下深为 z 处产生的垂直应力为单元体上覆岩体的重量，即

$$\sigma_{cz}=\gamma z \tag{3-1}$$

式中，γ——上覆岩体的平均重力密度，kN/m^3；

z——岩体单元的深度，m。

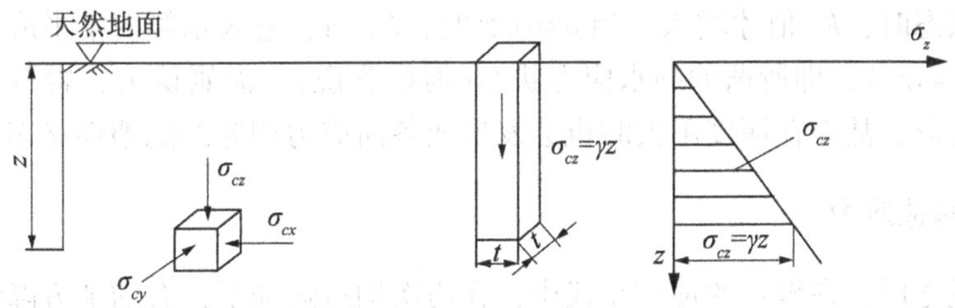

图 3-1　岩体自重计算示意图

若岩体由多层不同重力密度的岩层所组成(图 3-2)。各岩层的厚度为 $h_i(i=1, 2, \cdots, n)$，总厚度为 H，重度为 $\gamma_i(i=1, 2, \cdots, n)$，则第 n 层底面岩体的自重原岩应力为

$$\sigma_{cz}=\sum_{i=1}^{n}\gamma_i h_i \tag{3-2}$$

若把岩体视为各向同性的弹性体，由于岩体单元在各个方向都受到与其相邻岩体的约束，不可能产生横向变形，即 $\varepsilon_x=\varepsilon_y=0$。而相邻岩体的阻挡就相当于对单元体施加了侧向应力 σ_{cx}及 σ_{cy}，考虑广义胡克定律，则有

$$\begin{aligned}\varepsilon_x&=\frac{1}{E}[\sigma_{cx}-\mu(\sigma_{cy}+\sigma_{cz})]=0\\ \varepsilon_y&=\frac{1}{E}[\sigma_{cy}-\mu(\sigma_{cz}+\sigma_{cx})]=0\end{aligned} \tag{3-3}$$

由此可得

$$\sigma_{cx}=\sigma_{cy}=\frac{\mu}{1-\mu}\sigma_z=K_0\gamma H \tag{3-4}$$

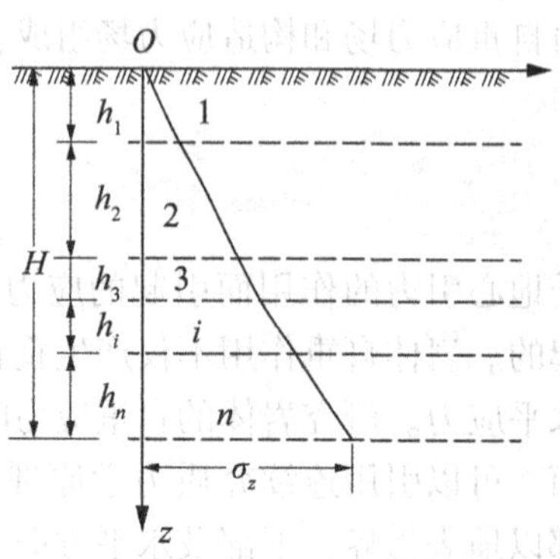

图 3-2 多层土自重应力分布图

式中，E——岩体的弹性模量；

μ——岩体的泊松比；

K_0——侧压力系数，其数值为某点的水平应力与该点垂直应力的比值。

一般岩体的泊松比μ为0.2~0.35，故侧压系数K_0通常都小于1，因此在岩体自重应力场中，垂直应力σ_{cz}和水平应力σ_{cx}，σ_{cy}都是主应力，σ_{cx}为σ_{cz}的25%~54%。只有当岩石处于塑性状态时，K_0值才增大。当$\mu=0.5$时，$K_0=1$，它表示侧向水平应力与垂直应力相等($\sigma_{cx}=\sigma_{cy}=\sigma_{cz}$)，即所谓的静水应力状态(海姆假说)。海姆认为，岩石长期受重力作用产生塑性变形，甚至在深度不大时也会发展成各向应力相等的隐塑性状态。

3.1.2 构造应力

地壳形成之后，在漫长的地质年代中，在历次构造运动下，有的地方隆起，有的地方下沉。这说明在地壳中长期存在着一种促使构造运动发生和发展的内在力量，这就是构造应力。构造应力在空间有规律的分布状态称为构造应力场。

目前，世界上测定原岩应力最深的测点已达5000m，但多数测点的深度在1000m左右。从测出的数据来看很不均匀，有的点最大主应力在水平方向，且较垂直应力大很多；有的点垂直应力就是最大主应力；还有的点最大主应力方向与水平面形成一定的倾角，这说明最大主应力方向是随地区而变化的。

近代地质力学的观点认为，在全球范围内，构造应力的总规律是以水平应力为主。我国地质学家李四光认为，因地球自转角度的变化而产生地壳水平方向的运动是造成构造应力以水平应力为主的重要原因。

3.2 原岩应力场的分布规律

通过理论研究、地质调查和大量的原岩应力测量资料的分析研究，已初步认识到浅部地壳应力分布的一些基本规律。

(1)原岩应力是一个具有相对稳定性的非稳定应力场，它是时间和空间的函数。

原岩应力在绝大部分地区是以水平应力为主的三向不等压应力场。三个主应力的大小和方向是随着空间和时间而变化的，因而它是个非稳定应力场。原岩应力在空间上的变化，从小范围来看，其变化是很明显的；但就某个地区整体而言，原岩应力的变化不大，如我国的华北地区，原岩应力场的主导方向为北西到近于东西的主压应力。

在某些地震活跃地区，原岩应力的大小和方向随时间的变化很明显。在地震前，处于应力积累阶段，应力值不断升高，而地震时使集中的应力得到释放，应力突然大幅度下降。主应力方向在地震发生时会发生明显改变，在震后一段时间又会恢复到震前的状态。

(2)实测垂直应力基本等于上覆岩层的重量。

对全世界实测垂直应力 σ_v 的统计资料的分析表明，在深度为25~2700m的范围内，σ_v 呈线性增长，大致相当于按平均容重 γ 等于 $27kN/m^3$ 计算出来的重力 γH。但在某些地区，测量结果有一定幅度的偏差，这些偏差除有一部分可能归结于测量误差外，板块移动、岩浆对流和侵入、扩容、不均匀膨胀等也都可引起垂直应力的异常，如图3-3所示。该图是霍克(E. Hoek)和布朗(E. T. Brown)总结出的世界各国 σ_v 值随深度 H 变化的规律。

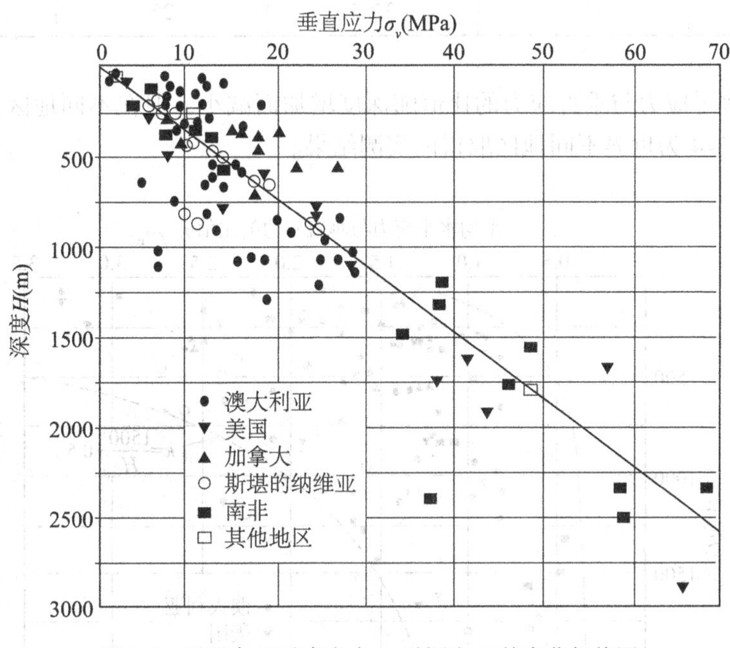

图3-3　世界各国垂直应力 σ_v 随深度 H 的变化规律图

(3)水平应力普遍大于垂直应力。

实测资料表明，在绝大多数地区均有两个主应力位于水平或接近水平的平面内，其与水平面的夹角一般不大于30°，最大水平主应力 $\sigma_{h,\max}$ 普遍大于垂直应力 σ_v；$\sigma_{h,\max}$ 与 σ_v 之比值一般为0.5~5.5，在很多情况下比值大于2，见表3-1。最大水平主应力与最小水平主应力的平均值 σ_v 的比值 $\sigma_{h,av}/\sigma_v$ 一般为0.5~5.0，大多数为0.8~1.5，这说明在浅层地壳中平均水平应力也普遍大于垂直应力。垂直应力在多数情况下为最小主应力，在少数情况下为中间主应力，只在个别情况下为最大主应力，这主要是由于构造应力以水平应力为主造成的。表3-1为世界上部分国家水平主应力与垂直主应力的比值统计。

表 3-1 **世界上部分国家水平主应力与垂直主应力的比值统计表**

国家名称	$\sigma_{h,av}/\sigma_v$(%)			$\sigma_{h,\max}/\sigma_v$
	<0.8	0.8~1.2	>1.2	
中国	32	40	28	2.09
澳大利亚	0	22	78	2.95
加拿大	0	0	100	2.56
美国	18	41	41	3.29
挪威	17	17	66	3.56
瑞典	0	0	100	4.99
南非	41	24	35	2.50
苏联	51	29	20	4.30
其他	37.5	37.5	25	1.96

(4)平均水平应力与垂直应力的比值随深度增加而减小，但在不同地区，变化的速度很不相同。图 3-4 为世界不同地区取得的实测结果。

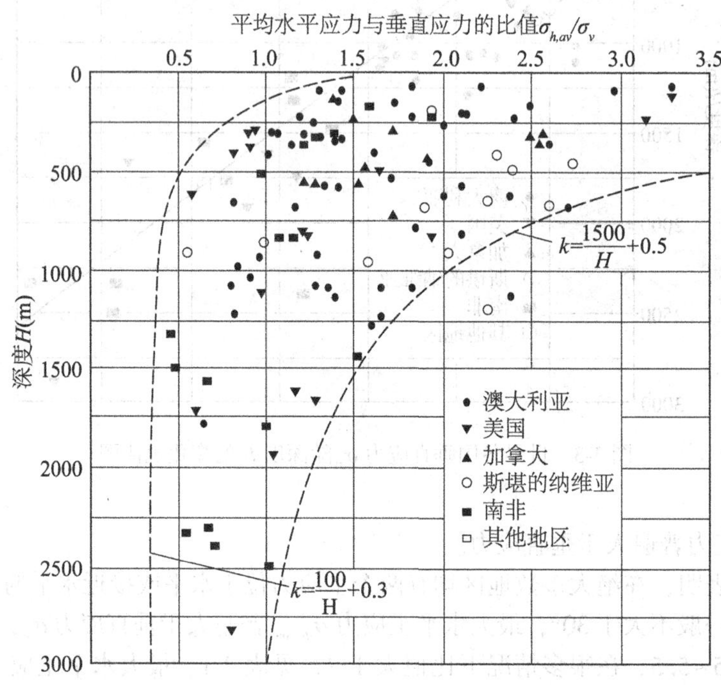

图 3-4 世界各国平均水平应力与垂直应力的比值随深度的变化规律图

霍克和布朗根据图 3-4 所示结果回归出下列公式，用以表示 $\sigma_{h,av}/\sigma_v$ 随深度变化的取值范围：

$$\frac{100}{H}+0.3 \leqslant \frac{\sigma_{h,av}}{\sigma_v} \leqslant \frac{1500}{H}+0.5 \tag{3-5}$$

式中，H——深度，m。

(5)最大水平主应力和最小水平主应力也随深度呈线性增长关系。

与垂直应力不同的是，在水平主应力线性回归方程中的常数项比垂直应力线性回归方程中常数项的值要大，这反映了在某些地区近地表处仍存在显著水平应力的事实，斯蒂芬森(O. Stephansson)等人根据实测结果给出了芬诺斯堪的亚古陆最大水平主应力和最小水平主应力随深度 H(单位为 m)变化的线性方程：

最大水平主应力　　$\sigma_{h,\max}=6.7+0.0444H(\text{MPa})$　　(3-6a)

最小水平主应力　　$\sigma_{h,\min}=0.8+0.0329H(\text{MPa})$　　(3-6b)

(6)最大水平主应力和最小水平主应力一般相差较大。

最大水平主应力和最小水平主应力的比值 $\sigma_{h,\max}/\sigma_{h,\min}$ 一般相差较大，显示出很强的方向性。一般 $\sigma_{h,\max}/\sigma_{h,\min}=0.2\sim0.8$，多数情况下 $\sigma_{h,\max}/\sigma_{h,\min}=0.4\sim0.8$，见表 3-2。

表 3-2　　**世界部分国家和地区两个水平主应力的比值统计表**

实测地点	统计数目	$\sigma_{h,\max}/\sigma_{h,\min}$(%)				
		1.0~0.75	0.75~0.50	0.50~0.25	0.25~0	合计
斯堪的纳维亚等	51	14	67	13	6	100
北美	222	22	46	23	9	100
中国	25	12	56	24	8	100
中国华北地区	18	6	61	22	11	100

3.3 土中自重应力

土体中的应力是由于土在其自重、建筑物荷载、交通荷载或其他因素的作用下产生的。土中应力按起因，可分为自重应力和附加应力。土中某点在受外荷载作用时，总应力为自重应力和附加应力之和。自重应力是指由土体本身有效重量产生的应力。一般而言，土体在自重作用下，在漫长的地质历史过程中已压缩稳定，不再引起土体的变形，但新近沉积土或近期人工充填土在自重作用下尚未完成压缩变形，因而仍将引起土体的变形。附加应力是指由于外荷载以及地下水渗透、地震等作用下在地基内部引起的应力，它是使地基失去稳定和产生变形的主要原因。

土中应力的大小与分布主要取决于土体的应力-应变-时间关系(本构关系)、荷载大小、荷载性质以及土体受力的范围等。需要注意的是，土是三相体，具有明显的各向异性和非线性特征。实验表明，土的变形具有明显的非线性特征(图 3-5)，即使在很低的应力情况下，土的应力-应变关系也表现出曲线特性，考虑到一般建筑物荷载在地基中某点引起的应力增量不是很大，可将土的应力-应变关系简化为直线。

天然地基往往是由多层土所组成，而且常常是各向异性的，因此视土体为均匀各向同

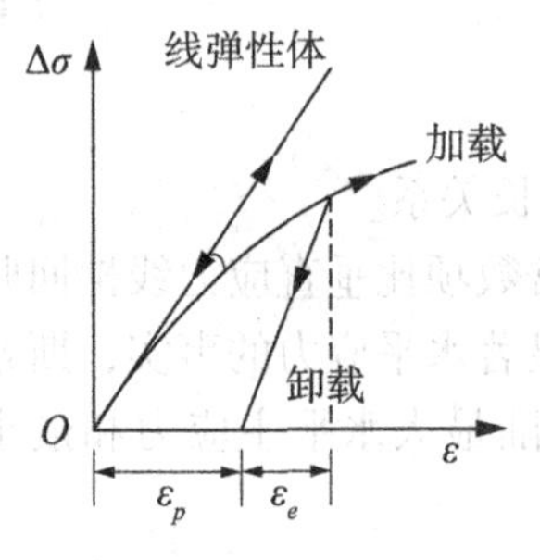

ε_e—弹性应变；ε_p—塑性应变

图 3-5 土的应力-应变关系

性体存在一定的误差。但当土层性质变化不大时，这种假设对竖向应力分布引起的误差，通常也在容许范围之内。若土层性质变化大，则要考虑非均质性或各向同性的影响。

3.3.1 均质土体中的自重应力

在计算土体中的自重应力时，一般假设土体为半无限弹性体，因而在土体中任一与地面平行的平面或垂直平面上，仅作用竖向应力和水平向应力而无剪应力。

设地基中某单元体离地面的距离为 z，土的容重为 γ，则土体单元体上竖直向自重应力可采用岩体相同的公式 $\sigma_{cz}=\gamma z$，土中任意点的侧向自重应力与竖向自重应力也成正比关系，而剪应力均为零，即

$$\sigma_{cx}=\sigma_{cy}=K_0\sigma_{cz} \tag{3-7}$$

$$\tau_{xy}=\tau_{yz}=\tau_{zx}=0 \tag{3-8}$$

式中，K_0——土的侧压力系数，它是侧限条件下土中水平向有效应力与竖直有效应力之比，与土层应力历史及土的类型有关，一般由试验确定。当无实验资料时，表 3-3 中所列的一些典型值可供参考。

表 3-3 土的侧压力系数 K_0 参考

土的名称	K_0
松砂	0.40~0.45
密砂	0.45~0.50
压实填土	0.8~1.5
正常固结黏土	0.5~0.6
差固结黏土	1.0~4.0

若计算点在地下水位以下，由于水对土体有浮力作用，则水下部分土柱的有效重量应采用土的浮容重 γ' 计算。

3.3.2 成层土及有地下水时土中的自重应力

地基土往往是成层的，不同的土层具有不同的重度。当地下水位于同一层土中时，在计算自重应力时，地下水位面也应作为分界面。设各土层的厚度分别为 h_1，h_2，…，h_n，相应的重度分别为 γ_1，γ_3，…，γ_n，则地基中的第 n 层底面处的竖向自重应力可根据多层岩体的竖向自重应力公式(3-1)计算，即

$$\sigma_{cz}=\gamma_1 h_1+\gamma_2 h_2+\cdots+\gamma_n h_n=\sum_{i=1}^{n}\gamma_i h_i \tag{3-9}$$

式中 γ_i——第 i 层岩土的重度，kN/m³。地下水位以上的土层一般采用天然重度，地下水

位以下的土层采用浮重度，毛细饱和带的土层采用饱和重度。

应当指出，计算地下水位以下土的竖向自重应力时，应根据土的性质确定是否需要考虑水的浮力作用。通常认为，水下的砂性土是应该考虑浮力作用的，黏性土则视其物理状态而定。一般认为，若水下的黏性土其液性指数 $I_L \geqslant 1$，则土处于流动状态，土颗粒间存在着大量自由水，此时可以认为土体受到水的浮力作用；若 $I_L \leqslant 0$，则土体处于固体状态，土中自由水受到土颗粒间结合水膜的阻碍不能传递静水压力，故认为土体不受水的浮力作用；若 $0<I_L<1$，土处于可塑状态时，土颗粒是否受到水的浮力作用就较难确定，一般在实践中均按不利状态来考虑。

在地下水位以下，若埋藏有不透水层(如岩层或只含结合水的坚硬粘土层)，此时由于不透水层中不存在水的浮力作用，所以不透水层顶面及以下的土中自重应力应按上覆土层的水土总重计算。这样，上覆土层与不透水层交界面处上下的自重应力将发生突变，如图 3-6 所示。

此外，地下水位的升降会引起土中自重应力的变化，例如，在软土地区因大量抽取地下水造成地下水位大幅度下降，使原水位以下土体中的有效应力增加，造成地表大面积下沉。水位上升则会引起地基承载力减小、湿陷性土塌陷等后果。

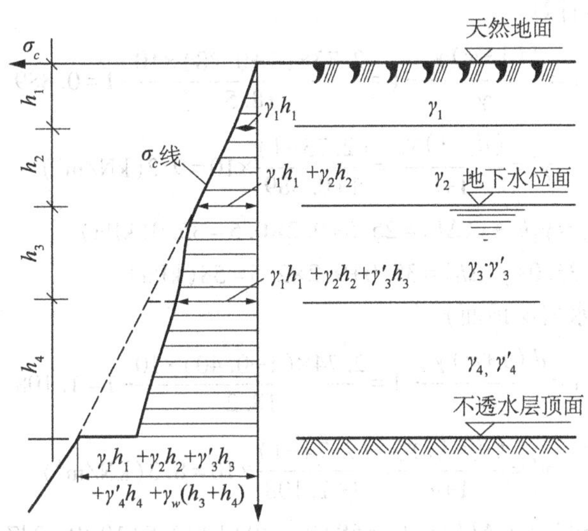

图 3-6　成层土及有地下水时自重应力沿深度的分布

由以上分析可知，自重应力具有以下特点：①土的自重应力分布曲线是一条折线，拐点在土层交界处和地下水位处；②同一层土的自重应力按直线变化；③自重应力随深度的增加而增大。

3.3.3　土质堤坝自身的自重应力

土质堤坝的剖面形状不符合半无限空间体的假定，其边界条件以及坝基的变形条件对坝身或坝基的应力有明显影响，要严格求解坝身的应力既困难又复杂。通常，为实用上的方便，不论是均质的还是非均质的土坝，其坝身任意点自重应力均假定等于单位面积上该计算点以上土柱的有效重度与土柱高度的乘积计算，即按式(3-1)计算，从临空点竖直向下，坝身自重应力按直线分布。如图3-7所示。

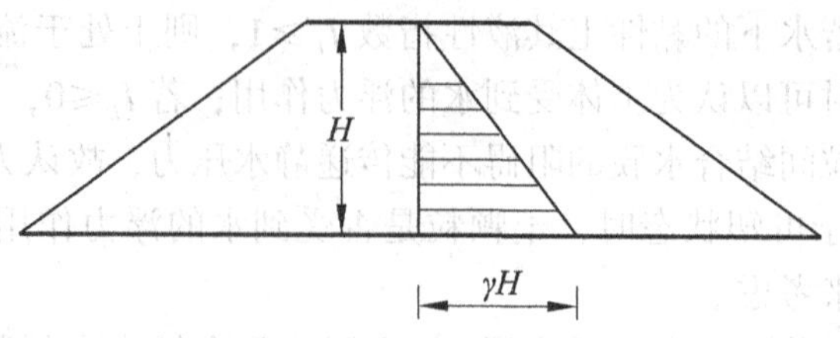

图3-7 坝身自重应力

【例3-1】 某建筑场地地层分布均匀，第一层杂填土厚1.5m，$\gamma=17.0\text{kN/m}^3$；第二层粉质黏土厚3m，$\gamma=18.5\text{kN/m}^3$，$d_s=2.73$，$w=28\%$；第三层淤泥质黏土厚9m，$\gamma=18.2\text{kN/m}^3$，$d_s=2.74$，$w=40\%$；淤泥质黏土下为不透水岩层。地下水位在地面下2m深处。试计算地基中各土层分界面处、地下水位处及不透水岩层处的自重应力。

解：第一层底：$\sigma_{cz}=\gamma_1 h_1=17.0\times1.5=25.5(\text{kPa})$

第二层土浮重度计算：

$$e=\frac{d_s(1+w)\gamma_w}{\gamma}-1=\frac{2.73\times(1+0.28)\times10}{18.5}-1=0.889$$

$$\gamma_2'=\frac{(d_s-1)\gamma_w}{1+e}=\frac{(2.73-1)}{1+0.889}\times10=9.2(\text{kN/m}^3)$$

地下水位处：$\sigma_{cz}=\gamma_1 h_1+\gamma_2'\Delta h_2=25.5+9.2\times0.5=35.0(\text{kPa})$

第二层底：$\sigma_{cz}=35.0+\gamma_2'\Delta h_2'=35.0+9.2\times2.5=58(\text{kPa})$

第三层底(不透水岩层顶面)：

$$e=\frac{d_s(1+w)\gamma_w}{\gamma}-1=\frac{2.74\times(1+0.40)\times10}{18.2}-1=1.108$$

$$\gamma_3'=\frac{(d_s-1)\gamma_w}{1+e}=\frac{(2.74-1)}{1+1.108}\times10=8.3(\text{kN/m}^3)$$

$$\sigma_{cz}=58+\gamma_3'h_3+\gamma_w\Delta h_2'+\gamma_w h_3=58+8.3\times9+10\times2.5+10\times9=247.7(\text{kPa})$$

3.4 基底应力分布与计算

3.4.1 基底压力的分布规律

基底压力是指建筑物上部结构荷载和基础自重通过基础传递给地基，作用于基础底面传至地基的单位面积压力，又称接触压力。基底压力的反作用力，即地基土层反向施加于基础底面上的压力，称为基底反力。为了计算上部荷载在地基中引起的附加应力和变形，应首先研究基底压力的大小及其分布规律。实验和现场实测资料的结果均表明，基底压力的分布规律取决于下列诸因素：地基土的性质，地基与基础的相对刚度，荷载大小、性质及其分布情况，基础埋深大小，等等。

1. 柔性基础

土坝(堤)、路基、油罐薄板等一类基础，本身刚度很小，属于柔性基础。这类基础在竖向荷载作用下几乎没有抵抗弯曲变形的能力，因此基础底面的压力分布图形将与基础上作用的荷载分布图形相同，在均布荷载作用下基底压力为均匀分布。例如，如果近似假定土坝或路堤本身不传递剪应力，则由其自身重力引起的基底压力分布就与其断面形状相同，为梯形分布，如图 3-8(a)所示。

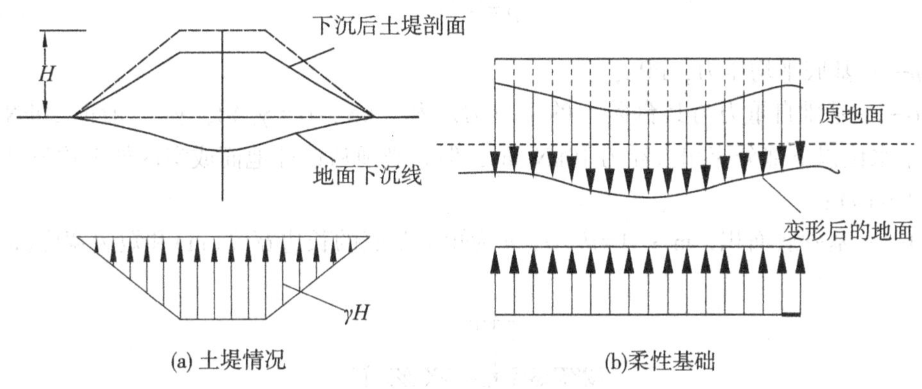

图 3-8　柔性基础基底压力分布

2. 刚性基础

桥梁墩台基础、建筑物的柱下单独基础、墙下条形基础、箱形基础等，本身刚度很大，不能适应地基变形的基础可视为刚性基础。由于这类基础不会发生挠曲变形，所以在中心荷载作用下，基底各点的沉降是相同的，这时基底压力分布为马鞍形分布，即呈现中央小而边缘大的情形，如图 3-9(a)所示，当作用的荷载加大时，基底边缘由于应力集中，将会使土产生塑性变形，边缘应力不再增加，而使中央部分继续增大，使基底压力呈现抛物线分布，如图 3-9(b)所示；若作用荷载继续增大，并接近地基的破坏荷载时，基底压力分布由抛物线形转变为中部突出的钟形，如图 3-9(c)所示。

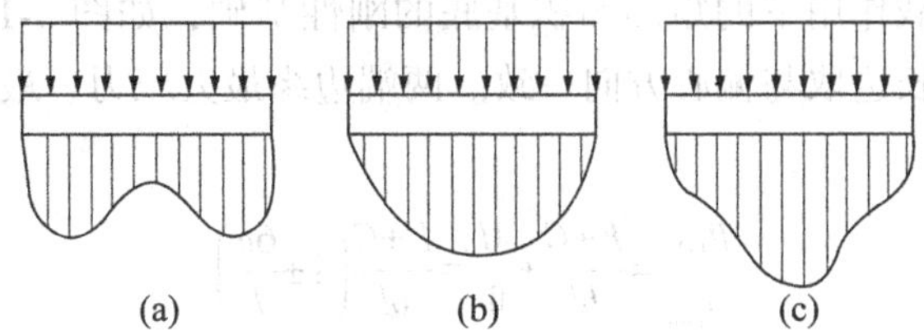

图 3-9　中心荷载作用下刚性基础基底压力分布

鉴于目前还没有精确、简便的基底压力计算方法，实用中可采用简化方法来确定基底压力分布。根据弹性理论中的圣维南原理以及从土中应力实际量测结果得知，在基础底面下一定深度处所引起的地基附加应力与基底压力的分布形式无关，而只与其合力的大小及作用点位置有关。因此，对于具有一定刚度以及尺寸较小的扩展基础而言，其基底压力分布可近似地认为是按直线规律变化，可按材料力学公式进行计算。

3.4.2 基底压力的简化计算

1. 中心荷载作用下的基底压力

对于中心荷载作用下的矩形基础，如图 3-10 所示，此时基底压力均匀分布。当基础宽度不太大，而荷载较小的情况下，基底平均压力可按下式计算：

$$p=\frac{F+G}{A} \tag{3-10}$$

式中，p——基底平均压力，kPa；

G——基础自重力与其台阶上的土重力之和，kN，$G=\gamma_d Ad$，γ_d 一般取 20kN/m^3，但在地下水位以下部分应扣去浮力 10kN/m^3，但 d 必须从设计地面或室内外平均设计地面算起(图 3-10)；

A——基础底面积，m^2；$A=lb$，l，b 为矩形基底的长边宽度(m)和短边宽度(m)。

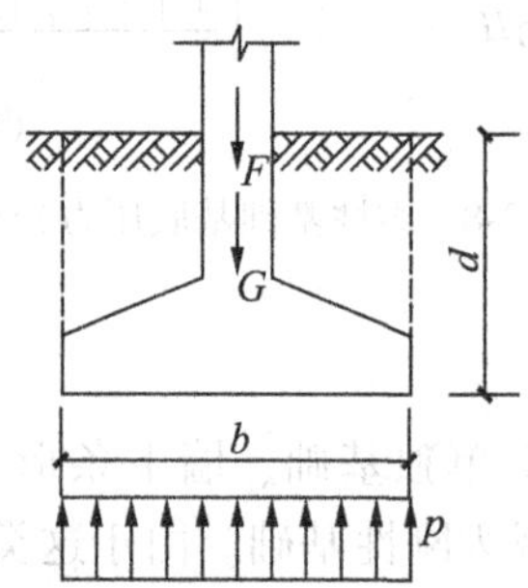

图 3-10 中心荷载作用下的基底压力分布

对于条形基础，则沿长度方向取 1m 来计算，即 $A=b$，此时式(3-10)中的 F、G 代表每延米内的相应值(kN/m)。

2. 偏心荷载作用下的基底压力

对于单向偏心荷载作用下的矩形面积基底的刚性基础，如图 3-11 所示，为增加基础抗倾稳定，常将基底长边取与偏心方向一致。两端边缘最大压力、最小压力可按材料力学偏心受压公式计算：

$$\begin{matrix} p_{\max} \\ p_{\min} \end{matrix}=\frac{F+G}{bl}\pm\frac{M}{W}=\frac{F+G}{bl}\left(1\pm\frac{6e}{l}\right) \tag{3-11}$$

式中：M——作用于矩形基底的力矩，kN · m；

W——矩形基础底面的抵抗矩，m^3，$W=\frac{bl^2}{6}$；

e——偏心荷载的偏心距，$e=\frac{M}{F+G}$。

根据荷载偏心距的大小，基底压力的分布可能会出现如图 3-11 所示的几种情况。

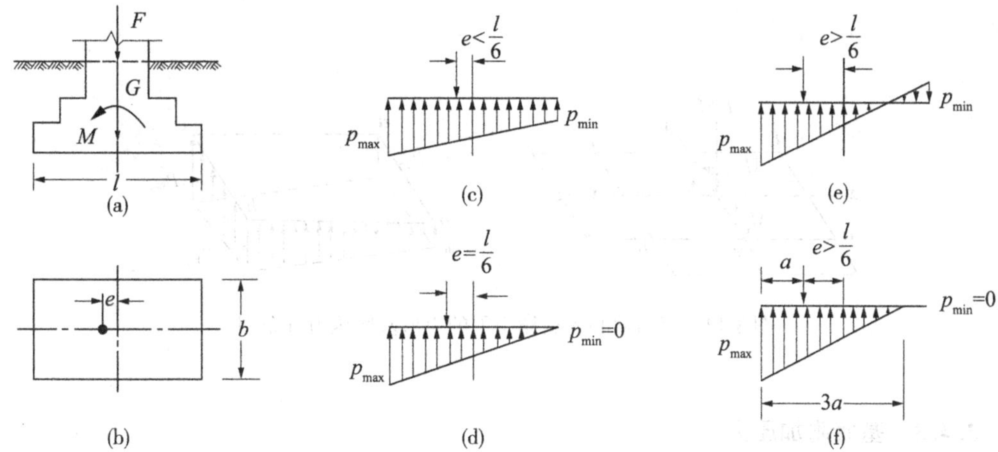

图 3-11　单向偏心荷载作用下的矩形基底压力分布图

(1)当 $e<\frac{l}{6}$时，基底压力呈梯形分布，如图 3-11(c)所示；

(2)当 $e=\frac{l}{6}$时，基底压力呈三角形分布，$p_{min}=0$，如图 3-11(d)所示；

(3)当 $e>\frac{l}{6}$时，基底压力 $p_{min}<0$，表明基底出现拉应力，此时，基底与地基间局部脱离，而使基底压力重新分布，如图 3-11(f)所示。在这种情况下，基底三角形压力的合力通过三角形形心，且一定与外荷载大小相等、方向相反而互相平衡，由此可建立竖向的平衡方程，即

$$\frac{1}{2}p_{max}\cdot 3ab=F+G \tag{3-12}$$

得

$$p_{max}=\frac{2(F+G)}{3ba} \tag{3-13}$$

式中，a——偏心荷载作用点至基底最大压力 p_{max} 作用边缘的距离，m，$a=\frac{l}{2}-e$。

当计算得到 $P_{min}<0$ 时，一般应调整结构设计和基础尺寸设计，以避免基底与地基间局部脱离的情况。

双偏心荷载作用下(图 3-12)，且当 $p_{min}\geqslant 0$ 时，矩形四个角点处的 p_{max}，p_{min}，p_1，p_2 可按材料力学双向偏心受压公式计算，即

$$\begin{matrix} p_{max} \\ p_{min} \end{matrix}=\frac{F+G}{bl}\pm\frac{M_x}{W_x}\pm\frac{M_y}{W_y} \tag{3-14}$$

$$\begin{matrix} p_1 \\ p_2 \end{matrix}=\frac{F+G}{bl}\mp\frac{M_x}{W_x}\pm\frac{M_y}{W_y} \tag{3-15}$$

式中，M_x、M_y——荷载合力对矩形基底 x，y 轴的力矩，kN · m；

W_x、W_y——基础底面对 x、y 轴的抵抗矩，m^3。

对作用于建筑物上的水平荷载，计算基底压力时，通常按均匀分布于整个基础底面计算。

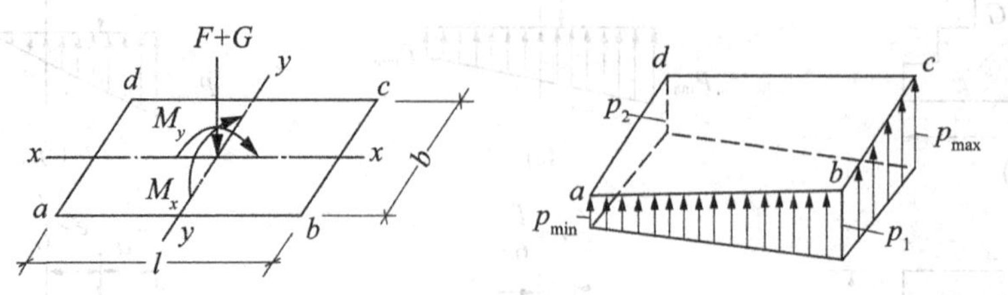

图 3-12 双向偏心荷载作用下的矩形基底压力分布图

3.4.3 基底附加压力

基础通常是埋置在天然地面下一定深度的，由于天然土层在自重作用下的变形已经完成，只有超出基底处原有自重应力的那部分应力才能引起地基的附加应力和变形。由建筑物基底压力中扣除基底标高处原有自重应力后，新增加于基底的压力，称为基底附加压力，如图 3-13 所示。

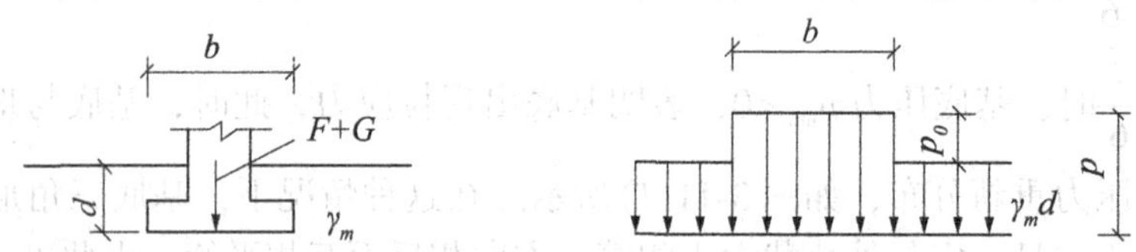

图 3-13 基底附加压力计算示意图

$$p_0=p-\sigma_{cd}=p-\gamma_m d \tag{3-16}$$

式中，p_0——基底附加压力，kPa；

p——基底压力平均压力，kPa；

σ_{cd}——基底处土的自重应力，kPa；

γ_m——基底标高以上各天然土层的加权平均重度，kN/m^3；地下水位以下取浮重度，kN/m^3；

d——从天然地面起算的基础埋深（注意与计算基础自重力与其台阶上的土重力之和时采用的埋深相区别），m。

基底压力呈梯形分布时，基底附加压力为

$$\frac{P_{0\max}}{P_{0\min}}=\frac{P_{\max}}{P_{\min}}-\gamma_m d \tag{3-17}$$

计算出基底附加压力后，可将其视为作用在弹性半空间表面上的局部荷载，根据弹性力学的有关理论求出土体中的附加应力。需要指出，由于实际工程中基底附加压力一般作用在地表下一定深度处，因此上述假定只是一种近似解答，但对于一般浅基础而言，这种假设所造成的误差可以忽略不计。

由式(3-16)可知，增大基础埋深 d，可以减小附加压力 p_0，可以利用这一结论，在工程中通过增大基础埋置深度的方法来减小附加压力，从而达到减小建筑物沉降的目的。此外，当基坑的平面尺寸较大或深度较大时，坑底将产生明显的回弹，且中间的回弹量大于边缘处的回弹量。在沉降计算中，为适当考虑这种坑底的回弹和再压缩而增加的沉降，改取 $p_0=p-\alpha\sigma_{cd}$，其中 α 为 0~1 的系数。

3.4.4　桥台前后填土引起的基底附加压力

高速公路的桥梁多采用深基础，而桥头路基填方都比较高。当桥台台背填土的高度在5m以上时，应考虑台背填土对桥台基底或桩端平面处的附加竖向压应力(图3-14)。对软土或软弱地基，如相邻墩台的距离小时，应考虑临近墩台对软土或软弱地基所引起的附加竖向压应力。

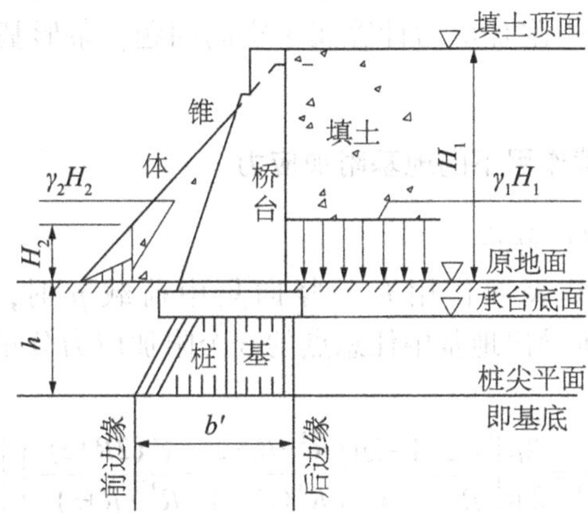

图3-14　桥台前后填土引起的基底附加压力

台背路基填土对桥台基底或桩端平面处的前后边缘处附加压力 p_1 按下列公式计算：

$$p_1=\alpha_1\cdot\gamma_1\cdot H_1 \tag{3-18}$$

对于埋置式桥台，应加算由于台前锥体对桥台基底或桩端平面处的前边缘引起的附加压力 p_2，按下列公式计算：

$$p_2=\alpha_2\cdot\gamma_2\cdot H_2 \tag{3-19}$$

式中，γ_1、γ_2——路基填土、锥体填土的天然重度，kN/m^3；

H_1——台背路基填土的高度，m；

H_2——基底或桩端平面处的前边缘上方锥体高度，m，取基底或桩端前边缘处的原地面向上竖向引线与溜坡相交点距离，m；

α_1、α_2——竖向附加压力系数，参见《公路桥涵地基与基础设计规范》(JTG D63—2007)附录J。

将 p_1 和 p_2 与其他荷载引起的相应基底或桩端平面处的边缘应力相加，即得基底总压力。

3.5 地基附加应力

地基附加应力的分布与地基土的性质有关，其计算比较复杂，目前，一般将基底附加压力视为半无限弹性体表面上的局部荷载，用弹性理论求解。采用弹性理论计算土中附加应力的基本假定主要包括：地基是半无限空间弹性体；地基土是连续均匀的，即变形模量 E 和泊松比 μ 各处相等；地基土是各向同性的，即同一点的弹性模量 E 和泊松比各个方向相等；而且，在深度和水平方向上都是无限的。

地基附加应力主要有建筑物基础底面的附加应力或桥台前后填土引起的基底附加压力来计算，此外，考虑相邻基础影响以及成土年代不久土体的自重应力，在地基变形的计算中，应归入地基附加应力的范畴。计算地基附加应力时，通常将基底压力视为作用于地基表面的柔性荷载。根据问题的性质，地基附加应力计算可分为空间问题和平面问题两大类型。圆形基础、矩形基础下附加应力计算属于空间问题；条形基础下应力计算属于平面问题。

3.5.1 竖向集中荷载作用下的地基附加应力

1. 布辛涅斯克弹性理论解答

如图3-15 所示，地基表面作用有一竖向集中荷载 p 时，法国学者布辛涅斯克(Boussinesq)用弹性理论推导出地基中任意点的 6 个附加应力分量及 3 个位移分量，表达式如下：

$$\sigma_x=\frac{3p}{2\pi}\left[\frac{x^2z}{R^5}+\frac{1-2\mu}{3}\left(\frac{R^2-Rz-z^2}{R^3(R+z)}-\frac{x^2(2R+z)}{R^3\ (R+z)^2}\right)\right] \tag{3-20a}$$

$$\sigma_y=\frac{3p}{2\pi}\left[\frac{y^2z}{R^5}+\frac{1-2\mu}{3}\left(\frac{R^2-Rz-z^2}{R^3(R+z)}-\frac{y^2(2R+z)}{R^3\ (R+z)^2}\right)\right] \tag{3-20b}$$

$$\sigma_z=\frac{3p}{2\pi}\cdot\frac{z^3}{R^5}=\frac{3p}{2\pi R^2}\cos^3\theta \tag{3-20c}$$

$$\tau_{xy}=\tau_{yx}=-\frac{3p}{2\pi}\left[\frac{xyz}{R^5}-\frac{1-2\mu}{3}\cdot\frac{xy(2R+z)}{R^3\ (R+z)^2}\right] \tag{3-20d}$$

$$\tau_{yz}=\tau_{zy}=-\frac{3p}{2\pi}\cdot\frac{yz^2}{R^5}=-\frac{3py}{2\pi R^3}\cos^2\theta \tag{3-20e}$$

$$\tau_{zx}=\tau_{xz}=-\frac{3p}{2\pi}\cdot\frac{xz^2}{R^5}=-\frac{3px}{2\pi R^3}\cos^2\theta \tag{3-20f}$$

式中，R——M 点至坐标原点 O 的距离 $R=\sqrt{x^2+y^2+z^2}=\sqrt{r^2+z^2}$；

θ——R 线与坐标轴的夹角；

μ——土的泊松比；

E——弹性模量。

由几何关系 $R^2=r^2+z^2$；式(3-20c)可以写为

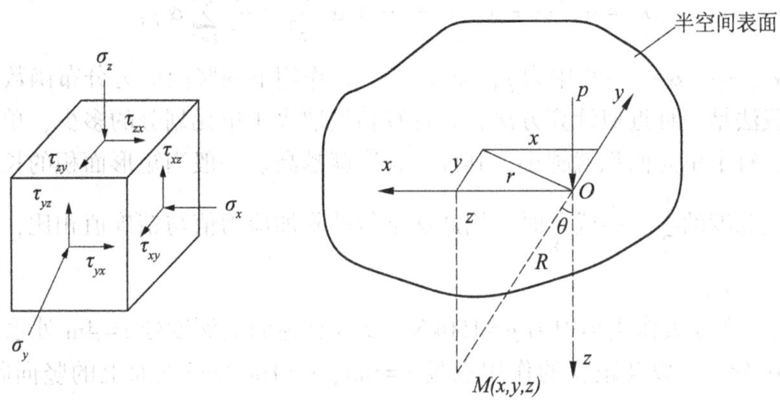

图 3-15 竖向集中力作用下地基中一点附加应力状态

$$\sigma_z=\frac{3p}{2\pi}\cdot\frac{z^3}{R^5}=\frac{3p}{2\pi\cdot z^2}\cdot\frac{1}{\left[1+\left(\frac{r}{z}\right)^2\right]^{\frac{5}{2}}}=\alpha\cdot\frac{p}{z^2} \tag{3-21}$$

式中，$\alpha=\frac{3}{2\pi}\cdot\frac{1}{\left[1+\left(\frac{r}{z}\right)^2\right]^{\frac{5}{2}}}$，竖直集中力作用下的竖向应力分布函数，它是$\frac{r}{z}$的函数。

若用$R=0$代入以上各式所得的结果为无穷大，则地基土已发生塑性变形，已不再满足弹性理论的基本假定。因此，所选择的计算点不应过于接近集中力作用点。应当指出，对于土力学来说，σ_z具有特别重要的意义，它是使地基土产生压缩变形的原因。

2. 等代荷载法

等代荷载法的原理是将荷载面积分成许多形状规则(如矩形)的单元面积，将每个单元面积上的分布荷载近似地用一集中力代替，再利公式(3-20c)及叠加原理求出地基中的竖向附加应力σ_z，如图3-16所示。

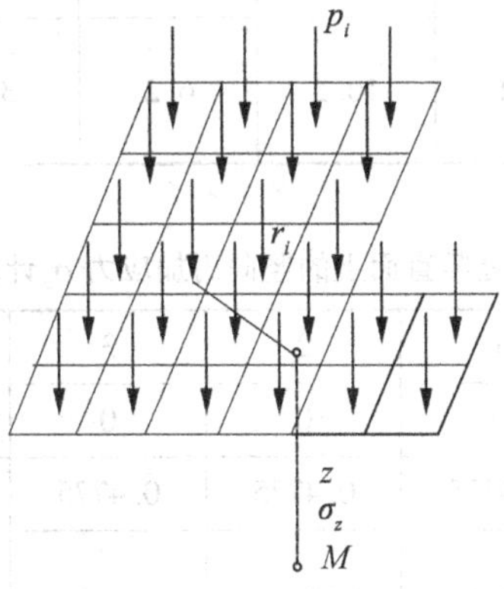

图 3-16 等代荷载法计算 σ_z

$$\sigma_z = \alpha_1 \frac{p_1}{z^2} + \alpha_2 \frac{p_2}{z^2} + \cdots + \alpha_n \frac{p_n}{z^2} = \frac{1}{z^2}\sum_{i=1}^{n} \alpha_i p_i \tag{3-22}$$

式中，α_1，α_2，…，α_n——集中力 p_1，p_2，…，p_n 作用下的竖向应力分布函数。

等代荷载法是一种近似计算方法，其计算精度取决于单元划分的多少，单元面积划分的数目越多，每个单元面积就越小，其计算精度就越高。一般当矩形面积的长边小于面积形心到计算点深度的$\frac{1}{2}$、$\frac{1}{3}$或$\frac{1}{4}$时，用此法求得的附加应力值与精确值相比，其误差不超过6%、3%或2%。

[例 3-2] 在地表作用集中力 $p=150$kN，试计算地面上深度处 $z=4$m 处水平面上的竖向附加应力 σ_z分布，以及距 p 的作用点处 $r=0$m、$r=1$m 处竖直面上的竖向附加应力 σ_z 分布。

解：根据式(3-21)计算各点的竖向附加应力 σ_z，计算结果见表 3-4、表 3-5 和表 3-6；σ_z的分布图见图 3-17。

表 3-4 **$z=2$m 处水平面上的竖向附加应力 σ_z 计算结果**

r(m)	0	1	2	3	4	5
r/z	0	0.5	1	1.5	2	2.5
α	0.4775	0.2733	0.0844	0.0251	0.0085	0.0034
$\sigma_z=\alpha\frac{p}{z^2}$(kPa)	17.9	10.2	3.2	0.9	0.3	0.1

表 3-5 **$r=1$m 处竖直面上的竖向附加应力 σ_z 计算结果**

z(m)	0	1	2	3	4	5	6
r/z	∞	1	0.5	0.33	0.25	0.20	0.17
α	0	0.084	0.273	0.369	0.410	0.433	0.444
$\sigma_z=\alpha\frac{p}{z^2}$(kPa)	0	12.6	10.2	6.2	3.8	2.6	1.9

表 3-6 **$r=0$m 处竖直面上的竖向附加应力 σ_z 计算结果**

z(m)	0	1	2	3	4	5	6
r/z	0	0	0	0	0	0	0
α	0.4775	0.4775	0.4775	0.4775	0.4775	0.4775	0.4775
$\sigma_z=\alpha\frac{p}{z^2}$(kPa)	∞	71.6	17.9	8.0	4.5	2.9	2.0

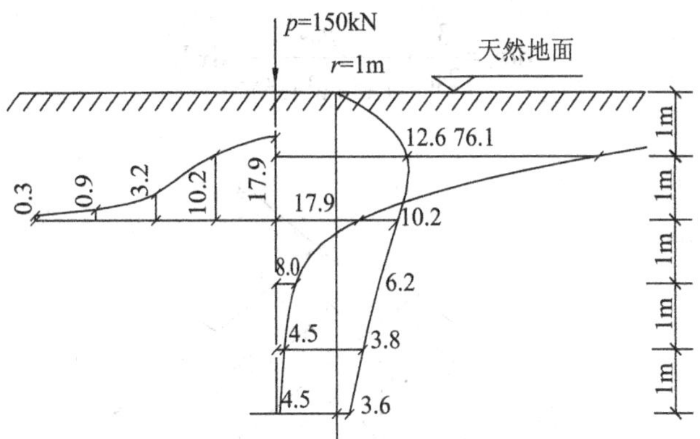

图 3-17　竖向集中力作用下土中应力分布图

依上述例题可推导出集中力作用下附加应力 σ_z的分布规律：

(1)地面下任一深度的水平面上，在集中力作用线上的附加应力最大，向两侧逐渐减小；

(2)同一竖向线上的附加应力随深度而变化，在集中力作用线上，当 z=0 时，$\sigma_z \to \infty$，随深度增加，σ_z逐渐减小；

(3)剖面图上的附加应力等值线，在空间上附加应力等值面呈泡状，称为应力泡(图 3-18)。

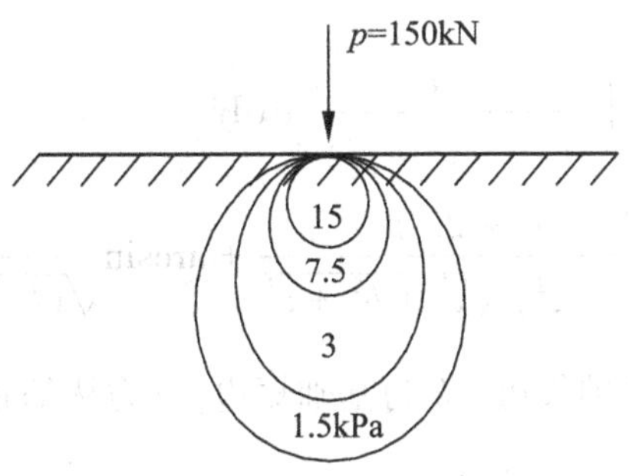

图 3-18　σ_z等值线分布图(应力泡)

竖向集中力作用引起的附加应力向深部或四周无限传播，在传播过程中，应力强度不断降低，这种现象称为应力扩散。

3.5.2　矩形荷载作用下的地基附加应力

1. 均布的矩形荷载

矩形基础长度为 l，基础宽度为 b，当$\frac{l}{b}<10$ 时，其地基附加应力计算问题属于空间问题。矩形荷载面角点为坐标原点 o(图 3-19)，在荷载面内坐标为$(x,\ y)$处取一微单元面积 $\mathrm{d}x\mathrm{d}y$，并将其上的均布荷载以集中力 $p_0\mathrm{d}x\mathrm{d}y$ 来代替，根据依布辛涅斯克解，在角点 o 下任意深度 z 的 M 点处由该集中力引起的竖向附加应力为

$$d\sigma_z = \frac{3}{2\pi} \cdot \frac{p_0 z^3}{(x^2+y^2+z^2)^{\frac{5}{2}}} dxdy \tag{3-23}$$

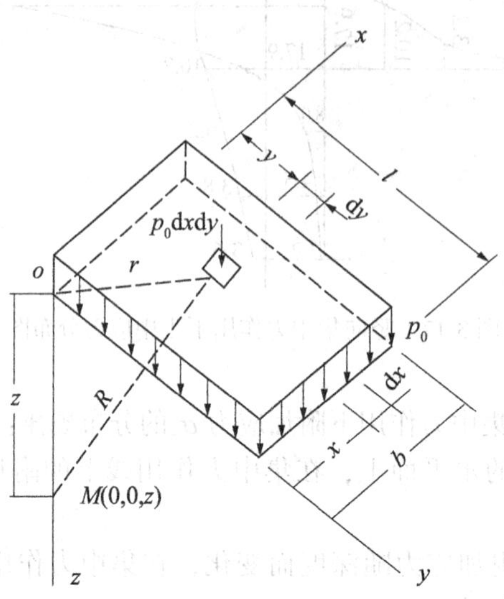

图 3-19 均布的矩形荷载角点下的附加应力

将公式沿长度 l 和宽度 b 两个方向二重积分，求得角点下任一深度 z 处 M 点的附加应力：

$$\sigma_z = \iint_A d\sigma_z = \frac{3p_0 z^3}{2\pi} \int_0^l \int_0^b \frac{1}{(x^2+y^2+z^2)^{\frac{5}{2}}} dxdy$$

$$= \frac{p_0}{2\pi}\left[\frac{lbz(l^2+b^2+2z^2)}{(l^2+z^2)(b^2+z^2)\sqrt{l^2+b^2+z^2}} + \arcsin\frac{lb}{\sqrt{(l^2+z^2)(b^2+z^2)}}\right] \tag{3-24}$$

令 $m=\frac{l}{b}$，$n=\frac{z}{b}$（l 为基础长边，b 为基础短边，z 为从基底面起算的深度），则

$$\sigma_z = \frac{p_0}{2\pi}\left[\frac{mn(m^2+2n^2+1)}{(m^2+n^2)(1+n^2)\sqrt{m^2+n^2+1}} + \arcsin\frac{m}{\sqrt{(m^2+n^2)(1+n^2)}}\right] \tag{3-25}$$

简写成

$$\sigma_z = \alpha_c p_0 \tag{3-26}$$

式中，α_c 为均布矩形荷载角点下的竖向附加应力系数，$\alpha_c = f(m,n)$，可由本书附表 1 查得。

角点其实是附加应力积分公式的原点，因而不在角点（原点）下的附加应力不能直接求出。对于在实际基底面积范围以内或以外任意点下的竖向附加应力，可以利用式(3-24)逐个计算每个矩形面积角值，再按叠加原理求得该点处的附加应力，称为角点法。

(1)矩形荷载面内任一点 o 之下的附加应力，如图 3-20(a)所示，可过 o 点将荷载作用面积划分为 4 个矩形，则 o 点的竖向附加应力为

$$\sigma_z = (\alpha_{c\text{I}} + \alpha_{c\text{II}} + \alpha_{c\text{III}} + \alpha_{c\text{IV}}) p_0 \tag{3-27}$$

(2)矩形荷载面边缘上任一点 o 之下的附加应力，如图 3-20(b)所示，可过 o 点将荷

载作用面积划分为 2 个矩形，则 o 点的竖向附加应力为

$$\sigma_z = (\alpha_{c\,\text{I}} + \alpha_{c\,\text{II}})p_0 \tag{3-28}$$

(3)矩形荷载面边缘外一点 o 之下的附加应力，如图 3-20(c)所示，过 o 点将荷载作用面积划分为 4 个矩形，则 o 点的竖向附加应力为

$$\sigma_z = (\alpha_{c\,\text{I}} - \alpha_{c\,\text{II}} + \alpha_{c\,\text{III}} - \alpha_{c\,\text{IV}})p_0 \tag{3-29}$$

式中，Ⅰ为矩形 *ofbg*，Ⅲ为矩形 *oecg*。注意：基础范围外“虚线”所构成的矩形其实是虚设的荷载分布的范围，因而要减去其“产生”的附加应力。

(4)矩形荷载面外任一点 o 之下的附加应力，如图 3-20(d)所示，过 o 点将荷载作用面积延伸后分为 4 个矩形，则 o 点的竖向附加应力为

$$\sigma_z = (\alpha_{c\,\text{I}} - \alpha_{c\,\text{II}} - \alpha_{c\,\text{III}} + \alpha_{c\,\text{IV}})p_0 \tag{3-30}$$

式中，Ⅰ为矩形 *ohce*，Ⅱ为矩形 *ogde*，Ⅲ为矩形 *ohbf*。

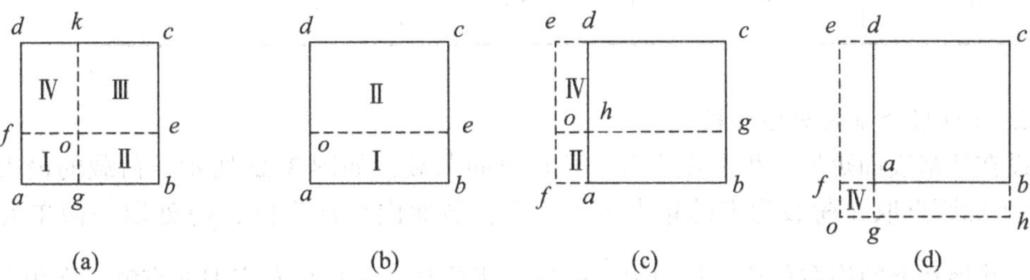

图 3-20　角点法的应用示意图

应用角点法时应注意：①用虚线划分的每一个矩形都要有一个角点是公共角点 o；②所有划分的各矩形面积的总和，应等于原有受荷面积；③所划分的每一个矩形中，长边为 l，短边为 b。

【例 3-3】　如图 3-21 所示，矩形(ABCD)上作用均布荷载 $p=100\text{kPa}$。试用角点法计算 E 点、G 点下深度 6m 处 M 点的竖向应力 σ_z 值。

解：E 点下深度 6m 处 M 点的竖向应力 σ_z 值为

$$\sigma_z = \sigma_{z(AEFD)} - \sigma_{z(BEFC)} = 100(0.20-0.08) = 12(\text{kPa})$$

G 点下深度 6m 处 M 点的竖向应力 σ_z 值为

$$\sigma_z = \sigma_{z(AEGH)} - \sigma_{z(IBEG)} - \sigma_{z(FDHG)} + \sigma_{z(ICFG)} = 100(0.218-0.093-0.135+0.061) = 5.1(\text{kPa})$$

上述计算过程中所用参数详见表 3-7。

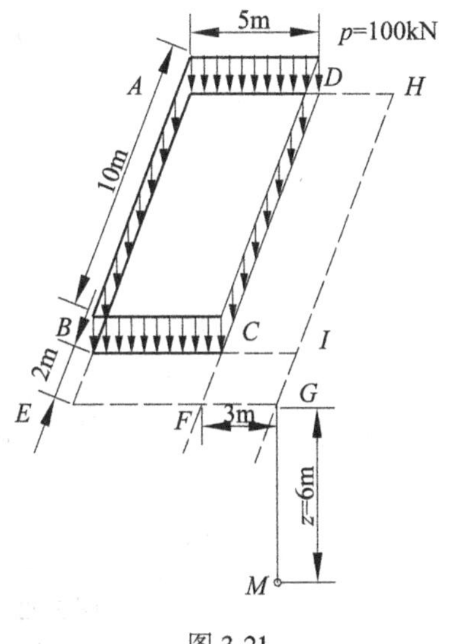

图 3-21

表 3-7

序　号	荷载作用面积	$n=\frac{l}{b}$	$m=\frac{z}{b}$	α
Ⅰ	*AEHG*	$\frac{12}{8}=1.5$	$\frac{6}{8}=0.75$	0.218

续表

序 号	荷载作用面积	$n=\frac{l}{b}$	$m=\frac{z}{b}$	α
Ⅱ	*IBEG*	$\frac{8}{2}=4$	$\frac{6}{2}=3$	0.093
Ⅲ	*FDHG*	$\frac{12}{3}=4$	$\frac{6}{3}=2$	0.135
Ⅳ	*ICFG*	$\frac{3}{2}=1.5$	$\frac{6}{2}=3$	0.061
Ⅴ	*BEFC*	$\frac{5}{2}=2.5$	$\frac{6}{2}=3$	0.08
Ⅵ	*AEFD*	$\frac{12}{5}=2.4$	$\frac{6}{5}=1.2$	0.20

2. 三角形分布的矩形荷载

设在地基表面矩形面积上作用有三角形分布荷载，如图 3-22 所示，荷载的最大值为 p_0。将坐标原点取在荷载为零的角点 1 上，在荷载面内坐标为(x, y)处取一微单元面积 $dxdy$，并将其上的均布荷载以集中力$\frac{x}{b}p_0 dxdy$来代替，根据依布辛涅斯克解，在角点 1 下任意深度 z 的 M 点处由该集中力引起的竖向附加应力为

$$d\sigma_z=\frac{3}{2\pi}\cdot\frac{p_0 x z^3}{b\left(x^2+y^2+z^2\right)^{\frac{5}{2}}}dxdy \tag{3-31}$$

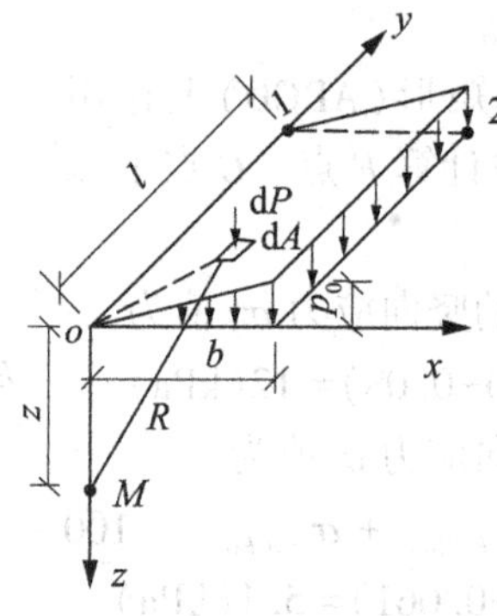

图 3-22 三角形分布矩形荷载角点下的 σ_z

经面积分后得

$$\sigma_z=\alpha_{t1}p_0 \tag{3-32}$$

式中，

$$\alpha_{t1}=\frac{mn}{2\pi}\left[\frac{1}{\sqrt{m^2+n^2}}-\frac{n^2}{\left(1+n^2\right)\sqrt{m^2+n^2+1}}\right] \tag{3-33}$$

同理，荷载强度最大值角点 2 下任一深度 z 处 M 点的附加应力为

$$\sigma_z=\alpha_{t2}p_0=(\alpha_c-\alpha_{t1})p_0 \tag{3-34}$$

式中，α_{t1}和α_{t2}均为$m=l/b$，$n=z/b$的函数，可由本书附表 1 查得。必须注意：b为沿荷载变化方向矩形基底边长，l为矩形基底另一边长；同理，计算中可利用角点法。

运用上述均布和三角形分布的矩形荷载面角点下的附加应力系数α_c、α_{t1}、α_{t2}，即可用角点法求得梯形分布时地基中任意点的竖向附加应力值σ_z。

3.5.3　线荷载和条形荷载下的地基附加应力

设在半无限体表面作用有无限长的条形荷载，荷载在宽度方向分布是任意的，但在长度方向的分布规律相同。此时，土中任一点的应力只与该点的平面坐标有关，而与荷载长度方向轴坐标无关，属于平面应变问题。一般，把路堤、土坝、挡土墙基础及长宽比$l/b \geqslant 10$的条形基础等视为平面应变问题来进行分析，其计算结果完全能满足工程需要。

1. 线荷载

在弹性半空间地基土表面一条无限长的直线上作用有竖向均布线荷载$\bar{p}$(图 3-23)，计算地基土中任一点地基附加应力，该课题的解答首先由弗拉曼得到，称为弗拉曼(Flmamnt)解。在沿y轴的线荷载上取微分长度dy，可将作用在上面的荷载$\bar{p}dy$视为集中力，利用布辛奈斯克公式可求出地基中任一点M处引起的附加应力$d\sigma_z$。设M点位于与y垂直的xOz平面内，则直线$OM=R_1=\sqrt{x^2+z^2}$与z轴的夹角为β，则$\sin\beta=x/R_1$和$s\cos\beta=z/R_1$。于是，可以用下列积分求得M点的σ_z：

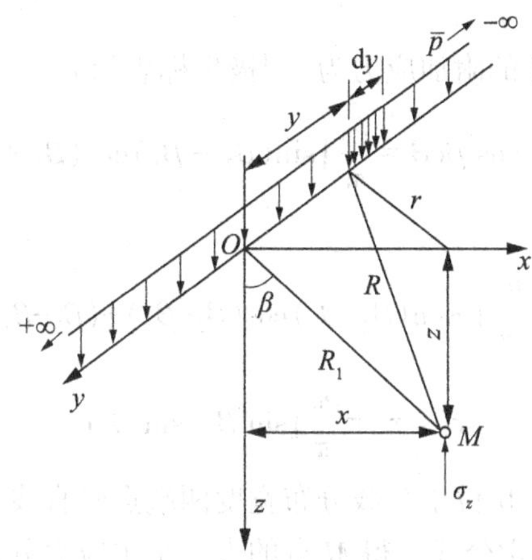

图 3-23　均布线形荷载作用下地基附加应力计算

$$\sigma_z=\int_{-\infty}^{+\infty}d\sigma=\int_{-\infty}^{+\infty}\frac{3z^3\bar{p}dy}{2\pi R^5}=\frac{2\bar{p}z^3}{\pi R_1^4}=\frac{2\bar{p}}{\pi R_1}\cos^3\beta \tag{3-35}$$

同理可得

$$\sigma_x=\frac{2\bar{p}x^2z}{\pi R_1^4}=\frac{2\bar{p}}{\pi R_1}\cos\beta\sin^2\beta \tag{3-36}$$

$$\tau_{xz}=\tau_{zx}=\frac{2\bar{p}xz^2}{\pi R_1^4}=\frac{2\bar{p}}{\pi R_1}\cos^2\beta\sin\beta \tag{3-37}$$

2. 均布的条形荷载

设一个竖向条形荷载沿宽度方向(图3-24)均匀分布，则均布的条形荷载p(kN/m^2)沿x轴上某微分段dx上的荷载可以用线荷载$\bar{p}$代替，设x处与M点的连线与轴线z的夹角为β，则有

$$\bar{p}=p\mathrm{d}x=\frac{pR_1}{\cos\beta}\mathrm{d}\beta \tag{3-38}$$

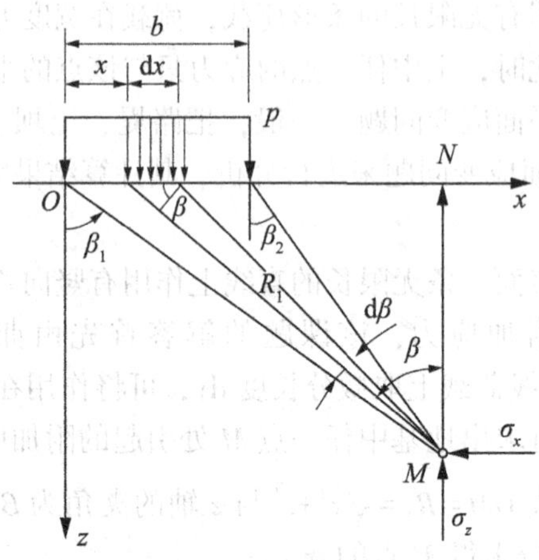

图3-24 用极坐标表示的均布的条形荷载

这样，地基中任一点M的附加应力为(用极坐标表示)

$$\sigma_z=\int_{\beta_1}^{\beta_2}\mathrm{d}\sigma_z=\int_{\beta_1}^{\beta_2}\frac{2p_0}{\pi}\cos^2\beta\mathrm{d}\beta=\frac{p_0}{\pi}[\sin(\beta_2-\beta_1)\cos(\beta_2+\beta_1)+(\beta_2-\beta_1)] \tag{3-39}$$

同理可得

$$\sigma_x=\frac{p_0}{\pi}[-\sin(\beta_2-\beta_1)\cos(\beta_2+\beta_1)+(\beta_2-\beta_1)] \tag{3-40}$$

$$\tau_{xz}=\tau_{zx}=\frac{p_0}{\pi}[\sin^2\beta_2-\sin^2\beta_1] \tag{3-41}$$

应当注意，各式中当点M位于荷载分布宽度两端点竖直线之间时，β_1取负值。

将以上各式代入材料力学公式，得M点的大、小主应力分别为

$$\left.\begin{matrix}\sigma_1\\ \sigma_3\end{matrix}\right\}=\frac{\sigma_z+\sigma_x}{2}\pm\sqrt{\left(\frac{\sigma_z-\sigma_x}{2}\right)^2+\tau_{zx}^2}=\frac{p_0}{\pi}[(\beta_2-\beta_1)\pm\sin(\beta_2-\beta_1)] \tag{3-42}$$

假定M点到荷载宽度边缘连线的夹角为β_0，则$\beta_0=\beta_2-\beta_1$(M点在荷载宽度范围内时为$\beta_2+\beta_1$)，于是M点的主应力如下：

代入式点的主应力为

$$\left.\begin{matrix}\sigma_1\\ \sigma_3\end{matrix}\right\}=\frac{p_0}{\pi}[\beta_0\pm\sin\beta_0] \tag{3-43}$$

大主应力的作用方向与β_0角的平分线一致。

改用直角坐标表示，取条形荷载中点为坐标原点 $M(x,\ y)$ 点的附加应力为

$$\sigma_z=\frac{p_0}{\pi}\left[\arctan\frac{1-2n}{2m}+\arctan\frac{1+2n}{2m}-\frac{4m(4n^2-4m^2-1)}{(4n^2+4m^2-1)^2+16m^2}\right]=\alpha_{sz}p_0 \tag{3-44}$$

$$\sigma_x=\frac{p_0}{\pi}\left[\arctan\frac{1-2n}{2m}+\arctan\frac{1+2n}{2m}-\frac{4m(4n^2-4m^2-1)}{(4n^2+4m^2-1)^2+16m^2}\right]=\alpha_{sx}p_0 \tag{3-45}$$

$$\tau_{xz}=\tau_{zx}=\frac{p_0}{\pi}\frac{32m^2n}{(4n^2+4m^2-1)^2+16m^2}=\alpha_{sxz}p_0 \tag{3-46}$$

式中，α_{sz}、α_{sx}和 α_{sxz}分别为均布条形荷载下相应的三个附加应力系数，都是 $m=z/b$ 和 $n=x/b$ 的函数，α_{sz}见本书附表 2。

【例 3-4】 某条形基础底面宽度 $b=1.6$m，作用于基底的平均附加压力 $p_0=100$kPa，要求确定：(1)均布条形荷载中点 o 下的地基附加应力 σ_z分布；(2)深度 $z=1.6$m 和 $z=3.2$m 处水平面上的 σ_z分布；(3)在均布条形荷载边缘以外 1.4m 处 o_1点下的 σ_z分布。

解：(1)计算均布条形荷载中点 o 下的地基附加应力 σ_z。

根据 z/b，l/b 值查本书附表 3，计算出深度 z 分别为 0.8m、1.6m、2.4m、3.2m、4.8m、6.4m 处的 σ_z值，列于表 3-8 中，并绘制于图 3-25 中。

(2)、(3)的计算结果分别列于表 3-9、表 3-10 及图 3-25 中。

表 3-8

x/b	z/b	z(m)	α_{sz}	$\sigma_z=\alpha_{sz}p$(kPa)
0	0	0	1.000	1.0×100=100
0	0.5	0.8	0.82	82
0	1	1.6	0.55	55
0	1.5	2.4	0.40	40
0	2	3.2	0.31	31
0	3	4.8	0.21	21
0	4	6.4	0.16	16

表 3-9

z(m)	z/b	x/b	α_{sz}	$\sigma_z=\alpha_{sz}p$(kPa)
1.5	1	0	0.55	55
1.5	1	0.5	0.41	41
1.5	1	1	0.19	19
1.5	1	1.5	0.07	7
1.5	1	2	0.03	3
3.0	2	0.5	0.31	31

续表

z(m)	z/b	x/b	α_{sz}	$\sigma_z=\alpha_{sz}p$(kPa)
3.0	2	1	0.28	28
3.0	2	1.5	0.20	20
3.0	2	2	0.13	13
3.0	2	0.5	0.08	8

表 3-10

z(m)	z/b	x/b	α_{sz}	$\sigma_z=\alpha_{sz}p$(kPa)
0	0	1.5	0	0
0.8	0.5	1.5	0.02	2
1.6	1	1.5	0.07	7
2.4	1.5	1.5	0.11	11
3.2	2	1.5	0.13	13
4.8	3	1.5	0.14	14
6.4	4	1.5	0.12	12

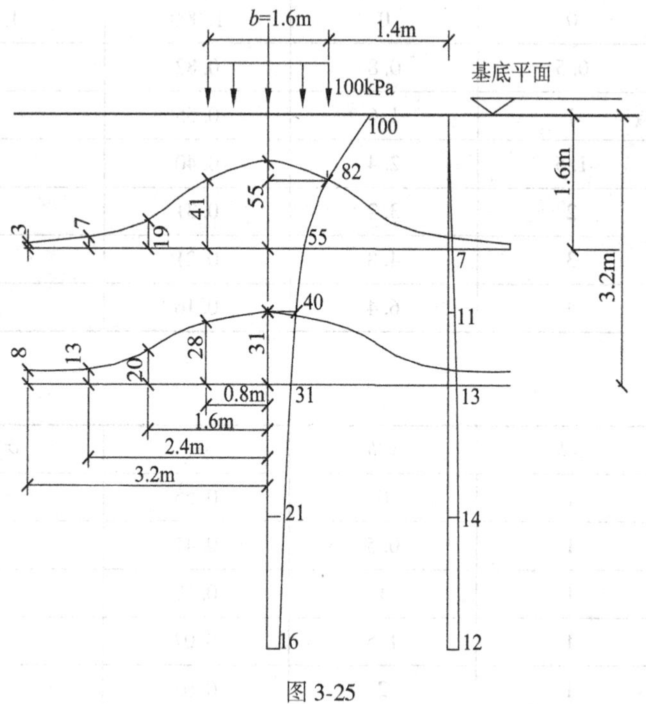

图 3-25

由图 3-25 可见，均布条形荷载下地基中附加应力具有如下分布规律：

(1)σ_z不仅发生在荷载面积之下，而且分布在荷载面积以外相当大的范围之下，即地基附加应力的扩散分布；

(2)在离基础底面不同深度处各水平面上，基底中心点下轴线处的σ_z为最大，随着距离中轴线愈远，σ_z愈小；

(3)在荷载分布范围内之下任意点沿垂线的σ_z为最大，随深度愈向下愈小；在荷载边缘以外任意点沿垂线的σ_z值，随深度从零开始向下先增大后减小。

3.6 土中有效应力原理

土中应力按作用原理或传递方式分为有效应力和孔隙应力(习惯称孔隙压力)两种。有效应力是指土骨架传递(或承担)的应力。只有当土骨架承担应力以后，土体颗粒才会移动产生变形，同时，使土体的强度发生变化。土中孔隙应力是指土中水和土中气传递(或承担)的应力。土中水传递的应力，即孔隙水压力；土中气传递的应力，即孔隙气压力。对于饱和土体，由于孔隙应力是通过土中孔隙水传递的，因而它不会使土体产生变形，土体的强度也不会改变。孔隙应力还可分为静孔隙应力和超静孔隙应力。孔隙应力与有效应力之和称为总应力，保持总应力不变时有效应力和孔隙应力可以互相转化。

3.6.1 饱和土中的有效应力原理

饱和土是由固体颗粒和充满其间的水组成的两相体，受外力后，由两种应力形式承担：一部分是由颗粒之间的接触传递的粒间应力，称为有效应力；另一部分由连通的孔隙水传递，称为孔隙水应力，通常称为孔隙水压力。土中某点的有效应力和孔隙水压力之和称为总应力。孔隙水压力分为静水压力和超静孔隙水压力两种。已知总应力为自重应力时，饱和土中孔隙水压力为静水压力，土体的变形由有效应力引起。已知总应力为附加应力时，饱和土中开始全部由孔隙水压力承担附加应力，此孔隙水压力即为超静隙水压力，随着超静隙水压力的消散，有效应力逐渐增加，从而产生土体在附加应力作用下的变形。

如图3-26所示，在饱和土中取横截面$a-a$，面积为A，假设该截面是沿着土颗粒间的接触面截取的。在此截面上作用着垂直总应力σ，则在土颗粒间接触面上作用有力F_1，F_2，F_3，…，其竖直方向的分量为F_{1v}，F_{2v}，F_{3v}，…，各土颗粒之间接触面积的和为$\sum a_i$，作用于孔隙面积的孔隙水压力u，作用面积为A_w，根据竖直方向的平衡条件，得

$$\sum F_{iv} + u(A - \sum a_i) = \sigma \cdot A \tag{3-47}$$

$$\sigma' \cdot A = \sum F_{iv} \tag{3-48}$$

由于$\sum a_i$小于土的截面积A的2%~3%，可忽略不计，上式可简化为

$$\sigma' + u = \sigma \tag{3-49a}$$

或

$$\sigma' = \sigma - u \tag{3-49b}$$

式(3-49)即为有效应力原理，该原理说明总应力σ保持不变时，孔压u发生变化将直接引起有效应力σ'发生变化，从而使土的体积和强度发生变化。

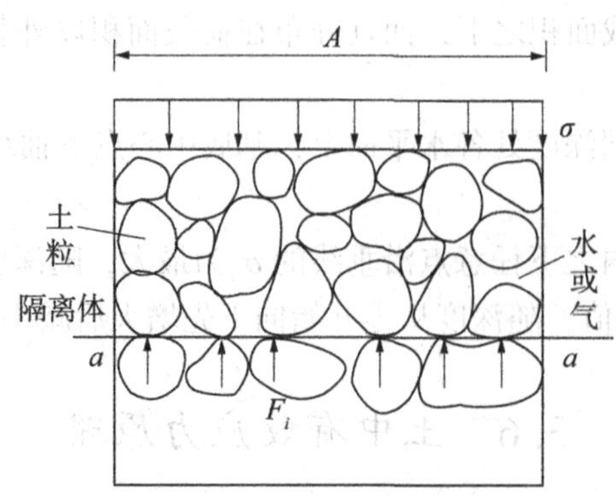

图 3-26 有效应力原理示意图

非饱和土中既有水也有空气，孔隙压力将由孔隙水压力 u_w 和孔隙气压力 u_a 两部分组成。在毛细管周壁，水膜与空气的分界处存在着表面张力 T，由于表面张力使水受张拉作用，使 $u_a>u_w$，当土的饱和度较大时，粉土饱和度在40%~50%以上，黏土饱和度在85%以上，$u_a \approx u_w$ 时，公式(3-49)才能使用。

在静水位条件下，总应力为自重应力情况(图 3-27)。

b 点的总应力为
$$\sigma=\gamma_1 \cdot h_1+\gamma_{\text{sat}} \cdot h_2 \tag{3-50}$$

式中，γ_1——地下水位以上土的(湿)重度；

γ_{sat}——地下水位以下土的饱和重度。

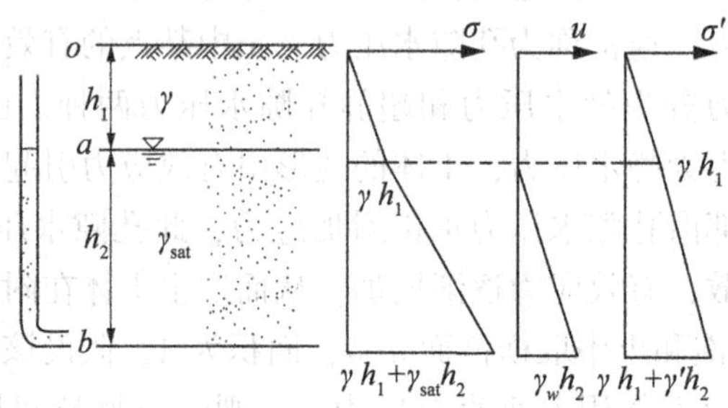

图 3-27 静水位时土中的总应力、孔隙水压力和有效应力

b 点的孔隙水压力为
$$u=\gamma_w \cdot h_2 \tag{3-51}$$

b 点处的有效应力为
$$\sigma'=\sigma-u=\gamma_1 h_1+\gamma_{\text{sat}}h_2-\gamma_w h_2=\gamma_1 h_1+h_2(\gamma_{\text{sat}}-\gamma_w)=\gamma_1 h_1+\gamma' h_2 \tag{3-52}$$

由上式得出：σ' 就是 b 点的自重应力，所以自重应力是指有效应力。

3.6.2 土中水渗流时的土中有效应力

1. 水向下渗流(图 3-28)

b 点的总应力为
$$\sigma=\gamma h_1+\gamma_{\text{sat}}h_2 \tag{3-53}$$

b 点的孔隙水压力为
$$u=\gamma_w(h_2-h)=\gamma_w h_2-\gamma_w h \tag{3-54}$$

b 点的有效应力为
$$\sigma'=\sigma-u=\gamma h_1+h_2(\gamma_{\text{sat}}-\gamma_w)+\gamma_w h=\gamma h_1+\gamma' h_2+\gamma_w h \tag{3-55}$$

显然，与静水条件下的σ'相比，增加了γ_wh，导致土层压缩，故称为渗流压密，这是抽吸地下水引起地面下沉的原因之一。

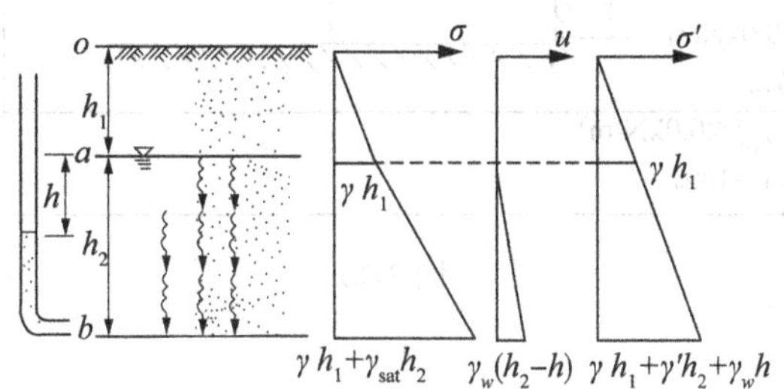

图 3-28　水自上向下渗流时土中的总应力、孔隙水压力和有效应力

2. 水向上渗流(图 3-29)

b 点的总应力为　$$\sigma=\gamma h_1+\gamma_{sat}h_2 \tag{3-56}$$

b 点的孔隙水压力为　$$u=\gamma_w(h_2+h)=\gamma_w h_2+\gamma_w h \tag{3-57}$$

b 点的有效应力为

$$\sigma'=\sigma-u=\gamma h_1+h_2(\gamma_{sat}-\gamma_w)-\gamma_w h=\gamma h_1+\gamma' h_2-\gamma_w h \tag{3-58}$$

显然，与静水条件下的σ'相比，减少了$\gamma_w h$(渗透压力)。

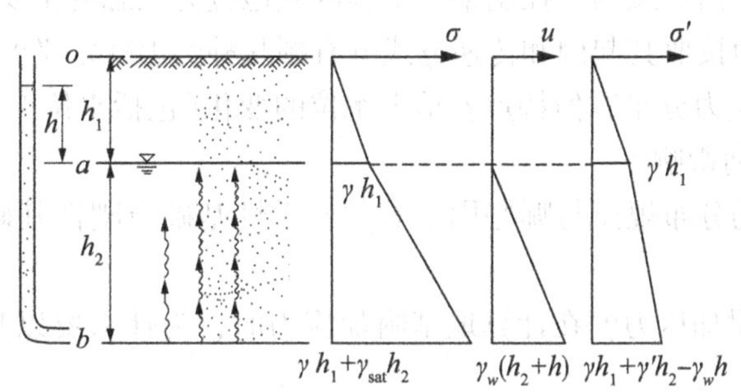

图 3-29　水自下向上渗流时土中的总应力、孔隙水压力和有效应力

从以上分析可见，3 种不同情况下土中的总应力σ分布是相同的，即土中水的渗流不影响总应力值。水渗流时，在土中产生渗透(动水)力致使土中有效应力发生变化。土中水自上向下渗流时，渗透力方向与土的重力方向一致，于是有效应力增加；反之，土中水自下向上渗流时，导致土中有效应力减少。

【例 3-5】　在 8m 厚的黏土层上开挖基坑，黏土层下为砂层。砂层顶面具有 5.5m 高的水头(承压水)，如图 3-30 所示。问：开挖深度为 6m 时，基坑中水深至少多大才能防止发生流土现象?

解：计算黏土层与砂层界面处的总应力和孔隙水压力：

$$\sigma=\gamma_w h+\gamma_{sat}(8-6)$$

$$u=5.5\gamma_w$$

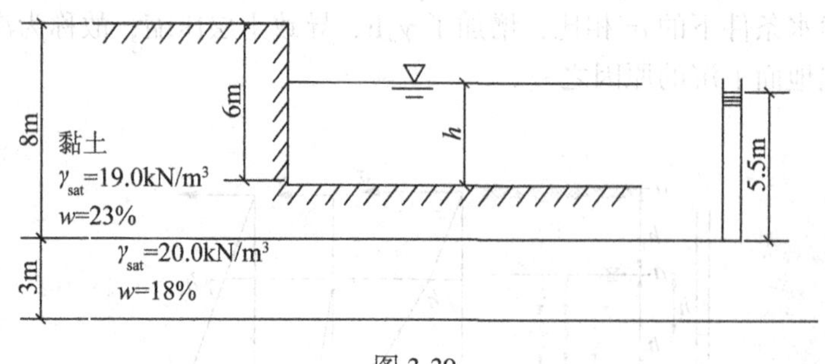

图 3-30

当发生流土时，该处的有效应力 $\sigma'=0$，即

$$\sigma=\gamma_w h+\gamma_{sat}(8-6)-5.5\gamma_w=0$$

$$h=\frac{5.5\gamma_w-2\gamma_{sat}}{\gamma_w}=\frac{5.5\times10-2\times19.0}{10}=1.70(\text{m})$$

习　　题

3-1　什么是岩体、土体的侧压系数？二者有无区别？岩体的侧压系数能否大于1？从侧压系数值的大小如何说明岩体所处的应力状态？

3-2　地应力是如何形成的？控制某一工程区域地应力状态的主要因素是什么？

3-3　土中的应力按照其起因和传递方式分有哪几种？怎样定义？

3-4　土的自重应力分布有何特点？地下水位的变化(包括水位上升、骤然下降、缓慢下降)对自重应力有何影响？

3-5　基底压力的分布规律与哪些因素有关？柔性基础与刚性基础基底压力分布规律有何不同？

3-6　何谓基底附加压力？在计算地基附加应力时，为什么要以基底附加压力作为计算依据？

3-7　什么是有效应力原理？对工程有何重要意义？

3-8　按图 3-31 给出的资料，计算并绘出地基中的自重应力沿深度的分布曲线。

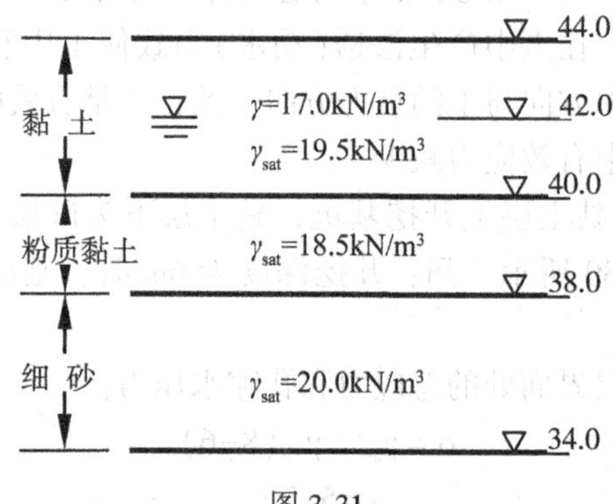

图 3-31

3-9 如图 3-32 所示，柱基础底面尺寸为 3m×2m，柱传给基础的竖向力 $F=1000\text{kN}$，弯矩 $M=180\text{kN}\cdot\text{m}$，杂填土厚 2m。试计算平均基底压力 p，最大基底压力 p_{max}，最大基底压力 p_{min}，基底附加应力 p_0。

3-10 某路堤顶的宽度为 10m，底宽为 20m，高度为 5m，如图 3-33 所示，填土重 $\gamma=18.0\text{kN/m}^3$。试求路基底面中心点下 $z=10\text{m}$ 和边缘点下深度 $z=5\text{m}$ 处的竖向附加应力 σ_z。($z=10\text{m}$，$\sigma_z=65.8\text{kPa}$)

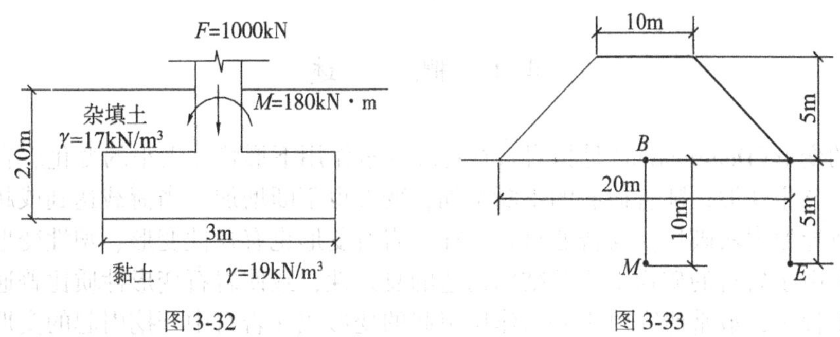

图 3-32　　图 3-33

3-11 如图 3-34 所示，某地基由三层土组成，第一层为砂土，厚度 2m；第二层为粉质黏土，厚度 3m；第三层为砂土，厚度 4m。地下水位在地面以下 1.5m 深处，下层砂土受承压水作用，其水头高出地面 3m。已知砂土干重度 $\gamma=16.5\text{kN/m}^3$，饱和重度 $\gamma=18.8\text{kN/m}^3$；粉质黏土的饱和重度 $\gamma_{sat}=18.8\text{kN/m}^3$。试求土中总应力 σ、孔隙水压力 u 及有效应力 σ'，并绘图表示。

(第三层顶面处总应力 $\sigma=90.55\text{kPa}$，孔隙水压力 $u=80\text{kPa}$，有效应力 $\sigma'=10.55\text{kPa}$)

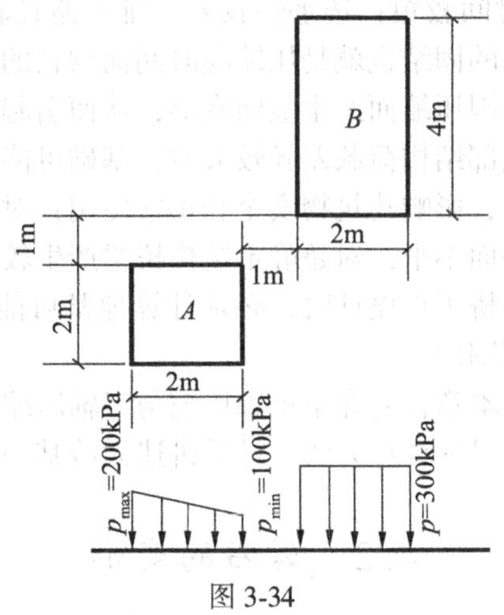

图 3-34

第4章 岩土的变形

4.1 概　　述

岩石的变形(Deformation)是指岩石在物理因素作用下形状和大小的变化。岩石在外荷载作用下，产生变形，随着荷载的不断增加，变形也不断增加，当荷载达到或超过某一定限度时，将导致岩块破坏。与普通材料一样，岩石变形也有弹性变形、塑性变形和流变变形之分，但由于岩石的矿物组成及结构构造的复杂性，致使岩石变形性质比普通材料要复杂得多。工程中，最常研究由于外力作用引起的变形或在岩石中开挖引起的变形。岩石的变形对工程建(构)筑物的安全和使用影响很大，因为当岩石产生较大位移时，建(构)筑物内部应力可能大大增加，因此研究岩石的变形在岩土工程中有着重要意义。

土的变形，即压缩性(Compressibility)，是指土体在压力(附加应力或自重应力)作用下体积缩小的特性。试验研究表明，在一般的压力(100kPa~600kPa)作用下，土粒和土中水的压缩量与土体的压缩总量之比是很微小的，可以忽略不计。因此，土的压缩是指土中孔隙的体积缩小，即土中气或土中水所占体积缩小。此时，土粒之间的相对位置发生变化，且互相挤压。饱和土的压缩过程中，随着孔隙体积减小，土中的水逐渐排除，即水的体积相应减小。饱和土在压力作用下随土中水体积减小的全过程，称为土的固结。饱和土的压缩变形与时间有很大的关系，时间的长短与土的性质、排水条件等因素有关。透水性较好的土(如砂土)，排水时间较短；透水性较差、排水路径较长的饱和黏性土，压缩过程需要较长时间，因此，土的固结也就是压缩随时间而增长的过程。

荷载作用下，地基土会因压缩而产生竖向变形，从而引起建筑物及道路、桥梁基础的沉降。当地基为软弱土或上部结构荷载差异较大时，基础可能发生不均匀沉降，使建筑物发生倾斜、墙体开裂等事故，影响建筑物安全和正常使用；对于道路和桥梁工程，不均匀沉降则会造成路堤开裂、路面不平，对超静定结构桥梁产生较大附加应力等工程问题。因此，进行建筑工程设计、路桥工程设计时，必须计算地基可能发生的沉降和差异沉降量，把地基变形值控制在允许范围内。

为了计算岩土的变形，本章首先介绍单轴压缩与三轴压缩条件下岩石变形性质，然后讨论土的压缩性、地基沉降量的计算方法，最后讲述太沙基一维固结理论。

4.2 岩石的变形

4.2.1 岩石的变形特性

通过岩石的变形试验，可对岩石的变形特性进行全面深入的研究。变形试验旨在绘制应力-应变关系曲线，以便进一步对岩石的变形特性进行分析。岩石变形试验包括单轴试验和三轴试验。

1. 单轴压缩状态下应力-应变曲线

在刚性压力机上进行单轴压力试验，可以获得完整的岩石应力-应变全过程曲线，如图 4-1 所示，这种曲线一般可分为四个区段：①在 OA 区段内，曲线稍微向上弯曲；②在 AB 区段内，接近于直线；③在 BC 区段内，曲线向下弯曲，直至 C 点达最大值；④下降段 CD。

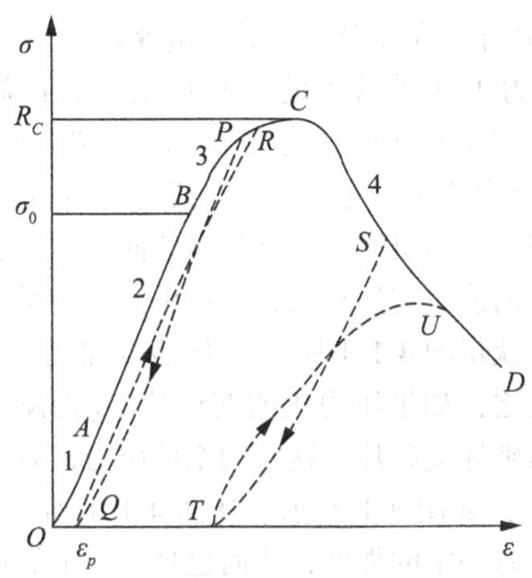

图 4-1　典型岩石的完整应力-应变曲线

对大多数岩石而言，在 OA 和 AB 这两个区段内应力-应变曲线近似直线，这种应力-应变关系可用下式表示：

$$\sigma = E\varepsilon \tag{4-1}$$

式中，E——岩石的弹性模量，即 OB 线的斜率。

如果岩石严格地遵循式(4-1)的关系，这种岩石就是线弹性的，弹性力学的理论适用于这种岩石。如果某种岩石的应力-应变关系不是直线，而是曲线，但应力与应变之间存在一一对应关系，则称这种岩石为完全弹性的。由于这时应力与应变的关系是一条曲线，所以没有唯一的模量，但对应于一点的应力 σ 值，都有一个切线模量和割线模量。切线模量就是该点在曲线上的切线的斜率$\frac{d\sigma}{d\varepsilon}$，而割线模量就是该点割线的斜率，它等于 σ/ε。如果逐渐加载至某点，然后再逐渐卸载至零，应变也退至零，但卸荷曲线不走加载曲线的路线，这时产生了滞回效应，卸载曲线上该点的切线斜率就是相当于该应力的卸载模量。

这两个阶段的岩石很接近于弹性，可能稍有一点滞回效应，这是因为岩石中裂隙的压密闭合，特别表现在 OA 段，但是在这两个区段内加载和卸载，岩石不发生不可恢复的变形。

第三区段 BC 的起点 B 往往是在 C 点最大应力值的 2/3 处，从 B 点开始，岩石中产生新的张拉裂隙，岩石模量下降，应力-应变曲线的斜率随应力的增加而逐渐降低到零。在这一范围内，岩石将发生不可恢复的变形，加载与卸载的每次循环都是不同的曲线。这阶段发生的变形中，能恢复的变形叫弹性变形，不可恢复的变形，称为塑性变形，如图4-1中的卸载曲线 *PQ* 在零应力时还有残余变形 ε_p。弹性模量 *E* 就是加载曲线直线段的斜率，而加载曲线直线段大致与卸载曲线的割线相平行。这样，一般可将卸载曲线的割线的斜率作为弹性模量，而岩石的变形模量 E_0 取决于总的变形量，即取决于弹性变形与塑性变形之和，它是正应力 σ 与总的正应变之比，在图4-1中，它相应于割线 *OP* 的斜率。

在线性弹性材料中，变形模量等于弹性模量；在弹塑性材料中，当材料屈服后，其变形模量不是常数，它与荷载的大小或范围有关。在应力-应变曲线上的任何点与坐标原点相连的割线的斜率，都表示该点所代表的应力的变形模量。如果岩石上再加载，则再加载曲线 *QR* 总是在曲线 *OABC* 以下，但最终与之连接起来。

第四区段 *CD* 开始于应力-应变曲线上的峰值 *C* 点，是下降曲线，在这一区段内卸载可能产生很大的残余变形。图4-1中 *ST* 表示卸载曲线，*TU* 表示再加载曲线。可以看出，*TU* 曲线在比 *S* 点低得多的应力值下趋近于 *CD* 曲线。应当指出，压力机的特性对岩石的破坏过程有很大的影响。假如压力机在对试件加压的同时本身变形也相当大，而当试件破坏来临时，积蓄在压力机内的能量突然释放，从而引起实验系统急骤变形，试件碎片猛烈飞溅。在这种情况下就不能获得图4-1上所示应力-应变曲线的 *CD* 段，而是在 *C* 点附近就因发生突然破坏而终止；反之，如果压力机的变形甚小(即刚性压力机)，积蓄在机器内的能量很小，试件不会突然破坏成碎片。这样的刚性压力机对已发生破坏但仍保持完整的岩石能测出了破坏后的变形，如图4-1所示。从图4-1上所示破坏后的荷载循环 *STU* 来看，破坏后的岩石仍可能具有一定的强度，从而也具有一定的承载能力，该强度称为岩石的残余强度。

以上分析了应力-应变曲线的四个区段。研究表明，第一区段属于压密阶段，这期间岩石中初始的微裂隙受压闭合；第二区段近似于线弹性工作阶段，应力-应变关系曲线为直线；第三阶段为非弹性阶段，主要是在平行于荷载方向开始逐渐生成新的微裂隙以及裂隙的不稳定，*B* 点是岩石从弹性转变为非弹性的转折点；最后区段 *CD* 为破坏阶段，*C* 点的纵坐标就是单轴抗压强度 R_C。

2. 反复加载与卸载条件下岩石的变形特性

对于弹塑性岩石，在反复多次加载与卸载循环时，所得的应力-应变曲线将具有以下特点：

(1)卸载应力水平一定时，每次循环中的塑性应变增量逐渐减小，加、卸载循环次数足够多后，塑性应变增量将趋于零。因此，可以认为所经历的加、卸载循环次数愈多，岩石则愈接近弹性变形，如图4-2所示。

(2)加、卸载循环次数足够多时，卸载曲线与其后一次再加载曲线之间所形成的滞回环的面积将愈变愈小，且愈靠拢而又愈趋于平行，如图4-2所示，表明加、卸载曲线的斜率愈接近。

(3)如果多次反复加载、卸载循环，每次施加的最大荷载比前一次循环的最大荷载为大，则可得图4-3所示的曲线。随着循环次数的增加，塑性滞回环的面积也有所扩大，卸载曲线的斜率(它代表岩石的弹性模量)也逐次略有增加，这种现象称为强化。此外，每次卸载后再加载，在荷载超过上一次循环的最大荷载以后，变形曲线仍沿原来单调加载曲线上升(图4-3中的 *OC* 线)，好像不曾受到反复加卸荷载的影响似的。

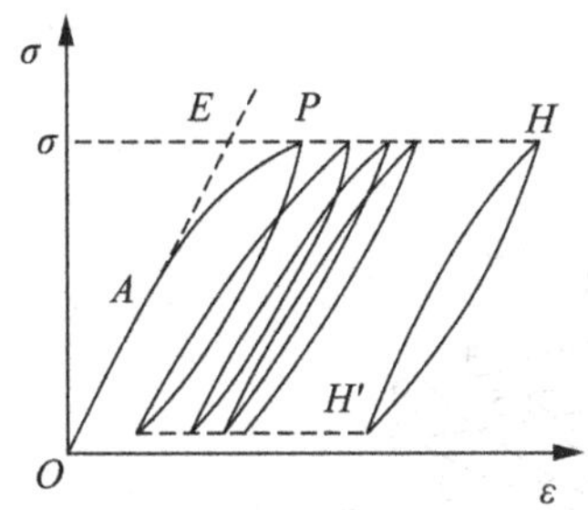

图 4-2　常应力下弹塑性岩石加、卸载循环应力-应变曲线

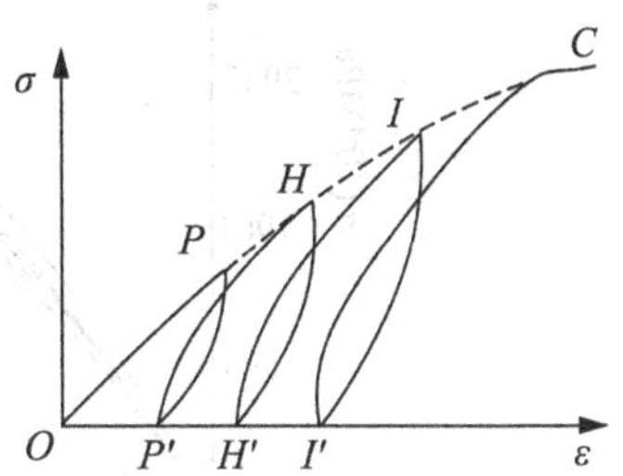

图 4-3　弹塑性岩石在变应力水平下加、卸载循环时的应力-应变曲线

3. 三轴压缩状态下岩石的变形特征

常规三轴变形试验采用圆柱形试件，通常的做法是在某一侧限压应力($\sigma_2=\sigma_3$)作用下，逐渐对试件施加轴向压力，直至试件压裂，记下压裂时的轴向应力值就是该围压 σ_3 下的 σ_1。施加轴向压力过程中，及时全过程记录所施加的轴向压力及相对应的三个轴向应变 ε_1、ε_2 和 ε_3，直到岩石试件完全破坏为止。根据上述记录，绘制试件的应力-应变曲线。图 4-4 所示为苏长岩试件在 20.59MPa 围压下，反复加、卸载的全应力-应变曲线；图 4-5 所示为某砂岩试件的试验曲线；图 4-6 所示则为某黏土质石英岩在不同围压下的轴向应力-应变关系曲线以及径向应变之和与轴向应变曲线。

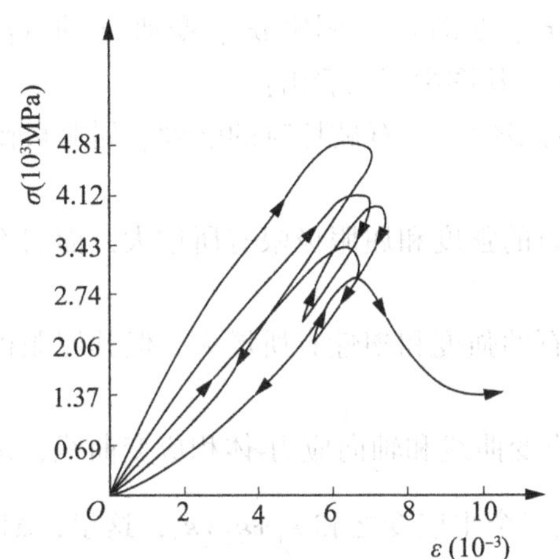

图 4-4　苏长岩试件在反复加、卸载条件下的全应力-应变曲线($\sigma_3=20.59$MPa)

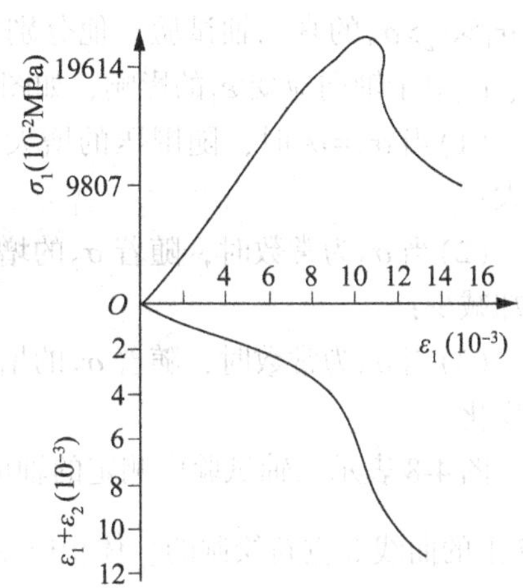

图 4-5　砂岩轴向应力-应变曲线以及径向应变-轴向应变曲线

图 4-6 反映了不同侧限压力 σ_3 对于应力-应变关系曲线以及径向应变与轴向应变关系曲线的影响。从图 4-5 中 $\sigma_3=0$ 的变形曲线可以看出，试件在变形较小时就发生破坏，曲线顶端稍有一点下弯，而当围压 σ_3 逐渐增加，则试件破裂时的极限轴向压力 σ_1 亦随之增加，岩石在破坏时的总变形量亦随之增大，这说明随着围压 σ_3 的增大，其破坏强度和塑性变形均有明显的增长。

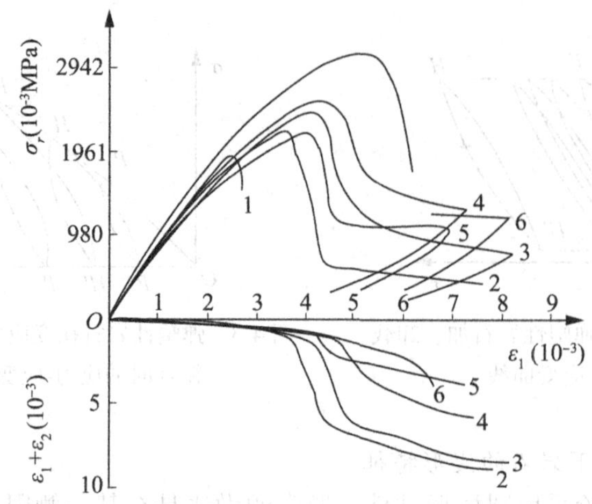

1—$\sigma_3=0$；2—$\sigma_3=3.43$MPa；3—$\sigma_3=6.77$MPa；
4—$\sigma_3=13.62$MPa；5—$\sigma_3=27.07$MPa；6—$\sigma_3=27.07$MPa

图 4-6 黏土质石英岩在不同侧限压力下的轴向应力-应变曲线以及径向应变-轴向应变曲线

4. 真三轴压缩试验的应力-应变曲线

进行真三轴压缩试验($\sigma_1>\sigma_2>\sigma_3$)，可充分反映中主应力 σ_2 对于岩石变形以及强度的影响，这一特点也正是与常规三轴试验的主要差别。日本的茂木清夫对山口县大理岩进行了 $\sigma_1>\sigma_2>\sigma_3$ 的真三轴试验，他分别以固定 σ_3、变动 σ_2 和固定 σ_2、变动 σ_3 的方法测得 σ_2、σ_3 对于轴向应变 ε_1 的影响，如图 4-7 所示。从图中可以看出：

(1)当 $\sigma_2=\sigma_3$ 时，随围压的增大，岩石的塑性和岩石破坏时的强度、屈服极限同时增大；

(2)当 σ_3 为常数时，随着 σ_2 的增大，岩石的强度和屈服极限有所增大，而岩石的塑性却减少；

(3)当 σ_2 为常数时，随着 σ_3 的增大，岩石的强度和塑性有所增大，但其屈服极限并无变化。

图 4-8 表示三轴试验中测定的轴向应力-应变曲线和轴向应力-体积应变曲线，是用图 4-7 上的曲线 3 重新绘制的。体积应变 $\frac{\Delta V}{V_0}$ 就是三个主应变之和 $\varepsilon_1+\varepsilon_2+\varepsilon_3$，这里，$\Delta V$ 是试件压缩时的体积变化，而 V 是原来没有施加任何应力时的体积。从图中看出，当轴向应力 σ_1 较小时，岩石符合线弹性材料的性状。体积应变 $\frac{\Delta V}{V_0}$ 是具有正斜率的直线，这是由于 $\varepsilon_1>|\varepsilon_2+\varepsilon_3|$，即体积随着压力的增加而减小。当应力大约达到强度的一半时，体积应变开始偏离线弹性材料的直线。随着应力的增加，这种偏离的程度也愈来愈大，在接近破裂时，偏离程度大到使得岩石在压缩阶段的体积超过其原来的体积，产生负的压缩体积应变，通常称为扩容。扩容就是体积扩大的现象，它往往是岩石破坏的前兆。为解释这个扩容，试件在接近破裂时的侧向应变之和必须超过其轴向应变，即 $\varepsilon_1>|\varepsilon_2+\varepsilon_3|$。扩容是由

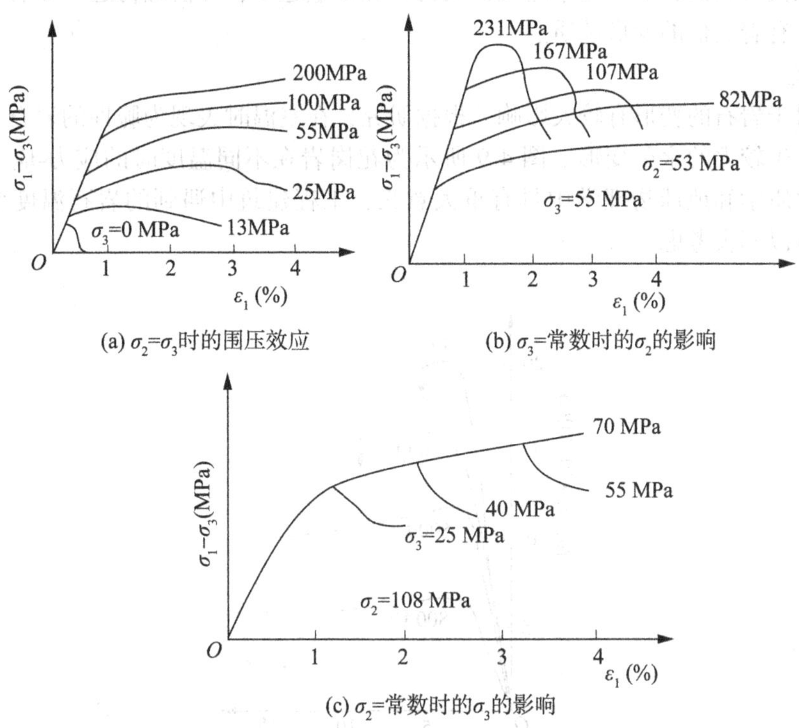

(a) $\sigma_2=\sigma_3$时的围压效应　(b) σ_3=常数时的σ_2的影响

(c) σ_2=常数时的σ_3的影响

图 4-7　岩石在三轴压缩状态下的应力-应变曲线(茂木清夫)

于岩石试件内细微裂隙的形成和扩张所致，这种裂隙的长轴与最大主应力的方向是平行的。

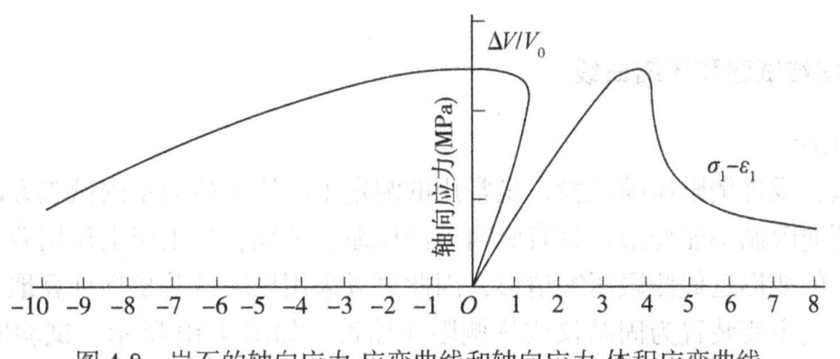

图 4-8　岩石的轴向应力-应变曲线和轴向应力-体积应变曲线

4.2.2　影响岩石应力-应变曲线的因素

试验证明，影响岩石应力-应变的因素较多，如试件尺寸、边界条件、加载速率、温度、围压、各向异性等。下面简单介绍一些主要因素。

1. 加载速率

进行单轴压缩试验时，施加荷载的速率对岩石的变形性质有明显影响。加载速率越快测得的弹性模量越大；加载速率越慢，测得弹性模量越小，峰值应力越不显著。这点上岩石与混凝土有着类似的变形性质。

2. 温度

温度对于岩石的变形有较大影响。根据研究，在室温时表现为脆性的岩石，在较高温度时可以产生较大的永久变形。图 4-9 所示为花岗岩在不同温度时的应力-应变曲线。这一问题在地质学和地球物理学中具有重大意义，工程建筑中遇到的岩石温度变化幅度甚小，一般可以不去考虑。

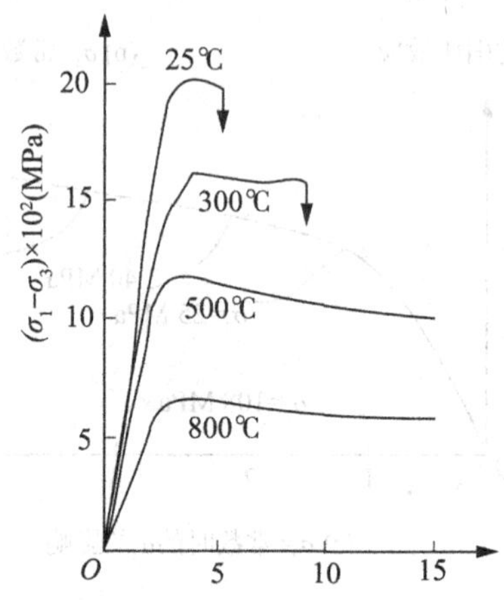

图 4-9　侧限压力为 500MPa 时的花岗岩在不同温度下的应力-应变曲线

4.3 土的变形

4.3.1 固结试验和压缩曲线

1. 固结试验

固结试验，或称侧限压缩试验，是常用的测定土的压缩性的室内试验方法。所谓侧限压缩，是指侧向限制不能变形，只有竖向单向压缩的情况；当土层上作用着大面积均布荷载时，地基土的变形近似侧限压缩情形，因此可以采用压缩试验指标计算地基的变形量。

固结试验的主要装置为固结仪或称侧限压缩仪。如图 4-10 所示，试验时，用金属环刀切取土样，放入刚性护环内，土样上下面各放一块透水石，土样受压后水可以从透水石中排出。试验过程中，由于环刀和护环的作用，土样只能发生竖向的压缩而无侧向变形。给土样分级加压，在各级压力 p_i 作用下土样变形稳定后，用百分表测出土样的竖向变形值 s_i，计算出各级压力 p_i 作用下土样竖向变形稳定后的孔隙比 e_i，绘出压力与孔隙比关系曲线，即为土的压缩曲线。

2. *e-p* 曲线

若以纵坐标表示在各级压力下试样压缩稳定后的孔隙比 e，以横坐标表示压力 p，根据压缩试验的成果，可以绘制出孔隙比与压力的关系曲线，称为压缩曲线。

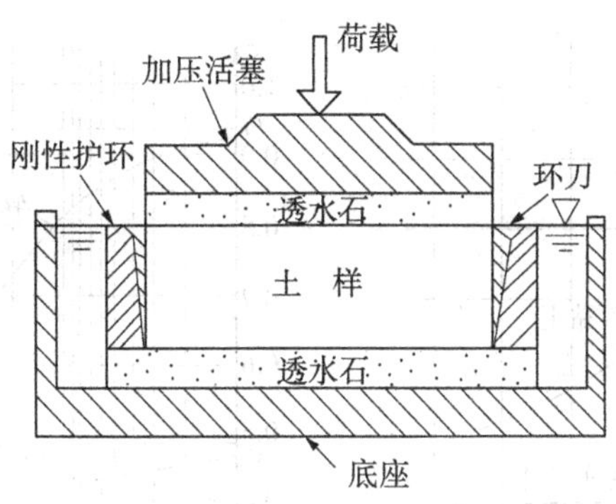

图 4-10　固结试验装置

设土样的初始高度为 H_0，受压后土样高度为 H_i，则 $H_i=H_0-\Delta H_i$，ΔH_i 为压力 p_i 作用下土样的稳定压缩量。如图 4-11 所示。根据土的孔隙比的定义以及土粒体积 V_s 不变，又令 $V_s=1$，则土样孔隙体积 V_v 在受压前等于初始孔隙比 e_0 和受压后孔隙比 e_i。又根据侧限条件下土样受压前后横截面面积不变，则土粒的高度 $\frac{H_0}{1+e_0}$ 等于受压后土粒高度 $\frac{H_i}{1+e_i}$，则有

$$\frac{H_i}{H_0}=\frac{1+e_i}{1+e_0} \tag{4-1a}$$

或

$$\frac{\Delta H_i}{H_0}=\frac{e_i-e_0}{1+e_0} \tag{4-1b}$$

则

$$e_i=e_0-\frac{\Delta H_i}{H_0}(1+e_0) \tag{4-2}$$

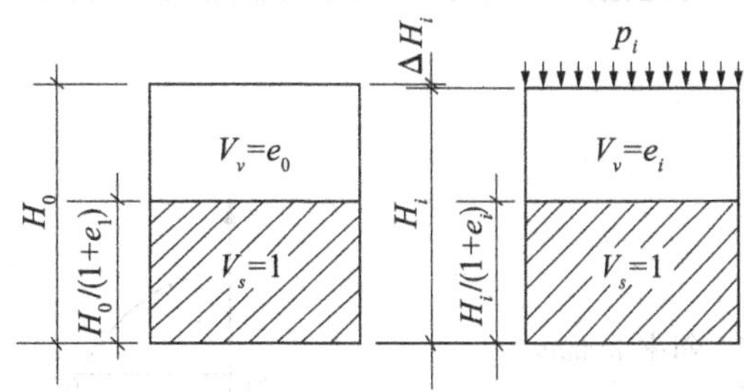

图 4-11　侧限条件下孔隙比的变化

测定各级压力 p_i 下的稳定变形量 ΔH_i，然后由式(4-2)计算相应的孔隙比 e_i，并绘制相应的压缩曲线。如果在直角坐标系中，以孔隙比 e 为纵坐标，以各级压力 p 为横坐标，绘出的关系曲线称为 e-p 压缩曲线；若横坐标改为对数坐标，则绘出的关系曲线称为 e-lg$p$ 压缩曲线。如图 4-12 所示。

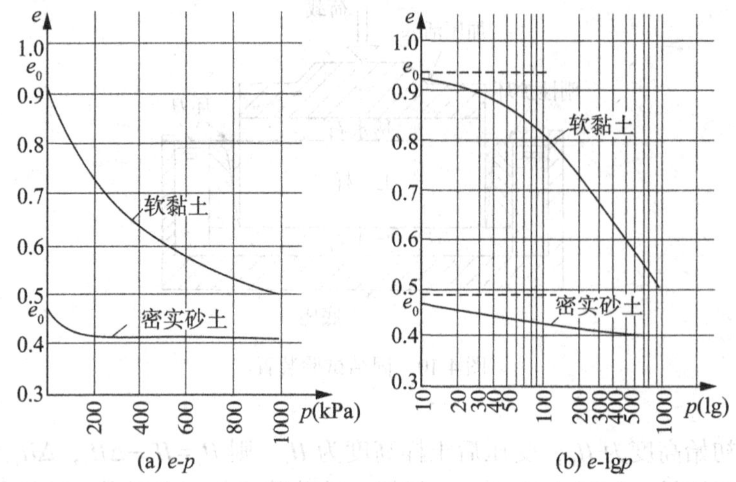

图 4-12 土的压缩曲线

4.3.2 土的压缩性指标

1. 土的压缩系数

根据 e-p 压缩曲线的形态，可以判断土的压缩性高低：压缩曲线越陡，说明在相同的压力增量作用下，土的孔隙比减少得越显著，土的压缩性越高；反之，压缩曲线越平缓，说明土的压缩性越低；所以，曲线上任一点的切线斜率，就表示了相应压力 p 作用下土的压缩性，用土的压缩系数表示，即

$$a=\frac{\mathrm{d}e}{\mathrm{d}p} \tag{4-3}$$

当外荷载引起的压力变化范围不大时，土的压缩曲线可近似用图 4-13 中的 M_1M_2 割线代替。

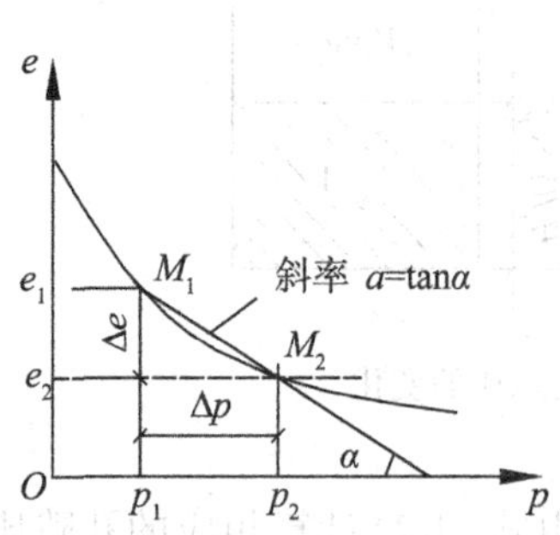

图 4-13 以 e-p 曲线确定压缩系数

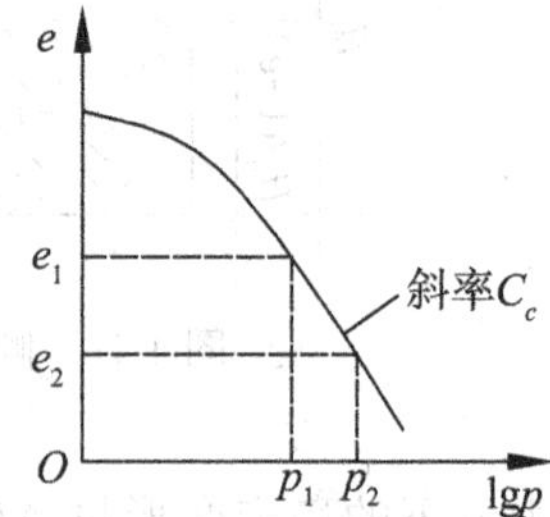

图 4-14 以 e-lg$p$ 曲线确定压缩系数

$$a=\tan\alpha=-\frac{\Delta e}{\Delta p}=\frac{e_1-e_2}{p_2-p_1} \tag{4-4}$$

式中，a——压缩系数，MPa^{-1}；负号表 e 随 P 的增长而减小；

p_1——加载前使试样压缩稳定的压力强度，一般指地基中某深处土中原有的竖向自重应力，kPa；

p_2——加载后使试样所受的压力强度，一般为地基某深处自重应力与附加应力之和，kPa；

e_1、e_2——增压前后在 p_1、p_2 作用下压缩稳定时的孔隙比。

压缩系数 a 是表征土的压缩性的重要指标之一。压缩系数越大，压缩曲线越陡，说明压力增加时孔隙比减小得多，则土的压缩性高；若曲线是平缓的，则土的压缩性低。为方便应用和比较，《建筑地基基础设计规范》提出用 $p_1=100\text{kPa}$、$p_2=200\text{kPa}$ 时相对应的压缩系数 $\alpha_{1\text{-}2}$ 来评价土的压缩性，具体规定为：当 $a_{1\text{-}2}<0.1\text{MPa}^{-1}$ 时，为低压缩性土；当 $0.1\text{MPa}^{-1}\leqslant a_{1\text{-}2}<0.5\text{MPa}^{-1}$ 时，为中压缩性土；当 $a_{1\text{-}2}\geqslant 0.5\text{MPa}^{-1}$ 时，为高压缩性土。

2. 土的压缩指数

当压缩试验结果用曲线表示时，当压力较高时，曲线后段很长一段为直线，即曲线的斜率相同，此直线段的斜率称为压缩指数(图 4-14)。

$$C_c=\frac{e_1-e_2}{\lg p_2-\lg p_1}=\frac{\Delta e}{\lg\dfrac{p_2}{p_1}} \tag{4-5}$$

压缩指数越大，表明土的压缩性越高。对同一个试样，压缩指数是个定量，不随压力增加而增加。当 $C_c<0.2$ 时，为低压缩性土；当 $C_c>0.4$ 时，为高压缩性土。

3. 土的压缩模量和体积压缩系数

(1)压缩模量：是指土体在无侧向膨胀条件下，压缩时垂直压力增量与垂直应变增量的比值，或称侧限模量。在侧限压缩试验中，当垂直压力由 p_1 增至 p_2，土样厚度由 H_1 减少至 H_2，压缩量为 $s=H_1-H_2$，则：

压力增量为

$$\Delta p=p_2-p_1 \tag{4-6a}$$

应变增量为

$$\Delta\varepsilon_z=\frac{H_1-H_2}{H_1}=\frac{s}{H_1} \tag{4-6b}$$

压缩模量为

$$E_s=\frac{\Delta p}{\Delta\varepsilon_z}=\frac{\Delta p}{s}H_1 \tag{4-7}$$

根据图 4-11，有

$$\frac{H_1}{1+e_1}=\frac{H_1-s}{1+e_2} \tag{4-8a}$$

且

$$\Delta e=a\Delta p$$

得

$$s=\frac{a\Delta p}{1+e_1}H_1 \tag{4-8b}$$

所以

$$E_s=\frac{1+e_1}{a} \tag{4-9}$$

显然，E_s 愈大，a 愈小，土体的压缩性愈低。

(2)体积压缩系数：是指土体在侧限条件下，竖向应变增量与竖向压力增量之比(MPa^{-1})，即压缩模量的倒数，即

$$m_v=\frac{1}{E_s}=\frac{a}{1+e_1} \tag{4-10}$$

同压缩系数和压缩指数一样，体积压缩系数越大，表明土的压缩性越高。

E_s与a成反比，即E_s愈大，a愈小，土体的压缩性愈低。

4. 回弹指数

在室内侧限压缩试验中，逐级加载，但荷载达到p_i后不再加压，而是逐级进行卸载直至为零，此时土样将发生回弹，试样体积膨胀，孔隙比增大。若测出每一卸载等级土样回弹稳定后的土样高度，通过换算得到相应的孔隙比，即可绘制出卸载阶段e-p曲线(图4-15)，该曲线称为回弹曲线。从图中可以看出，回弹曲线不沿压缩曲线回到a点，而是回到点c点，说明经过压缩变形土体不仅发生了弹性变形，而且发生了不可恢复的塑性变形，即残余变形。

如重新开始加载，土体发生再压缩，此时再压缩曲线与初始压缩曲线不重合。在半对数e-lg$p$曲线上也可看到这一现象。卸载曲线和再压缩曲线的平均斜率称为回弹指数或再压缩指数，用C_c表示。

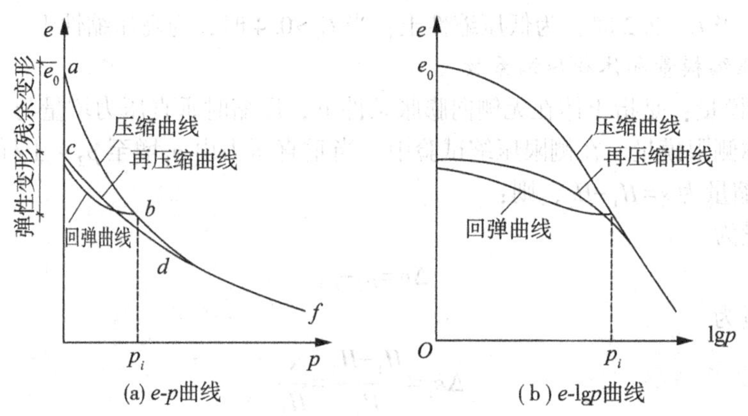

图4-15 土的回弹曲线与再压缩曲线

对于基底面积和基坑埋深均较大的基础，地基土回弹再压缩变形在总沉降中占重要地位，例如某些高层建筑设置3~4层地下室时，总荷载有可能等于或小于该深度土的自重应力，这时高层建筑地基变形将由地基回弹变形决定。因此，对这类基础的沉降量中应计入回弹变形量，其计算公式可采用式(4-8b)，但应以地基土的回弹模量代替压缩模量，以考虑回弹影响的沉降计算经验系数(取1)代替原来的沉降计算经验系数。地基土的回弹模量是指土体在侧限条件下卸荷或再加荷时竖向附加应力与竖向应变之比，按《土工试验方法标准》(GB/T50123—1999)确定。

5. 弹性模量

弹性模量是指土体在无侧限条件下瞬时压缩的应力应变模量，即正应力σ与弹性正应变ε_d(即可恢复应变)的比值，通常用E来表示。弹性模量一般可用于短暂荷载作用的

工程问题中，如在计算烟囱、电视塔等高耸结构物在风荷载作用下的倾斜时，由于风荷载是瞬时重复荷载，在很短的时间内土体中的孔隙水来不及排出或不完全排出，土的体积压缩变形来不发生，部分变形可以恢复，故采用弹性模量计算就比较合理一些。另外，在计算饱和黏性土地基上瞬时加荷所产生的瞬时沉降时，一般也应采用弹性模量，弹性模量一般采用三轴仪进行三轴重复压缩试验测定，并将得到的应力应变曲线上的初始切线模量 E_i 或再加荷模量 E_r 作为弹件模量。试验方法如下：

(1)采用取样质量好的不扰动土样，在三轴仪中进行固结，所施加的固结压力 σ_3 各向相等，其值取试样在现场条件下有效自重应力。固结后在不排水的条件下施加轴向压力 $\Delta\sigma$，这时试样所受的轴向压力为 $\sigma_1=\sigma_3+\Delta\sigma$。

(2)逐渐在不排水条件下增大轴向压力达到现场条件下有效附加应力，即 $\Delta\sigma=\sigma_z$，此时，试样所受的轴向压力为 $\sigma_1=\sigma_3+\sigma_z$，然后减压至零。这样重复加荷和卸荷若干次，便可测得初始切线模量 E_i，并测得每一循环在最大轴向压力一半时的切线模量，这种切线模量随着循环次数的增多而增大，最后趋近于一稳定的再加荷模量 E_r，如图 4-16 所示，一般加、卸载 5~6 个循环就可确定 E_r 值。这样确定的再加荷模量 E_r 就是符合现场条件下土的弹性模量，用 E_r 计算的瞬时沉降与根据建筑物实测的瞬时沉降值比较一致。

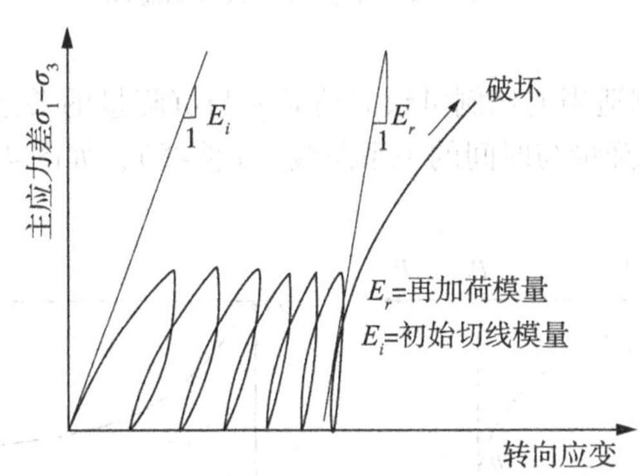

图 4-16　室内三轴试验确定的弹性模量

4.3.3　现场载荷试验与变形模量

室内压缩试验操作简单，是评价地基土的压缩性的常用方法。在室内进行压缩试验，由于取样过程中土样不可避免地要受到一定程度的扰动，而且更重要的是，试验在侧向受限制的条件下进行的，使得室内试验结果与实际情况不完全相符。因此，当遇到地基土为粉土、细砂、软土，取原状土样困难，或重要的工程，或土层不均匀、土试样尺寸小、代表性差等情况，室内压缩试验就不适用了，可采用原位测试方法评价地基土的压缩性。原位测试方法主要有荷载试验、旁压试验等。

1. 平板载荷试验

平板载荷试验是在一定面积的承压板上通过千斤顶向地基逐级加荷载，观测记录沉降随时间的发展以及稳定时的沉降量 s，利用地基沉降的弹性力学计算公式反算出变形模量。根据测试点深度，载荷试验可分为浅层平板载荷试验(埋深小于 3m)和深层平板载荷试验(埋深大于3m)两种。

试验一般在试坑内进行，试坑应设在地质勘查时所布置的取土勘探点附近，坑底设在待试验土层的标高上，其宽度不应小于3倍承压板宽度或直径。承压板的形状有圆形和正方形；对于均质密实土(如密实砂土、老黏土)，可用0.25～0.5m²；对松软土及人工填土，则不应小于0.5m²。

试验装置如图4-17所示，一般由加荷稳压装置、反力装置及观测装置三部分组成。加荷稳压装置包括承压板、千斤顶及稳压器等，反力装置常用平台堆载或地锚(图4-17)。

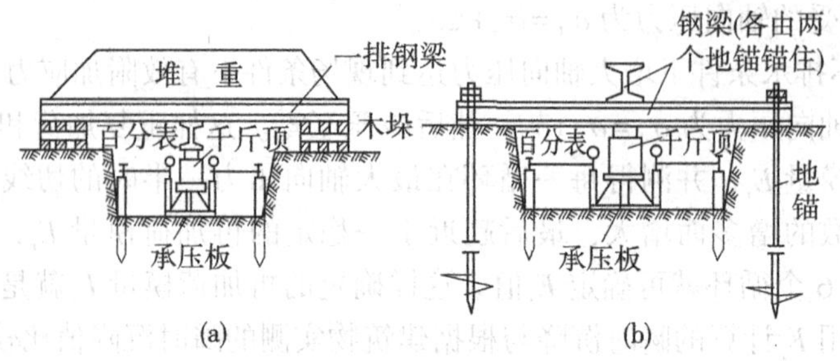

图4-17 浅层平板载荷试验示意图

根据观测数据，根据适当的比例可绘制荷载 p 与沉降量的关系 s 曲线(p-s 曲线)，如图4-18(a)所示；绘制沉降量与时间的关系曲线(s-t 曲线)，如图4-18(b)所示；

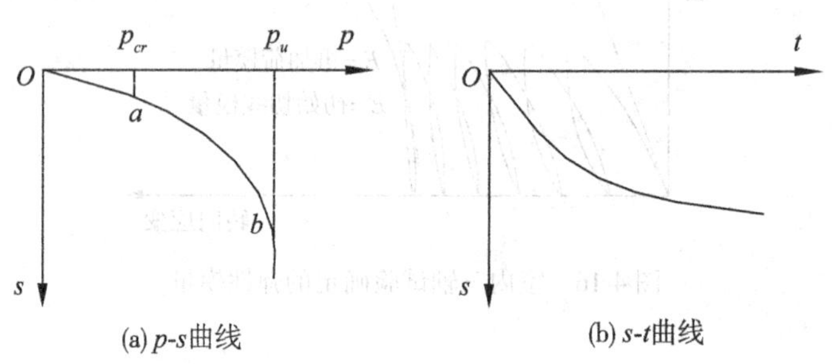

图4-18 现场载荷试验获得的试验曲线

2. 变形模量

分析 p-s 曲线可知，曲线开始阶段接近直线，与直线终点对应的荷载称为比例界限荷载 p_{cr}，一般地基容许承载力或地基承载力特征值取接近于例界限荷载。由于该阶段地基处于直线变形阶段，因此可根据地基表面沉降的弹性力学公式反求地基的变形模量，即

$$E=\frac{\omega(1-\mu^2)bp}{s} \tag{4-11}$$

式中，E——地基土的变形模量，MPa；

b——承压板的边长或直径，m；

p——p-s 曲线直线段的荷载，kPa；

ω——刚性承压板的形状系数，圆形承压板取0.785，方形承压板取0.886；

μ——地基土的泊松比，应通过试验测定，无法试验时可参考表 4-1。

深层平板载荷试验的试验方法及变形模量计算公式可参考相关文献，在此不作介绍。

相对室内侧限压缩试验，现场载荷试验排除了取样和试样制备等过程中应力释放及机械人为扰动的影响，它更接近于实际工作条件，能比较真实地反映土在天然埋藏条件下的压缩性。但它仍然存在一些缺点，现场载荷试验工作量大，时间较长，费用较大；此外，载荷板的尺寸很难取得与原型基础一样的尺寸，而小尺寸载荷板在同样的压力下引起的地基主要受力层范围也很有限，它只能反映板下深度(一般为 1.5~2 倍板宽或直径)不大范围内土强度、变形的综合特征。

3. 土的变形模量与压缩模量的关系

根据广义胡克定律，当土体的应力与应变假设为线性关系时，x、y、z 三个坐标方向应变可表示为

$$\varepsilon_x=\varepsilon_y=\frac{\sigma_x}{E}-\frac{\mu}{E}(\sigma_y+\sigma_z) \tag{4-12a}$$

$$\varepsilon_z=\frac{\sigma_z}{E}-\frac{\mu}{E}(\sigma_x+\sigma_y) \tag{4-12b}$$

在无侧向变形条件下，其侧向应变 $\varepsilon_x=\varepsilon_y=0$，$\sigma_x=\sigma_y$，于是从上式的前两式可得

$$\sigma_x-\mu(\sigma_x+\sigma_y)=0 \text{ 或 } \frac{\sigma_x}{\sigma_z}=\frac{\mu}{1+\mu}=K_0 \tag{4-13}$$

式中，K_0——侧压系数，可通过试验测定，无试验条件时，可采用表 4-1 的经验值。

由 $s=\frac{\Delta p}{E_s}H$，无侧向变形的竖向应变可以表示为

$$\varepsilon_z=\frac{s}{H}=\frac{\sigma_z}{E_s}$$

将 $\sigma_x=\sigma_y$ 代入，得

$$\varepsilon_z=\frac{\sigma_z}{E}-\frac{\mu}{E}(\sigma_x+\sigma_y)$$

得

$$\varepsilon_z=\frac{1-2\mu K_0}{E}\sigma_z \tag{4-14a}$$

于是，土的压缩模量 E_s 与变形模量 E 的关系为

$$E=\frac{1-2\mu K_0}{E}E_s=\beta E_s \tag{4-14b}$$

式中，$\beta=1-2\mu K_0=\frac{(1+\mu)(1-2\mu)}{1-\mu}$

必须指出，式(4-14b)仅仅给出了变形模量 E 与压缩模量 E_s 之间的理论关系。由于室内压缩试验的土样受扰动较大(尤其是低压缩性土)，现场荷载试验与室内压缩试验的加载速率、变形稳定标准均不一样，μ 值不易精确测定等因素影响，使得式(4-14b)理论计算值与实测值有一定差距。资料统计结果表明，E 可能是 βE_s 值的几倍，土愈坚硬，倍数愈大，而软土的 E 与 βE_s 值比较接近。

表 4-1 土的 K_0、μ、β 和参考值

土的名称	状态	K_0	μ	β
碎石土		0.18~0.25	0.15~0.2	0.95~0.90
砂土		0.25~0.33	0.20~0.25	0.90~0.83
粉土		0.33	0.25	0.83
粉质黏土	坚硬状态	0.33	0.25	0.83
	可塑状态	0.43	0.30	0.74
	软塑及流塑状态	0.53	0.35	0.62
黏土	坚硬状态	0.33	0.25	0.83
	可塑状态	0.53	0.35	0.62
	软塑及流塑状态	0.72	0.42	0.39

4.4 地基最终沉降量计算

结构物的荷载通过基础传递给基础，使天然土层应力状态发生变化，在附加三向应力作用下，地基中产生竖向、侧向和剪切变形，导致各点产生竖向和侧向位移。地基表面的竖向变形称为地基沉降，除了土体自重、表面的外加荷载外，地下水下降也会引起地基沉降。

由于荷载(建筑荷载、交通荷载等)差异和地基本身不均匀等原因，基础或路堤各部分的沉降或多或少总是不均匀的，使结构中产生额外的应力和变形，发展到一定程度就会出现开裂、脱位等现象，直接影响到结构物的安全和正常使用。研究地基变形，就是为了避免上述情况的发生及节省基建投资。

天然土层一般都具有非均质性和各向异性。通常在分析时，先把地基看成是均质的线性变形体，用弹性力学来计算地基中的附加应力，再利用一定的简化假定来解决成层土地基的沉降计算问题。工程中，最常采用的方法是分层总和法计算地基的最终沉降，另外，还要考虑到应力历史对地基沉降的影响及地基沉降与时间的关系。

4.4.1 弹性力学公式计算最终沉降量

1. 竖向集中力作用下地表沉降量

如图 4-19 所示，当无限体表面作用有一竖向集小竖向集中力时，半无限体内任一点 $M(x, y, z)$ 处产生竖向位移 $w(x, y, z)$，当 $z=0$ 时，$w(x, y, z)$ 就可作为地基表面任意点的沉降 s，利用弹性力学中的基本解，即布辛奈斯克解 $w=\dfrac{P(1+\mu)}{2\pi E}\left[\dfrac{z^2}{R^3}+2(1-\mu)\dfrac{1}{R}\right]$，可得，当 $z=0$ 时，地基表面沉降为

$$s=w(x, y, 0)=\frac{P(1-\mu^2)}{\pi Er} \tag{4-15}$$

式中，s——竖向集中力 P 作用下地表任意点沉降；

r——集中力 P 作用点与地表沉降计算点 M 的距离，$r=\sqrt{x^2+y^2}$；

E——地基土的弹性模量；

μ——地基土的泊松比。

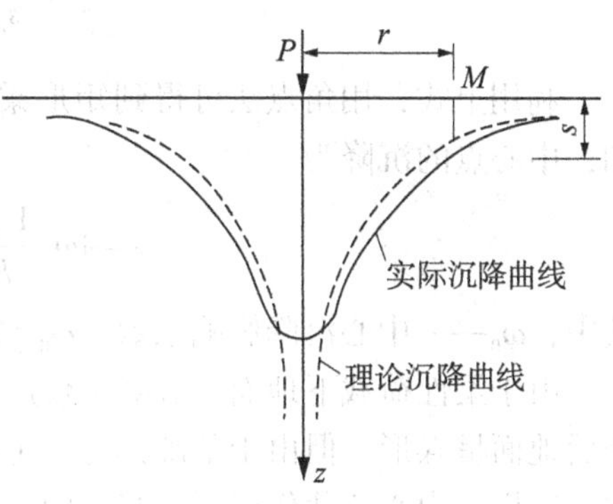

图4-19 集中荷载作用下地基表面沉降

在局部柔性荷载作用下（图4-20（a）），当荷载面积 A 内任意点上作用有分布荷载 $p_0(\xi,\ \eta)$ 时，该点微面积上的分布荷载可用 $p_0=p_0(\xi,\ \eta)\mathrm{d}\xi\mathrm{d}\eta$ 代替，则当荷载面积内任意点 A 的沉降，可用式（4-15）通过在荷载分布面积上积分求得，即

$$s(x,\ y)=\frac{1-\mu^2}{\pi E_0}\iint_A \frac{p_0(\xi,\ \eta)\mathrm{d}\xi\mathrm{d}\eta}{\sqrt{(x-\xi)^2+(y-\eta)^2}} \tag{4-16}$$

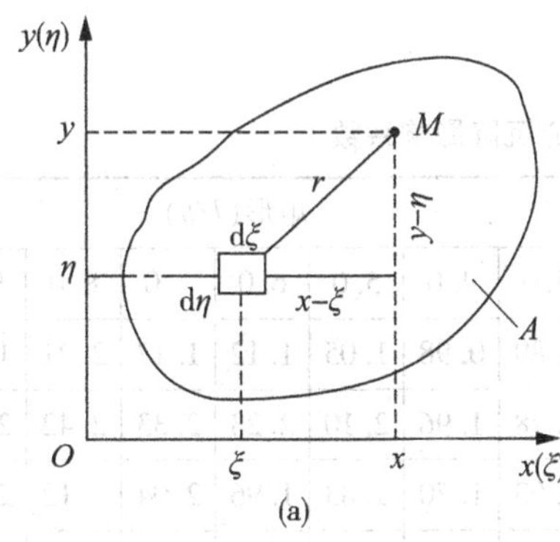

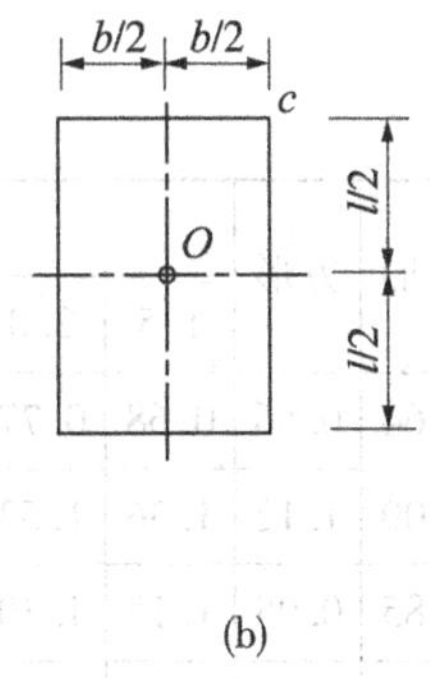

图4-20 局部柔性基础沉降量计算

2. 均布矩形荷载作用下地基的沉降

对于均布矩形荷载（图4-20（b）），$p_0(\xi,\ \eta)=p_0=$常数，由式（4-16）可得其角点沉降为

$$s_c=\frac{(1-\mu^2)b}{\pi E_0}\left[m\ln\frac{1+\sqrt{m^2+1}}{m}+\ln(m+\sqrt{m^2+1})\right]p_0=\delta_c p_0 \tag{4-17}$$

式中，m——矩形面积的长宽比，$m=l/b$；

δ_c——角点沉降系数，即单位矩形均布荷载 $p_0=1$ 在角点引起的沉降，其表达式可写为

$$\delta_c=\frac{1-\mu^2}{\pi E_0}\left[l\ln\frac{b+\sqrt{l^2+b^2}}{l}+b\ln\frac{l+\sqrt{l^2+b^2}}{b}\right] \tag{4-18}$$

令 $\omega_c=\frac{1}{\pi}\left[m\ln\frac{1+\sqrt{m^2+1}}{m}+\ln(m+\sqrt{m^2+1}\right]$，称为角点沉降影响系数，则

$$s_c=\omega_c\frac{1-\mu^2}{E_0}bp_0 \tag{4-19}$$

利用上式，用角点法可得到矩形柔性基础上均布荷载 p_0 作用下地基任意点沉降。例如，中心点的沉降为

$$s=4\omega_c\frac{1-\mu^2}{E_0}\frac{b}{2}p_0=\omega_0\frac{1-\mu^2}{E_0}bp_0 \tag{4-20}$$

其中，ω_0——中心沉降影响系数，$\omega_0=2\omega_c$，可由表 4-2 查出。

由于柔性荷载下地面的沉降不仅产生于荷载范围之内，而且还影响到荷载面以外，沉降后地面呈碟形。但由于基础具有一定的抗弯强度，基底沉降依基础刚度的大小而趋于均匀。这样，中心荷载作用下的基底中心沉降可近似按柔性荷载下基底平均沉降计算：

$$s=\frac{\iint_A s(x,\ y)\,\mathrm{d}x\mathrm{d}y}{A}=\omega_m\frac{1-\mu^2}{E_0}bp_0 \tag{4-21}$$

式中，ω_m——平均沉降影响系数，$\omega_0=2\omega_c$，可由表 4-2 查出；

A——基底面积。

表 4-2　**中心沉降影响系数**

计算点位置		圆形	方形	矩形(l/b)										
				1.5	2.0	3.0	4.0	5.0	6.0	7.0	8.0	9.0	10.0	100
柔性基础	ω_c	0.64	0.56	0.68	0.77	0.89	0.98	1.05	1.12	1.17	2.21	1.25	1.27	2.00
	ω_0	1.00	1.12	1.36	1.53	1.78	1.96	2.10	2.23	2.33	2.42	2.49	2.53	4.00
	ω_m	0.85	0.95	1.15	1.30	1.53	1.70	1.83	1.96	2.04	2.12	2.19	2.25	3.69
刚性基础	ω_r	0.79	0.88	1.08	1.22	1.44	1.61	1.72	—	—	—	—	2.12	3.40

3. 刚性基础沉降

(1)中心荷载下的基础沉降。对于刚性基础(例如无筋扩展基础)，假设其抗弯刚度为无限大，基础受荷后不会发生挠曲变形，因此，基底保持为平面，地基各点的沉降相等，矩形和圆形基础的沉降量可按下式计算：

$$s=\omega_r\frac{1-\mu^2}{E_0}bp_0 \tag{4-22}$$

式中，s——刚性基础中心荷载作用下地基的沉降量，mm；

p_0——基底平均附加压力，kPa；

b——矩形荷载宽度或圆形荷载直径，mm；

ω_r——刚性基础的沉降影响系数，可由表 4-2 查得。

(2)刚性基础承受单向偏心荷载。刚性基础受偏心荷载时，沉降后基底为一斜平面，基底形心处的沉降(平均沉降)与中心荷载作用下公式相同，但取 $\omega=\omega_r$ 代入计算，基底倾斜的弹性力学公式如下：

圆形基础：

$$\theta \approx \tan\theta = 6 \cdot \frac{1-\mu^2}{E_0} \cdot \frac{Pe}{b^3} \tag{4-23}$$

矩形基础：

$$\theta \approx \tan\theta = 8K \cdot \frac{1-\mu^2}{E_0} \cdot \frac{Pe}{b^3} \tag{4-24}$$

式中，p——基底上的竖向荷载，kN；

e——合力偏心距，m；

b——荷载偏心方向的矩形基础的宽度或圆形基础的直径，m；

K——计算系数，可由 l/b 及图 4-21 查得。

利用弹性力学公式计算基础的沉降和倾斜很简便，但关键是 E_0 值是否能反映地基变形的实际情况。在实际工程中，地基土层的 E_0 值是通过载荷试验，利用式(4-11)求得的。对于成层地基，在基底压缩层深度范围内应取各土层的变形模量 E_{0i} 和泊松比 μ_i 的加权平均值 $\overline{E_0}$ 和 $\bar{\mu}$。

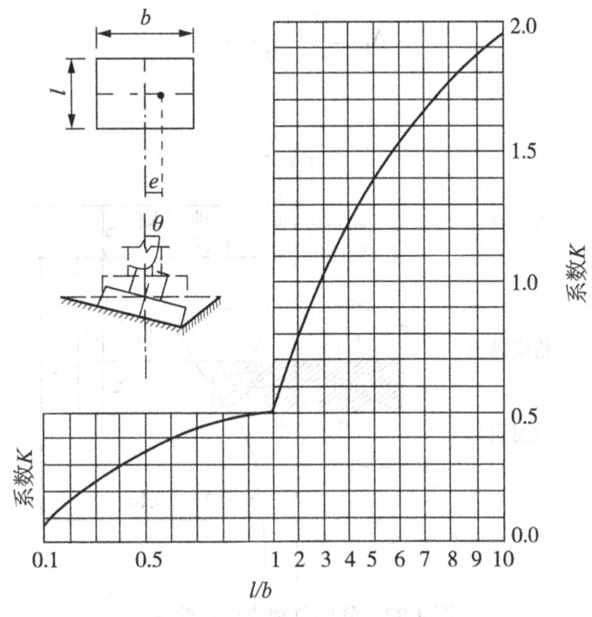

图 4-21　刚性基础倾斜影响系数 K 值

4.4.2　按分层总和法计算最终沉降量

分层总和法的基本原理是将地基土分成若干厚度相同或不同的水平土层，分别计各层土的压缩量，然后累加，即得到地基的总沉降量。

1. 基本假设

(1)假设地基土为均质的、连续的、各向同性的半无限空间弹性体，采用弹性理论计算地基中的附加应力。

(2)按基础中心点下土体所受的附加应力计算基础的最终沉降量。实际上，基底边缘和中部各点的附加应力不同，中点下的附加应力为最大值。

(3)在建筑物荷载作用下，地基土只产生竖向压缩变形，不产生侧向膨胀变形，即地基土的变形条件为侧限条件。因而，可采用应用室内侧限压缩试验压缩性指标 a 和 E 的值计算地基沉降。

(4)沉降计算深度理论上应计算至无限深，但因竖向附加应力随深度而减小，工程上计算至某一深度(称为地基压缩层深度)即可，在该深度以下的土层所产生的压缩量可很小，忽略不计。

2. 计算步骤

(1)绘制基础中心点下地基中自重应力和附加应力分布曲线(图 4-22)；计算自重应力的目的是为了确定基土相应的初始孔隙比，因此，应从天然地面起算。

(2)计算各分层土的平均自重应力

$$p_{1i}=\frac{\sigma_{ci}+\sigma_{c(i-1)}}{2}$$

(3)计算各分层土的平均附加应力：

$$\Delta p_i=\frac{\sigma_{zi}+\sigma_{z(i-1)}}{2}$$

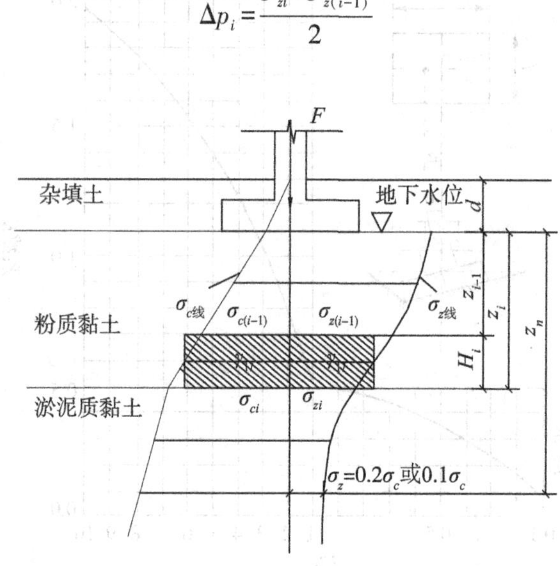

图 4-22 分层总和法计算简图

(4)确定地基沉降计算深度。一般取附加应力与自重应力的比值为 20%处，即 $\sigma_z=0.2\sigma_c$ 处的深度作为沉降计算深度的下限。对于软土，应计算至 $\sigma_z=0.1\sigma_c$ 处。在沉降计算深度范围内存在基岩时，z_n可取至基岩表面为止。

(5)确定沉降计算深度范围内的分层界面。沉降计算分层面可按下述原则确定：第一，不同土层的分界面与地下水位面；第二，每一分层厚度可取 1～2m，但不大于基础宽度的 0.4 倍；第三，基底附近附加应力分布曲线变化大，分层厚度应小些。

(6)计算各分层沉降量。计算第 i 层土的压缩量公式如下：

$$s_i=\frac{e_{1i}-e_{2i}}{1+e_{1i}}H_i \tag{4-25}$$

$$s_i=\frac{a_i\Delta p_i}{1+e_{1i}}H_i \tag{4-26}$$

$$s_i=\frac{\Delta p_i}{E_{si}}H_i \tag{4-27}$$

式中，e_{1i}——在土的 e-p 压缩曲线上，与 p_{1i} 对应的孔隙比；

e_{2i}——在土的 e-p 压缩曲线上，与 $p_{2i}=p_{1i}+\Delta p_i$ 对应的孔隙比；

h_i——第 i 层土的厚度；

a_i，E_{si}——第 i 层土的压缩系数和压缩模量。

(7)计算基础最终沉降。将地基计算深度范围内各土层压缩量相加，即

$$s_\infty=\sum_{i=1}^{n}\Delta s_i \tag{4-28}$$

【例 4-1】 某方形单独基础，基底尺寸为 3.0m×3.0m，上部结构传至基础底面的荷载为 900kN，基础埋深为 1m。各土层的厚度、物理性质指标见图 4-23(a)，压缩曲线见图 4-23(b)。试用分层总和法计算基础的最终沉降量。

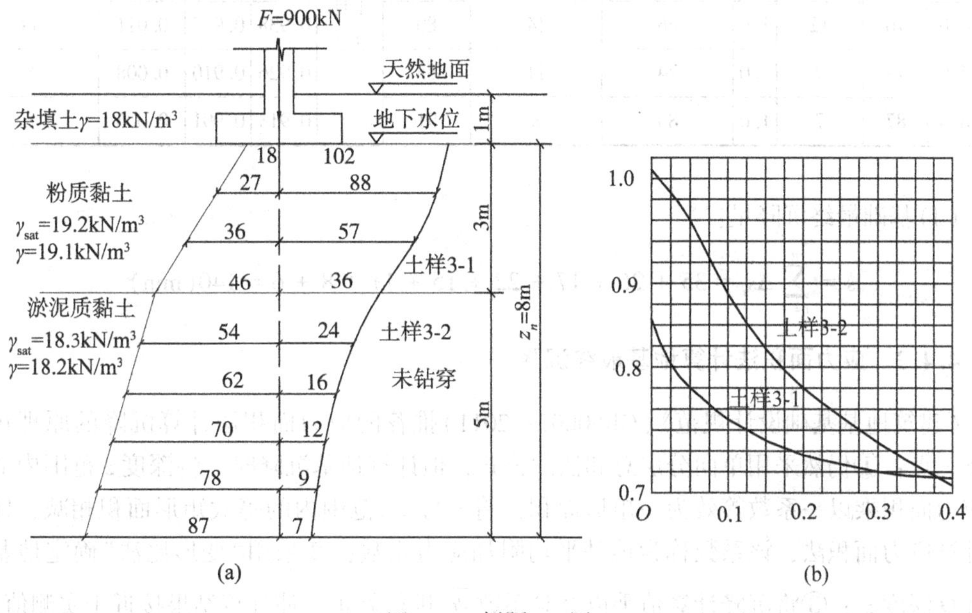

图 4-23　例题 4-1 图

解：基底附加应力为

$$p_0=p-\gamma d=\frac{20\times3\times3\times1.0+900}{3\times3}-18\times1.0=102(\text{kPa})$$

(1)地基的分层。根据土层情况自基础底面以下分层，分层厚度均取为 1m。

(2)计算层面处的自重应力 σ_c 及附加应力 σ_z 及各层土自重应力及附加应力平均值(见表 4-3)。

(3)地基沉降计算深度；土样 3-2 为高压缩性土，按图 4-15(a) $\sigma_z=0.1\sigma_c$ 确定深度的下限；7m 及以上各计算深度处均不满足，8m 处 $0.1\sigma_c=0.1\times87=8.7$kPa，$\sigma_z=7<8.7$kPa。

表 4-3 分层总和法单向压缩公式计算基础沉降表

点	深度 z_i (m)	自重应力 σ_c (kPa)	附加应力 $\sigma_z+\sigma'_z$ (kPa)	厚度 H_i (m)	自重力平均值 $\frac{\sigma_{c(i-1)}+\sigma_c}{2}$ (kPa)	附加应力平均值 $\frac{\sigma_{z(i-1)}+\sigma_{zi}}{2}$ (kPa)	自重应力加附加应力 (kPa)	压缩曲线	受压前孔隙比 e_{1i}	受压后孔隙比 e_{2i}	$\frac{e_{1i}-e_{2i}}{1+e_{1i}}$	$\Delta s_i=10^3\times\frac{e_{1i}-e_{2i}}{1-e_{1i}}H_i$ (mm)
0	0	18	102									
1	1.0	27	88	1.0	23	95	118	土样 3-1	0.825	0.762	0.035	35
2	2.0	36	57	1.0	32	73	105		0.815	0.768	0.026	26
3	3.0	46	36	1.0	41	47	88		0.807	0.776	0.017	17
4	4.0	54	24	1.0	50	30	80	土样 3-2	0.960	0.917	0.022	22
5	5.0	62	16	1.0	58	20	78		0.949	0.920	0.015	15
6	6.0	70	12	1.0	66	14	80		0.938	0.917	0.011	11
7	7.0	78	9	1.0	74	11	85		0.926	0.910	0.008	8
8	8.0	87	7	1.0	83	8	91		0.913	0.901	0.006	6

(4)基础最终沉降量：

$$s=\sum_{i=1}^{n}\Delta s_i=35+26+17+22+15+11+8+6=140(\text{mm})$$

4.4.3 应力面积法计算地基最终沉降

《建筑地基基础设计规范》(GB50007—2011)推荐的应力面积法计算沉降的原理包括以下三点：①仍然采用单向分层总和法的公式，但计算地基沉降时，将深度 z 范围内的附加应力面积乘以一系数等效为一矩形面积，将 z_i 与 z_{i-1} 范围内的等效矩形面积相减，即得到计算应力面积法，该系数称为地基平均附加应力系数；②采用"变形比法"确定地基沉降计算深度 z_n；③将沉降计算值乘以经验系数 $\overline{\psi}_s$ 进行修正，使计算结果接近于实测值。

地基平均附加应力系数定义从基底至地基任意深度 z 范围内的附加应力分布图形面积 A 对基底附加压力与地基深度的乘积 p_0z 之比，$\overline{\alpha}=\frac{A}{p_0z}$(查附表 4)或 $A=p_0z\overline{\alpha}$。

假定地基土是均质的，在侧限条件下 E_s 不随深度改变，从基底至地基任一深度 z 范围内的压缩量(图 4-24)：

$$s'=\int_0^z\varepsilon\mathrm{d}z=\frac{1}{E_s}\int_0^z\sigma_z\mathrm{d}z=\frac{p_0}{E_s}\int_0^z\alpha\mathrm{d}z=\frac{A}{E_s}$$

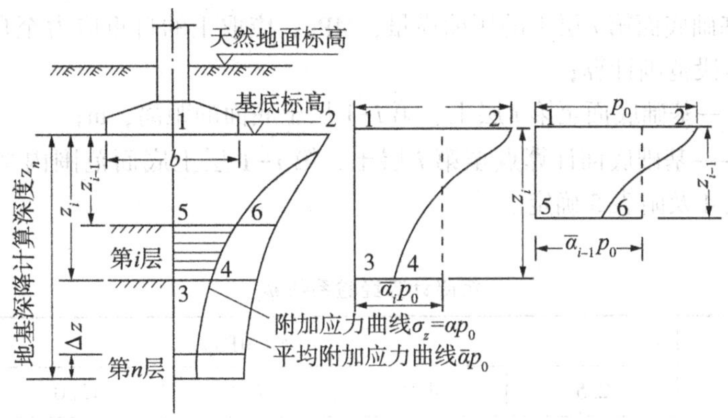

图 4-24 应力面积法计算地基沉降示意图

$$s=\frac{p_0 z\overline{\alpha}}{E_s} \tag{4-29}$$

式中，ε——土的侧限压缩应变，$\varepsilon=\frac{\sigma_z}{E_s}$；

σ_z——地基附加应力，$\sigma_z=\alpha p_0$；

A——深度范围内的附加应力分布图所包围的面积，可以表示为

$$A=\int_0^z \sigma_z \mathrm{d}z=p_0\int_0^z \alpha \mathrm{d}z=p_0 z\overline{\alpha}$$

其中，p_0——基底附加压力；

$\overline{\alpha}$——深度 z 范围内的竖向平均附加应力系数。

于是第 i 分层沉降量可由下式求出：

$$\Delta s_i'=\frac{\Delta A_i}{E_{si}}=\frac{A_i-A_{i-1}}{E_{si}}=\frac{p_0}{E_{si}}(z_i\overline{\alpha}_i-z_{i-1}\overline{\alpha}_{i-1}) \tag{4-30}$$

其中，A_i和A_{i-1}——深度 z_i和 z_{i-1}范围内的附加应力面积；

ΔA_i——第 i 层附加应力面积，$\Delta A_i=A_i-A_{i-1}$；

$\overline{\alpha}_i$，$\overline{\alpha}_{i-1}$——深度 z_i和 z_{i-1}范围内的竖向平均附加应力系数。

根据分层总和法计算出的地基变形量为

$$s'=\sum_{i=1}^{n}\Delta s_i'=\psi_s\sum_{i=1}^{n}\frac{p_0}{E_{si}}(z_i\overline{\alpha}_i-z_{i-1}\overline{\alpha}_{i-1}) \tag{4-31}$$

为使计算值更符合实际情况，引入沉降计算经验系数进行修正，即得到地基最终变形量为

$$s_\infty=\psi_s s'=\psi_s\sum_{i=1}^{n}\Delta s'_i=\psi_s\sum_{i=1}^{n}\frac{p_0}{E_{si}}(z_i\overline{\alpha}_i-z_{i-1}\overline{\alpha}_{i-1}) \tag{4-32}$$

式中，s_∞——地基最终沉降量；

s'——分层总和法计算出的地基变形量；

ψ_s——计算经验系数，根据地区沉降观测资料及经验确定或采用表 4-4 中的数值；

p_0——对应于作用效应准永久组合时的基础底面处的附加压力，kPa；

E_{si}——基础底面第 i 层土的压缩模量，MPa，应取土的自重应力至自重应力与附加应力之和的应力段范围计算；

z_i、z_{i-1}——基础底面至第 i 层土、第 $i-1$ 层土底面的距离，m；

$\overline{\alpha}$，$\overline{\alpha}_{i-1}$——基础底面计算点至第 i 层土、第 $i-1$ 层土底面范围内平均附加应力系数，查本书附表 4 及附表 5 确定。

表 4-4 **沉降计算经验系数 ψ_s**

地基附加应力	$\overline{E}_s$(MPa)				
	2.5	4.0	7.0	15.0	20.0
$p_0 \geqslant f_{ak}$	1.4	1.3	1.0	0.4	0.2
$p_0 \leqslant 0.75f_{ak}$	1.1	1.0	0.7	0.4	0.2

注：①压缩模量的取值，在考虑到地基变形的非线性性质，一律采用固定压力段下的 E_s 值必然会引起沉降计算的误差，因此采用实际压力下的 E_s 值，即 $E_s = \dfrac{1+e_0}{a}$

式中，e_0——土自重压力下的孔隙比；

a——从土自重压力至土的自重压力与附加压力之和压力段的压缩系数。

②地基压缩层范围内压缩模量 E_s 的加权平均值，即

$$E_s = \frac{\sum \Delta A_i}{\sum \dfrac{\Delta A_i}{E_{si}}}$$

式中，ΔA_i——第 i 层土附加应力系数沿土层厚度的积分值，$\Delta A_i = A_i - A_{i-1} = p_0(z_i\overline{\alpha}_i - z_{i-1}\overline{\alpha_{i-1}})$。

作用效应是指由作用引起结构或构件的反应，如内力、变形和裂缝。作用分为直接作用和间接作用。直接作用是指施加在结构上的集中力或分布力，包括永久作用(结构自重、土压力、预应力、混泥土收缩等)、可变作用(楼面和屋面活荷载、吊车荷载、车辆荷载、人群荷载、风荷载、雪荷载、冰荷载等)和偶然作用(爆炸、撞击、地震等)；间接作用是指引起结构外加变形或约束变形的原因，如基础不均匀沉降、温度变化等。地基基础设计所采用的作用效应最不利组合，在计算地基变形时，传至基础底面上的作用效应应按正常使用极限状态下作用的准永久组合，参见《工程结构可靠性设计统一标准》(GB 50153—2008)。

高层建筑由于基础埋置深度大，地基回弹再压缩变形往往在最终变形量中占较大比例，甚至某些高层建筑设置 3~4 层地下室时，总荷载有可能等于或小于该深度图的自重，因此，当建筑地下室基础埋置较深时，应考虑开挖基坑地基土的回弹再压缩，该部分回弹变形量可由计算公式可参见《建筑地基基础设计规范》(GB5007—2011)。

地基变形计算深度 z_n 应符合如下要求(考虑相邻荷载的影响)：

$$\Delta s'_n \leqslant 0.025 \sum_{i=1}^{n} \Delta s'_i \tag{4-33}$$

式中，$\Delta s'_i$——根据分层总和法计算出的地基变形量；

$\Delta s'_n$——在计算深度范围内，向上取计算厚度为 Δz 的土的计算变形量，Δz 可由表 4-5 查取。

表 4-5　**计算厚度 Δz 值**

b(m)	≤2	2<b≤4	4<b≤8	>8
Δz(m)	0.3	0.6	0.8	1.0

按上式确定的计算深度下部仍有较软弱土层时，应继续计算，直至软土层中所取规定厚度 Δz 的计算的变形量满足式(4-33)为止。当无相邻荷载的影响，基础宽度 b 在 1～30m 范围内时，基础中点的地基变形计算深度也可按如下简化公式确定：

$$z_n = b(2.5-0.4\ln b) \tag{4-34}$$

在计算深度内存在基岩时，z_n 可取至基岩表面；当存在较硬的黏土层，其孔隙比小于 0.5、压缩模量大于 50MPa，或存在较厚的密实砂卵石层，压缩模量大于 80MP 时，z_n 可取至该层土表面。此时，地基土附加压力分布应考虑相对硬层存在的影响，按下式计算地基土的变形：

$$s_{gz} = \beta_{gz} s_z \tag{4-35}$$

式中，s_{gz}——具刚性下卧层时，地基土的变形计算值；

β_{gz}——刚性下卧层对上覆土层的变形增大系数，根据表 4-6 采用；

s_z——变形计算深度相当于实际土层厚度，按应力法计算确定的地基最终变形计算值。

表 4-6　**具有刚性下卧层时地基变形增大系数 β_{gz}**

h/b	0.5	1.0	1.5	2.0	2.5
β_{gz}	1.26	1.7	1.12	1.09	1.00

【例 4-2】　计算资料同例 4-1，试用应力面积法计算基础的最终沉降量。

解：(1)估算地基沉降计算深度：

$$z_n = b(2.5-0.4\ln b) = 4\times(2.5-0.4\times\ln 4) = 7.8(\text{m})$$

取 8m。

(2)地基的分层。根据土层情况自基础底面以下，沉降计算深度范围内共分为 8 层，分层厚度均取为 1m。

(3)计算各层土自重应力、附加应力平均值及压缩模量(表 4-7)。

$$E_{si} = \frac{1+e_{1i}}{e_{1i}-e_{2i}}\Delta p_i$$

(4)查表计算 $\overline{\alpha}$。

(5)计算 $\Delta s'_i$：

$$\Delta s'_i = \frac{p_0}{E_{si}}(z_i\overline{\alpha}_i - z_{i-1}\overline{\alpha}_{i-1})$$

表 4-7 按规范修正公式计算基础沉降表

分层深度 z_i(m)	自重应力平均值 p_{1i}(kPa)	附加应力平均值 Δp_i(kPa)	自重应力加附加应力 P_{2i}(kPa)	分层厚度(m)	压缩曲线	受压前孔隙比 e_{1i}	受压后孔隙比 e_{2i}	E_{si}(MPa)	$z\overline{\alpha}$	$z_i\overline{\alpha}_i-z_{i-1}\overline{\alpha}_{i-1}$	$\Delta s_i'$(mm)
0~1	23	95	118	1.0	土样3-1	0.825	0.762	2.75	0.958	0.958	36
1~2	32	73	105	1.0		0.815	0.768	2.82	1.663	0.705	26
2~3	41	47	88	1.0		0.807	0.776	2.74	2.108	0.445	17
3~4	50	30	80	1.0	土样3-2	0.960	0.917	1.37	2.395	0.287	21
4~5	58	20	78	1.0		0.949	0.920	1.34	2.588	0.193	15
5~6	66	14	80	1.0		0.938	0.917	1.29	2.726	0.138	11
6~7	74	11	85	1.0		0.926	0.910	1.32	2.828	0.102	8
7~8	83	8	91	1.0		0.913	0.901	1.28	2.909	0.081	6

(6) $s' = \sum_{i=1}^{n} \Delta s_i' = 140\text{mm}$。

(7)确定 z_n。

查表 4-5，$\Delta z=0.6\text{m}$；7.4m 处 $z\overline{\alpha}=2.871$；$z_i\overline{\alpha}_i-z_{i-1}\overline{\alpha}_{i-1}=2.909-2.871=0.038$。

$$\Delta s_i' = \frac{p_0}{E_{si}}(z_i\overline{\alpha}-z_{i-1}\overline{\alpha}_{i-1}) = \frac{102}{1.28}\times 0.038 = 3(\text{mm}) < 0.025\times 140 = 3.5(\text{mm})$$

满足要求。

(8)确定 ψ_s。

$$\overline{E}_s = \frac{\sum_1^n \Delta A_i}{\sum_1^n \frac{\Delta A_i}{E_{si}}} = 2.14\text{MPa},\ \psi_s = 1.12$$

(9)地基最终沉降。

$$s=\psi_s s' = 1.12\times 140 = 157(\text{mm})$$

4.4.4 相邻荷载对地基沉降的影响

1. 相邻荷载影响因素

相邻荷载产生的附加应力扩散时(图 4-25)相互叠加，引起地基的附加沉降。在软弱土地基中，这种附加沉降甚至可达自身沉降的 50%以上，使地基产生不均匀沉降，造成建筑物墙面裂缝等事故。例如某水泥熟料库，库内堆料高 6m，相邻两个高 50m 烟囱和三个高 12m 的料浆罐，如图 4-25 所示。熟料库采用长 5m 左右的木桩基础，于 1923 年建成。1923 年，发现两个烟囱都向熟料库方向倾斜 140cm，3 个料浆罐也向熟料库方向倾斜 2°~2°30′。因此，地基沉降计算中考虑相邻荷载的影响有时也很必要。

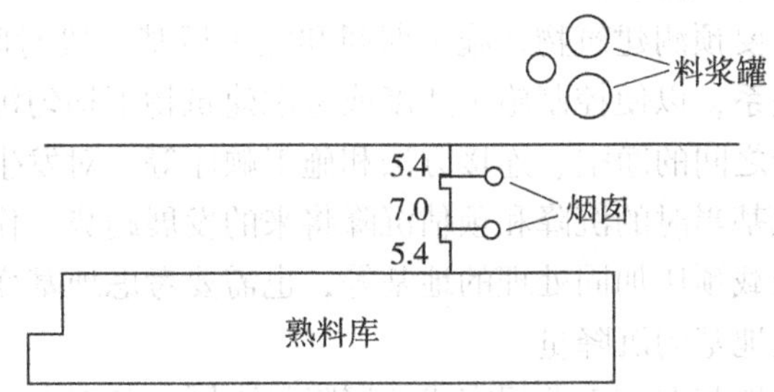

图 4-25 某水泥熟料库及相邻构筑物平面图

相邻荷载影响因素包括两基础的距离、荷载大小、地基土的性质、施工先后顺序等，其中以两基础的距离为最主要因素，软弱土地基相邻建筑物基础间的距离可参考《建筑地基基础设计规范》(GB50007—2011)选取。

2. 考虑相邻荷载对地基沉降影响的计算

当需要考虑相邻荷载影响时，可用角点法计算相邻荷载引起的地基中的附加应力，并按式(4-32)计算附加沉降量。

例如，基础甲、乙相邻，需计算乙基础底面的附加应力 p_0 对甲基础中心 o 点引起的附加沉降量 s_o。由图4-26可知，所求为沉降由矩形面积荷载 $oabc$ 在 o 点引起的附加沉降 s_{oabc} 减去矩形面积荷载 $odec$ 在 o 点引起的附加沉降 s_{odec} 的2倍，即

$$s_o = 2(s_{oabc} - s_{odec}) \tag{4-36}$$

由分层总和法或《建筑地基基础设计规范》(GB50007—2011)推荐的应力面积法，分别计算矩形均布荷载作用下的沉降 s_{oabc} 和 s_{odec} 即可求出 s_o。

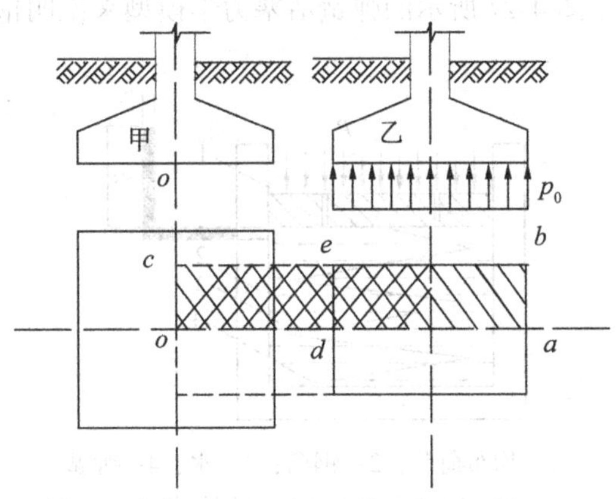

图 4-26 相邻荷载对沉降的影响

4.5 土的渗透固结理论

前述计算的沉降为地基的最终沉降量，即荷载在地基中产生附加应力，使地基中孔隙

受到压缩变形直至稳定的沉降量。

在工程中，有时需要预测建筑物在施工期间和完工后某一段时间或某时刻的沉降量，即地基沉降与时间的关系，以便控制施工速度或考虑建筑物不均匀沉降危害的措施，如考虑预留建筑物有关部分之间的净空、连接方法和施工顺序等。对发生倾斜、裂缝等事故的建筑物，更需要了解地基当时的沉降和预估沉降将来的发展趋势，作为事故处理方案的重要依据。此外，对于堆载预压加固处理的地基等，也需要考虑地基变形与时间的关系，以便计算不同的加载阶段地基的沉降量。

一般，不同土质的地基在施工期间完成的沉降量不同。碎石土和砂土压缩性小、渗透性大、变形经历的时间很短，因此施工期间，地基沉降已全部或基本完成；黏性土完成固结所需要的时间相对长一些，如低压缩黏性土在施工期间一般完成最终沉降量的 50%~80%；中压缩黏性土在施工期间一般完成最终沉降量的 20%~50%；高压缩黏性土在施工期间一般可完成最终沉降量的 5%~20%。在厚层的饱和软黏土中，固结变形需要经过几年至几十年时间才能稳定。本节仅讨论饱和土的变形与时间的关系。

为掌握饱和土体压缩过程，需要研究饱和土的渗透(流)固结过程，即土的骨架和孔隙水压力的分担和转移外荷载的过程。

4.5.1 饱和土的渗透(流)固结模型

饱和土的固结包括渗透(流)固结和次固结两部分，前者与土的渗透性和土层厚度有关，后者与土骨架的蠕变速度有关。饱和土在附加应力作用下，土体孔隙中的一些自由水随时间的增长而逐渐排出，同时土体孔隙体积随之逐渐减小，使附加应力逐渐转由土骨架来承担，即孔隙水压力转移为有效应力，这一过程称为饱和土的渗透固结。因此，饱和土的渗透固结过程是孔隙水排水、土体积压缩和应力转移三者同时进行的过程。

通常情况下，可采用图 4-27 所示的弹簧活塞力学模型来说明饱和土的渗透固结过程。

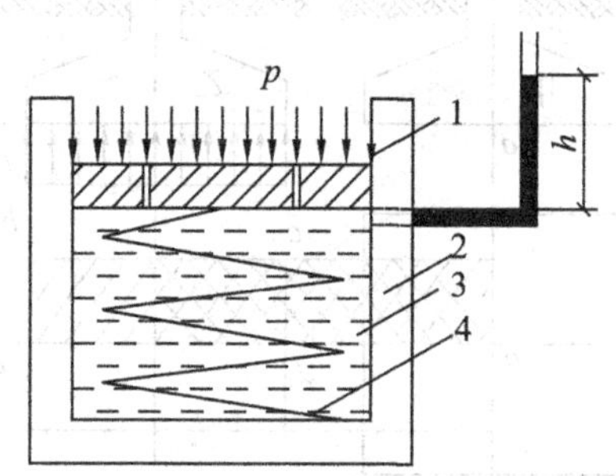

1—均布荷载；2—钢筒；3—水；4—弹簧

图 4-27 饱和土的渗透(流)固结模型示意图

弹簧模拟土的颗粒骨架，容器中的水模拟土孔隙中的自由水，带孔活塞表征土的透水性，活塞上作用有均布荷载 p。由于模型只有固液两相介质，因此，整个模型表示饱和土。设其中弹簧承担的压力为有效应力 σ'，钢筒中水承担的压力为孔隙水压力 u，则在饱和土的固结过程中任意一时刻 t，按照静力平衡条件，有 $\sigma'+u=p$，p 即为总应力 σ。若假想在钢筒侧壁开一小孔并放置测压管，则测压管中的水位 $h=\frac{u}{\gamma_w}$。工程中在饱和土的渗透固结总应力 σ，通常是指作用在土中的附加应力 σ_z。由此可知，当在地基土受荷的一瞬间，$t=0$，$\sigma_z=u$，所以 $\sigma'=0$；当土体固结过程结束达到稳定时，当 $t=\infty$，$u=0$，$\sigma'=\sigma_z$；当 $t>0$，$\sigma=u+\sigma'$，$\sigma'\neq 0$。因此，饱和土在附加应力 σ_z 作用下渗透固结的过程就是孔隙水压力向有效力应力转化的过程。在渗透固结过程中，伴随着孔隙水压力逐渐消散，有效应力在逐渐增长，土的体积也就逐渐减小，强度随着提高。

4.5.2 太沙基一维固结理论

1. 基本假设

一维固结又称单向固结，是指土体在荷载作用下产生的变形与孔隙水的渗流仅发生在一个方向上的固结。在大面积均布荷载作用下薄压缩层地基的固结，可近似为一维固结。为求饱和土层在渗透固结过程中任意时刻的变形，通常采用太沙基一维固结理论，该理论的基本假设如下：

(1)土层是均质的、各向同性和完全饱和的；

(2)土粒和水都是不可压缩的；

(3)水的渗出和土的压缩只沿竖向发生；

(4)土中水的渗流服从达西定律；

(5)在渗透固结中，土的渗透系数 k 和压缩系数 a 保持不变；

(6)外荷一次瞬时施加；

(7)土体变形完全是孔隙水压力消散引起的。

2. 一维固结微分方程的建立

如图 4-28 所示，设饱和黏土层的厚度为 H，顶面是透水砂层，底面是不透水的不可压缩层，假设该饱和黏土层在自重应力作用下的固结已经完成，在顶面一次施加的无限均布荷载 p_0，由此引起的竖向附加应力 $\sigma_z=p_0$ 不随深度变化，而孔隙水压力和有效竖向附加应力均为坐标的函数和时间的函数。

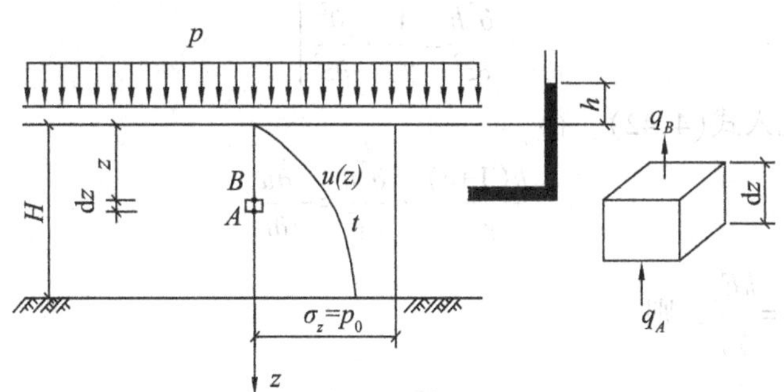

图 4-28　饱和黏土层的一维固结模型

从饱和黏土层顶面下深度为 z 处取一微单元体进行分析，其面积为 $dxdy$，厚度为 dz，

z 处的水力梯度为$-\frac{\partial h}{\partial z}$，由于渗流自下而上进行，在外荷载施加后某时刻流入和流出单元体的单位水量 q_A 和 q_B 分别为

$$\left.\begin{aligned} q_A &= kiA = k\left(-\frac{\partial h}{\partial z}\right)\mathrm{d}x\mathrm{d}y \\ q_B &= k\left(-\frac{\partial h}{\partial z}-\frac{\partial^2 h}{\partial z^2}\right)\mathrm{d}x\mathrm{d}y \end{aligned}\right\} \tag{4-37}$$

微单元体的水量变化为

$$q_A - q_B = k\frac{\partial^2 h}{\partial z^2}\mathrm{d}x\mathrm{d}y\mathrm{d}z \tag{4-38}$$

微单元体孔隙体积的变化率为

$$\frac{\partial V_V}{\partial t} = \frac{\partial}{\partial t}\left(\frac{e}{1+e}\mathrm{d}x\mathrm{d}y\mathrm{d}z\right) \tag{4-39}$$

式中，e——渗流固结前初始孔隙比。

某时间 t 的水量变化应等于同一时间 t 该微单元体中孔隙体积的变化率，即

$$k\frac{\partial^2 h}{\partial z^2} = \frac{1}{1+e}\cdot\frac{\partial e}{\partial t} \tag{4-40}$$

再根据土的应力-应变关系的侧限条件：$\mathrm{d}e = -a\mathrm{d}p = -a\mathrm{d}\sigma'$，得

$$\frac{\partial e}{\partial t} = -a\frac{\partial \sigma'}{\partial t} \tag{4-41}$$

将式(4-41)代入式(4-40)，得

$$\frac{k(1+e)}{a}\cdot\frac{\partial^2 h}{\partial z^2} = -\frac{\partial \sigma'}{\partial t} \tag{4-42}$$

根据有效应力原理及孔隙水压力的定义有：$\sigma' = \sigma - u$，$u = \gamma_w h$，所以

$$\left.\begin{aligned} \frac{\partial \sigma'}{\partial t} &= -\frac{\partial u}{\partial t} \\ \frac{\partial^2 h}{\partial z^2} &= \frac{1}{\gamma_w}\cdot\frac{\partial^2}{\partial z^2} \end{aligned}\right\} \tag{4-43}$$

将式(4-43)代入式(4-42)，得

$$\frac{k(1+e)}{\gamma_w a}\cdot\frac{\partial^2 u}{\partial z^2} = -\frac{\partial u}{\partial t} \tag{4-44}$$

令 $c_v = \frac{k(1+e)}{\gamma_w a} = \frac{kE_s}{\gamma_w}$，则

$$c_v\frac{\partial^2 u}{\partial z^2} = -\frac{\partial u}{\partial t} \tag{4-45}$$

式中，c_v——固结系数，$\mathrm{m^2}/a$ 或 $\mathrm{cm^2/s}$，它是渗透固结前土的孔隙比 e、水的重度($\mathrm{kN/m^3}$)、土的压缩系数 a($\mathrm{kPa^{-1}}$)、土的渗透系数 k 的函数，一般可通过固结试验的时间对数法和时间平方根法确定。

3. 微分方程的解析解

如图 4-28 所示，初始条件(加载瞬间超孔隙水压力分布情况，也即固结开始时的附加应力分布情况)、边界条件(可压缩土层顶底面的排水条件)如下：

$t=0$：$0\leqslant z\leqslant H$ 时，$u=\sigma_z=p_0$

$t>0$：$z=0$ 时，$u=0$

$t>0$：$z=H$ 时，$\dfrac{\partial u}{\partial z}=0$(不透水，无渗流)

$t=\infty$：$0\leqslant z\leqslant H$ 时，$u=0$

根据以上初始条件和边界条件，应用傅里叶级数可求得式(4-45)的特解如下：

$$u_{z,t}=\frac{4}{\pi}\sigma_z\sum_{m=1}^{m=\infty}\frac{1}{m}\sin\frac{m\pi z}{2H}e^{-\frac{m^2\pi^2}{4}T_v} \tag{4-46}$$

式中，m——奇数正整数(1，3，5，7，…)；

H——压缩土层最远的排水距离，如为单面排水，H 为饱和黏土层总厚度；如为双面排水，H 为饱和黏土层总厚度的一半；

T_v——竖向固结时间因数(无量纲)，$T_v=\dfrac{c_v}{H^2}t$。

4.5.3　地基固结度

1. 土的固结度的概念

土的固结(压密)度是指地基土在某一压力作用下，地基固结过程中任一时刻 t 的固结沉降量 S_{ct} 与其最终固结沉降量 S_c 之比，即

$$U_t=\frac{S_{ct}}{S_c} \tag{4-47}$$

为了方便工程应用引入平均固结度的概念，对于均质饱和土单向排水，且荷载一次作用在土体上时，由于固结变形与有效应力成正比，所以某一时刻效应力图面积和最终效应力图面积之比值，称为竖向平均固结度，即

$$U_z=\frac{\text{有效应力的分布面积}}{\text{总应力的分布面积}}=\frac{\text{总应力的分布面积}-\text{孔隙水压力的分布面积}}{\text{总应力的分布面积}}$$

$$=1-\frac{\int_0^H u_{z,t}\mathrm{d}z}{\int_0^H \sigma_z\mathrm{d}z} \tag{4-48}$$

式中，$u_{z,t}$——深度 z 处某一时刻的孔隙水压力；

σ_z——深度 z 处的竖向附加应力，数值上等于 $t=0$ 时刻的初始孔隙水压力，在连续均布荷载作用下，$\int_0^H \sigma_z\mathrm{d}z=pH$。

2. 荷载瞬时施加情况的地基竖向平均固结度

将式(4-46)代入式(4-48)，有

$$U_z=1-\frac{8}{\pi^2}\sum_{m=1}^{m=\infty}\frac{1}{m^2}\exp\left(-\frac{m^2\pi^2}{4}T_v\right)$$

或
$$U_z=1-\frac{8}{\pi^2}\left[\exp\left(-\frac{\pi^2}{4}T_v\right)+\frac{1}{9}\exp\left(-\frac{9\pi^2}{4}T_v\right)+\cdots\right]$$

上式为快收敛级数，当 $U_z>30\%$时，取第一项，即

$$U_z=1-\frac{8}{\pi^2}\exp\left(-\frac{\pi^2}{4}T_v\right) \tag{4-49}$$

式(4-49)也可用于双面排水的情况，但 H 取压缩土层厚度的一半。

对于单面排水且上下排水面处的初始孔隙水压力不相等的情况，引入系数 α：

$$\alpha=\frac{排水面处起始孔隙水压力}{不排水面处起始孔隙水压力}=\frac{排水面处总应力}{排水面处总应力}=\frac{p_a}{p_b}$$

经过数学推导，采用系数 α 可以得到任一时刻 t 的平均固结度 U_z 的近似值，即

$$U_z=1-\frac{\frac{\pi}{2}\alpha-\alpha+1}{1+\alpha}\frac{32}{\pi^3}\exp\left(-\frac{\pi^2}{4}T_v\right) \tag{4-50}$$

根据 α 值的不同，可以分为图 4-29 所示的几种情况。为方便查用，表 4-8 给出了不同 α 值对应的固结度 U_z的值。

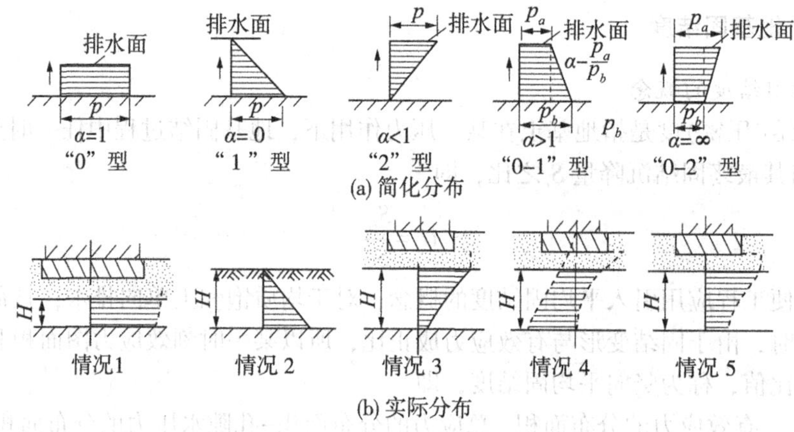

图 4-29 固结土层中的起始超静孔隙水压力分布

工程实际中，作用于饱和土层中的起始超静孔隙水压力分布情况较复杂，但大多可以近似简化为以下五种情况：

(1)情况 1(相当于 $\alpha=1$，即"0"型)为薄压缩层地基或大面积均布荷载的情况；

(2)情况 2(相当于 $\alpha=0$，即"1"型)为土层在自重应力作用下的固结的情况；

(3)情况 3(相当于 $\alpha=\infty$，即"2"型)为基础底面积较小，传至压缩层底面的附加应力接近于零的情况；

(4)情况 4(相当于 $\alpha<0$，即"0-1"型)为在自重应力作用下土层尚未固结就在上面修建道路或建筑物基础的情况；

(5)情况 5(相当于 $\alpha>0$，即"0-2"型)为基础底面积较小，传至压缩层底面的附加应力不为零的情况。

表4-8 单面排水，不同 α 值的 U_Z-T_v 对应关系

α	平均固结度 U_z											类型
	0.0	0.1	0.2	0.3	0.4	0.5	0.6	0.7	0.8	0.9	1.0	
0.0	0.0	0.049	0.100	0.154	0.217	0.290	0.380	0.500	0.660	0.95	∞	1型
0.2	0.0	0.027	0.073	0.126	0.186	0.26	0.35	0.46	0.63	0.92	∞	0-1型
0.4	0.0	0.016	0.056	0.106	0.164	0.24	0.33	0.44	0.60	0.90		
0.6	0.0	0.012	0.042	0.092	0.148	0.22	0.31	0.42	0.58	0.88		
0.8	0.0	0.010	0.036	0.079	0.134	0.20	0.29	0.41	0.57	0.86		
1.0	0.0	0.008	0.031	0.071	0.126	0.20	0.29	0.40	0.57	0.85	∞	0型
1.5	0.0	0.008	0.024	0.058	0.107	0.17	0.26	0.38	0.54	0.83	∞	0-2型
2.0	0.0	0.006	0.019	0.050	0.095	0.16	0.24	0.36	0.52	0.81		
3.0	0.0	0.005	0.016	0.041	0.082	0.14	0.22	0.34	0.50	0.79		
4.0	0.0	0.004	0.014	0.040	0.080	0.13	0.21	0.33	0.49	0.78		
5.0	0.0	0.004	0.013	0.034	0.069	0.12	0.20	0.32	0.48	0.77	∞	0-2型
7.0	0.0	0.003	0.012	0.030	0.065	0.12	0.19	0.31	0.47	0.76		
10.0	0.0	0.003	0.011	0.028	0.060	0.11	0.18	0.30	0.46	0.75		
20.0	0.0	0.003	0.010	0.026	0.060	0.11	0.17	0.29	0.45	0.74		
∞	0.00	0.002	0.009	0.024	0.048	0.09	0.16	0.23	0.44	0.73	∞	2型

3. 一级或多级等速加载情况的地基平均固结度

上述一次瞬时加载情况的平均固结度计算是偏大的，实际工程中多为一级或多级等速加载情况，当固结时间为 t 时，对应于总荷载的地基平均固结度，可按下式计算：

$$\overline{U_t}=\sum_{i=1}^{n}\frac{\dot{q}_i}{\sum\Delta p}\left[(T_i-T_{i-1})-\frac{\alpha}{\beta}(e^{\beta T_i}-e^{\beta T_{i-1}})e^{-\beta t}\right] \tag{4-51}$$

式中，$\overline{U_t}$——t 时间地基的平均固结度；

$\dot{q}_i$——第 i 级荷载的加载速率，kPa/d，$\dot{q}_i=\dfrac{\Delta p_i}{T_i-T_{i-1}}$；

$\sum\Delta p$——与一级或各级等速加载历时对应的累加荷载，kPa；

T_i，T_{i-1}——第 i 级荷载加载的起始和终止时间(从零点起算)(天)，当计算第 i 级荷载加载过程中某时间 t 的固结度时，T_i 改为 t；

α，β——参数，根据地基土排水固结条件确定，参见《建筑地基处理技术规范》(JGJ79—2012)。

4.5.4 地基固结过程中任意时刻的沉降量

根据固结度的定义，可得到地基固结过程中任意时刻的沉降量的计算式为

$$s_{ct}=Us_c \tag{4-52}$$

计算步骤：

(1)计算地基附加应力沿深度的分布；

(2)计算地基固结沉降量；

(3)计算土层的竖向固结系数和时间因数；

(4)求解地基固结过程中某一时刻 t 的沉降量。

【例 4-3】 厚度 $H=10\text{m}$ 的黏土层，上覆透水层，下卧不透水层，在大面积荷载 $p_0=196\text{kPa}$作用下，已知黏土层的初始孔隙比 $e_1=0.8$，压缩系数 $\alpha=0.00025\text{kPa}^{-1}$，渗透系数 $k=0.002\text{m/a}$。试求：

(1)加荷一年后的沉降量 S_t。

(2)地基固结度达 $U_t=0.75$ 时所需的历时 t。

(3)若将此黏土层下部改为透水层，则 $U_t=0.75$ 时所需历时 t。

解：(1)求加荷一年后的沉降量 S_t。

黏土层中的平均附加应力沿深度均匀分布，$\sigma_z=p_0=196\text{kPa}$。

黏土层最终沉降量为 $s=\dfrac{a\sigma_z}{1+e}H_1=\dfrac{0.00025\times196}{1+0.8}\times10000=272(\text{mm})$

黏土层的竖向固结系数为 $c_v=\dfrac{k(1+e)}{\gamma_w a}=\dfrac{0.02\times(1+0.8)}{10\times0.00025}=14.4(\text{m}^2/\text{年})$

本题为单面排水条件：竖向固结时间因数(无量纲)$T_v=\dfrac{c_v}{H^2}t=\dfrac{14.4}{10^2}\times1=0.144$。

根据图 U_t-T_v 关系曲线查得 $U_t=0.23$；则加荷一年后的沉降量为

$$s_t=U_z s=0.23\times272=62.56(\text{mm})$$

(2)求地基固结度达 $U_t=0.75$ 时所需的历时 t。

由

$$U_z=1-\frac{8}{\pi^2}\exp\left(-\frac{\pi^2}{4}T_v\right)$$

可得

$$T_v=-\frac{4}{\pi^2}\ln\left(\frac{\pi^2}{8}(1-U_z)\right)=-\frac{4}{\pi^2}\ln\left(\frac{\pi^2}{8}(1-0.75)\right)=0.4776$$

$$t=\frac{T_vH^2}{C_v}=\frac{0.4776\times10^2}{14.4}=3.32(\text{年})$$

(3)若将此黏土层下部改为透水层，则 $U_t=0.75$ 时所需历时可按下述方法求取：

利用同一种土两种不同排水条件下，c_v、T_v 相等，则有

$$\frac{t_1}{t_2}=\frac{H_1^2}{H_2^2}$$

$$t_2=\frac{H_2^2}{H_1^2}t_1=\frac{1}{4}t_1=\frac{1}{4}\times3.32=0.83(\text{年})$$

习　　题

4-1　什么是岩石的全应力-应变曲线？什么是刚性试验机？刚性试验机与普通材料试

验机得出的应力-应变曲线有何区别？

4-2　在三轴压力试验中岩石的力学性质会发生哪些变化？

4-3　简述岩石在反复加卸载下的变形特征。

4-4　在计算地基最终沉降时，为什么自重应力要用有效重度进行计算？

4-5　试从基本概念、计算公式及适用条件等几方面比较压缩模量、变形模量及弹性模量。

4-6　计算地基最终沉降量的分层总和法与应力面积法的主要区别有哪些？二者的实用性如何？

4-7　饱和黏土地基最终沉降量是由哪几部分组成的？怎样确定？

4-8　同一场地两个埋置深度相同、底面积不同的基础，已知作用于基底的附加压力相等，基础的长宽比相等，试分析哪个基础最终沉降量大。

4-9　在饱和土的一维固结过程中，土的有效应力和孔隙水压力是如何变化的？

4-10　某土样压缩前高度为 20mm，其室内压缩试验结果如表 4-9 所示。试验时，土样上、下两面排水。

(1)试求压缩系数 $a_{(1-2)}$ 及相应的土的压缩模量 $E_{s(1-2)}$，并判断土的压缩性。

(2)试求土样在原有压力强度 $p_1=100$kPa 的基础上增加压力强度 $\Delta p=150$kPa，土样的垂直变形。(1.21mm)

表 4-9

压力强度 p(kPa)	0	50	100	200	300	400
孔隙比 e	1.320	1.173	1.065	0.958	0.892	0.850

4-11　某柱下独立基础，基底尺寸为 3.0m×2.0m，上部结构传至基础底面的荷载为 300kN。基础埋深为 1.2m，地下水位在基底以下 0.6m 处，地基土室内压缩试验成果如表 4-10 所示。用分层总和法和应力面积法求基础中点的沉降量。

表 4-10

土层	p(kPa)				
	0	50	100	200	300
①黏土	0.827	0.779	0.750	0.722	0.708
②粉质黏土	0.744	0.704	0.679	0.653	0.641

4-12　某饱和黏土层的厚度为 8m，在土层表面大面积均布荷载 $q=180$kPa 作用下固结，设该土层的初始孔隙比 $e=1.0$，压缩系数 $a=0.3\text{MPa}^{-1}$，渗透系数 $K=1.8$cm/年。求：

(1)该黏土层的最终沉降量；

(2)单面排水条件下加荷历时一年的终沉降量。

4-13　在厚度为6m的黏土层上填筑路堤，路堤荷载在黏土层中产生梯形分布的竖向附加应力，该层顶面和底面的附加应力分别为0.22和0.198。已知黏土层的初始孔隙比$e=0.95$，压缩系数$a=0.23\text{MPa}^{-1}$，渗透系数$K=2.0$cm/年，黏土层下面为密实的中砂(路堤填土渗透性很小，假定粘土层只能从下层砂层排水)。试求：

(1)该黏土层的最终沉降量；

(2)黏土层的沉降量为14cm时所需的时间；

(3)加载4个月后，黏土层的沉降量。

第 5 章　岩土的强度

5.1　概　　述

岩土在特定荷载作用下以某种形式破坏时所承受的最大荷载所对应的应力，称为岩土的强度。例如岩石在单轴压缩荷载作用下所能承受的最大压应力称为岩石的单轴抗压强度，单轴拉伸荷载作用下所能承受的最大拉应力称为单轴抗拉强度等。

岩土的抗剪强度是指岩土体抵抗剪切破坏的极限能力，其数值等于剪切破坏时滑动面上的剪应力。地基在外荷载作用下，岩土体内部将产生剪应力和剪切变形，岩土体具有抵抗这种剪切变形的剪力，它随着剪应力的增加而逐渐增大。当剪力增大到极限值时，岩土就处于剪切破坏的极限状态，此时剪应力也就达到极限，这个极限值就是岩土的抗剪强度。土体的破坏通常都是剪切破坏，随着荷载的增加，剪切破坏的范围逐渐扩大，最终在土体中形成连续的滑动面，导致土体整体失稳。例如，当土坡的坡度太陡时(图 5-1)，边坡上的部分土体将相对于另一部分土体发生滑动，滑动面的形状多为圆弧形；路基土受过大的荷载作用时，也会出现土体沿某一滑动面的滑移，造成路面塌陷、裂缝(图 5-2)；建筑物地基土上荷载过大时，也会出现类似的地基破坏，导致建筑物严重下陷，甚至倾倒(图 5-3)；因为土体固体颗粒之间的联结强度远小于颗粒本身的强度，在外力作用下，相对于颗粒本身的破坏，土体更容易发生一部分土体沿某一滑动面滑动而产生的剪切破坏。

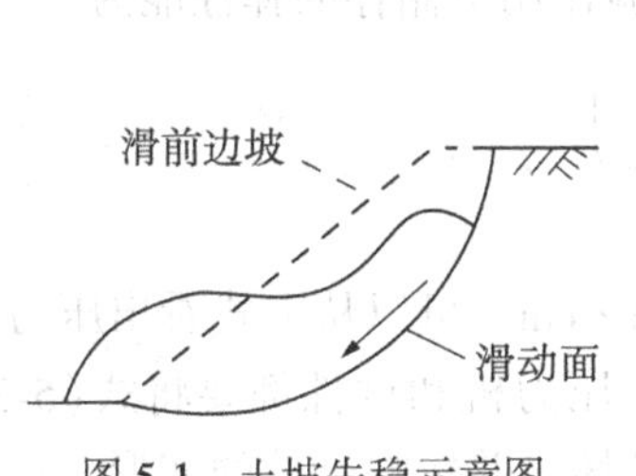

图 5-1　土坡失稳示意图

图 5-2　路基的失稳

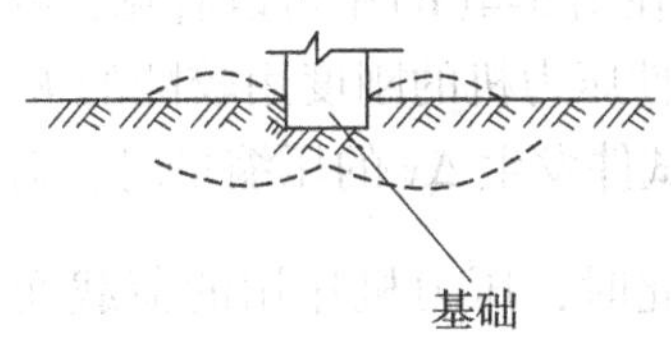

图 5-3　建筑物地基失稳

土的抗剪强度与土粒的矿物成分、颗粒形状与级配、原始密度、土的含水量、土的结构、孔隙水压力等因素有关。同样，岩石的强度也取决定于很多因素，岩石结构、风化程度、水、温度、围压、各向异性等都影响岩石的强度。通过试验确定各种岩石的强度指标时，对于同一种岩石，强度指标会随试件尺寸、试件形状、加载速率、时间、湿度等因素变化。为了保证岩石强度试验所得的岩石强度指标的可比性，国际岩石力学学会和我国规范都对岩石强度试验所用试件的形状、尺寸、加载速率和湿度等制定了标准，对不符合标准的试件和试验条件所得的强度指标，应根据标准和规范规定作相应修正。

5.2 岩石的强度

5.2.1 岩石力学试验

1. 单轴压力试验

以前大多数材料试验是在普通试验机上进行的，由于这种试验机的刚度不够大，无法获得材料的某些力学特性，这类试验机又称为柔性试验机。岩石或混凝土等脆性材料的试件在柔性试验机进行压力试验时，当荷载达到或刚好通过应力应变曲线的峰值后，岩石试件就急剧破裂和崩解，测量的应力-应变曲线从而到此终止。只有在刚性压力机上进行试验才能获得岩石类材料的全应力-应变曲线。

定义试验机-试件系统的刚度为

$$K=\frac{P}{\delta_x} \tag{5-1}$$

式中，δ_x——力 P 作用下沿 P 作用方向产生的位移。

此时，储存于系统中的弹性应变能为

$$S=\frac{P^2}{2K} \tag{5-2}$$

对试验机系统，如图 5-4(a)所示，在压力试验作用下储存的弹性能为

$$U=\frac{P^2}{2}\left(\frac{1}{K_r}+\frac{1}{K_m}\right) \tag{5-3}$$

式中，K_r、K_m——岩石试件和试验机的刚度。

如果取 $K_r=3\times10^4\text{MPa}\cdot\text{cm}$，$K_m=0.7\times10^4\text{MPa}\cdot\text{cm}$，可以从上式看出压力试验机储存的能量大约是试件的 4 倍。这样，当试件破坏时，压力机和试件都要将式(5-3)中的能量释放出来，而压力机释放的能量就会影响试件的破坏，并影响试件的变形，峰值强度之后的应力-应变曲线就不能得到。在图 5-4(b)中可以看见，峰值强度后柔性压力试验机的刚度用较平的直线 K_1 表示，而刚性压力机的刚度用较陡的 K_2 线表示，岩石试件的真实应力应变曲线介于这两者之间。当试件发生 Δx 的压缩量时，对应这一压缩量岩石试件抵抗荷载的能力减少了 $\Delta P_r=\frac{\mathrm{d}P}{\mathrm{d}x}\Delta x$。此时，压力机作用的荷载变化值 $\Delta P_m=K_m\Delta x$，如果 $\left|\frac{\mathrm{d}P}{\mathrm{d}x}\right|>|K_m|$，且 $|K_m|=|K_1|$，则此时试件抵抗荷载的能力小于此时压力机作用于其上的荷载，

试件会迅速的发生破坏。对于柔性压力试验机来说，一般属于这种情况。如果 $\left|\frac{\mathrm{d}P}{\mathrm{d}x}\right| < |K_m|$，且 $|K_m| = |K_2|$，则不会发生突然失稳的情况。此时，在任一荷载下，储存在试验机中的能量用 K_2 线以下的面积表示，它总是小于试件进一步压缩所需要的能量，如图 5-4(b)所示。

符合压力机刚度大于试件刚度的压力试验机，称为刚性压力试验机。目前，除采用刚性试验机外，还采用伺服控制系统控制试验机加载的位移、速率等指标。

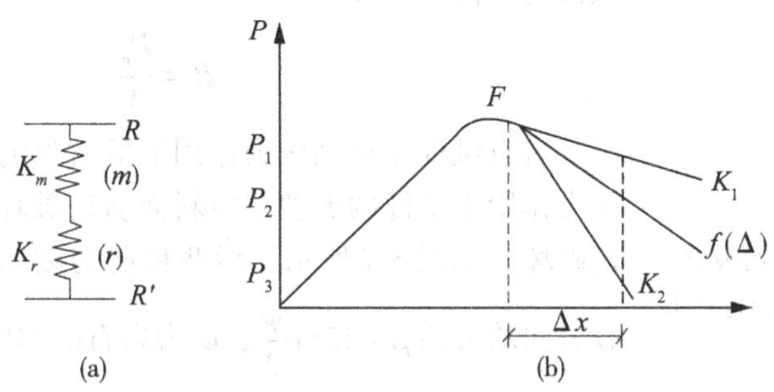

图 5-4　压力机系统刚度示意图

2. 三轴压力试验

为了得到岩石全面的力学特性，根据三个方向施加应力的不同，有常规三轴压力试验(一般为圆柱体)和真三轴压力试验(一般为立方体)，如图 5-5 所示。

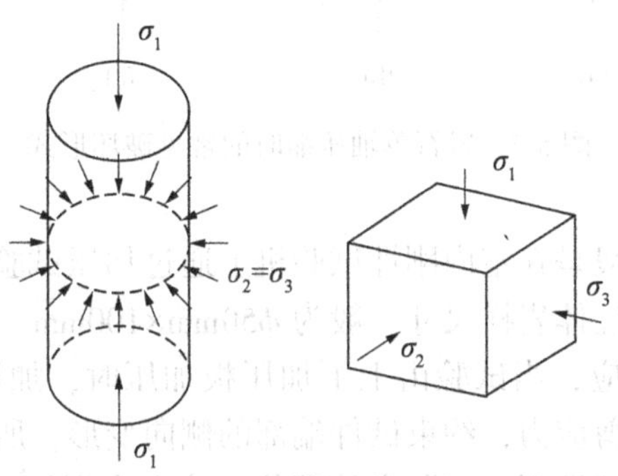

图 5-5　普通三轴试验和真三轴试验

常规三轴压力试验是使圆柱体试件周边受到均匀压力($\sigma_2=\sigma_3$)，而轴向则用压力机加载(σ_1)。

三轴压力试验测得的岩石强度和围压关系很大，岩石抗压强度随围压的增加而提高。通常岩石类脆性材料随围压的增加而具有延性。根据三轴试验结果绘制出不同围压下的岩石三轴强度关系曲线，可计算出岩石的内聚力和内摩擦角。

真三轴压力试验加载是使试件成为 $\sigma_1>\sigma_2>\sigma_3$ 的应力状态。真三轴压力试验可得到许多不同应力路径下的力学结果，可为岩石力学理论研究提供较多的资料。但是真三轴试验装置复杂，试件六面均可受到加压引起的摩擦力，影响试验结果，故较少进行该类试验。

5.2.2 岩石抗压强度

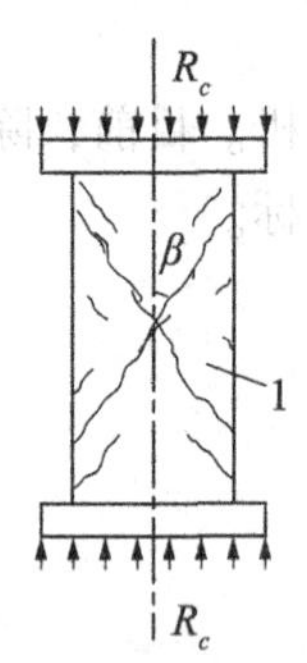

β—破坏角；1—剪切破裂

图 5-6 岩石的抗压强度试验

岩石的抗压强度(Compress Strength)包括岩石的单轴抗压强度和岩石三轴抗压强度。岩石单轴抗压强度就是岩石试件在单轴压力作用下所能承受的最大压应力，如图 5-6 所示。单轴抗压强度 R_c 等于达到破坏时最大轴向压力 P_c 除以试件的横截面积 A，即

$$R_c = \frac{P_c}{A} \tag{5-4}$$

岩石试件在单轴压力作用下的常见的破坏形式有：单轴压力作用下试件的劈裂、单斜面剪切破坏、多个共轭斜面剪切破坏，如图 5-7 所示。后两种剪切破坏的破坏面法向与加载方向的夹角 $\beta=45°+\frac{\varphi}{2}$，$\varphi$ 为岩石的内摩擦角。

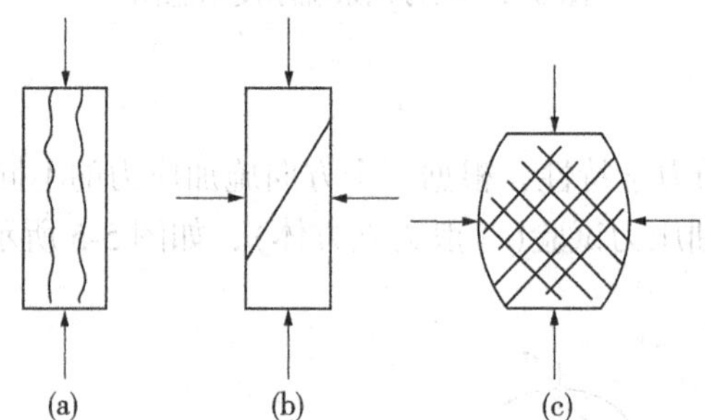

图 5-7 岩石单轴压缩时的常见破坏形式

岩石单轴抗压强度一般是在室内刚性试验机上通过加压试验得到的，试件采用圆柱体或立方体，广泛采用的圆柱体岩样尺寸一般为 ϕ50mm×100mm。进行岩石单轴抗压强度试验时，应注意试件端部效应，当试验由上下加压板加压时，加压板与试件之间存在摩擦力，因此在试件端部存在剪应力，约束试件端部的侧向变形，所以试件端部的应力状态不是非限制性的，只有在离开端部一定距离的部位，才会出现均匀应力状态。为了减少“端部效应”，应将试件端部磨平，并在试件与加压板之间加入润滑剂，以充分减少加压板与试件断面之间的摩擦力。同时，应使试件长度达到规定要求，以保证在试件中部出现均匀应力状态。

5.2.3 岩石抗剪强度

岩石的抗剪强度(Shear Strength)是岩石抵抗剪切破坏的极限能力，它是岩石力学中重要指标之一，常以内聚力 c 和内摩擦角 φ 这两个抗剪参数表示。确定岩石抗剪强度的方法可分为室内试验和现场试验两大类。室内试验常采用直接剪切试验、楔形剪切试验和三轴压缩试验来测定岩石的抗剪强度指标。现场试验主要以直接剪切试验为主，也可做三轴强

度试验。本章只介绍室内实验。

1. 直接剪切试验

直接剪切试验采用直接剪切仪进行。岩石的直接剪切仪与土的直接剪切仪相类似，如图 5-8 所示。

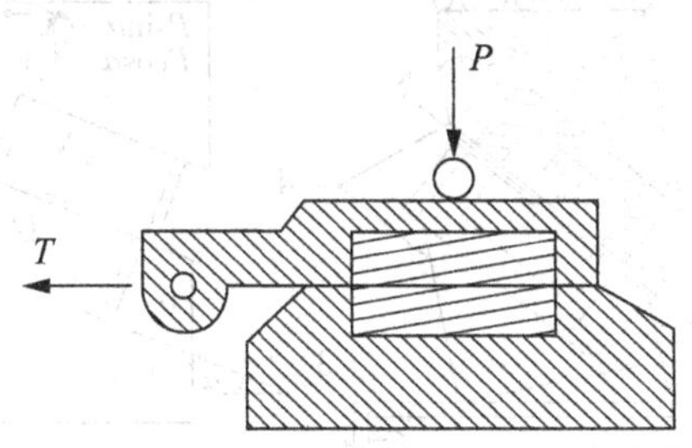

图 5-8　直接剪切仪

每次试验时，先在试样上施加垂直荷载 P，然后在水平方向逐渐施加水平剪切力 T，直至达到最大值 T_{max} 发生破坏为止。剪切面上的正应力 σ 和剪应力 τ 按下列公式计算：

$$\sigma=\frac{P}{A} \tag{5-5}$$

$$\tau=\frac{T}{A} \tag{5-6}$$

式中，A——试样的剪切面面积。

在给定正应力下的抗剪强度以 τ_f 表示。用相同的试样、不同的 σ 进行多次试验，即可求出不同 σ 下的抗剪强度 τ_f，绘成关系曲线 τ_f-σ，如图 5-9 所示。

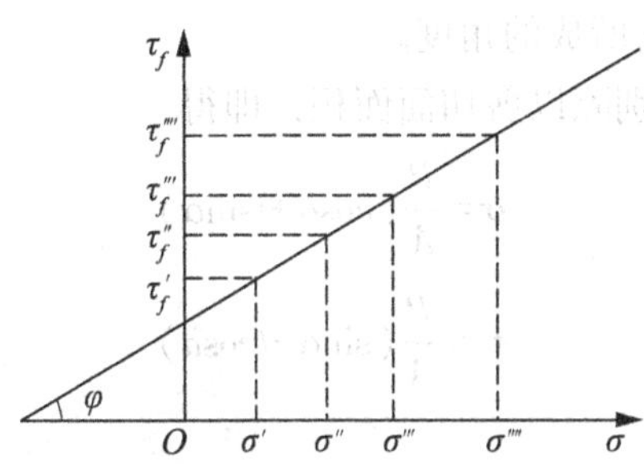

图 5-9　抗剪强度 τ_f 与正应力 σ 的关系

试验证明，这根强度线并不是绝对严格的直线，但在岩石较完整或正应力值不很大时可近似看做直线，其方程式表达为

$$\tau_f=c+\sigma\tan\varphi \tag{5-7}$$

这就是库仑强度公式。直线在 τ_f 轴上的截距即为岩石的内聚力 c，该线与水平线的夹角即为岩石的内摩擦角 φ。

2. 楔形剪切试验

楔形剪切试验用楔形剪切仪进行，这种仪器的主要装置和试件受力情况如图 5-10 所示。试验时把装有试件的这种装置放在压力机上加压，直至试件沿着 AB 面发生剪切破坏。这种试验实际上是另一种形式的直接剪切试验。

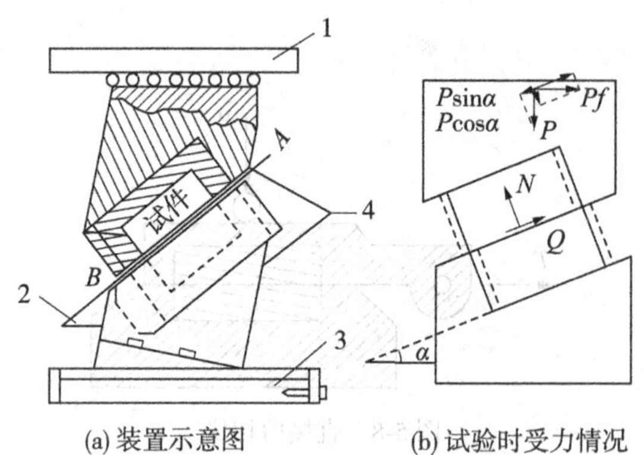

(a) 装置示意图　(b) 试验时受力情况

1—上压板；2—倾角；3—下压板；4—夹具

图 5-10　楔形剪切仪

根据平衡条件，可以列出下列方程式：

$$N-P\cos\alpha-Pf\sin\alpha=0 \tag{5-8}$$

$$Q+Pf\cos\alpha-P\sin\alpha=0 \tag{5-9}$$

式中，P——压力机上施加的总垂直力，kN；

N——作用在试件剪切面上的法向总压力，kN；

Q——作用在试件剪切面上的切向总剪力，kN；

f——压力机垫板下面的滚珠的摩擦系数，可由摩擦校正试验决定；

α——剪切面与水平面所成的角度。

将式(5-8)和式(5-9)分别除以剪切面面积，即得

$$\sigma=\frac{P}{A}(\cos\alpha+f\sin\alpha) \tag{5-10}$$

$$\tau_f=\frac{P}{A}(\sin\alpha-f\cos a) \tag{5-11}$$

式中，A——剪切面面积。

试验中采用多个试件，分别以不同的 α 角进行试验。当破坏时，对应于每一个 α 值可以得出一组 σ 和 τ_f 值，由此可得到如图 5-11 所示的曲线。从图中可以看出，当 σ 变化范围较大时 τ_f-σ 为一曲线关系，但当 σ 不大时可视为直线。

3. 三轴压缩试验

岩石三轴压缩试验采用岩石三轴压力仪进行，三轴试验设备如图 5-12 所示。在进行三轴试验时，先将试件施加侧压力，即小主应力 σ_3'，然后逐渐增加垂直压力，直至破坏，得到破坏时的大主应力 σ_1'，从而得到一个破坏时的应力圆。采用相同的岩样，改变侧压力为 σ_3''，施加垂直压力直至破坏，得 σ_1''，从而又得到一个破坏应力圆。绘出这些应力圆的包络线，即可求得岩石的抗剪强度曲线，如图 5-13 所示。如果把它看做一根近似直线，

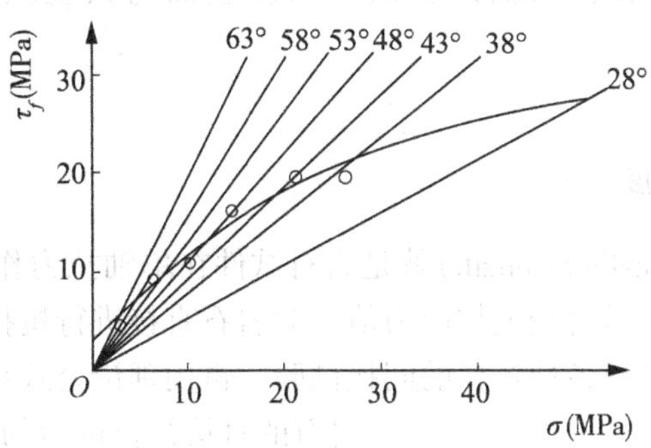

图 5-11　楔形剪切试验结果

则可根据该线在纵轴上的截距和该线与水平线的夹角求得内聚力 c 和内摩擦角 φ。

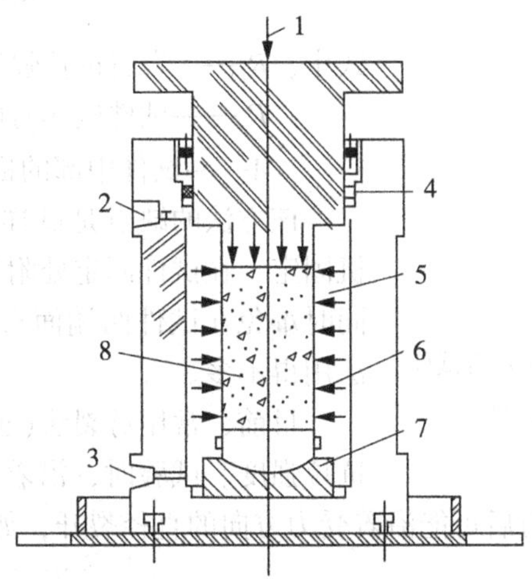

1—施加垂直压力；2—侧压力液体出口处，排气处；3—侧压力液体进口处；4—密封设备；5—压力室；6—侧压力；7—球状底座；8—岩石试件

图 5-12　三轴试验装置图

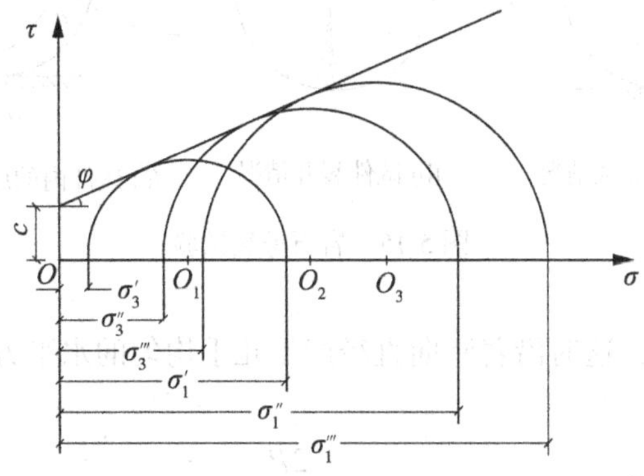

图 5-13　三轴试验破坏时的莫尔圆

与单轴压缩试验一样，三轴试验试件的破裂面与大主应力 σ_1 方向间的夹角为 $45°-\dfrac{\varphi}{2}$。

5.2.4 岩石抗拉强度

岩石的抗拉强度(Tensile Strength)就是岩石试件在单轴拉力作用下抵抗破坏的极限能力，它在数值上等于破坏时的最大拉应力值。对岩石直接进行抗拉强度试验比较困难，目前研究得比较少。一般进行各种各样的间接试验，再用理论公式算出岩石的抗拉强度。

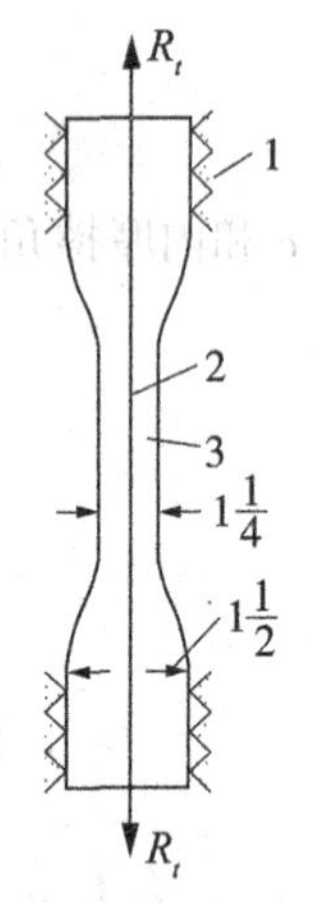

1—夹子；2—垂直轴线；3—岩石试件

图 5-14 抗拉试验的试件

岩石的直接抗拉试验的试件如图 5-14 所示，在试验时将这种试样的两端固定在拉力机上，对试样施加轴向拉力直至破坏，然后计算出试样的抗拉强度：

$$R_t=\frac{P_r}{A} \tag{5-12}$$

式中，R_t——岩石抗拉强度，kPa；

P_r——试件破坏时的最大拉力，kN；

A——试件中部的横截面面积，m^2。

该方法的缺点是试样制备困难，且不易与拉力机固定，在试件固定处附近又常常有应力集中现象，同时难免在试件两端面有弯曲力矩。因此，这个方法用得不多。

目前，常用劈裂法(也称巴西试验法)测定岩石抗拉强度。试验时，沿着圆柱体岩石试件的直径方向施加集中荷载，试件受力后可能沿着受力方向的直径裂开，如图 5-15 所示。

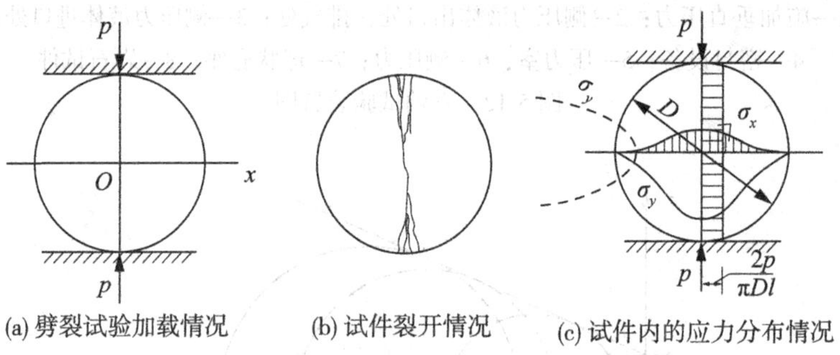

(a) 劈裂试验加载情况　(b) 试件裂开情况　(c) 试件内的应力分布情况

图 5-15 岩石劈裂试验

根据弹性力学公式，这时沿着竖向直径产生几乎均匀的水平方向拉应力，这些拉应力的平均值为

$$\sigma_x=\frac{2P}{\pi Dl} \tag{5-13}$$

式中，P——作用荷载，N；

D——圆柱体试样的直径，mm；

l——圆柱体试样的长度，mm。

而在试样的水平方向直径平面内，产生最大的压应力值为(在圆柱形的中心处)

$$\sigma_y=\frac{6P}{\pi Dl} \tag{5-14}$$

这两个直径内的应力分布如图 5-15(c)所示。可以看出，圆柱体试样的压应力只有拉应力的 3 倍，但岩石的抗压强度往往是抗拉强度的 10 倍，这就表明，岩石试样在这条件下总是受拉破坏而不是受压破坏的。因此，我们就可利用劈裂法来确定岩石的抗拉强度，这时只需在式(5-13)中用破裂时的最大荷载代替其中的 P，即得岩石的抗拉强度

$$R_t=\frac{2P_{\max}}{\pi Dl} \tag{5-15}$$

式中，$P_{\max}$——破裂时的最大荷载，N。

这个方法的优点是简单易行，只要有普通压力机就可进行试验，不需特殊设备，因此该方法获得了广泛应用。该方法缺点是这样确定的岩石抗拉强度与直接拉伸试验所得的强度有一定的差别。

岩石的抗拉强度比抗压强度要小得多，抗拉强度与抗压强度之间可考虑存在着某种线性关系，近似地表示为

$$R_t=\frac{R_c}{C_m} \tag{5-16}$$

式中，C_m——线性系数，在 4~10 范围内变化，依据岩石的类型而定。

5.3　土的抗剪强度试验

工程实践和土工试验证明，土体破坏以剪切破坏为主，剪切破坏是土的强度破坏的重要特点。土木工程中的挡土墙侧压力、地基承载力、土坡和地基稳定性等问题都与土的抗剪强度直接有关。对这些问题进行计算时，必须选用合适的抗剪强度指标。土的抗剪强度指标不仅与土的种类有关，还与土样的天然结构是否被扰动、室内试验时的排水条件是否符合现场条件有关，不同的排水条件所测定的抗剪强度指标是有差别的。

土的抗剪强度指标通过室内和现场试验测定，主要试验有室内直接剪切试验(Direct Shear Test)、三轴压缩试验(Triaxial Compression Test)、无侧限抗压强度试验(Unconfined Compressin Strength Test)和现场剪切十字板剪切试验(Vane Strength Test)。

5.3.1　直接剪切试验

直接剪切试验所使用的仪器称为直剪仪，按加荷方式的不同，直剪仪可分为应变控制式和应力控制式两种。前者是以等速水平推动试样产生一定的位移并换算剪应力；后者则是对试样分级施加一定的水平剪切力，同时测定相应的位移。目前大多采用应变控制式直剪仪。

直剪试验仪如图 5-16 所示，主要由固定的上盒和可移动的下盒组成，土样放在试样

盒内上、下两块透水石之间。试验时，杠杆系统通过加压活塞和对土样施加某一垂直压力 σ，由推动座等速推进下盒，使试样沿上下盒之间的水平面产生剪切变形，直至剪破。剪应力 τ 的大小可通过与上盒接触的量力环的变形值计算确定。在剪切过程中，随着上下盒相对剪切变形的发展，土样中的抗剪强度逐渐发挥出来，直至剪切面(土样高度一半处)上的剪应力等于土的抗剪强度时，土样剪切破坏，因此，土样的抗剪强度是用剪切破坏时的剪应力来度量的。

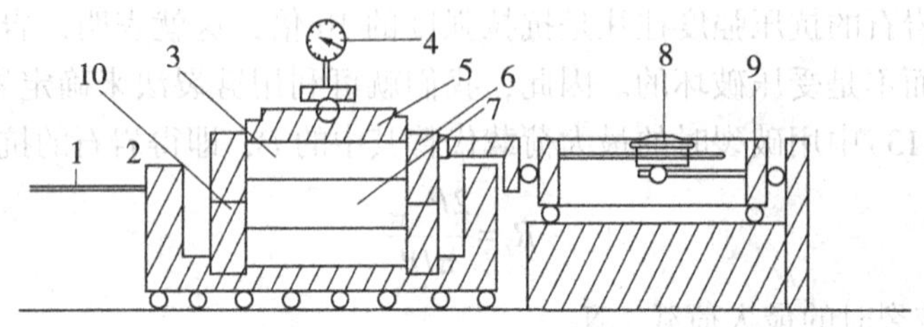

1—推动座；2—底座；3—透水石；4—百分表；5—活塞；6—上盒；
7—土样；8—百分表；9—量力环；10—下盒

图 5-16　应变控制式直接剪切仪

每组试验需要剪切不少于 4 个试样，分别在不同的垂直压力下剪切，垂直压力由现场情况估计出的最大压力决定，对一般的黏性土、砂土，宜采用 50kPa、100kPa、200kPa、300kPa 或 100kPa、200kPa、300kPa、400kPa 的垂直应力。对高含水量，低密度的土样可选用 20kPa、50kPa、100kPa、200kPa 的应力。

以剪应力 τ 为纵坐标，以剪切位移为横坐标，绘制剪应力和剪切位移关系曲线 τ-Δl，如图 5-17(a)所示。取 τ-Δl 曲线的峰值为该垂直压力作用下土的抗剪强度 τ_f，无峰值时，取剪切位移 4mm 所对应的剪应力为土的抗剪强度 τ_f。试验结果表明：较密实的黏土及密砂土的 τ-Δl 曲线具有明显峰值，如图中曲线 1，其峰值即为破坏强度 τ_f；对软黏土和松砂，其 τ-Δl 曲线常不出现峰值，如图中曲线 2，此时可按以剪切位移相对稳定值 b 点的剪应力作为抗剪强度 τ_f。

以抗剪强度 τ_f 为纵坐标，以垂直压力 σ 为横坐标，绘制 τ_f-σ 曲线，如图 5-17(b)所示。对于黏性土和粉土，图上各点相连基本成直线，延长直线与纵坐标相交，则直线的倾角为土的内摩擦角 φ，直线在纵坐标上的截距为土的内聚力 $c(x=c)$，直线方程可用库仑公式表示。对于黏性土，τ_f-σ 曲线为通过坐标原点的一条直线。

为了近似模拟现场土体的排水条件，根据土样的固结情况和施加剪力的速率，直剪试验可分为快剪、固结快剪和慢剪。

(1)快剪试验(或不排水剪)：土样施加法向应力后，立即施加水平剪切力，在 3~5 分钟内将试样剪切破坏。在整个试验过程中不允许土样含水量有所变化，即孔隙水压力保持不变。这种方法只适用于模拟现场土体较厚、透水性较差、施工速度较快、基本上来不及固结就被剪切破坏的情况(土的渗透系数小于 10^{-5}cm/s)。

(2)固结快剪(或固结不排水剪)：先将土样在法向应力作用下达到完全固结，然后施加水平剪切力，与快剪方法一样使土样剪切破坏。此方法只适用于模拟现场土体在自重或

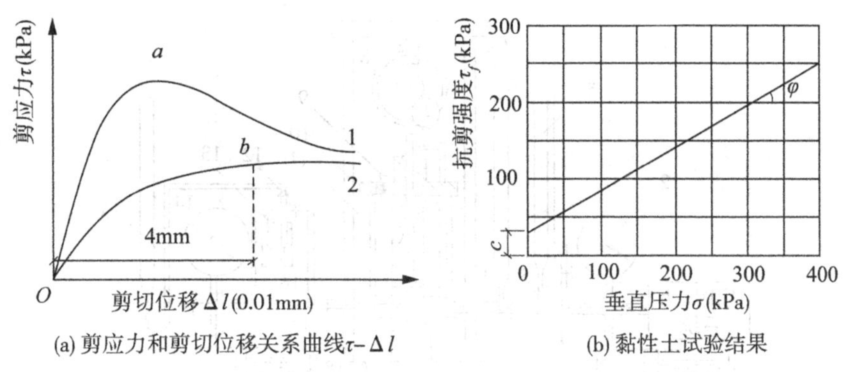

(a) 剪应力和剪切位移关系曲线τ-Δl　　(b) 黏性土试验结果

图 5-17　直接剪切试验结果

正常荷载条件下已达到完全固结状态，随后，又遇到突然增加荷载或因土层较薄、透水性较差、施工速度快的情况。适用于土的渗透系数小于 10^{-5}cm/s 的土类，对渗透系数大于 10^{-5}cm/s 的土，则应采用三轴仪进行试验。

(3)慢剪试验(或固结排水剪)：先将土样在法向应力作用下，达到完全固结。随后施加慢速剪切(剪切速度应小于 0.02mm/min)剪切过程中使土中水能充分排出，使孔隙水压力消散，直至土样剪切破坏。此方法适用于模拟现场土体在自重或正常荷载条件下已达到完全固结状态、土体透水性好、施工速度慢的情况。

直剪试验具有设备简单、土样制备及试验操作方便等优点，因而至今仍被工程单位广泛采用。

但也存在不少缺点，主要表现在以下方面：①剪切面限定在上下盒之间的平面，而不是沿土样最薄弱的面剪切破坏；②剪切面上剪应力分布不均匀，土样剪切破坏从边缘开始，在边缘发生应力集中现象。试验时上下盒之间的缝隙中易嵌入砂粒，使试验结果偏大；③在剪切过程中，土样剪切面逐渐缩小，而在计算抗剪强度时仍按土样的原截面积计算；④试验时不能严格控制试样的排水条件，不能量测试验过程中孔隙水压力的变化。

5.3.2　三轴剪切试验

1. 试验装置与试验原理

三轴剪切试验，或称三轴压缩试验，是测定土的抗剪强度更为精确的方法，分为压力室、轴向应力控制式两种。三轴剪切仪的构造简图如图 5-18 所示，它主要由压力室、加压系统(轴向加压系统、周围压力系统)和量测系统(测孔隙水压力)三大部分构成。其压力室是三轴仪的核心部分，它是由一个金属上盖、底座和透明有机玻璃圆筒组成的封闭容器。

常规三轴剪切试验的主要步骤如下：

(1)先把土体切成圆柱体套在乳胶薄膜内，放入压力室中，向压力室充水后施加周围压力，达到所需的 σ_3，并使周围压力在整个试验过程中保持不变，此时，试样内各方向的主应力相等，因此，试样中不产生剪应力，如图 5-19 所示。然后，由轴向加压系统通过传力杆对试样施加竖向压力应力 $\Delta\sigma_1$，这时，竖向主应力 $\sigma_1=\Delta\sigma_1+\sigma_3$就大于水平向主

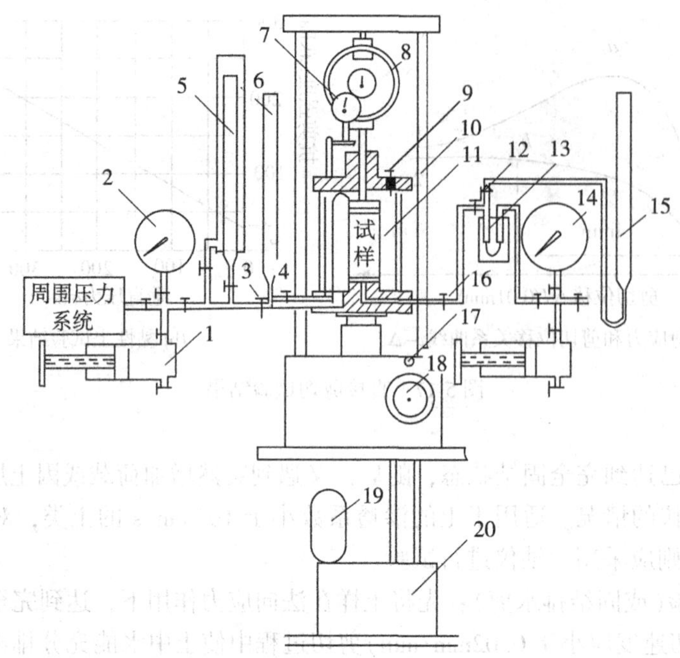

1—调压筒；2—周围压力表；3—周围压力阀；4—排水阀；5—变体阀；
6—排水管；7—百分表；8—量力环；9—排气孔；10—轴向加压设备；
11—压力室；12—量管阀；13—零位指示器；14—孔隙水压力表；15—量管；
16—孔隙水压力阀；17—离合器；18—微调手轮

图 5-18 三轴剪切仪

应力 σ_3，当 σ_3 保持不变，逐渐施加轴向压力增量 $\Delta\sigma_1$，则 σ_1 逐渐增大，最终试样被剪坏。按试样剪破时的 σ_1 和 σ_3 作极限应力圆，它必与强度包线相切；三轴试验至少需要 3~4 个土样，分别在不同的周围压力 σ_3 作用下进行剪切，得到 3~4 个不同的破坏应力圆，根据莫尔-库仑理论，绘出各应力圆的公切线，即为土的抗剪强度包线，近似简化为一条直线，由此可求得抗剪强度指标 c、φ 值，试样剪破面方向与大主应力作用平面的夹角为 $\alpha_f = 45° + \dfrac{\varphi}{2}$。

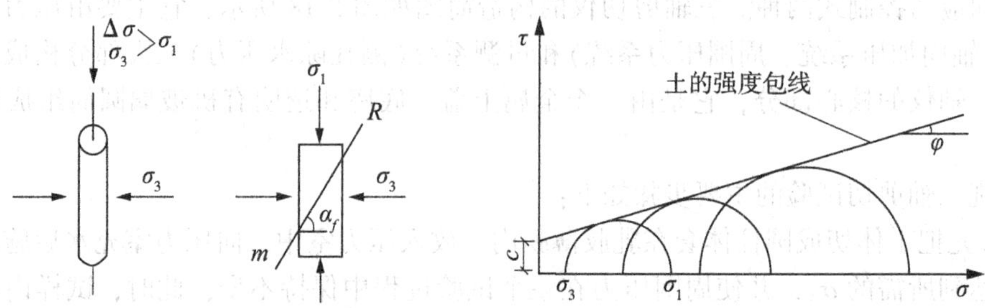

图 5-19 三轴试验原理

与直剪试验相比三轴试验具有如下特点：①能够严格控制试样排水条件，量测孔隙水压力，从而获得土中有效应力变化情况；②试样中的应力分布比较均匀；③仪器复杂，操作技术要求高，试样制备较麻烦。此外，试验在 $\sigma_2=\sigma_3$ 的轴对称条件下进行，这与土体实际受力情况可能不符。

2. 试验方法

根据三轴压缩试验过程中试样的固结状态孔排水条件的不同，可分为三种试验方法。同一种试样，采用三种不同的试验方法，所得到的抗剪强度指标值将不同。

(1)不固结不排水试验(Unconsolidation Undrained Test，UU-Test)。在试样施加周围压力之前，关闭排水阀，即在不固结的情况下施加轴向力进行剪切，在剪切过程中排水阀始终关闭，即不排水试验。

(2)固结不排水抗剪强度(Consolidation Undrained Test，CU-Test)。三轴试验中，在施加 σ_3 时打开排水阀门，使试样完全排水固结。然后关闭排水阀门，再施加 $\Delta\sigma_1$，使试样在不排水条件下剪切破坏，称为固结不排水剪(CU)。

(3)固结排水抗剪强度(Consolidation Drained Test，CD-Test)。三轴试验中，排水阀门始终打开，使试样在周围压力 σ_3 作用下排水固结，再缓慢施加轴向压力增量 $\Delta\sigma_1$，直至剪破，始终保持试样的超孔隙水压力为零，称为固结排水剪(CD)，简称排水剪。

5.3.3　无侧限抗压强度试验

无侧限抗压强度试验相当于三轴压缩试验中周围压力 $\sigma_3=0$ 时的不排水剪切试验。试验时，将圆柱形试样置于图 5-20 所示的无侧限压缩仪中，对试样不加周围压力，通过转轮对圆柱形试样施加垂直轴向压力，直至土样产生剪切破坏，此时试样所承受的最大轴向压力称为无侧限抗压强度。在施加轴向压力的过程中，相应地测量试样的轴向压缩变形，以轴向应力 σ 为纵坐标，以轴向应变 ε 为横坐标，绘制应力-应变曲线(图 5-21)。取曲线上最大轴向应力作为无侧限抗压强度 q_u。若最大轴向应力不明显，则可取轴向应变为15%处的轴向应力作为无侧限抗压强度 q_u。无侧限抗压强度试验结果只能作一个极限应力圆($\sigma_1=q_u$，$\sigma_3=0$,)因此，对一般黏性土难以作破坏包线。但对于饱和黏性土，在不固结不排水条件下进行的剪切试验，可认为内摩擦角 $\varphi_u=0$。因此，无侧限抗压强度的莫尔破坏应力圆的水平切线就是破坏包线，切线与纵坐标的截距 c_u，即为土的不排水剪强度，即

$$\tau_f=c_u=\frac{q_u}{2} \tag{5-17}$$

式中，q_u 为无侧限抗压强度，kPa。

无侧限抗压强度试验还可用来测定黏性土的灵敏度。试验方法是：将破坏后的试样放在塑料袋或薄膜塑料布上充分扰动，然后放在重塑筒中定型，制成与原状试件相同的尺寸，并保持其含水量与原状试件相同，测其无侧限抗压强度 q'_u。

无侧限抗压强度试验特点是仪器构造简单，操作方便，可代替三轴试验测定饱和软黏土的不排水强度。试验的缺点是试验的中段部位完全不受约束，因此，当试样接近破坏时容易被挤压成鼓形，这时试样中的应力显然不是均匀的。

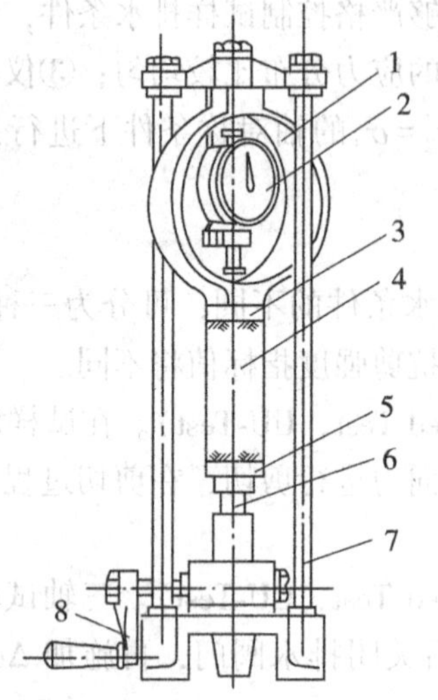

1—量力环；2—量表；3—上加压板；4—试样
5—下加压板；6—螺杆；7—加压框架；8—手轮

图 5-20 无侧限压力仪

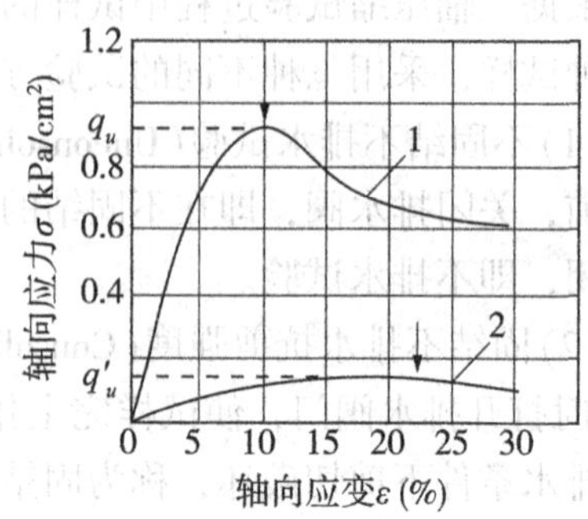

1—原状土样；2—重塑土样

图 5-21 轴向应力与轴向应变关系曲线

5.3.4 十字板剪切试验

在土的抗剪强度现场原位测试方法中，常用的是十字板剪切试验。试验在原位应力条件下进行，土体受扰动少，试验时排水条件、受力状态等与工程实际情况很相似，所以特别适用于取样困难的饱和软黏土。

十字板剪切仪的构造如图 5-22 所示，主要由十字板头、扭力装置和量测装置三部分组成。进行十字板剪切试验时，先把套管打到要求测试深度以上 75cm，将套管内的土消除，将十字板压入土中至测试的深度。由地面上的扭力装置对钻杆施加扭矩旋转十字板头，直至土体剪切破坏，破坏面为十字板旋转所形成的圆柱形剪切面，此时剪应力达到土的抗剪强度 τ_f。

设土体剪切破坏时所施加的扭矩为 M，则它应该与剪切破坏圆面(包括侧面和上下面)上土的抗剪强度所产生的抵抗力矩相等，即

$$M=\pi DH\cdot\frac{D}{2}\tau_V+2\cdot\frac{\pi D^2}{4}\cdot\frac{D}{3}\cdot\tau_H$$

$$=\frac{1}{2}\pi D^2H\tau_V+\frac{\pi D^3}{6}\tau_H \tag{5-18}$$

式中，M——剪切破坏时的扭矩，kN·m；

τ_V、τ_H——剪切破坏时圆柱体侧面和上、下面土的抗剪强度，kPa；

H、D——十字板的高度、直径，m；

实用上为了简化计算，假定土体为各向同性体，即 $\tau_V=\tau_H=\tau_f$，则由式(5-18)可求得十字板测定的土的抗剪强度为

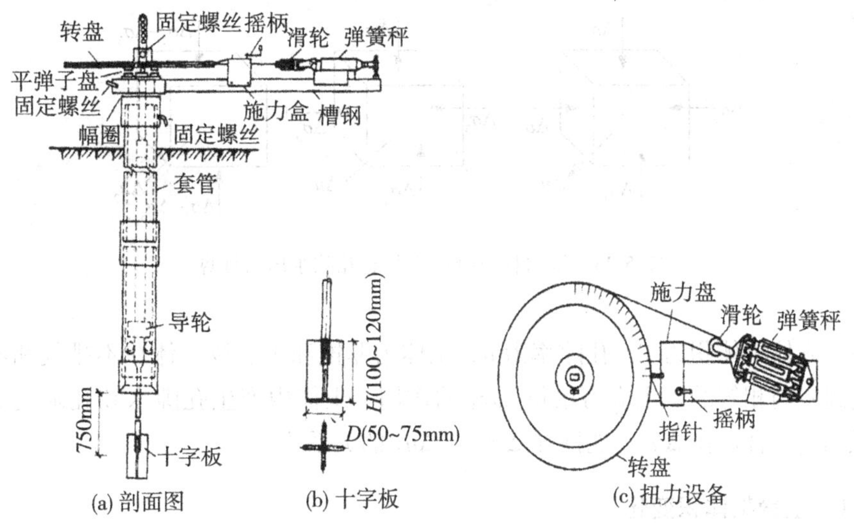

图 5-22　十字板剪切仪

$$\tau_f = \frac{2M}{\pi D^2\left(H+\dfrac{D}{3}\right)} \tag{5-19}$$

一般认为，不排水条件下饱和软黏土的内摩擦角 $\varphi_u=0$，因此十字板测定的土的抗剪强度相当于三轴试验的不排水强度 c_u 或无侧限抗压强度 q_u 的一半。

十字板试验具有构造简单、操作方便、对土的扰动小等优点，特别适用于测定均匀饱和软黏土原位不排水抗剪强度，被认为是比较能反映土体原位强度的测试方法，但如果在软土层中夹有薄层粉砂层时，则十字板试验结果可能会偏大。

5.4　三轴压缩试验中的孔隙压力系数

实际工程中的变形计算和稳定性分析往往需要采用有效应力，而确定有效应力必须要先确定孔隙水压力值。英国斯肯普顿(A. W. Skempton，1954)认为，土中的孔隙水压力不仅是由于法向应力而产生，而且剪应力的作用也产生孔隙压力(因为在排水条件下剪切会产生体积应变，则在不排水条件下剪切会产生超静水孔隙水压力)。根据三轴试验结果，引用孔隙水压力系数 B 和 A，建立了轴对称三维应力状态下土中孔隙水压力与大、小主应力之间的关系，如图 5-23 所示。

设土体所处三维应力是轴对称应力状态，在直角坐标系，作用于立方体土体上的应力 $\sigma_2=\sigma_3<\sigma_1$。

当外加荷载在土体中引起超静水压力时，土体中的应力是在自重应力的基础上增加了一个附加应力，常用增量表示。轴对称三维应力增量 $\Delta\sigma_1$，$\Delta\sigma_2$，$\Delta\sigma_3$($\Delta\sigma_2=\Delta\sigma_3$)，可分解成等向压应力增量 $\Delta\sigma_3$ 和偏差应力增量($\Delta\sigma_1-\Delta\sigma_3$)，对应的孔隙水压力增量为 Δu_3、Δu_2。

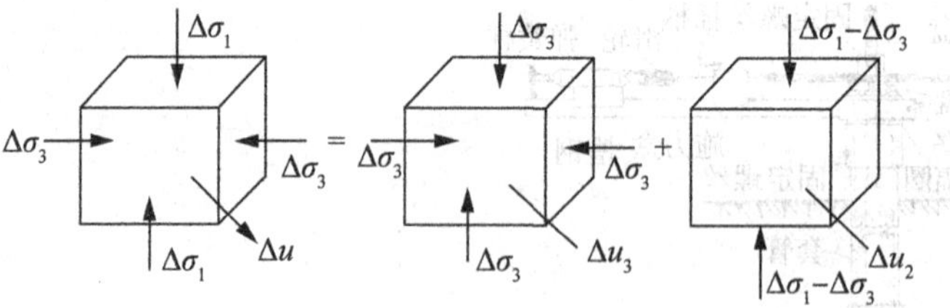

图 5-23 轴对称三维应力状态孔隙水压力计算

设一立方体土体积为 V，孔隙率为 n，土体为非饱和土。该土体在不排气和不排水条件下，受到三向相等的正主应力增量 $\Delta\sigma_3$ 的作用，土体内产生孔隙水和孔隙气的压力增量 Δu_w 及 Δu_a，合记作 Δu_3，现推导 $\Delta\sigma_3$ 与 Δu_3 的关系式。

5.4.1 土骨架体积变化

根据有效应力原理，在周压 $\Delta\sigma_3$ 作用下，土体中引起的有效应力为

$$\Delta\sigma_3'=\Delta\sigma_3-\Delta u_3 \tag{5-20}$$

设土骨架的体积应变为 ε_v，则 $\Delta V=\varepsilon_v\cdot V$，假设土体骨架为弹性体，由弹性理论可知：

$$\varepsilon_v=\varepsilon_1+\varepsilon_2+\varepsilon_3 \tag{5-21}$$

式中，ε_1，ε_2，ε_3——三个方向的骨架线应变，且 $\varepsilon_1=\varepsilon_2=\varepsilon_3$(因为压力相同为 $\Delta\sigma_3'$)。

若以 ε_3 为代表，则由广义胡克定律 $\varepsilon_3=\frac{1}{E}[\sigma_3-\mu(\sigma_2+\sigma_1)]$，有

$$\varepsilon_3=\frac{\Delta\sigma_3'}{E}-2\mu\frac{\Delta\sigma_3'}{E}=\frac{1-2\mu}{E}\Delta\sigma_3' \tag{5-22}$$

将式(5-22)代入式(5-21)，可得

$$\varepsilon_v=3\varepsilon_3=\frac{3(1-2\mu)}{E}\Delta\sigma_3' \tag{5-23a}$$

即

$$\Delta V=\frac{3(1-2\mu)}{E}V(\Delta\sigma_3-\Delta u_3)=C_sV(\Delta\sigma_3-\Delta u_3) \tag{5-23b}$$

式中，C_s——土骨架的三向体积压缩系数，kPa^{-1}，$C_s=\frac{3(1-2\mu)}{E}$，为三轴压缩试验中骨架体积应变$\frac{\Delta V}{V}$与三向有效应力增量$(\Delta\sigma_3-\Delta u_3)$的比值。

5.4.2 分析孔隙流体的体积变化

孔隙流体体积就是土的孔隙体积 V_v，$V_v=nV$，由水力学公式可知，孔压增量 Δu_3 引起的土体中孔隙流体体积变化 ΔV_v 应为

$$\Delta V_v = C_v n V \Delta u_3 \tag{5-24}$$

式中，C_v——孔隙流体的三向体积压缩系数，kPa^{-1}，为三轴压缩试验中骨架体积应变$\frac{\Delta V}{V}$与孔压增量 Δu_3 的比值。

当假设土中矿物颗粒是不可压缩时，在不排水、不排气的条件下，有

$$\Delta V = \Delta V_v \tag{5-25a}$$

$$C_s(\Delta\sigma_3 - \Delta u_3)V = C_v n V \Delta u_3 \tag{5-25b}$$

$$\Delta u_3 = \frac{1}{1+n\frac{C_v}{C_s}}\Delta\sigma_3 = B\Delta\sigma_3 \tag{5-25c}$$

式中，B——孔隙压力系数，$B=\frac{1}{1+n\frac{C_v}{C_s}}$，它表示单位围压增量所引起的孔压增量，通过室内三轴试验测定。

对于饱和土，孔隙流体的三向体积压缩系数等于水的体积压缩系数，而水的体积压缩系数远远小于土骨架的三向体积压缩系数，因而 $B=1$；对于干土，孔隙中气体的压缩性 C_v 无穷大，则 $B=0$；对于部分非饱和土，$0<B<1$。

5.4.3　偏差应力状态——孔隙压力系数 A

当立方土体(体积为 V)在不排水、不排气的条件下受到偏差应力 $\Delta\sigma_1-\Delta\sigma_3$ 作用后，土中相应产生孔隙压力 Δu_2。根据有效应力原理，得

轴向有效应力增量：
$$\Delta\sigma_1' = (\Delta\sigma_1 - \Delta\sigma_3) - \Delta u_2 \tag{5-26}$$

侧向有效应力增量：
$$\Delta\sigma_3' = -\Delta u_2 \tag{5-27}$$

在有效应力作用下，根据广义胡克定律，有

$$\begin{cases} \varepsilon_1 = \dfrac{(\Delta\sigma_1-\Delta\sigma_3)-\Delta u_2}{E} - 2\mu\dfrac{-\Delta u_2}{E} \\ \varepsilon_3 = \varepsilon_2 = \dfrac{-\Delta u_2}{E} - \mu\dfrac{(\Delta\sigma_1-\Delta\sigma_3)-\Delta u_2}{E} - \mu\dfrac{-\Delta u_2}{E} \end{cases} \tag{5-28}$$

土骨架体积应变为

$$\varepsilon_v = \varepsilon_1 + \varepsilon_2 + \varepsilon_3 = \varepsilon_1 + 2\varepsilon_3$$

经整理可得土骨架的体积应变 ε_v 为

$$\varepsilon_v = C_s\left[\frac{1}{3}(\Delta\sigma_1 - \Delta\sigma_3) - \Delta u_2\right] \tag{5-29}$$

由 $\Delta V = \varepsilon_v V$，得

$$\Delta V = C_s V\left[\frac{1}{3}(\Delta\sigma_1 - \Delta\sigma_3) - \Delta u_2\right] \tag{5-30}$$

同理，孔隙压力增量 Δu_2 将引起孔隙流体体积减少，其体积变化量为

$$\Delta V_v = C_v n V \Delta u_2 \tag{5-31}$$

同理，$\Delta V=\Delta V_v$，即

$$C_s V\left[\frac{1}{3}(\Delta\sigma_1-\Delta\sigma_3)-\Delta u_2\right]=C_v nV\Delta u_2 \tag{5-32a}$$

所以

$$\Delta u_2=B\cdot\frac{1}{3}(\Delta\sigma_1-\Delta\sigma_3) \tag{5-32b}$$

$(\Delta\sigma_1-\Delta\sigma_3)$前系数$\frac{1}{3}$只适用于弹性体。对于实际土体，斯肯普顿引入一个经验系数A来替代$\frac{1}{3}$，则

$$\Delta u_2=B\cdot A(\Delta\sigma_1-\Delta\sigma_3) \tag{5-33}$$

式中，A——单位偏差应力增量$(\Delta\sigma_1-\Delta\sigma_3)$作用下产生的孔隙水压力增量，用来反映土体剪切过程中的胀缩特性，A值也是在室内三轴压缩试验求得的。

对于饱和土，$B=1$，所以有

$$A=\frac{\Delta u_2}{\Delta\sigma_1-\Delta\sigma_3} \tag{5-34}$$

轴对称三维应力增量所引起的总孔隙水压力增量$\Delta u=\Delta u_3+\Delta u_2$，即

$$\Delta u=B[\Delta\sigma_3+A(\Delta\sigma_1-\Delta\sigma_3)] \tag{5-35}$$

对于饱和土，在不排水试验中，总孔隙压力增量为

$$\Delta u=\Delta\sigma_3+A(\Delta\sigma_1-\Delta\sigma_3) \tag{5-36}$$

在固结不排水试验中，$\Delta u_3=0$，孔隙压力增量为

$$\Delta u=\Delta u_2=A(\Delta\sigma_1-\Delta\sigma_3) \tag{5-37}$$

孔隙压力A是土的很重要的力学指标，它随偏应力增加呈非线性变化，高压缩性土的A值比较大。孔压系数A的大小受土的类型、初始应力状态、应力历史等多种因素的影响。超固结土在偏应力作用下将发生体积膨胀，产生负的孔隙水压力；正常固结土或灵敏度很高的土在偏应力作用下将发生体积收缩，产生正的孔隙水压力，其值可能大于所施加的偏应力。因此，A值的变化范围较大，可以为负值，也可以大于1。表5-1是斯肯普顿等建议的工程中A值的参考范围。

表5-1 **孔隙压力系数A值的参考范围**

饱和土样	A(用于沉降计算)	饱和土样	A_f(用于计算土体破坏)
很松的细砂	2~3	高灵敏的软黏土	>1
灵敏黏土	1.5~2.5	正常固结黏土	0.5~1
正常固结黏土	0.7~1.3	超固结黏土	0.25~0.5
轻度超固结黏土	0.3~0.7	严重超固结黏土	0~0.25
严重超固结黏土	-0.5~0		

5.5　岩土强度准则

岩土力学的基本问题之一就是关于岩土的强度理论(破坏准则)，即如何确定岩土破坏时的应力状态。研究表明，岩石破坏有两种基本类型：一是脆性破坏，其特点是岩石达到破坏时不产生明显的变形；二是塑性破坏，破坏时会产生明显的塑性变形而不呈现明显的破坏面。土的破坏主要是塑性破坏。通常认为，岩石的脆性破坏是由于应力条件下岩石中裂隙的产生和发展的结果；而塑性破坏则通常是在塑性流动状态下发生的，这是由于组成物质颗粒间相互滑移所致。

强度理论多数是从应力的观点考察材料破坏。岩土力学中广泛应用的莫尔-库仑强度理论和以后发展起来的格里菲斯(Griffith)强度理论，都是立足于应力观点考察岩石的破坏。莫尔-库仑强度理论一般能较好地反映岩石的塑性破坏机制，且较为简便，所以在工程界广为应用。但莫尔-库仑强度理论不能反映具有细微裂缝的岩石破坏机理，而格里菲斯强度理论则能很好地反映脆性材料破坏机理。本节主要介绍莫尔-库仑强度理论。

5.5.1　库仑定律

库仑(C. A. Coulomb)于 1773 年提出内摩擦准则，常称为库仑强度理论。若用 σ 和 τ 代表受力单元体某一平面上的正应力和剪应力，则这条准则规定：当 τ 达到如下大小时，该单元就会沿此平面发生剪切破坏，即得到抗剪强度的表达式：

$$\tau_f=\sigma\tan\varphi+c \tag{5-38}$$

式中，τ_f、σ——岩土的抗剪强度和剪切面上的法向应力(总应力)，kPa；

c、φ——岩土的黏聚力，kPa；内摩擦角，°；

对于砂土而言，$c=0$，则有

$$\tau_f=\sigma\tan\varphi \tag{5-39}$$

式(5-38)与式(5-39)一起统称为库仑公式或库仑定律。在 σ-τ 坐标系中，库仑公式可用一条直线表示，如图 5-24 所示。c、φ 称为岩土的抗剪强度指标或抗剪强度参数，对于土体，即总应力强度指标。从库仑公式可以发现：对于无黏性土，其抗剪强度仅仅由粒间的摩擦力($\sigma\tan\varphi$)构成，摩擦力的大小与法向应力大小、土颗粒接触面的粗糙度、颗粒的形状、矿物组成、颗粒级配等因素有关；对于黏性土，其抗剪强度由摩擦力($\sigma\tan\varphi$)和黏聚力(c)两部分构成，后者取决于土粒间的各种物理化学作用力，包括静电力、范德华力、胶结作用力等。对于同一种土，在相同的试验条件下 c、φ 为常数，但随试验方法、固结程度不同，会有很大的差异。

上述库仑定律在研究土的抗剪强度与作用在剪切面上法向应力的关系时，是以剪切面上作用的总应力表示的。事实上，土的抗剪强度不仅取决于土的性质，而且还与试验时的排水条件、剪切速率、初始应力状态、应力历史等因素有关，其中最重要的是排水条件。根据太沙基提出的有效应力原理，土体内的剪应力仅能由土的骨架承担，土的抗剪强度是剪切面上有效法向应力的函数，因此库仑公式可表示如下：

$$\tau_f=\sigma'\tan\varphi' \tag{5-40}$$

$$\tau_f=c'+\sigma'\tan\varphi'=c'+(\sigma-u)\tan\varphi' \tag{5-41}$$

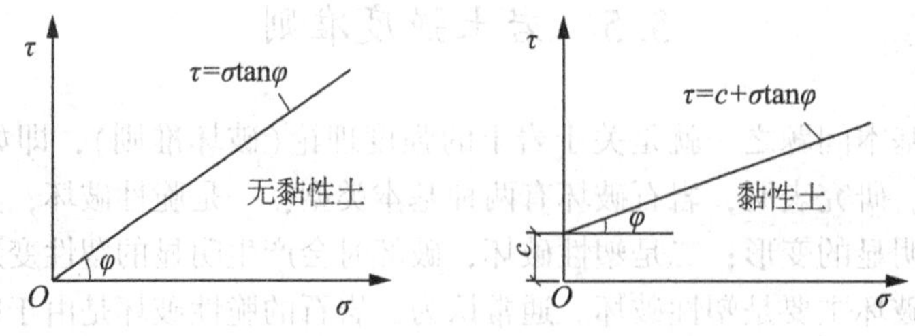

图 5-24 抗剪强度与法向应力之间的关系

式中，σ'、u——作用在剪切面上的有效法向应力和土中的超静孔隙水压力，kPa；

c'、φ'——土的有效黏聚力，kPa；有效内摩擦角，°；

c'、φ'称为有效抗剪强度指标。对于同一种土，其值理论上与试验方法无关，应接近于常数。式(5-40)为用有效应力表示的库仑定律。

虽然有效应力反映了土的强度的本质，概念明确，但通常只有知道了孔隙水压力才能计算有效应力，而工程中孔隙水压力很难量测，所以在应用上受到一些限制。总应力应用比较简单、方便，因而在许多土工问题仍采用总应力的分析方法，但在选择试验的排水条件时，应尽量与现场土的情况相一致。

5.5.2 莫尔-库仑强度理论及极限平衡条件

关于材料强度理论有多种，不同的理论适用于不同的材料。理论分析和实验证明，在各种破坏理论中，莫尔-库仑(Mohr-Coulomb)强度理论是最适合土体的情况。莫尔提出材料破坏是剪切破坏，且破坏面上的剪应力，即抗剪强度 τ_f，是该面土法向应力 σ 的函数，即

$$\tau_f=f(\sigma) \tag{5-42}$$

此函数在 τ_f-σ 坐标中是一条曲线，称为莫尔破坏包线或抗剪强度包线(图 5-25)。莫尔破坏包线通常可近似用直线代替，该直线方程就是库仑公式。由库仑公式表示莫尔破坏包线的强度理论，称为莫尔-库仑强度理论。

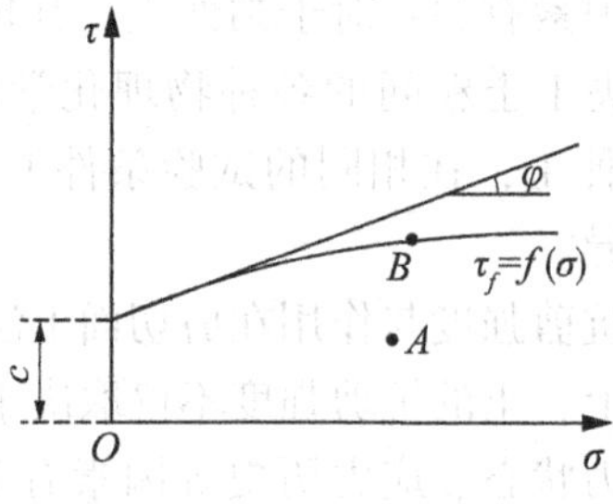

图 5-25 莫尔破坏包线

如果代表岩土单元体中某一个面上的法向应力和剪切应点 A 位于强度包线下面，则在该法向应力作用下，该截面上的剪应力小于土的抗剪强度，土体不会沿该截面发生剪切

破坏。

如 B 点正好落在强度包线上，则剪应力等于抗剪强度，土体单元处于临界破坏状态。

岩土单元体中只要有一个截面发生了剪切破坏，该单元体就进入破坏状态，这种状态称为极限平衡状态。

岩土的极限平衡条件，是指土体处于极限平衡状态时土的应力状态和土的抗剪强度指标之间的关系式，即大主应力 σ_1、小主应力 σ_3 与黏聚力 c、内摩擦角 φ 之间的数学表达式。

把表示某点应力状态的莫尔应力圆与库仑抗剪强度包线绘于同一坐标系中(图 5-26)，按其相对位置判别某点所处的应力状态：

(1)应力圆Ⅰ与强度包线相离，即 $\tau<\tau_f$，该点处于弹性平衡状态。

(2)应力圆Ⅱ与强度包线在 A 点相切，即 $\tau=\tau_f$，该点处于极限平衡状态；应力圆Ⅱ称为极限应力圆。此时，该点处于濒临破坏的极限状态。

(3)应力圆Ⅲ与强度包线相割，即 $\tau>\tau_f$，该点处于破坏状态。但实际不能绘出。

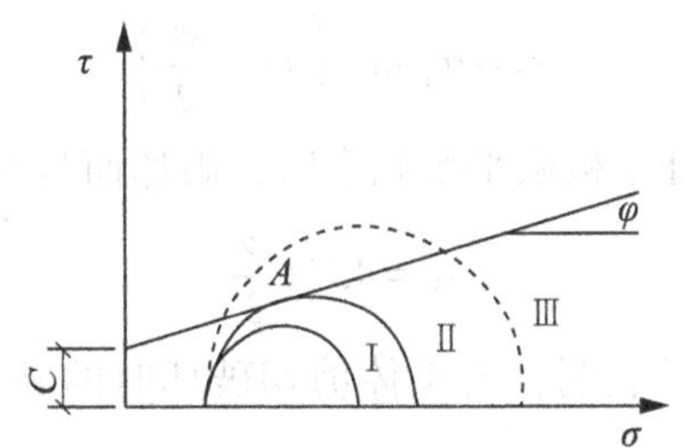

图 5-26　莫尔圆与抗剪强度之间的关系

把莫尔应力圆与库仑强度包线相切的应力状态作为土的破坏准则，即莫尔-库仑破坏准则。根据土体莫尔-库仑破坏准则，建立某点大、小主应力与抗剪强度指标间的关系——土的极限平衡条件。

如图 5-27 所示，应力圆代表处于极限平衡状态岩土体的应力状态，在直角三角形 ABO_1 中，根据几何关系得

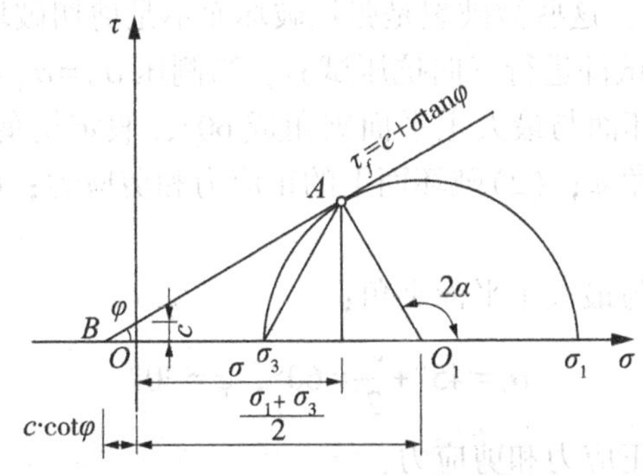

图 5-27　土的极限平衡状态

$$\frac{1}{2}(\sigma_1-\sigma_3)=\left[c\cdot\cot\varphi+\frac{1}{2}(\sigma_1+\sigma_3)\right]\sin\varphi$$

即

$$\sin\varphi=\frac{\sigma_1-\sigma_3}{\sigma_1+\sigma_3+2c\cos\varphi} \tag{5-43}$$

三角函数间的变换关系化简，可得如下形式的极限平衡条件：

$$\sigma_1=\frac{1+\sin\phi}{1-\sin\phi}\sigma_3+2c\sqrt{\frac{1+\sin\phi}{1-\sin\phi}} \tag{5-44}$$

或

$$\sigma_3=\sigma_1\tan^2\left(45°-\frac{\varphi}{2}\right)-2c\tan\left(45°-\frac{\varphi}{2}\right) \tag{5-45}$$

令 $c=0$，可得到无黏性土的极限平衡条件：

$$\sigma_1=\sigma_3\tan^2\left(45°+\frac{\varphi}{2}\right) \tag{5-46}$$

$$\sigma_3=\sigma_1\tan^2\left(45°-\frac{\varphi}{2}\right) \tag{5-47}$$

依图可分析出，当岩土处于极限平衡状态时，破坏面与大主应力作用面的夹角为

$$\alpha_f=45°+\frac{\varphi}{2} \tag{5-48}$$

岩土的极限平衡条件同时表明，岩土体剪切破坏时的破裂面并不产生于最大剪应力面，而是发生在与大主应力作用面成 $45°+\frac{\varphi}{2}$ 夹角的斜面上。

关于莫尔包络线的数学表达式，有直线型、双曲线型、抛物线型和摆线型等多种形式，但以直线型为最通用。如果莫尔包络线是直线，则莫尔准则与库仑准则等价，正是因为这点，在实际中常将式(5-38)称为莫尔-库仑准则。但要注意这两个准则的物理依据是不尽相同的。

对于莫尔-库仑准则，需要提出的是：

(1)库仑准则是建立在实验基础上的破坏判据；

(2)库仑准则和莫尔准则都是以剪切破坏作为其物理机理，但是岩石试验证明，岩石破坏存在着大量的微破裂，这些微破裂是张拉破坏而不是剪切破坏。

【例 5-1】 将一岩石试件进行三向抗压试验，当侧压 $\sigma_2=\sigma_3=20\text{MPa}$ 时，垂直加压到 270MPa 试件破坏，其破坏面与最大主平面夹角成 60°，假定抗剪强度随正应力呈线性变化。试计算：(1)内摩擦角 φ；(2)破坏面上的正应力和剪应力；(3)正应力为零的面上的抗剪强度。

解：(1)计算破坏面与最大主平面夹角：

$$\alpha_f=45°+\frac{\varphi}{2}=60°,\ \varphi=30°$$

(2)计算破坏面上的正应力和剪应力：

$$\sigma=\frac{\sigma_1+\sigma_3}{2}+\frac{\sigma_1-\sigma_3}{2}\cos2\alpha_f=\frac{270+20}{2}+\frac{270-20}{2}\cos120°=82.5(\text{MPa})$$

$$\tau=\frac{\sigma_1-\sigma_3}{2}\sin2\alpha_f=\frac{270-20}{2}\sin120°=108.3(\text{MPa})$$

(3)计算正应力为零的面上的抗剪强度：

$$\tau=c$$

由下式解出：

$$\frac{1}{2}(\sigma_1-\sigma_3)=\left[c\cdot\cot\varphi+\frac{1}{2}(\sigma_1+\sigma_3)\right]\sin\varphi$$

$$\frac{1}{2}(270-20)=\left[c\cdot\cot30°+\frac{1}{2}(270+20)\right]\sin30°$$

$$c=60.2\text{kPa}$$

【例 5-2】 地基中某一单元土体上的大主应力为 430kPa，小主应力为 200kPa。通过试验测得土的抗剪强度指标 $c=15\text{kPa}$，$\varphi=20°$。试问：(1)该单元土体处于何种状态？(2)单元土体最大剪应力出现在哪个面上，是否会沿剪应力最大的面发生剪破？

解：(1)利用极限平衡条件式判别。

设达到极限平衡状态时所需的大主应力为 σ_{1f}，将已知数据代入式(5-45)，得

$$\begin{aligned}\sigma_{1f}&=\sigma_3\tan^2\left(45°+\frac{\varphi}{2}\right)+2\cot\left(45°+\frac{\varphi}{2}\right)\\&=200\times\tan^2\left(45°+\frac{20°}{2}\right)+2\times15\times\tan\left(45°+\frac{20°}{2}\right)\\&=450.8(\text{kPa})\end{aligned}$$

因为 $\sigma_{1f}>\sigma_1$，故该单元土体未发生剪切破坏。

(2)利用定义判别，即比较与大主应力作用面成 $45°+\frac{\varphi}{2}$ 面上的 τ 与 τ_f。

若该点破坏，则破坏面与大主应力作用面的夹角为

$$\alpha_f=\frac{1}{2}\left(90°+\frac{\varphi}{2}\right)=45°+\frac{20°}{2}=55°$$

则破坏面上的正应力和剪应力为

$$\begin{aligned}\sigma&=\frac{1}{2}(\sigma_1+\sigma_3)+\frac{1}{2}(\sigma_1-\sigma_3)\cos2\alpha\\&=\frac{1}{2}(430+200)+\frac{1}{2}(430-200)\cos(2\times55°)=275.7(\text{kPa})\end{aligned}$$

$$\tau=\frac{1}{2}(\sigma_1-\sigma_3)\sin2\alpha=\frac{1}{2}(430-200)\sin(2\times55°)=108.1(\text{kPa})$$

破坏面上的抗剪强度为

$$\tau_f=c+\sigma\tan\varphi=15+275.7\tan20°=115.3(\text{kPa})$$

$\tau<\tau_f$，故该单元土体未发生剪切破坏。

(3)比较最大剪应力作用面(与大主应力作用面成 45°面)上的 τ 与 τ_f。

大主应力作用面成 45°面上的正应力 σ 和剪应力 τ 为

$$\sigma=\frac{1}{2}(\sigma_1+\sigma_3)=\frac{1}{2}(430+200)=315(\text{kPa})$$

$$\tau=\frac{1}{2}(\sigma_1-\sigma_3)\sin2\alpha=\frac{1}{2}(430-200)\sin(2\times45^\circ)=115(\text{kPa})$$

与大主应力作用面成45°面上的τ_f为

$$\tau_f=c+\sigma\tan\varphi=15+315\tan20^\circ=129(\text{kPa})$$

$\tau<\tau_f$，故该单元土体不会沿最大剪应力作用面发生剪切破坏。

5.6 饱和黏性土的抗剪强度

饱和黏土试样的抗剪强度除受固结程度和排水条件影响外，还受其应力历史的影响。在三轴试验中，如果试样所受围压σ_3大于先期固结压力p_c，属正常固结状态；反之，若$\sigma_3<p_c$，则属于超固结试样。这两种固结状态在剪切过程中的孔隙水压力和体积变化规律完全不同，其抗剪强度特性性状是不同的。

5.6.1 不固结不排水试验(UU试验)

在试样施加围压之前，关闭排水阀，即在不固结的情况下施加轴向力进行剪切，在剪切过程中排水阀始终关闭，即不排水试验。在整个试验过程中，试样的孔隙比和含水量保持不变，孔隙水压也不消散，试样中孔隙水压力可通过孔隙水压力量测系统测出。

对于饱和黏性土，由于试验中孔隙水压不变，所以土样中的有效应力也不会发生变化，因此在不同周围压力σ_3作用下，土样破坏时有效应力圆都只有一个。而当σ_3不同时，可以得到破坏时不同的竖向压力σ_1，根据σ_1、σ_3的大小绘出不同的总应力圆。试验结果表明，无论是正常固结还是超固结土，虽然试样的周围压力σ_3不同，但破坏时的主应力差相等，在τ-σ坐标中均表现为应力圆直径相同，它们的包线是一条水平的直线，如图5-28所示。不排水试验的总应力抗剪强度指标可表示为

$$\varphi_u=0 \tag{5-49a}$$

$$\tau_f=c_u=\frac{\sigma_1-\sigma_3}{2} \tag{5-49b}$$

式中，φ_u——不排水内摩擦角，°；

c_u——不排水黏聚力，即不排水抗剪强度，kPa。

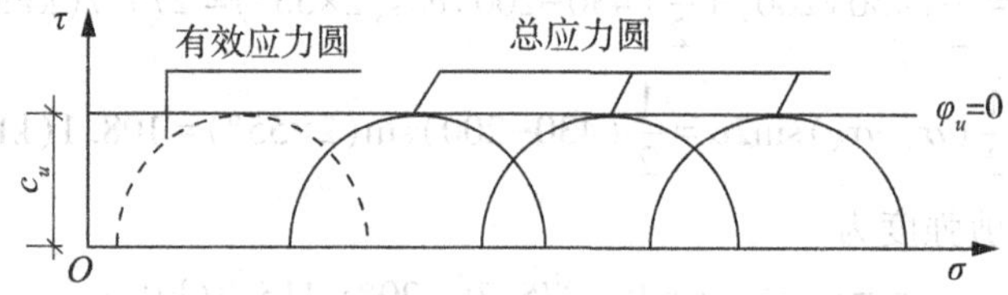

图5-28 饱和黏性土不固结不排水试验结果

由于一组试件试验结果的有效应力圆是同一个，因而就不能得到有效应力破坏包线和c'、φ'值，所以这种试验一般只用于测定饱和土的不排水强度。

不排水强度的大小与土样所受的原始有效固结压力有关。原始有效固结压力愈高，土

的孔隙比愈小，密度愈大，不排水强度 c_u 愈大。天然土层的有效固结压力是随埋藏深度增加的，所以 c_u 值也随所处的深度增加。均质的正常固结天然黏土层的 c_u 值与其有效固结压值大致随有效固结压力呈线性增加。

不排水强度用于荷载增加所引起的孔隙水压力不消散，密度保持不变的情况。例如，在地基的承载力计算中，若建筑物施工速度快，地基土的透水性小，排水条件差时就应该采用不排水强度。在软土地基和天然饱水黏性土坡的稳定性分析中常用不排水强度，因为 $\varphi_u=0$，所以也称为 $\varphi=0$ 法。

5.6.2　固结不排水抗剪强度(CU 试验)

三轴试验中，在施加 σ_3 时打开排水阀门，使试样完全排水固结，然后关闭排水阀门，再施加 $\Delta\sigma_1$，使试样在不排水条件下剪切破坏，称为固结不排水剪(*CU*)。

图 5-29 中实线为正常固结土的固结不排水试验结果，实线表示总应力圆和总应力破坏包线，该包线与 σ 轴的夹角为 φ_{cu}，在 τ 轴的截距为 c_{cu}，φ_{cu} 和 c_{cu} 称为固结不排水抗剪强度指标。根据正常固结土的定义，当 $\sigma_3=0$ 时，先期固结压力 $p_c=0$，表示这种土历史上未受任何固结压力，所以处于像泥浆一样的状态，抗剪强度为零，即抗剪强度直线一定通过原点，用总应力表示的库仑公式为

$$\tau_f=\sigma\tan\varphi_{cu} \tag{5-50}$$

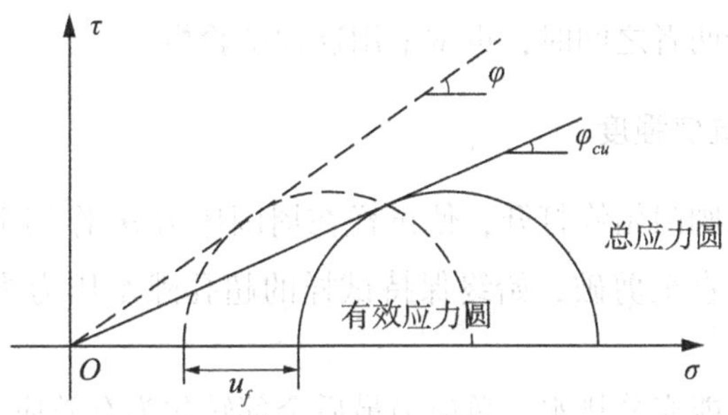

图 5-29　正常固结饱和黏性土固结不排水强度包线

由于施加偏压时不排水，可以通过量测系统测出土样破坏时产生的孔隙水压力 u_f，绘出有效应力圆和有效应力破坏包线(图 5-29 中虚线所示)。试验结果表明，正常固结土剪切时体积有减少的趋势(减缩)，并且土体内要产生正的孔隙水压力，最大、最小有效主应力分别为 $\sigma_1'=\sigma_1-u_f$，$\sigma_3'=\sigma_3-u_f$，有应力圆的半径与总应力圆半径相同，只是向左移动了 u_f，与总应力破坏包线一样，正常固结土的有效应力总应力破坏包线也通过原点。该包线与 σ 轴的夹角为有效内摩擦角 φ'，φ' 比 φ_{cu} 大一倍左右，φ_{cu} 一般在 10°~20°之间。

如图 5-30 所示，超固结土的固结不排水总应力破坏包线从 $\sigma_3=p_c$ 处分为两段，超固结段是一条略平缓的曲线，为了便于应用，用直线 *ab* 代替；正常固结段是一条直线，其延长线通过原点，由于两段折线应用不方便，实际上将其简化为一条直线，用总应力表示的库仑公式为

$$\tau_f=c_{cu}+\sigma\tan\varphi_{cu} \tag{5-51}$$

试验结果表明，超固结土剪切时体积有增加的趋势(剪胀)，土体内产生负的孔隙水压力，将超固结段的总应力圆在水平轴上右移 $u_{Ⅰ}$ 得到一个有效应力圆，同理，将正常固结段的总应力圆在水平轴上左移 $u_{Ⅱ}$，即得另一个有效应力圆，如图 5-30(b)所示，二者的公切线即是有效应力破坏包线，可表达为

$$\tau_f=c'+\sigma'\tan\varphi' \tag{5-52}$$

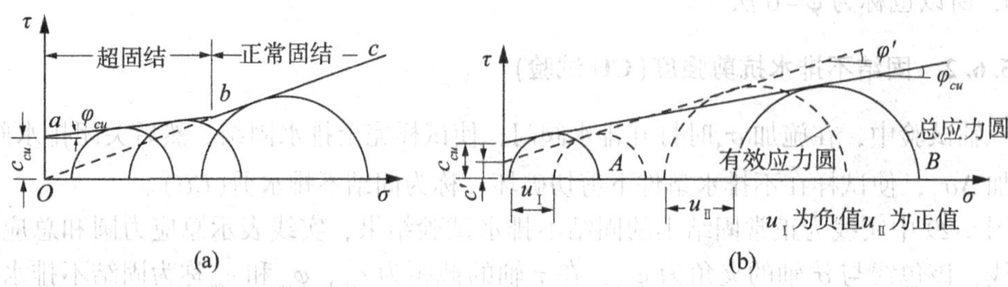

图 5-30 超固结饱和黏性土固结不排水强度包线

CU 试验的有效强度指标与总应力强度指标相比，通常 $c'<c_{cu}$，$\varphi'>\varphi_{cu}$。

固结不排水剪试验适用于地基土在工程竣工或在使用阶段受到大量、快速的活荷载或新增加的荷载作用时所对应的受力条件。工程上如果土体在加载过程中既非完全不排水，又非完全排水，而处于两者之间时，也常采用这种试验指标。

5.6.3 固结排水抗剪强度

三轴试验中，排水阀门始终打开，使试样在周围压力 σ_3 作用下排水固结，再缓慢施加轴向压力增量 $\Delta\sigma_1$，直至剪破，始终保持试样的超孔隙水压力为零，称为固结排水剪(CD)，简称排水剪。

由于整个试验过程能充分排水，总应力最后全部转化为有效应力，总应力圆也是有效应力圆，二者的抗剪强度包络线相同。排水剪试验中，总应力圆就是有效应力圆，总应力强度线就是有效应力强度线。

图 5-31 所示为饱和黏性土固结排水试验结果，同固结不排水试验一样，正常固结土的破坏包线通过原点，内摩擦角 φ_d 为 20°~40°，超固结土的破坏包线略为弯曲，实际上仍简化为一条直线，黏聚力 c_d 为 5~25kPa，φ_d 比正常固结土的内摩擦角要小些。

对于同一种土，分别在 UU、CU 或 CD 三种不同的排水条件下进行试验，如果以总应力表示，将得到完全不同的试验结果；但无论何种排水条件，都可获得相同的 c'、φ'，它们不随试验方法而变，可见，抗剪强度与有效应力有唯一的对应关系。

三轴试验 UU、CU 或 CD 分别对应直剪试验的快剪、固结快剪和慢剪试验，表 5-2 为直接剪切和三轴剪切试验成果表达。

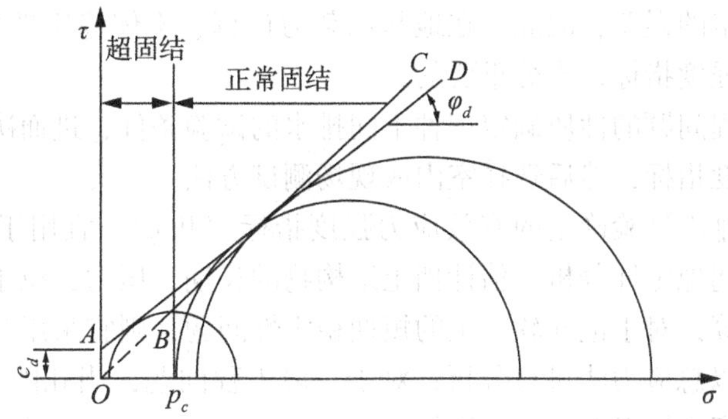

图 5-31　饱和黏性土固结排水强度包线

表 5-2　　剪切试验成果表达

直接剪切		三轴剪切	
试验方法	成果表达	试验方法	成果表达
快　剪	c_q、φ_q	不排水剪	c_u、φ_u
固结快剪	c_{cq}、φ_{cq}	固结不排水剪	c_{cu}、φ_{cu}
慢　剪	c_s、φ_s	排水剪	c_d、φ_d

【例 5-3】　一饱和土试样，在周围压力 $\sigma_3=70\text{kPa}$ 下固结，然后进行三轴不排水试验。同时，增加 σ_1 和 σ_3，破坏时测得围压为 145kPa、轴向压力为 110kPa，若土样的孔压参数 $A=-0.4$。试求破坏时土样中的孔隙水压力、有效大小主应力。假定 $c'=0$，求土样的有效内摩擦角 φ'。

解：周围压力增量：$\Delta\sigma_3=145-70=75(\text{kPa})$

孔隙水压力：$\Delta u_1=B\Delta\sigma_3=75(\text{kPa})$

偏差应力：$\Delta\sigma_1-\Delta\sigma_3=110(\text{kPa})$

孔隙水压力：$\Delta u_2=A(\Delta\sigma_1-\Delta\sigma_3)=-0.4\times110=-44(\text{kPa})$

总孔隙压力增量：$\Delta u=\Delta u_1+\Delta u_2=75-44=31(\text{kPa})$

有效大、小主应力分别为

$$\sigma'_1=145+110-31=224(\text{kPa})$$

$$\sigma'_3=145-31=114(\text{kPa})$$

由固结不排水试验得

$$\sin\varphi'=\frac{\sigma'_1-\sigma'_3}{\sigma'_1+\sigma'_3}=\frac{110}{224+114}=0.325$$

$$\varphi'=18.97°$$

5.6.4　抗剪强度指标的选择

黏性土的抗剪强度不仅与剪切试验时的固结排水条件、剪切速率密切相关，而且与土体的应力历史、各向异性、加载过程等诸多因素有关，因此，用室内剪切试验结果去模拟现场条件会带来一定的误差，因此，在地基承载力计算、土体稳定性分析等实际工程中，正确确定土的抗剪强度指标是十分重要的。

首先，根据工程问题的性质确定三种不同排水的试验条件，进而决定采用总应力强度指标或有效应力强度指标，然后选择室内或现场测试方法。

由三轴固结不排水试验确定的有效应力强度指标 c' 和 φ'，宜用于分析地基的长期稳定性，如土坡的长期稳定性分析，估计挡土结构物的长期土压力，位于软土地基上结构物地基长期稳定分析等；对于饱和软黏土的短期稳定性问题，则宜采用三轴不固结不排水试验的强度指标 c_u，以总应力法进行分析；对于一般工程问题，当孔隙水压力难以确定时，则可采用总应力强度指标以总应力法进行分析。

若建筑物施工速度较快，而地基土土层较厚、透水性差和排水条件不良，可采用三轴不固结不排水试验(或直剪仪快剪试验)的强度指标；如果地基加荷速率较慢，地基土土层较薄、透水性好(如低塑性的黏性土)以及排水条件又良好(如黏性土层中夹砂层)，则采用三轴固结排水试验(或直剪仪慢剪试验)的强度指标；如果介于以上两种情况之间，或建筑物竣工以后较久荷载又突然增加，则采用固结不排水剪或固结快剪强度指标。

由于实际工程中地基的受力情况和土的性质比较复杂，而且在建筑物的施工和使用过程中都要经历不同的固结状态，所以，在根据实验结果确定抗剪强度指标时，还应结合工程经验。

土的抗剪强度指标的实际应用，辛格(Singh，1976)对一些工程问题需要采用的抗剪强度及其测定列了一个表(表 5-3)，可供参考。该表的主要精神是推荐用有效应力法分析工程稳定性；在某些情况下，如应用于饱和黏性土的稳定性验算，可用 $\varphi_u=0$ 总应力分析法。具体应用该表时，仍需结合具体工程的实际条件，灵活使用。如果使用有效应力强度指标 c'、φ'，则还需要准确测定土体的孔隙水压力分布。

表 5-3 **工程问题和土的抗剪强度指标的选用**

工程类别	需解决的问题	强度指标	试验方法	备注
1. 位于饱和黏土上的结构或填方的基础	1. 短期稳定性 2. 长期稳定性	$c_u,\varphi_u=0$	不排水三轴或无侧限抗压强度试验;现场十字板试验; 排水或固结不排水试验	长期安全系数高于短期的
2. 位于部分饱和砂和粉质砂土上的基础	短期长期和稳定性	$c',\varphi'=0$	用饱和土样进行排水或固结不排水试验	可假定 $c'=0$,最不利的条件,室内在无荷载下将试样饱和
3. 无支撑开挖地下水位以下的紧密黏土	1. 快速开挖时的稳定性 2. 长期稳定性	$c_u,\varphi_u=0$ $c',\varphi'=0$	不排水试验 排水或固结不排水试验	除非有专有的排水设备降低地下水位,否则长期安全系数是最小的
4. 开挖坚硬的裂缝土和风化黏土	1. 短期稳定性 2. 长期稳定性	$c_u,\varphi_u=0$ $c',\varphi'=0$	不排水试验 排水或固结不排水试验	试样在无荷载下膨胀;现场的 c' 比室内测定的要低,假定 $c'=0$ 较安全

续表

工程类别	需解决的问题	强度指标	试验方法	备注
5. 有支撑开挖黏土	抗挖方底面的隆起	$c_u, \varphi_u=0$	不排水试验	
6. 天然边坡	长期稳定性	$c', \varphi'=0$	排水或固结不排水试验	对坚硬的裂缝黏土假定 $c'=0$
7. 挡土结构的土压力	1. 估计挖方时的总压力 2. 估计长期土压力	$c_u, \varphi_u=0$ $c', \varphi'=0$	不排水试验 排水或固结不排水试验	$\varphi_u=0$ 分析，不能正确反映坚硬的裂缝黏土的性状，在应力减小情况下，甚至开挖后短期也不行
8. 黏土地基上的填方，其施工速率允许土体部分固结	短期稳定性	$c_u, \varphi_u=0$ 或 c', φ'	不排水试验； 排水或固结不排水试验	不能肯定孔隙水压力消散速率，对所有重要工程都应进行孔隙水压力观测

习　题

5-1　简要叙述库仑、莫尔岩石强度准则的基本原理及其之间的关系。

5-2　黏性土和砂土的抗剪强度各有什么特点？

5-3　为什么说土的抗剪强度不是一个定值？影响抗剪强度的因素有哪些？

5-4　土体发生剪切破坏的平面是不是剪应力最大的平面？破裂面与大主应力作用面成什么角度？

5-5　直接剪切试验与三轴剪切试验各有什么优缺点？

5-6　剪切试验成果整理中总应力法和有效应力法有何不同？为什么说排水剪成果就相当于有效应力法成果？

5-7　对某砂土试样进行直接剪切试验，竖向应力 $\sigma=200$kPa，破坏时，剪应力 $\tau=88$kPa。试问：这时的大、小主应力 σ_1、σ_3 各为多少？大主应力作用面的方向如何？(199.1kPa，55.3kPa)

5-8　一个黏土试样在直剪仪中进行固结快剪试验，竖向固结压力为 80kN/m^2，土样破坏时的剪应力为 35kN/m^2，如果黏性土的有效强度指标为 $c=10$kPa，$\varphi=28°$。试问：在剪切面上将产生多大的超孔隙水压力？若总应力 $c_{cu}=12$kPa，则土样的 φ_{cu} 等于多少？(33kPa，15°)

5-9　已知某正常固结黏土的有效剪切参数 $c'=50$kN/m^2，$\varphi'=30°$，该土的试样在 $\sigma_3=200$kN/m^{2}下进行固结不排水试验，测得破坏时孔隙水压力为 150kN/m^2。试问：(1)该试样的不排水剪切强度是多少？(2)若以该土样做无侧限抗压强度试验，q_u应为多少？(85.5kPa，173.2kPa)

5-10　某饱和黏性土由固结不排水试验测得有效应力抗剪强度指标 $c'=20$kPa，$\varphi'=$

30°。试问：

(1)该土样受到总应力 $\sigma_1 = 200\text{kPa}$ 和 $\sigma_3 = 120\text{kPa}$ 的作用，测得破坏时孔隙水压力为 100kPa，则该试样是否会破坏？

(2)如果对该土样进行固结排水试验，围压 $\sigma_3 = 100\text{kPa}$，该试样破坏时应施加多大的偏压？(259.3kPa)

5-11　某饱和黏土试样由无侧限抗压试验测得其不排水抗剪强度为 $c_u = 90\text{kPa}$，对同样的土进行三轴不固结不排水试验。试问：

(1)若施加围压 110kPa，轴向压力 240kPa，该试件是否会破坏？

(2)若施加围压 150kPa，若测得破坏时孔隙水压力系数 $A_f = 0.8$，此时轴向压力和孔隙水压力多大？

(3)破坏面与水平面的夹角是多少？

第 6 章　岩体的力学性质

6.1　概　　述

岩体是由结构面网络及其切割的岩块组成的，由于结构面的切割同时受地下水、天然应力等地质因素的影响，岩体的力学性质与岩块有显著的差别。岩体的力学性质不仅取决于组成岩体的结构面与岩块的力学性质，还在很大程度上受控于结构面的发育及其组合特征，同时，还与岩体所处的地质环境条件密切相关。在一般情况下，岩体比岩块更易于变形，其强度也显著低于岩块的强度。不仅如此，岩体在外力作用下的力学属性往往表现出非均质、非连续、各向异性和非弹性。所以，无论在什么情况下，都不能把岩体和岩块两个概念等同起来。另外，人类的工程活动都是在岩体表面或内部进行的。因此，研究岩体的力学性质比研究岩块的力学性质更重要、更具有实际意义。

岩体的力学性质，一方面取决于它的受力条件，另一方面还受岩体的地质特征及其赋存环境条件的影响。其影响因素主要包括：组成岩体的岩石材料性质；结构面的发育特征及其性质和岩体的地质环境条件，尤其是天然应力及地下水条件，其中结构面的影响是岩体力学性质不同于岩块力学性质的本质原因。实践表明：研究岩体的变形与强度性质是岩体力学的根本任务之一。因此，本章将主要讲述岩体的变形与强度性质，同时对岩体的动力学性质及水力学性质也作简要介绍。

6.2　结构面的力学性质

6.2.1　结构面的强度性质

结构面强度分为抗拉强度和抗剪强度。但由于结构面的抗拉强度非常小，常可忽略不计，所以一般认为结构面是不能抗拉的。另外，在工程荷载作用下，岩体破坏常以沿某些软弱结构面的滑动破坏为主，如重力坝坝基及坝肩岩体的滑动破坏、岩体滑坡等。因此，在岩体力学中一般很少研究结构面的抗拉强度，重点是研究其抗剪强度。

试验研究表明：影响结构面抗剪强度的因素复杂多变，致使结构面的抗剪强度特性也很复杂，抗剪强度指标较分散(表 6-1)。影响结构面抗剪强度的因素主要包括结构面的形态、连续性、胶结充填特征及壁岩性质、次生变化和受力历史等。根据结构面的形态、充填情况及连续性等特征，将其划分为平直无充填的结构面、粗糙起伏无充填的结构面、非贯通断续的结构面及具有填充物的软弱结构面 4 类。

表 6-1 **各种结构面抗剪强度指标的变化范围**

结构面类型	摩擦角(°)	黏聚力(MPa)	结构面类型	摩擦角(°)	黏聚力(MPa)
泥化结构面	10~20	0~0.05	云母片岩片理面	10~20	0~0.05
黏土岩层面	20~30	0.05~0.10	页岩节理面(平直)	18~29	0.10~0.19
泥灰岩层面	20~30	0.05~0.10	砂岩节理面(平直)	32~38	0.05~1.0
凝灰岩层面	20~30	0.05~0.10	灰岩节理面(平直)	35	0.2
页岩层面	20~30	0.05~0.10	石英正长闪长岩节理面(平直)	32~35	0.02~0.08
砂岩层面	30~40	0.05~0.10	粗糙结构面	40~48	0.08~0.30
砾岩层面	30~40	0.05~0.10	辉长岩、花岗岩节理面	30~38	0.20~0.40
石灰岩层面	30~40	0.05~0.10	花岗岩节理面(粗糙)	42	0.4
千板岩千枚理面	28	0.12	石灰岩卸载节理面(粗糙)	37	0.04
滑石片岩、片理面	10~20	0~0.05	(砂岩、花岗岩)岩石/混凝土接触面	55~60	0~0.48

1. 平直无填充的结构面

平直无填充的结构面包括剪应力作用下形成的剪性破裂面，如剪节理、剪裂隙等，以及发育较好的层理面与片理面。其特点是面平直、光滑，只具微弱的风化蚀变。坚硬岩体中的剪切破裂面还发育有镜面、擦痕及应力矿物薄膜等。这类结构面的抗剪强度大致与人工磨制面的摩擦强度接近，即

$$\tau=\sigma\tan\varphi_j+c_j \tag{6-1}$$

式中，τ——结构面的抗剪强度，MPa；

σ——法向应力，MPa；

φ_j，c_j——结构面的摩擦角与黏聚力，MPa。

研究表明，结构面的抗剪强度主要来源于结构面的微咬合作用和胶粘作用，且与结构面的壁岩性质及其平直光滑程度密切相关。若壁岩中含有大量片状或鳞片状矿物，如云母、绿泥石、黏土矿物、滑石及蛇纹石等矿物时，其摩擦强度较低。摩擦角一般为20°~30°，小者仅10°~20°，黏聚力为0~0.1MPa。而壁岩为硬质岩石，如石英岩、花岗岩及砂砾岩和灰岩等时，其摩擦角可达30°~40°，黏聚力一般为0.05~0.1MPa。结构面愈平直，擦痕愈细腻，其抗剪强度愈接近于下限，黏聚力可降低至0.05MPa以下，甚至趋于零；反之，其抗剪强度就接近于上限值(参见表6-1)。

2. 粗糙起伏无填充的结构面

这类结构面的基本特点是具有明显的粗糙起伏度，这是影响结构面抗剪强度的一个重要因素。在无充填的情况下，由于起伏度的存在，结构面的剪切破坏机理因法向应力大小不同而异，其抗剪强度也相差较大。当法向应力较小时，在剪切过程中，上盘岩体主要沿结构面产生滑动破坏，这时由于剪胀效应，增加了结构面的摩擦强度。随着法向应力增大，剪胀越来越困难。当法向应力达到一定值后，其破坏将由沿结构面滑动转化为剪断凸起而破坏，引起所谓的啃断效应，从而也增大了结构面的抗剪强度。据试验资料统计(表

6-1、表 6-2)，粗糙起伏无充填结构面在干燥状态下的摩擦角一般为 40°~48°，黏聚力为 0.1~0.55MPa。

表 6-2　**岩体结构面直剪试验结果表(据郭志，1996)**

岩组	结构类型	未浸水抗剪强度		浸水抗剪强度		$\sigma_n=2.4$MPa	
		摩擦角 φ(°)	黏聚力 c(MPa)	摩擦角 φ(°)	黏聚力 c(MPa)	法向刚度 K_n(MPa·cm^{-1})	剪切刚度 K_s(MPa·cm^{-1})
绢英岩	平直,粗糙,有陡坎	40~41	0.15~0.20	36~38	0.14~0.16	43~52	62~90
	起伏,不平,粗糙,有陡坎	42~44	0.20~0.27	38~39	0.17~0.23	34~82	41~99
	波状起伏,粗糙	39~40	0.12~0.15	36~37	0.11~0.13	22~54	46~67
	平直,粗糙	38~39	0.07~0.11	35~36	0.08~0.09	22~46	22~46
绢英化花岗岩	平直,粗糙,有陡坎	40~42	0.25~0.35	38~39	0.26~0.30	42~136	48~108
	起伏大,粗糙,有陡坎	43~48	0.35~0.50	40~41	0.30~0.43	35~78	67~113
	波状起伏,粗糙	39~40	0.15~0.23	37~38	0.13~0.27	38~58	38~63
	平直,粗糙	38~40	0.09~0.15	36~37	0.08~0.13	21~143	45~58
花岗岩	平直,粗糙,有陡坎	40~45	0.30~0.44	38~41	0.30~0.34	11~147	72~112
	起伏大,粗糙,有陡坎	44~48	0.35~0.55	40~44	0.36~0.44	61~169	59~120
	波状起伏,粗糙	40~41	0.25~0.35	38~41	0.21~0.30	70~84	48~84
	平直,粗糙	39~41	0.15~0.20	37~40	0.15~0.17	51~90	46~65

为了便于讨论，下面分规则锯齿形和不规则起伏形两种情况讨论结构面的抗剪强度。

(1)规则锯齿形结构面。这类结构面可概化为图 6-1(a)所示的模型。在法向应力 σ 较低的情况下，上盘岩体在剪应力作用下沿齿面向右上方滑动。当滑移一旦出现，其背坡面即被拉开，出现所谓空化现象，因而不起抗滑作用，法向应力也全部由滑移面承担。

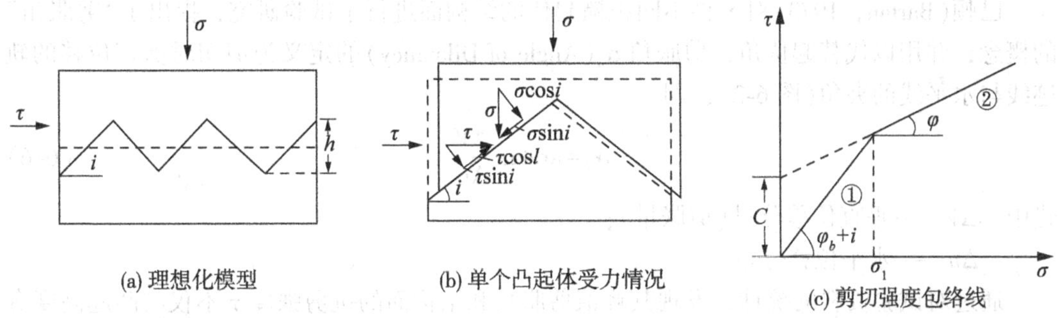

图 6-1　粗糙起伏无填充结构面的抗剪强度分析图

如图 6-1(b)所示，沿结构面的起伏角为 i，起伏差为 h，齿面摩擦角为 φ_b，且黏聚力

$c_b=0$。在法向应力 σ 和剪应力 τ 作用下，滑移面上受到的法向应力 σ_n 和剪应力 τ_n 为

$$\left.\begin{aligned}\sigma_n&=\tau\sin i+\sigma\cos i\\ \tau_n&=\tau\cos i-\sigma\sin i\end{aligned}\right\}\tag{6-2}$$

设结构面强度服从库仑准则 $\tau_n=\sigma_n\tan\varphi_n$，用式(6-2)的相应项代入，整理简化得

$$\tau=\sigma\tan(\varphi_b+i)\tag{6-3}$$

式(6-3)是法向应力较低时锯齿形起伏结构面的抗剪强度表达式，它所描述的强度包络线如图 6-1(c)中的①所示。由此可见，起伏度的存在，可以增大结构面的摩擦角，即由 φ_b 增大到 φ_b+i。这种效应与剪切过程中上滑运动引起的垂直位移有关，称为剪胀效应。式(6-3)由 Patton 于 1966 年提出，称为佩顿公式。他观察到，当石灰岩层面粗糙起伏角 i 不同时，露天矿边坡的自然稳定坡角也不同，即 i 越大，边坡角越大，从而证明了考虑 i 的重要意义。

当法向应力达到一定值 σ_1 后，由于上滑运动所需的功达到并超过剪断凸起所需要的功，则凸起体将被剪断，这时结构面的抗剪强度 τ 为

$$\tau=\sigma\tan\varphi+c\tag{6-4}$$

式中，φ，c——结构面壁岩的内摩擦角和内聚力。

式(6-4)为法向应力 $\sigma\geqslant\sigma_1$ 时，结构面的抗剪强度，其包络线如图 6-1(c)中②所示。由式(6-2)和式(6-4)，可求得剪断凸起的条件为

$$\sigma_1=\frac{c}{\tan(\varphi_b+i)-\tan\varphi}\tag{6-5}$$

应当指出，式(6-3)和式(6-4)给出的结构面抗剪强度包络线，是在两种极端的情况下得出的。因为即使在极低的法向应力下，结构面的凸起也不可能完全不遭受破坏；而在较高的法向应力下，凸起也不可能全都被剪断。因此，如图 6-1(c)所示的折线强度包络线，在实际中是极其少见的，而绝大多数是一条连续光滑的曲线。

(2)不规则起伏结构面。上面的讨论是将结构面简化成规则锯齿形的理想模型下进行的。但自然界岩体中绝大多数结构面的粗糙起伏形态是不规则的，起伏角也不是常数。因此，其强度包络线不是图 6-1(c)所示的折线，而是曲线形式。对于这种情况，有许多人进行过研究和论述，下面主要介绍巴顿等人的研究成果。

巴顿(Barton，1973)对 8 种不同粗糙起伏的结构面进行了试验研究，提出了“剪胀角”的概念，并用以代替起伏角，剪胀角 α_d(Angle of Dilatancy)的定义为剪切时剪切位移的轨迹线与水平线的夹角(图 6-2)，即

$$\alpha_d=\arctan\frac{\Delta V}{\Delta u}\tag{6-6}$$

式中，ΔV——垂直位移分量(剪胀量)；

Δu——水平位移分量。

通过对试验资料的统计，发现其峰值剪胀角和结构面的抗剪强度 τ 不仅与凸起高度有关，而且与作用于结构面上的法向应力 σ、壁岩强度 JCS 之间也存在良好的统计关系。这些关系可表达如下：

$$\alpha_d=\frac{\mathrm{JRC}}{2}\lg\frac{\mathrm{JCS}}{\sigma}\tag{6-7}$$

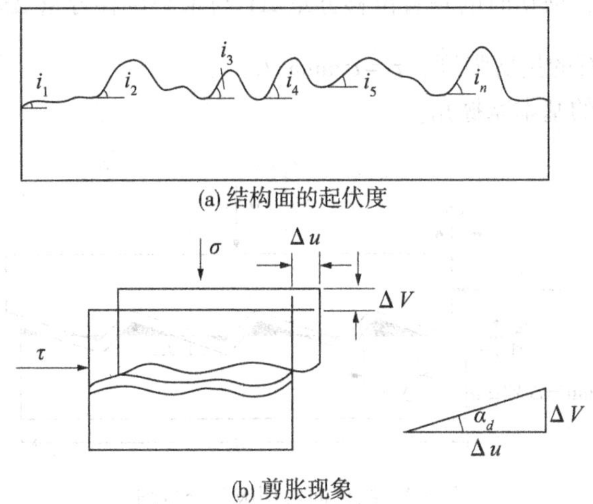

图 6-2　剪胀现象与剪胀角 α_d 示意图

$$\tau=\sigma\tan(1.78\alpha_d+32.88°) \tag{6-8}$$

大量的试验资料表明，一般结构面的基本摩擦角 φ_u 在 25°~35°之间。因此，式(6-8)右边的第二项应当就是结构面的基本摩擦角，而第一项的系数取整数 2。经这样处理后，式(6-8)变为

$$\tau=\sigma\tan(2\alpha_d+\varphi_u) \tag{6-9}$$

将式(6-7)代入式(6-9)，得

$$\tau=\sigma\tan\left(\text{JRC}\lg\frac{\text{JCS}}{\sigma}+\varphi_u\right) \tag{6-10}$$

式中，结构面的基本摩擦角 φ_u 一般认为等于结构面壁岩平直表面的摩擦角，可用倾斜试验求得，其方法是取结构面壁岩试块，将试块锯成两半，去除岩粉并风干后合在一起，使试块缓缓地加大其倾角直到上盘岩块开始下滑为止，此时的试块倾角即为 φ_u。对每种岩石，进行试验的试块数需 10 块以上。在没有试验资料时，常取 $\varphi_u=30°$，或用结构面的残余摩擦角代替。式(6-10)中其他符号的意义及确定方法同前。

式(6-10)是巴顿不规则粗糙起伏结构面的抗剪强度公式。利用该式确定结构面抗剪强度时，只需知道 JRC，JCS 及 φ_u 三个参数即可，而无需进行大型现场抗剪强度试验。

Ladanyi 和 Archambault 于 1970 年用理论和试验方法对结构面剪胀到啃断过程进行了全面研究，提出了如下的经验方程：

$$\tau=\frac{\sigma(1-\alpha_s)(\dot{V}+\tan\varphi_u)+\alpha_s\tau_r}{1-(1-\alpha_s)\dot{V}\tan\varphi_u} \tag{6-11}$$

式中，α_s——剪断率，被剪断的突起部分的面积 $\sum\Delta A_s$ 与整个剪切面积 A 之比，即 $\alpha_s=\frac{\sum\Delta A_s}{A}$ (图 6-3)；

$\dot{V}$——剪胀率，剪切时的垂直位移分量 ΔV 与水平位移分量 Δu 之比，即 $\dot{V}=\dfrac{\Delta V}{\Delta u}$；

τ_r——凸起岩石的抗剪强度，$\tau_r=\sigma\tan\phi+C$；

φ_u——结构面的基本摩擦角。

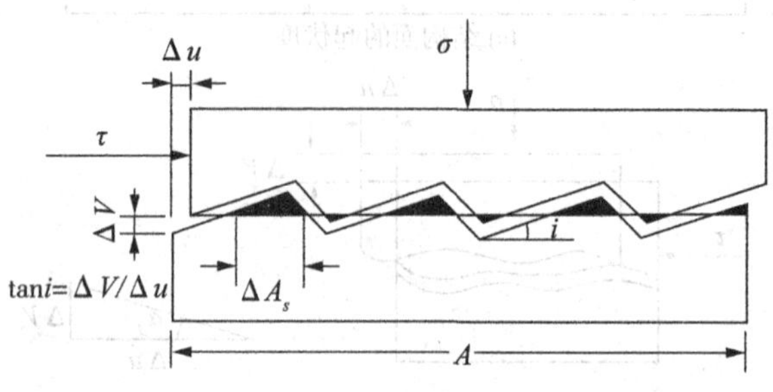

图 6-3 结构面剪切破坏分析图

在实际工作中，α_s 和 $\dot{V}$ 较难确定，为了解决这一问题，Ladanyi 等人进行大量的人工粗糙岩面的剪切试验。根据试验成果提出了如下经验公式：

$$\left.\begin{aligned}\alpha_s&=1-\left(1-\frac{\sigma}{\sigma_j}\right)^L\\ \dot{V}&=\left(1-\frac{\sigma}{\sigma_j}\right)^K\tan i\end{aligned}\right\}\tag{6-12}$$

式中，K，L——常数，对粗糙岩面，$K=4$，$L=1.5$；

σ_j——壁岩的单轴抗压强度，可用 JCS 代替，确定方法同前；

i——剪胀角，$i=\arctan\dfrac{\Delta V}{\Delta u}$

由式(6-11)可知：

①当法向应力很低时，凸起体基本不被剪断，即 $\alpha_s\to0$，且 $\dot{V}=\dfrac{\Delta V}{\Delta u}=\tan i$，由式(6-11)得结构面的抗剪强度为

$$\tau=\alpha\tan(\varphi_u+i)\tag{6-13}$$

该式与佩顿公式一致。

②当法向应力很高时，结构面的凸起体全部被剪断，则 $\alpha_s\to1$，无剪胀现象发生，即 $\dot{V}=0$，由式(6-11)得结构面的抗剪强度为

$$\tau=\tau_r=\sigma\tan\varphi+c\tag{6-14}$$

该式与式(6-4)一致。

由以上两点讨论可知：式(6-11)所描述的强度包络线是以式(6-13)和式(6-14)所给定的折线为渐近线的曲线(图 6-4)。

对 Barton 方程式(6-10)和 Ladanyi-Archambault 方程式(6-11)的差别，有人做过比较，如图 6-5 所示。由图可知，当法向应力较低时，JRC = 20 时的 Barton 方程与 Ladanyi-

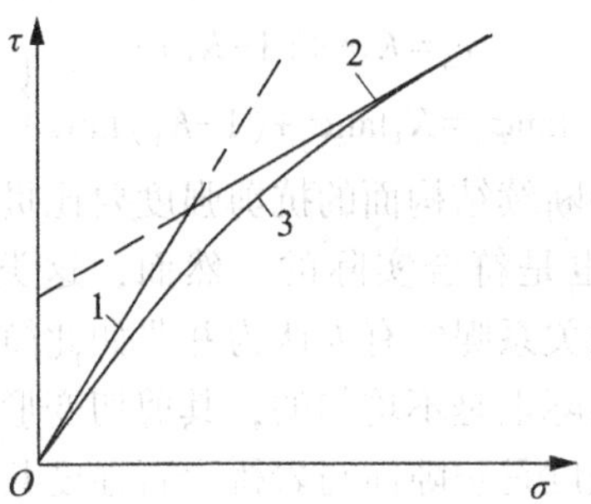

1—式(6-13)所表示的直线；2—式(6-14)所表示的直线；3—式(6-11)所表示的曲线

图 6-4　结构面抗剪强度曲线

Archambault 方程基本一致。随着法向应力增高，两方程差别显著。这是因为，当$\frac{\sigma}{\sigma_j}\to 1$时，Barton 方程变为 $\tau=\sigma\tan\phi_u$，而 Ladanyi-Archambault 方程则变为 $\tau=\tau_r$。所以，在较高应力条件下，前者比后者较为保守。

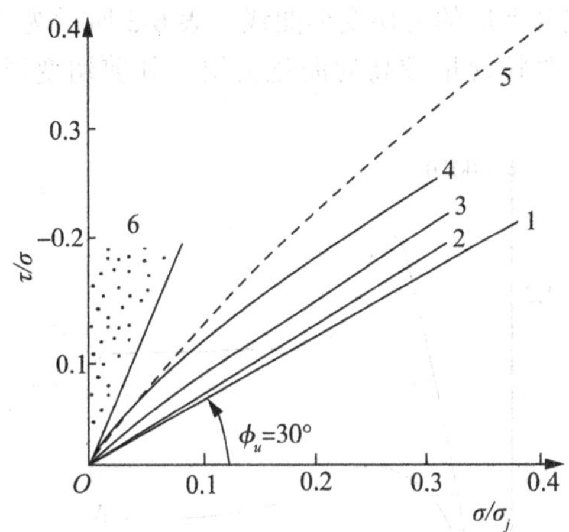

1—平直结构面的强度曲线；2~4—JRC 分别为 5、10、20，$\varphi_u=30°$时的 Barton 方程；
5—i=20°，$\varphi_u=30°$时的 Ladanyi-Archambault 方程；6—Barton 方程不适应的范围

图 6-5　结构面的抗剪强度曲线

3. 非贯通断续的结构面

非贯通断续的结构面由裂隙面和非贯通的岩桥组成。在剪切过程中，一般认为剪切面所通过的裂隙面和岩桥都起抗剪作用。假设沿整个剪切面上的应力分布是均匀的，结构面的线连续性系数为 K_1，则整个结构面的抗剪强度为

$$\tau=K_1c_j+(1-K_1)c+\sigma[K_1\tan\varphi_j+(1-K_1)\tan\varphi] \tag{6-15}$$

式中，c_j，φ_j——裂隙面的黏聚力与摩擦角；

c，φ——岩石的内聚力与内摩擦角。

将式(6-15)与库仑方程对比，可得非贯通结构面的内聚力 c_b 和内摩擦系数 $\tan\varphi_b$ 为

$$\left.\begin{aligned} c_b &= K_1 c_j + (1-K_1)c \\ \tan\varphi_b &= K_1\tan\varphi_j + (1-K_1)\tan\varphi \end{aligned}\right\} \tag{6-16}$$

由式(6-16)可知，非贯通断续结构面的抗剪强度要比贯通结构面的抗剪强度高，这和人们的一般认识是一致的，也是符合实际的。然而，这类结构面的抗剪强度是否如式(6-16)所示那样呈简单的叠加关系呢？有人认为并非如此简单。因为，沿非贯通结构面剪切时，剪切面上的应力分布实际上是不均匀的，其剪切变形破坏也是一个复杂的过程。可以认为非贯通结构面的抗剪强度是裂隙面与岩桥岩石强度共同作用形成的，其强度性质由于受多种因素影响也是很复杂的。目前，有人试图用断裂力学理论，建立裂纹扩展的压剪复合断裂判断依据来研究非贯通结构面的抗剪强度和变形破坏机理。

4. *具有填充物的软弱结构面*

具有填充物的软弱结构面包括泥化夹层和各种类型的夹泥层，其形成多与水的作用和各类滑错作用有关。这类结构面的力学性质常与填充物的物质成分、结构及填充程度和厚度等因素密切相关。

按填充物的颗粒成分，可将有填充的结构面分为泥化夹层、夹泥层、碎屑夹泥层及碎屑夹层等几种类型。填充物的颗粒成分不同，结构面的抗剪强度及变形破坏机理也不同。图6-6所示为不同颗粒成分夹层的剪切变形曲线。表6-3所示为不同填充夹层的抗剪强度指标值。由图6-6可知，黏粒含量较高的泥化夹层，其剪切变形(曲线Ⅰ)为典型的塑性

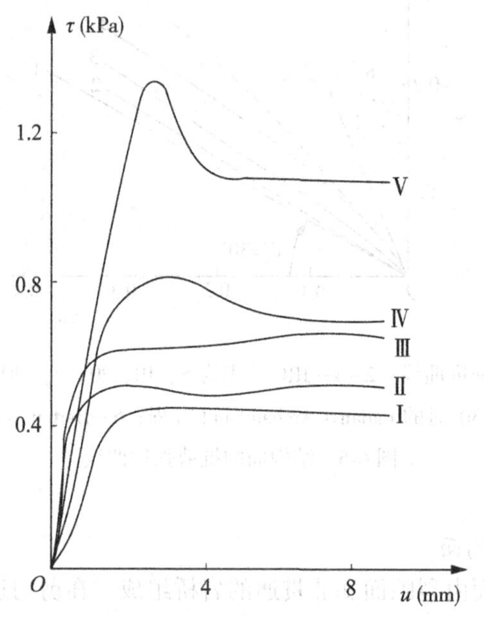

图6-6 不同颗粒成分夹层 τ-u 曲线(Ⅰ~Ⅴ粗碎屑增加)

变形型；特点是强度低且随位移变化小，屈服后无明显的峰值和应力降低。随着夹层中粗碎屑成分的增多，夹层的剪切变形逐渐向脆性变形型过渡(曲线Ⅰ~Ⅴ)，峰值强度也逐渐增高。至曲线Ⅴ的夹层，碎屑含量最高，峰值强度也相应为最大，峰值后有明显的应力

降。这些说明填充物的颗粒成分对结构面的剪切变形机理及抗剪强度都有明显的影响。表 6-3 也说明了结构面的抗剪强度随黏粒含量增加而降低，随粗碎屑含量增多而增大的规律。

表 6-3 不同夹层物质成分的结构面抗剪强度(据孙广忠，1988)

夹层成分	抗剪强度系数	
	摩擦系数 f	黏聚力 c(kPa)
泥化夹层和夹泥层	0.15~0.25	5~20
碎屑夹泥层	0.3~0.4	20~40
碎屑夹层	0.5~0.6	0~100
含铁锰质角砾碎屑夹层	0.6~0.85	30~150

填充物厚度对结构面抗剪强度的影响较大。图 6-7 所示为平直结构面内填充物厚度与其摩擦系数 f 和黏聚力 c 的关系曲线。由图显示，当填充物较薄时，随着厚度的增加，摩擦系数迅速降低，而黏聚力开始迅速升高，升到一定值后又逐渐降低，当填充物厚度达到一定值后，摩擦系数和黏聚力都趋于某一稳定值。这时，结构面的强度主要取决于填充夹层的强度，而不再随填充物厚度的增大而降低。试验研究表明，这一稳定值接近于填充物的内摩擦系数和内聚力，因此，可用填充物的抗剪强度来代替结构面的抗剪强度。对于平直的黏土质夹泥层来说，填充物的临界厚度为 0.5~2mm。

结构面的填充程度可用填充物厚度 d 与结构面的平均起伏差 h 之比表示，d/h 称为填充度。一般情况下，填充度愈小，结构面的抗剪强度愈高；反之，随填充度的增加，其抗剪强度降低。图 6-8 所示为填充度与摩擦系数的关系曲线。图中显示，当填充度小于 100%时，填充度对结构面强度的影响很大，摩擦系数 f 随填充度 d/h 增大迅速降低。当 d/h 大于 200%时，结构面的抗剪强度才趋于稳定，这时，结构面的强度达到最低点且其强度主要取决于填充物性质。

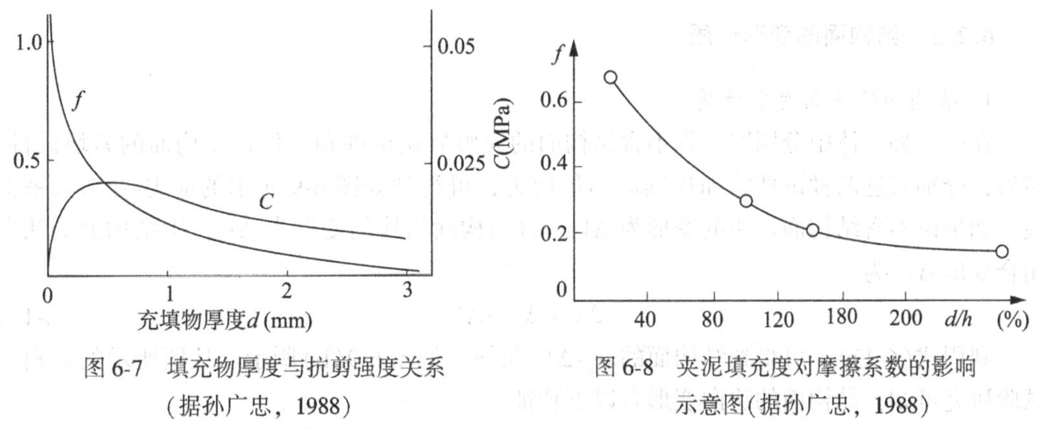

图 6-7 填充物厚度与抗剪强度关系(据孙广忠，1988)

图 6-8 夹泥填充度对摩擦系数的影响示意图(据孙广忠，1988)

由上述可知，当填充物厚度及填充度达到某一临界值后，结构面的抗剪强度最低且取决于填充物强度。在这种情况下，可将填充物的抗剪强度视为结构面的抗剪强度，而不必要再考虑结构面粗糙起伏度的影响。

除此之外，填充物的结构特征及含水率对结构面的强度也有明显的影响。一般来说，填充物结构疏松且具定向排列时，结构面的抗剪强度较低；反之，抗剪强度较高。含水率的影响也是如此，即结构面的抗剪强度随填充物含水率的增高而降低。

我国一些工程中的泥化夹层的抗剪强度指标列于表 6-4。

表 6-4　**某些工程中泥化夹层的抗剪强度参数值**

工　程	岩　性	摩擦角(°)		黏聚力(MPa)	
		室内	现场	室内	现场
青山	F4 夹层泥化带	10.8	9.6	0.010	0.060
葛洲坝	202 夹层泥化带	13.5	13	0.021	0.063
铜子街	C5 夹层泥化带	17.7	16.7	0.010	0.018
升中	泥岩泥化	13.5	11.8	0.009	0.100
朱庄	页岩泥化	16.2	13	0.003	0.033
盐锅峡	页岩泥化	17.2	17.2	0.025	0
上犹江	板岩泥化	15.6	15.1	0.042	0.051
五强溪	板岩泥化	17.7	15.1	0.021	0.018
海州露天矿	页岩泥化		18		0.05~0.07
	碳质页岩泥化		15		0.016
平庄西露天矿	页岩泥化		22		0.106
抚顺西露天矿	凝灰岩泥化		27		0.029
	页岩泥化		22		0.035

6.2.2　结构面的变形性质

1. 结构面的法向变形性质

在同一种岩体中分别取一件不含结构面的完整岩块试件和一件含结构面的岩块试件，然后，分别对这两种试件施加连续法向压应力，可得到如图 6-9 所示的应力-变形关系曲线。如果设不含结构面岩块的变形为 ΔV_r，含结构面岩块的变形为 ΔV_t，则结构面的法向闭合变形 ΔV_j 为

$$\Delta V_j = \Delta V_t - \Delta V_r \tag{6-17}$$

利用式(6-17)，可得到结构面的 σ_n-ΔV_j 曲线，如图 6-9(b)所示。从图所示的资料及试验研究可知，结构面的法向变形有以下特征：

(1)开始时，随着法向应力的增加，结构面闭合变形迅速增长，σ_n-ΔV 曲线及 σ_n-ΔV_j 曲线均呈上凹形。当 σ_n 增到一定值时，σ_n-ΔV_t 曲线变陡，并与 σ_n-ΔV_r 曲线大致平行(图

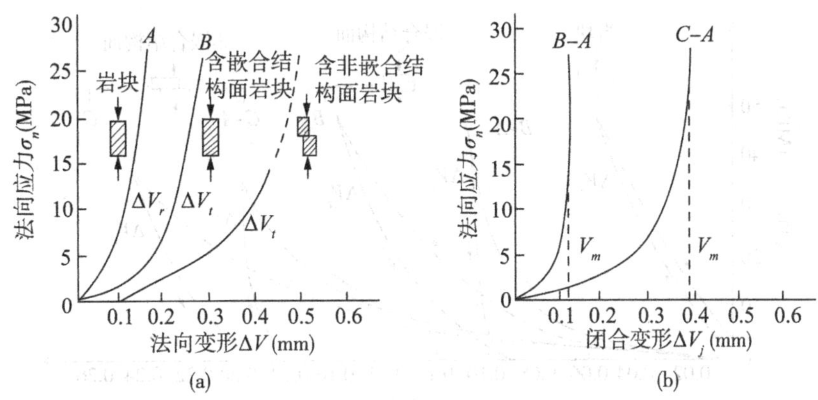

图 6-9　典型岩块和结构面法向变形曲线(据 Goodman，1976)

6-9(a))，说明这时结构面已基本上完全闭合，其变形主要是岩块变形贡献的，而 ΔV_j 则趋于结构面最大闭合量 V_m(图 6-9(b))。

(2)从变形上看，在初始压缩阶段，含结构面岩块的变形 ΔV_t 主要是由结构面的闭合造成的。有试验表明，当 $\sigma_n = 1\text{MPa}$ 时，$\dfrac{\Delta V_t}{\Delta V_r}$可达 5~30，说明 ΔV_t 占了很大一部分。当然，$\dfrac{\Delta V_t}{\Delta V_r}$的具体大小还取决于结构面的类型及其风化变质程度等因素。

(3)试验研究表明，当法向应力大约在$\dfrac{1}{3}\sigma_c$ 处开始，含结构面岩块的变形由以结构面的闭合为主转为以岩块的弹性变形为主。

(4)结构面的 $\sigma_n-\Delta V_j$ 曲线大致为一以 $\Delta V_j = V_m$ 为渐近线的非线性曲线(双曲线或指数曲线)。其曲线形状可用初始法向刚度 K_{ni}与最大闭合量 V_m 来确定。结构面的初始法向刚度的定义为 $\sigma_n-\Delta V_j$ 曲线原点处的切线斜率，即

$$K_{ni} = \left(\frac{\partial \sigma_n}{\partial \Delta V_j}\right)_{\Delta V_j \to 0} \tag{6-18}$$

(5)结构面的最大闭合量始终小于结构面的张开度(e)。因为结构面是凹凸不平的，两壁面间无论多高的压力(两壁岩石不产生破坏的条件下)，也不可能达到 100%的接触。试验表明，结构面两壁面一般只能达到 40%~70%的接触。

如果分别对不含结构面和含结构面岩块连续施加一定的法向载荷后，逐渐卸载，则可得到如图 6-10 所示的应力-变形曲线。图 6-10 为几种风化和未风化的不同类型结构面在 3 次循环载荷下的 σ_n-ΔV_j 曲线。由这些曲线可知，结构面在循环载荷下的变形有如下特征：

(1)结构面的卸载变形曲线 σ_n-ΔV_j 仍为以 $\Delta V_j = V_m$ 为渐近线的非线性曲线。卸载后留下很大的残余变形(图 6-10)不能恢复，不能恢复部分称为松胀变形。据研究，这种残余变形的大小主要取决于结构面的张开度(e)、粗糙度(JRC)、壁岩强度(JCS)以及加、卸载循环次数等因素。

(2)对比岩块和结构面的卸载曲线可知，结构面的卸载刚度比岩块的加载刚度大(图

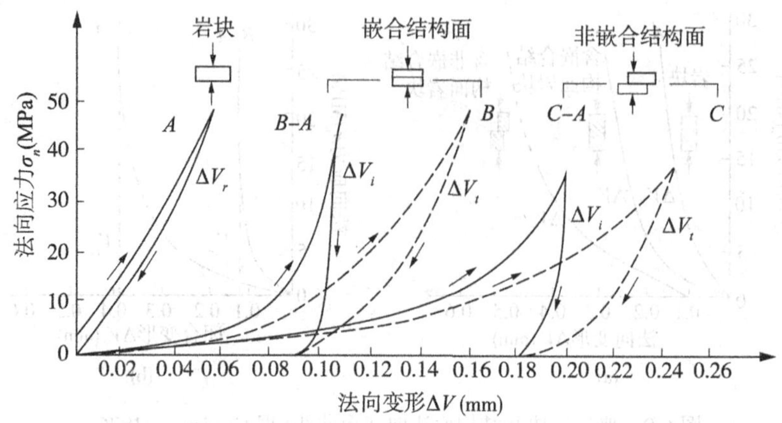

图 6-10　石灰岩中嵌合和非嵌合的结构面加载、卸载曲线(据 Bandis 等，1983)

6-10)。

(3)随着循环次数的增加，σ_n-ΔV_j 曲线逐渐变陡，且整体向左移，每次循环下的结构面变形均显示出滞后和非弹性变形(图 6-11)。

(4)每次循环载荷所得的曲线形状十分相似(图 6-11)。

2. 结构面的剪切变形性质

在岩体中取一含结构面的岩块试件，在剪力仪上进行剪切试验，可得到如图 6-12 所示的剪应力 τ 与结构面剪切位移 Δu 间的关系曲线，即灰岩节理面的 τ-Δu 曲线。从这些资料与试验研究表明，结构面的剪切变形有如下特征：

(1)结构面的剪切变形曲线均为非线性曲线。同时，按其剪切变形机理可为脆性变形型(图 6-12(a))和塑性变形型(图 6-12(b))两类曲线。试验研究表明，有一定宽度的构造破碎带、挤压带、软弱夹层及含有较厚填充物的裂隙、节理、泥化夹层和夹泥层等软弱结构面的 τ-Δu 曲线，多属于塑性变形型。其特点是无明显的峰值强度和应力降低，且峰值强度与残余强度相差很小，曲线的斜率是连续变化的，且具流变性(图 6-12(b))。而那些无填充且较粗糙的硬性结构面，其 τ-Δu 曲线则属于脆性变形型。其特点是开始时剪切变形随应力增加缓慢，曲线较陡；峰值后剪切变形增加较快，有明显的峰值强度和应力降；当应力降至一定值后趋于稳定，残余强度明显低于峰值强度(图 6-12(a))。

(2)结构面的峰值位移 Δu 受其风化程度的影响。风化结构面的峰值位移比未风化结构面大，这是由于结构面遭受风化后，原有的两壁互锁程度变差，结构面变得相对平滑的缘故。

(3)对同类结构面而言，遭受风化的结构面，剪切刚度比未风化的小$\frac{1}{4}$~$\frac{1}{2}$。

(4)结构面的剪切刚度随法向应力的增大而增大(图 6-13、图 6-14)。

(5)结构面的剪切刚度具有明显的尺寸效应。在同一法向应力作用下，其剪切刚度随被剪切结构面的规模增大而降低(图 6-14)。

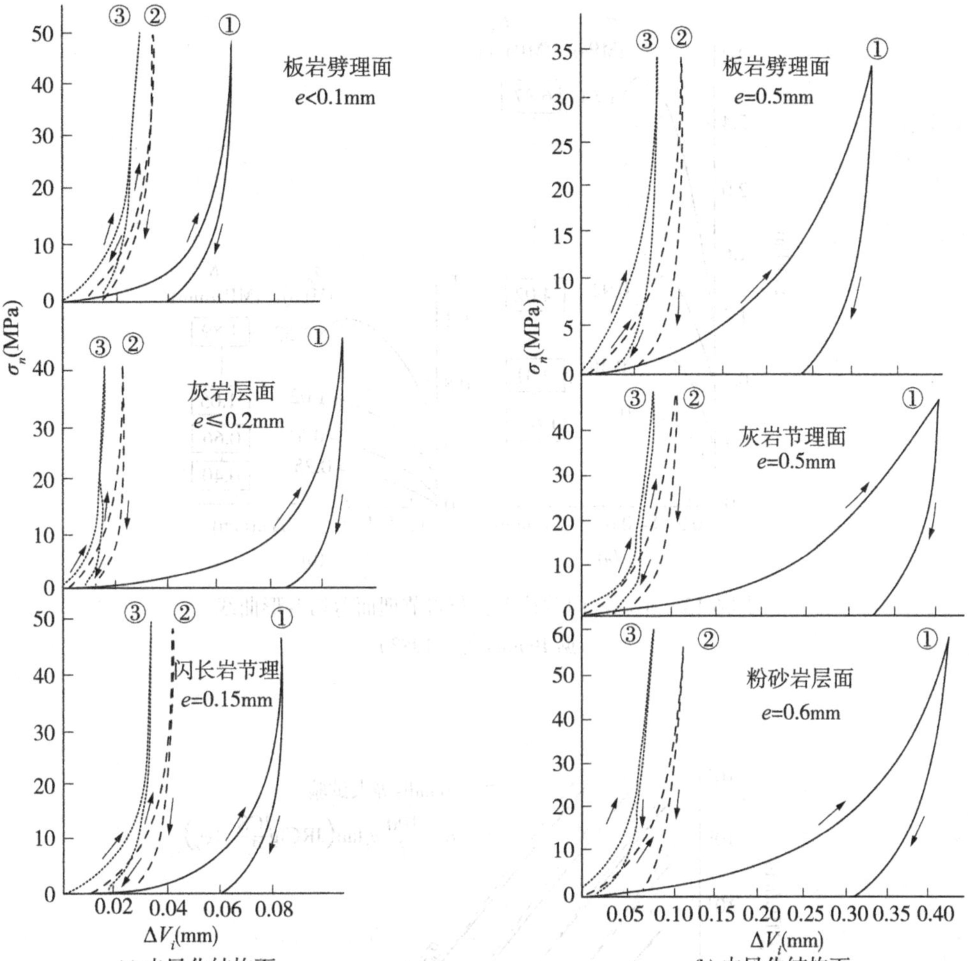

(a) 未风化结构面　　(b) 中风化结构面

图 6-11　循环载荷条件下结构面的 σ_n-ΔV_j 曲线（据 Bandis 等，1983）

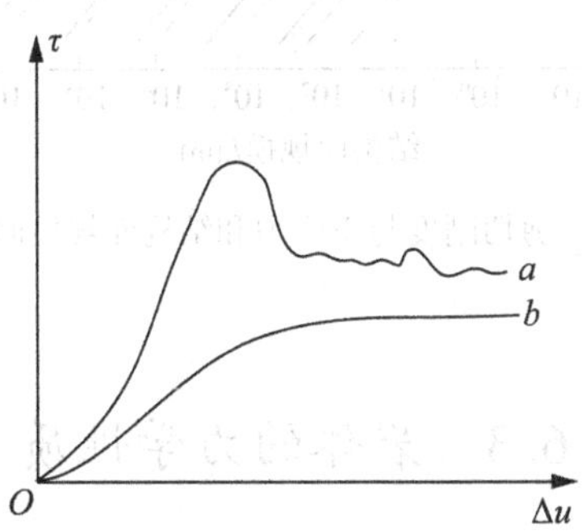

图 6-12　结构面剪切变形的基本类型

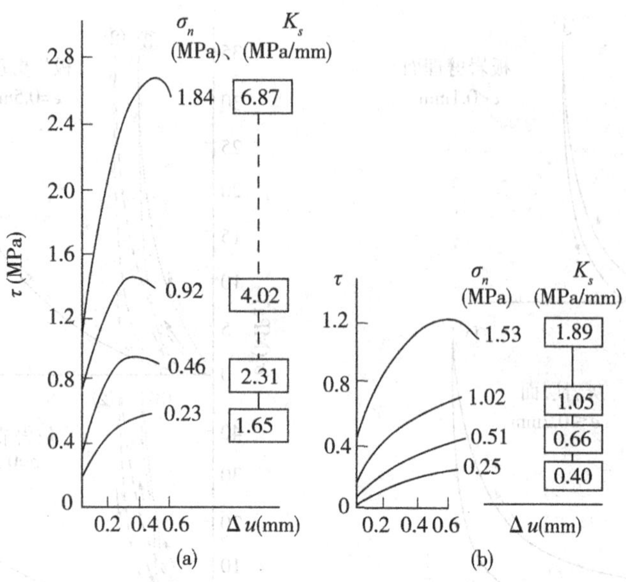

图 6-13　不同法向载荷下，灰岩节理面剪切变形曲线

（据 Bandis 等，1983）

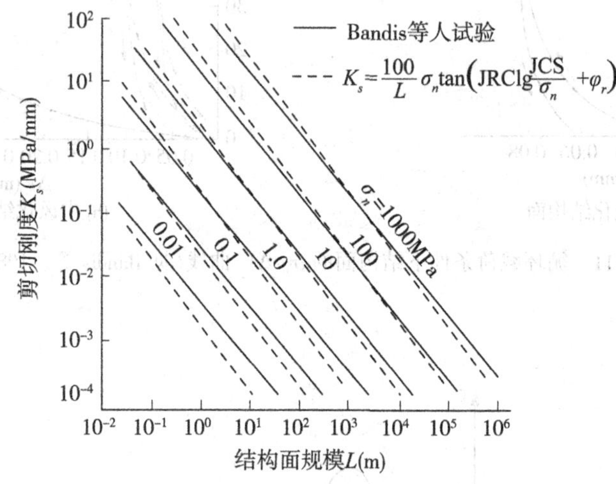

图 6-14　剪切刚度与正应力和结构面规模间的关系

6.3　岩体的力学性质

6.3.1　岩体的强度性质

岩体是由各种形状的岩块和结构面组成的地质体，因此，其强度必然受到岩块和结构

面强度及其组合方式(岩体结构)的控制。一般情况下，岩体的强度既不同于岩块的强度，也不同于结构面的强度。但是，如果岩体中结构面不发育，呈整体或完整结构时，则岩体的强度大致与岩块强度接近；或者，如果岩体将沿某一特定结构面滑动破坏时，则其强度将取决于该结构面的强度。这是两种极端的情况，比较好处理。难处理的是节理裂隙切割的裂隙化岩体强度确定问题，其强度介于岩块与结构面强度之间。

岩体强度是指岩体抵抗外力破坏的能力。对于裂隙岩体来说，其抗拉强度很小，工程设计上一般不允许岩体中有拉应力出现，加上岩体抗拉强度测试技术难度大，所以，目前对岩体抗拉强度的研究很少。本节主要讨论岩体的剪切强度和抗压强度。

1. 岩体的剪切强度

岩体内任一方向的剪切面，在法向应力作用下所能抵抗的最大剪应力，称为岩体的剪切强度。通常又可细分为抗剪断强度、抗剪强度和抗切强度三种。抗剪断强度是指在任一法向应力下，横切结构面剪切破坏时岩体能抵抗的最大剪应力；在任一法向应力下，岩体沿已有破裂面剪切破坏时的最大应力，称为抗剪强度，这实际上就是某一结构面的抗剪强度；剪切面上的法向应力为零时的抗剪断强度称为抗切强度。

(1)原位岩体剪切试验及其强度参数确定。为了确定岩体的剪切强度参数，国内外开展了大量的原位岩体剪切试验。目前普遍采用的方法是双千斤顶法直剪试验。该方法是在平巷中制备试件，并以两个千斤顶分别在垂直和水平方向施加外力而进行的直剪试验，其装置如图 6-15 所示。试件尺寸视裂隙发育情况而定，但其断面积不宜小于 50cm×50cm，试件高一般为断面边长的 0.5 倍。如果岩体软弱破碎，则需浇注钢筋混凝土保护罩。每组试验需 5 个以上试件，各试件的岩性及结构面等情况应大致相同，避开大的断层和破碎带。试验时，先施加垂直荷载，待其变形稳定后，再逐级施加水平剪力直至试件破坏(具体试验可参考有关规程)。

通过试验可获取如下资料：①岩体剪应力 τ-剪位移 u 曲线及法向应力 σ-法向变形 W 曲线；②剪切强度曲线及岩体剪切强度参数 c_m、φ_m 值(图 6-15)。

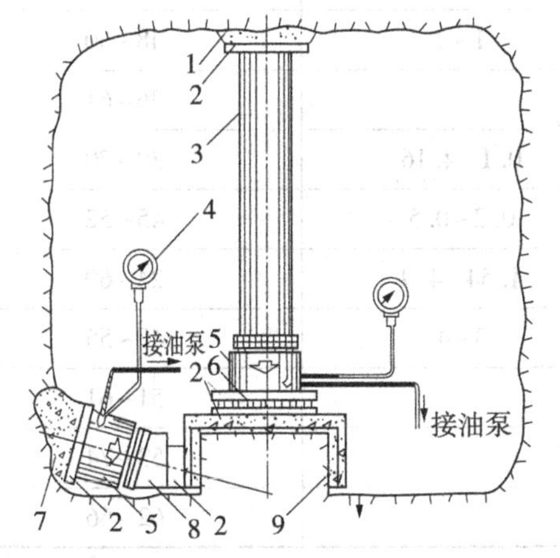

1—砂浆顶板；2—钢板；3—传力柱；4—压力表；
5—液压千斤顶；6—滚轴排；7—混凝土后座；
8—斜垫板；9—钢筋混凝土保护罩

图 6-15　岩体剪切强度试验装置示意图

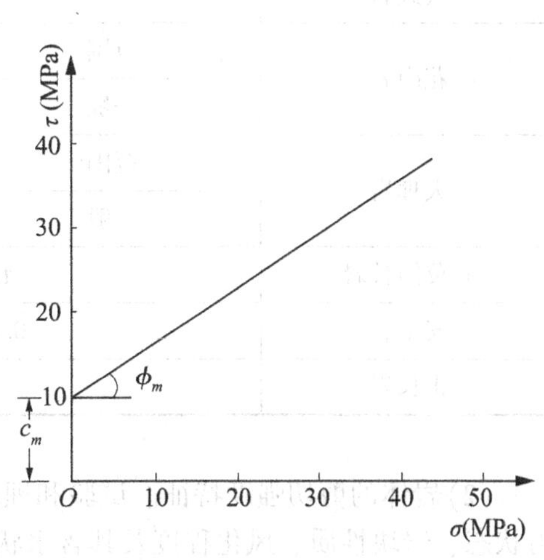

图 6-16　C_m、φ_m 值确定示意图

各类岩体的剪切强度参数 c_m、φ_m 值列于表 6-5。表 6-5 与表 6-1 相比较可知，岩体的内摩擦角与岩块的内摩擦角很接近；而岩体的内聚力则大大低于岩块的内聚力，这说明结构面的存在主要是降低了岩体的连结能力，进而降低其内聚力。

表 6-5　**各类岩体的剪切强度参数表**

岩体名称	内聚力 c_m(MPa)		内摩擦角 φ_m(°)
褐煤	0.014~0.03		15~18
黏土岩	范围	0.002~0.18	10~45
	一般	0.04~0.09	15~30
泥岩	0.01		23
泥灰岩	0.07~0.44		20~41
石英岩	0.01~0.53		22~40
闪长岩	0.2~0.75		30~59
片麻岩	0.35~1.4		29~68
辉长岩	0.76~1.38		38~41
页岩	范围	0.03~1.36	33~70
	一般	0.1~0.4	38~50
石灰岩	范围	0.02~3.9	13~65
	一般	0.1~1	38~52
粉砂岩	0.07~1.7		29~59
砂质页岩	0.07~0.18		42~63
砂岩	范围	0.04~2.88	28~70
	一般	1~2	48~60
玄武岩	0.06~1.4		36~61
花岗岩	范围	0.1~4.16	30~70
	一般	0.2~0.5	45~52
大理岩	范围	1.54~4.9	24~60
	一般	3~4	49~55
石英闪长岩	1.0~2.2		51~61
安山岩	0.89~2.45		53~74
正长岩	1~3		62~66

(2)岩体的剪切强度特征。试验和理论研究表明，岩体的剪切强度主要受结构面、应力状态、岩块性质、风化程度及其含水状态等因素的影响。在高应力条件下，岩体的剪切强度较接近于岩块的强度，而在低应力条件下，岩体的剪切强度主要受结构面发育特征及

其组合关系的控制。由于作用在岩体上的工程载荷一般多在 10MPa 以下，所以与工程活动有关的岩体破坏基本上受结构面特征控制。

岩体中结构面的存在，致使岩体一般都具有高度的各向异性，即沿结构面产生剪切破坏(重剪破坏)时，岩体剪切强度最小，等于结构面的抗剪强度；而横切结构面剪切(剪断破坏)时，岩体剪切强度最高；沿复合剪切面剪切(复合破坏)时，其强度则介于以上两者之间。因此，一般情况下，岩体的剪切强度不是一个单一值，而是具有一定上限和下限的值域，其强度包络线也不是一条简单的曲线，而是有一定上限和下限的曲线族。其上限是岩体的剪断强度，一般可通过原位岩体剪切试验或经验估算方法求得，在没有以上资料时，可用岩块剪断强度来代替；其下限是结构面的抗剪强度(图 6-17)。由图 6-17 可知，当应力 σ 较低时，强度变化范围较大，随着应力增大，范围逐渐变小。当应力 σ 高到一定程度时，包络线变为一条曲线，这时，岩体强度将不受结构面影响而趋于各向同性体。

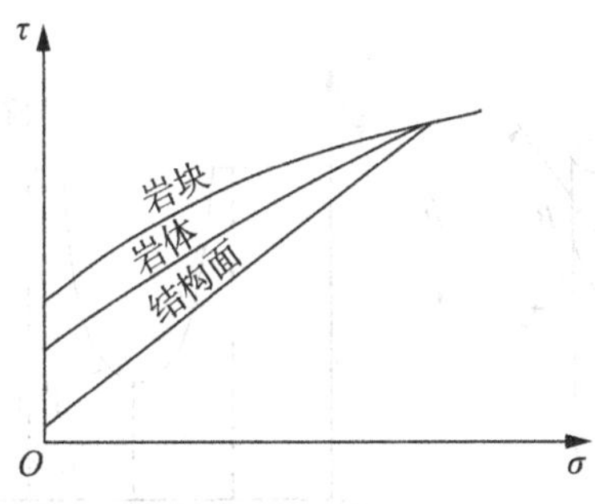

图 6-17　岩体剪切强度包络线示意图

在剧风化岩体和软弱岩体中，剪断岩体时的内摩擦角多在 30°~40°之间变化，内聚力多在 0.01~0.5MPa，其强度包络线上、下限比较接近，变化范围小，且其岩体强度总体上比较低。

在坚硬岩体中，剪断岩体时的内摩擦角多在 45°以上，内聚力在 0.1~4MPa 之间，其强度包络线的上、下限差值较大，变化范围也大。在这种情况下，准确确定工程岩体的剪切强度困难较大，一般需依据原位剪切试验和经验估算数据，并结合工程载荷及结构面的发育特征等综合确定。

2. 裂隙岩体的压缩强度

岩体的压缩强度也可分为单轴抗压强度和三轴压缩强度。目前，在生产实际中，通常是采用原位单轴压缩和三轴压缩试验来确定。这两种试验也是在平巷中制备试件，并采用千斤顶等加压设备施加压力，直至试件破坏。采用破坏载荷来求岩体的单轴或三轴压缩强度(具体试验方法可参考有关规程)。

由于岩体中包含有各种结构面，给试件制备及加载带来很大的因难；加上原位岩体压缩试验工期长，费用昂贵，一般情况下，难以普遍采用，所以，长期以来，人们试图用一些简单的方法来求取岩体的压缩强度。

为了研究裂隙岩体的压缩强度，耶格(Jaeger，1960)的单结构面理论为此提供了有益的起点。如图 6-18(a)所示，若岩体中发育有一组结构面 AB，假定 AB 与最大主平面的夹

角为β。由莫尔应力圆理论，作用于AB面上的法向应力σ和剪应力τ为

$$\left.\begin{aligned}\sigma&=\frac{\sigma_1+\sigma_3}{2}+\frac{\sigma_1-\sigma_3}{2}\cos2\beta\\ \tau&=\frac{\sigma_1-\sigma_3}{2}\sin2\beta\end{aligned}\right\}\tag{6-19}$$

假定结构面的抗剪强度τ_f服从库仑-纳维尔判据：

$$\tau_f=\sigma\tan\varphi_j+c_j\tag{6-20}$$

将式(6-19)代入式(6-20)，整理可得到沿结构面AB产生剪切破坏的条件为

$$\sigma_1-\sigma_3=\frac{2(c_j+\sigma_3\tan\varphi_j)}{(1-\tan\varphi_j\cot\beta)\sin2\beta}\tag{6-21}$$

式中，c_j，φ_j——结构面的黏聚力和摩擦角。

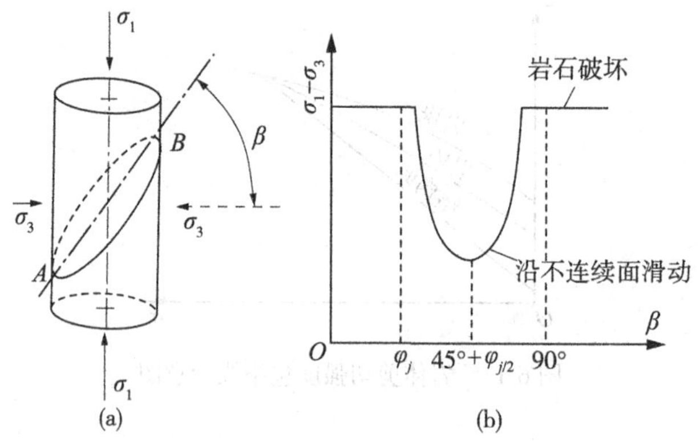

图 6-18 单结构面理论示意图

由式(6-21)可知，岩体的强度$\sigma_1-\sigma_3$随结构面倾角β的变化而变化。

为了分析岩体是否破坏，沿什么方向破坏，可利用莫尔强度理论与莫尔应力圆的关系进行判别。由式(6-21)可知，当$\beta\to\varphi_j$或$\beta\to90°$时，$\sigma_1-\sigma_3\to$无穷大，岩体不可能沿结构面破坏，而只能产生剪断岩体破坏，破坏面方向为$\beta=45°+\dfrac{\varphi_j}{2}$($\varphi_j$为岩块的内摩擦角)。另外，如图 6-19 所示，斜直线 1 为岩块强度包络线$\tau=\sigma\tan\varphi_j+c_j$，斜直线 2 为结构面强度包络线$\tau_f=\sigma\tan\varphi_j+c_j$，由受力状态($\sigma_1$，$\sigma_3$)绘出的莫尔应力圆上某一点代表岩体某一方向截面上的受力状态。根据莫尔强度理论，若应力圆上的点落在强度包络线之下时，则岩体不会沿该截面破坏。从图 6-19 可知，只有当结构面倾角β满足$\beta_1\leqslant\beta\leqslant\beta_2$时，岩体才能沿结构面破坏。但在$\beta=45°+\dfrac{\varphi_j}{2}$的截面上与岩块强度包线相切了，因此，岩体将沿该截面产生岩块剪断破坏，图 6-18(b)给出了这两种破坏的强度包络线。利用图 6-19 可方便地求得β_1和β_2。

因为

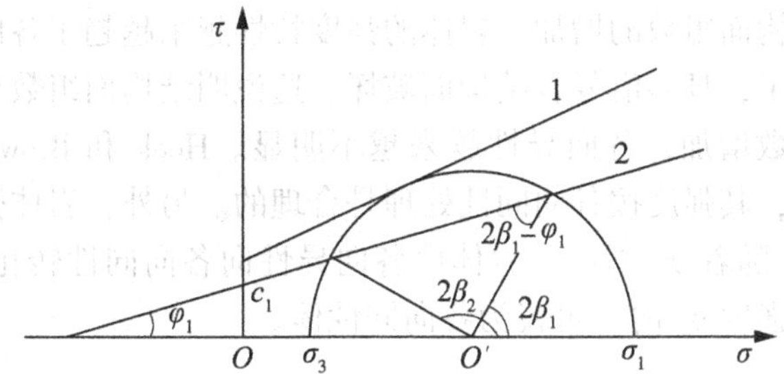

1—岩体强度曲线；2—结构面强度曲线

图 6-19　沿结构面破坏 β 的变化范围示意图

$$\frac{\dfrac{\sigma_1-\sigma_3}{2}}{\sin\varphi_j}=\frac{c_j\cot\varphi_j+\dfrac{\sigma_1+\sigma_3}{2}}{\sin(2\beta_1-\varphi_j)} \tag{6-22}$$

简化整理后可求得

$$\beta_1=\frac{\varphi_j}{2}+\frac{1}{2}\arcsin\left[\frac{(\sigma_1+\sigma_3+2c_j\cot\varphi_j)\sin\varphi_j}{\sigma_1-\sigma_3}\right] \tag{6-23}$$

同理可求得

$$\beta_1=90+\frac{\varphi_j}{2}-\frac{1}{2}\arcsin\left[\frac{(\sigma_1+\sigma_3+2c_j\cot\varphi_j)\sin\varphi_j}{\sigma_1-\sigma_3}\right] \tag{6-24}$$

改写式(6-21)，可得到岩体的三轴压缩强度 σ_{1m} 为

$$\sigma_{1m}=\sigma_3+\frac{2(c_j+\sigma_3\cot\varphi_j)}{(1-\tan\varphi_j\cot\beta)\sin2\beta} \tag{6-25}$$

令 $\sigma_3=0$，则得到岩体的单轴压缩强度 σ_{mc} 为

$$\sigma_{mc}=\frac{2c_j}{(1-\tan\varphi_j\cot\beta)\sin2\beta} \tag{6-26}$$

当 $\beta=45°+\dfrac{\varphi_j}{2}$ 时，岩体强度取得最低值为

$$(\sigma_1-\sigma_3)_{\min}=\frac{2(c_j+\sigma_3\tan\varphi_j)}{\sqrt{1+\tan^2\varphi_j}-\tan\varphi_j} \tag{6-27}$$

根据以上单结构面理论，岩体强度呈现明显的各向异性特征。受结构面倾角 β 控制，如单一岩性的层状岩体，最大主应力 σ_1 与结构面垂直($\beta=90°$)时，岩体强度与结构面无关，此时，岩体强度与岩块强度接近；当 $\beta=45°+\dfrac{\varphi_j}{2}$ 时，岩体将沿结构面破坏，此时，岩体强度与结构面强度相等；当最大主应力 σ_1 与结构面平行($\beta=0$)时，岩体将产生拉张破坏，岩体强度近似等于结构面抗拉强度。

如果岩体中含有 2 组以上结构面，且假定各组结构面具有相同的性质时，岩体强度的确定方法是分步运用单结构面理论式(6-21)，分别绘出每一组结构面单独存在时的强度包络线，这些包络线的最小包络线即为含多组结构面岩体的强度包络线，并以此来确定岩体的强度。随岩体内结构面组数的增加，岩体的强度特性越来越趋于各向同性，而岩体的整体强度却大大地削弱了，且多沿复合结构面破坏。这说明结构面组数少时，岩体趋于各向异性体，随结构面组数增加，各向异性越来越不明显。Hoek 和 Brown(1980)认为，含 4 组以上结构面的岩体，其强度按各向同性处理是合理的。另外，岩体强度的各向异性程度还受围压 σ_3 的影响，随着 σ_3 增高，岩体由各向异性向各向同性转化。一般认为，当 σ_3 接近于岩体单轴抗压强度 σ_c 时，可视为各向同性体。

6.3.2 岩体的变形性质

岩体变形是评价工程岩体稳定性的重要指标，也是岩体工程设计的基本准则之一。例如，在修建拱坝和有压隧洞时，除研究岩体的强度外，还必须研究岩体的变形性能。当岩体中各部分岩体的变形性能差别较大时，将会在建筑物结构中引起附加应力；或者虽然各部分岩体变形性质差别不大，但如果岩体软弱抗变形性能差时，将会使建筑物产生过量的变形，等等，这些都会导致工程建筑物破坏或无法使用。

由于岩体中存在有大量的结构面，结构面中往往还有各种填充物，因此，在受力条件改变时，岩体的变形是岩块材料变形和结构变形的总和，而结构变形通常包括结构面闭合、填充物压密及结构体转动和滑动等变形。在一般情况下，岩体的结构变形起着控制作用。目前，岩体的变形性质主要通过原位岩体变形试验进行研究。

1. 岩体变形试验及变形参数确定

原位岩体变形试验，按其原理和方法不同，可分为静力法和动力法两种。静力法的基本原理是：在选定的岩体表面、槽壁或钻孔壁面上施加法向载荷，并测定其岩体的变形值；然后绘制出压力-变形关系曲线，计算出岩体的变形参数。根据试验方法不同，静力法又可分为承压板法、狭缝法、钻孔变形法、水压硐室法及单(双)轴压缩试验法等。动力法是用人工方法对岩体发射(或激发)弹性波(声波或地震波)，并测定其在岩体中的传播速度，然后根据波动理论求岩体的变形参数。根据弹性波激发方式的不同，又分为声波法和地震波法两种。本节主要介绍静力法及其参数的确定方法。

(1)承压板法。按承压板的刚度不同，可分为刚性承压板法和柔性承压板法两种。刚性承压法试验通常是在平巷中进行，其装置如图 6-20 所示。首先，在选择好的具代表性的岩面上清除浮石，平整岩面。然后，依次装上承压板、千斤顶、传力柱和变形量表等。将洞顶作为反力装置，通过油压千斤顶对岩面施加载荷，并用百分表测记岩体变形值。

试验点的选择应具有代表性，并应避开大的断层及破碎带。受载面积可视岩体裂隙发育情况及加载设备的出力大小而定，一般以 0.25~1m^{2}为宜。承压板尺寸应与受载面积相同，并具有足够的刚度。试验时，先将预定的最大载荷分为若干级，采用逐级一次循环法加压。在加压过程中，同时测记各级压力(p)下的岩体变形值(W)，绘制 p-W 曲线(图 6-21)。通过某级压力下的变形值，用如下的布辛奈斯克公式计算岩体的变形模量 E_m(MPa)和弹性模量 E_{me}(MPa)：

$$E_m=\frac{pD(1-\mu_m^2)\omega}{W} \tag{6-28}$$

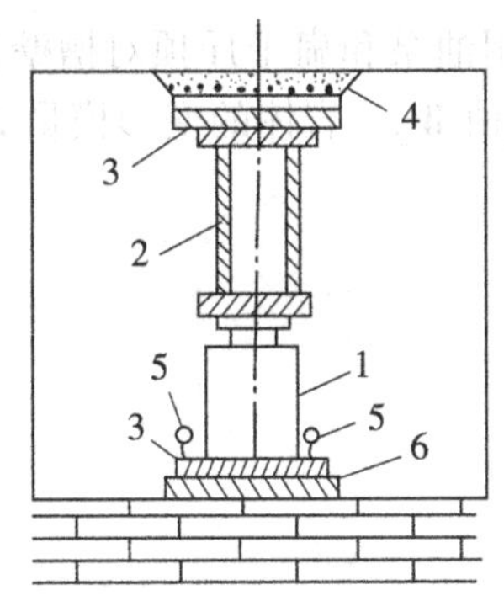

1—千斤顶；2—传力柱；3—钢板；4—混凝土顶板；
5—百分表；6—承压板

图 6-20　承压板变形试验装置示意图

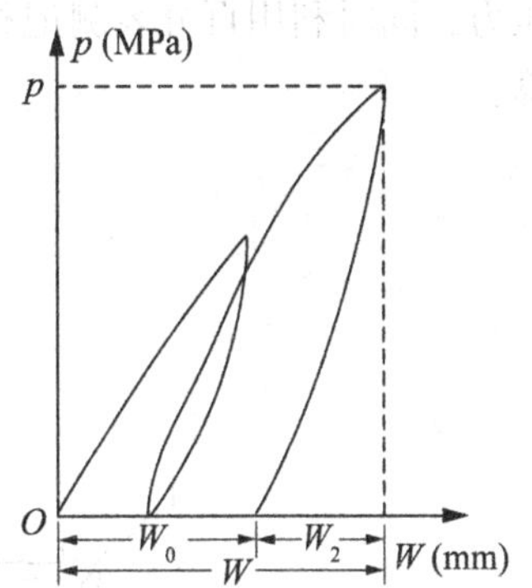

图 6-21　岩体的压力 p-变形 W 曲线

$$E_{me}=\frac{pD(1-\mu_m^2)\omega}{W_e} \tag{6-29}$$

式中，p——承压板单位面积上的压力，MPa；

D——承压板的直径或边长，cm；

W，W_e——相应于 p 下的岩体总变形和弹性变形，cm；

ω——与承压板形状与刚度有关的系数，圆形板 $\omega=0.785$；方形板 $\omega=0.886$；

μ_m——岩体的泊松比。

试验中如用柔性承压板，则岩体的变形模量应按柔性承压板法公式进行计算。

(2)钻孔变形法。该法利用钻孔膨胀计等设备，通过水泵对一定长度的钻孔壁施加均匀的径向载荷(图 6-22)，同时测记各级压力下的径向变形 U。利用厚壁筒理论可推导出岩体的变形模量 E_m(MPa)与 U 的关系为

$$E_m=\frac{dp(1+\mu_m)}{U} \tag{6-30}$$

式中，d——钻孔孔径，cm；

p——计算压力，MPa；

其余符号意义同前。

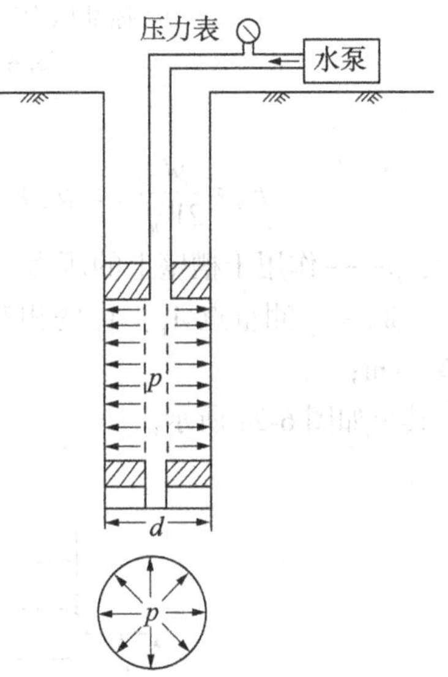

图 6-22　钻孔变形试验装置示意图

与承压板法相比较，钻孔变形试验有如下优点：①对岩体扰动小；②可以在地下水位以下和相当深的部位进行；③试验方向基本上不受限制，而且试验压力可以达到很大；④在一次试验中可以同时量测几个方向的变形，便于研究岩体的各向异性。其主要缺点在于试验涉及的岩体体积小，代表性受到局限。

(3)狭缝法。该法又称狭缝扁千斤顶法，在选定的岩体表面刻槽，然后在槽内安装扁

千斤顶(压力枕)进行试验(图6-23)。试验时，利用油泵和扁千斤顶对槽壁岩体分级施加法向压力，同时利用百分表测记相应压力下的变形值 W_R。岩体的变形模量 E_m(MPa)按下式计算：

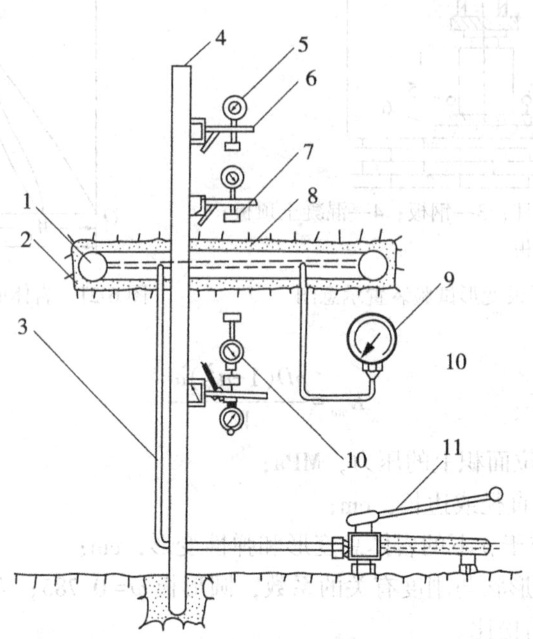

1—扁千斤顶；2—槽壁；3—油管；4—测杆；5—百分表(绝对测量)；6—磁性表架；7—测量标点；8—砂浆；9—标准压力表；10—千分表(相对测量)；11—油泵

图6-23 狭缝法试验装置示意图

$$E_m=\frac{pl}{2W_R}[(1-\mu_m)(\tan\theta_1-\tan\theta_2)+(1+\mu_m)(\sin2\theta_1-\sin2\theta_2)] \tag{6-31}$$

式中，p——作用于槽壁上的压力，MPa；

W_R——测量点 A_1、A_2 的相对位移值，$W_R=\Delta y_2-\Delta y_1$，$\Delta y_2$、$\Delta y_1$ 为 A_1、A_2 的绝对位移值，cm；

其余如图6-24所示。

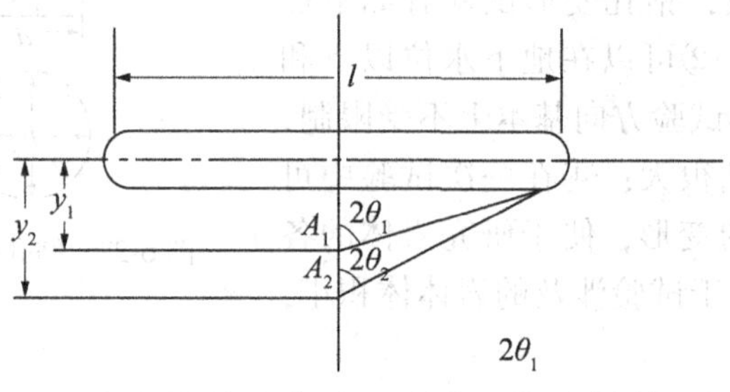

图6-24 相对变形计算示意图

常见岩体的弹性模量和变形模量如表6-6所示。从表可知，岩体的变形模量都比岩块小，而且受结构面发育程度及风化程度等因素的影响十分明显。因此，不同地质条件下的同一岩体，其变形模量相差较大。所以，在实际工作中，应密切结合岩体的地质条件，选择合理的模量值。

表6-6 **常见岩体的弹性模量和变形模量表(据李先炜，1990)**

岩体名称	承压面积(cm^2)	应力(MPa)	试验方法	弹性模量 E_{me} ($\times10^3$MPa)	变形模量 E_m ($\times10^3$MPa)	地质简述
煤	2025	4.03~18.0	单轴压缩	4.07		
页岩		3.5	承压板	2.8	1.93	页岩与砂岩互层,较软
		3.5	承压板	5.24	4.23	较完整,垂直于岩层,裂隙较发育
		3.5	承压板	7.5	4.18	岩层受水浸,页岩泥化变松软
		0.7	水压法	19	14.6	薄层的黑色页岩
		0.7	水压法	7.3	6.6	薄层的黑色页岩
砂页岩			承压板	17.26	8.09	二叠纪-三叠纪砂质页岩
			承压板	8.64	5.48	二叠纪-三叠纪砂质页岩
砂岩	2000		承压板	19.2	16.4	新鲜,完整,致密
	2000		承压板	3~6.3	1.4~3.4	弱风化,较破碎
	2000		承压板	0.95	0.36	断层影响带
石灰岩			承压板	35.4	23.4	新鲜,完整,局部微风化
			承压板	22.1	15.6	薄层,泥质条带,部分风化
			狭缝法	24.7	20.4	较新鲜完整
			狭缝法	9.15	5.63	薄层,微裂隙发育
			承压板	57.0	46	新鲜完整
	2500		承压板	23	15	断层影响带,黏土填充
	2500		承压板		104	微晶条带,坚硬,完整
	2500		承压板		1.44	节理发育
白云岩					7~12	
			承压板	11.5~32		
片麻岩		4.0	狭缝法	30~40		密实
		2.5~3.0	承压板	13~13.4	6.9~8.5	风化

续表

岩体名称	承压面积(cm^2)	应力(MPa)	试验方法	弹性模量 E_{me} ($\times 10^3$MPa)	变形模量 E_m ($\times 10^3$MPa)	地质简述
花岗岩		2.5~3.0	承压板	40~50		
		2.0	承压板		12.5	裂隙发育
			承压板	3.7~4.7	1.1~3.4	新鲜微裂隙至风化强裂隙
			大型三轴			
玄武岩		5.95	承压板	38.2	11.2	坚硬,致密,完整
		5.95	承压板	9.75~15.68	3.35~3.86	破碎,节理多,且坚硬
		5.11	承压板	3.75	1.21	断层影响带,且坚硬
辉绿岩				83	36	变质,完整,致密,裂隙为岩脉填充
					9.2	有裂隙
闪长岩		5.6	承压板		62	新鲜,完整
		5.6	承压板		16	弱风化,局部较破碎
石英岩			承压板	40~50		密实

2. 岩体变形曲线类型及其特征

(1)法向变形曲线。按 p-W 曲线的形状和变形特征，可将其分为如图 6-25 所示的 4 类。

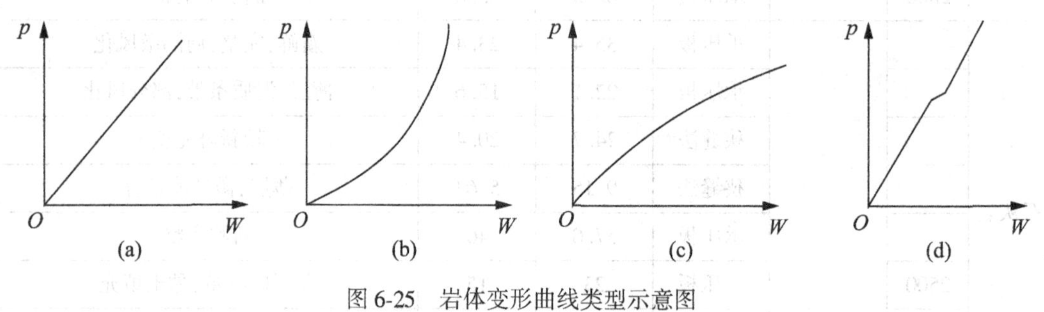

图 6-25 岩体变形曲线类型示意图

①直线型。此类为一通过原点的直线(图 6-25(a))，其方程为 $p=f(W)=KW$，$\frac{\mathrm{d}p}{\mathrm{d}W}=K$(即岩体的刚度为常数)，且$\frac{\mathrm{d}^2p}{\mathrm{d}W^2}=0$，反映岩体在加压过程中 W 随 p 成正比增加。岩性均匀且结构面不发育或结构面分布均匀的岩体多呈这类曲线。根据 p-W 曲线的斜率大小及卸压曲线特征，这类曲线又可分为如下两类：

陡直线型(图 6-26)：特点是 p-W 曲线的斜率较陡，呈陡直线，说明岩体刚度大，不易变形。卸压后，变形几乎恢复到原点，以弹性变形为主，反映出岩体接近于均质弹性体。较坚硬、完整、致密均匀、少裂隙的岩体，多具这类曲线特征。

曲线斜率较缓，呈缓直线型：反映出岩体刚度低、易变形。卸压后，岩体变形只能部分恢复，有明显的塑性变形和回滞环(图 6-27)。这类曲线虽是直线，但不是弹性。出现这类曲线的岩体主要有由多组结构面切割，且分布较均匀的岩体及岩性较软弱而较均质的岩体；另外，平行层面加压的层状岩体，也多为缓直线型。

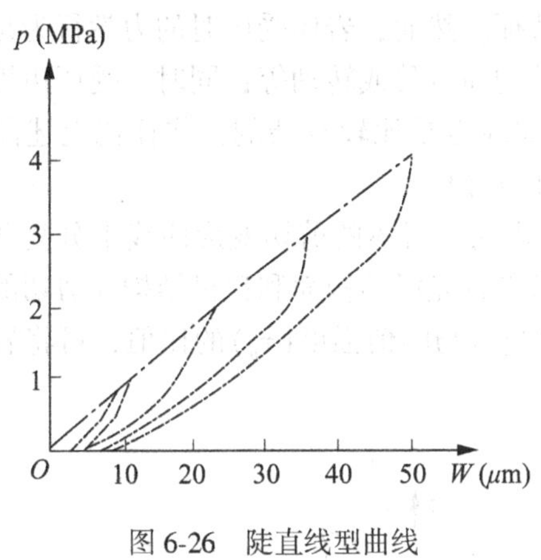

图 6-26　陡直线型曲线

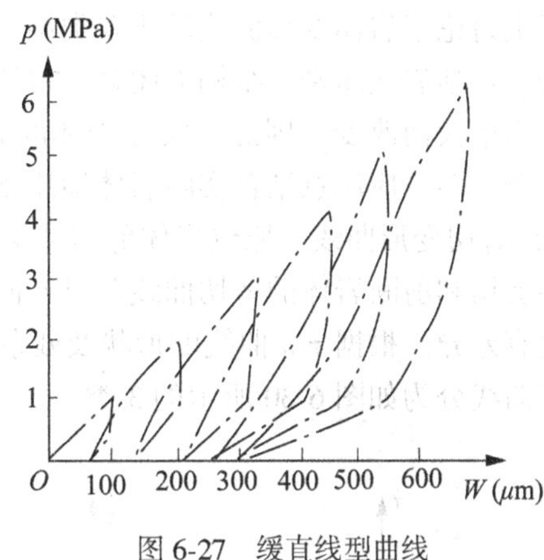

图 6-27　缓直线型曲线

②上凹型。曲线方程为 $p=f(W)$，$\frac{dp}{dW}$随 p 增大而递增，$\frac{dp}{dW}>0$，呈上凹型曲线。层状及节理岩体多呈这类曲线。据其加卸压曲线又可分为两种：

每次加压曲线的斜率随加、卸压循环次数的增加而增大，即岩体刚度随循环次数增加而增大。各次卸压曲线相对较缓，且相互近于平行。弹性变形 W_e 和总变形 W 之比随 p 的增大而增大，说明岩体弹性变形成分较大(图 6-28)。这种曲线多出现于垂直层面加压的较坚硬层状岩体中。

加压曲线的变化情况与上述相同，但卸压曲线较陡，说明卸压后变形大部分不能恢复，为塑性变形(图 6-29)。存在软弱夹层的层状岩体及裂隙岩体，常呈这类曲线；另外，垂直层面加压的层状岩体，也可出现这类曲线。

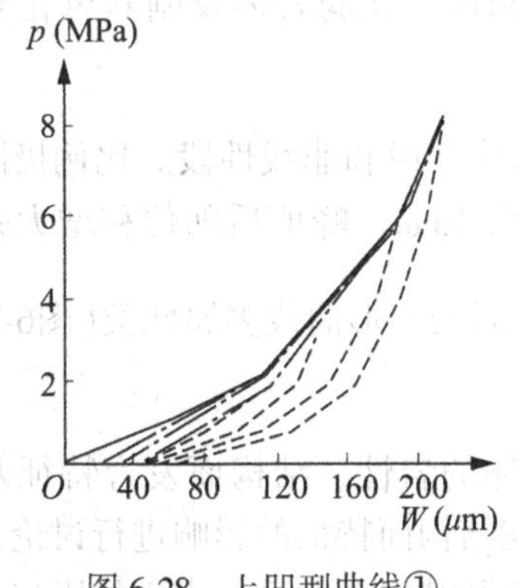

图 6-28　上凹型曲线①

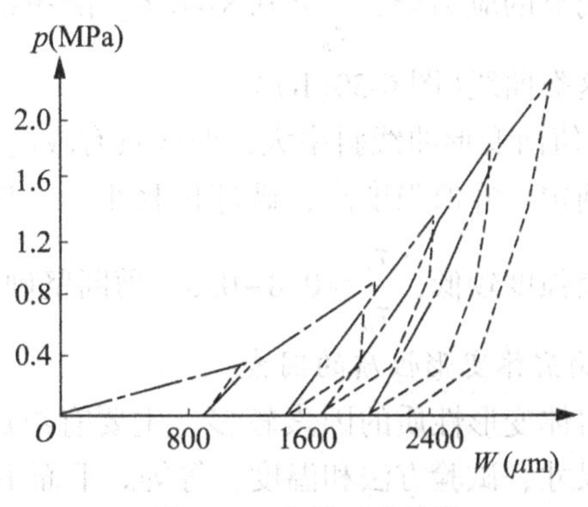

图 6-29　上凹型曲线②

③上凸型。这类曲线的方程为 $p=f(W)$，$\frac{dp}{dW}$随 p 增加而递减，$\frac{d^2p}{dW^2}<0$，呈上凸型曲线。结构面发育且有泥质填充的岩体、较深处理藏有软弱夹层或岩性软弱的岩体（黏土岩、风化岩）等，常呈这类曲线。

④复合型。p-W 曲线呈阶梯或"S"形。结构面发育不均或岩性不均匀的岩体，常呈此类曲线。

以上讨论了岩体变形曲线的主要类型及其特征。然而，岩体受压时的力学行为是十分复杂的，包括岩块压密、结构面闭合、岩块沿结构面滑移或转动等；同时，受压边界条件又随压力增大而改变。因此，实际岩体的 p-W 曲线也是比较复杂的，往往比上述曲线类型要复杂得多，应注意结合实际岩体地质条件加以分析。

（2）剪切变形曲线。原位岩体剪切试验研究表明，岩体的剪切变形曲线十分复杂，沿结构面剪切和剪断岩体的剪切曲线明显不同；沿平直光滑结构面和粗糙结构面剪切的剪切曲线也有差异。根据 τ-u 曲线的形状及残余强度（τ_r）与峰值强度（τ_p）的比值，可将岩体剪切变形曲线分为如图 6-30 所示的 3 类。

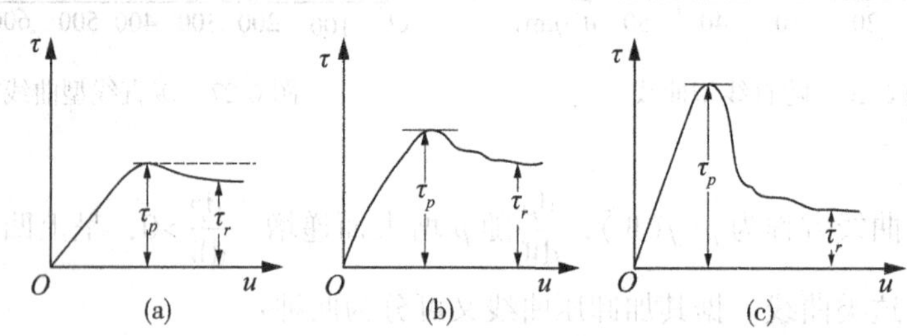

图 6-30　岩体剪切变形曲线类型示意图

（1）峰值前变形曲线的平均斜率小，破坏位移大，一般可达 2~10mm；峰值后随位移增大强度损失很小或不变，$\frac{\tau_r}{\tau_p}\approx 1.0\sim 0.6$。沿软弱结构面剪切时，常呈这类曲线（图6-30（a））。

（2）峰值前变形曲线平均斜率较大，峰值强度较高。峰值后随剪位移增大强度损失较大，有较明显的应力降，$\frac{\tau_r}{\tau_p}\approx 0.8\sim 0.6$。沿粗糙结构面、软弱岩体及剧烈风化岩体剪切时，多属这类曲线（图 6-30（b））。

（3）峰值前变形曲线斜率大，曲线具有较清楚的线性段和非线性段。比例极限和屈服极限较易确定。峰值强度高，破坏位移小，一般约为 1mm。峰值后随位移增大强度迅速降低，残余强度较低，$\frac{\tau_r}{\tau_p}\approx 0.8\sim 0.3$。剪断坚硬岩体时的变形曲线多属此类（图6-30（c））。

3. 影响岩体变形性质的因素

影响岩体变形性质的因素较多，主要有组成岩体的岩性、结构面发育特征及载荷条件、试件尺寸、试验方法和温度，等等。下面主要就结构面特征的影响进行讨论。

结构面的影响包括结构面方位、密度、填充特征及其组合关系等方面的影响，称为结构效应。

(1)结构面方位：主要表现在岩体变形随结构面及应力作用方向间夹角的不同而不同，即导致岩体变形的各向异性。这种影响在岩体中结构面组数较少时表现特别明显，而随结构面组数增多，反而越来越不明显。图 6-31 所示为某泥岩岩体变形与结构面产状间的关系，由图可见，无论是总变形或弹性变形，其最大值均发生在垂直结构面方向上，平行结构面方向的变形最小。另外，岩体的变形模量 E_m 也具有明显的各向异性。一般来说，平行结构面方向的变形模量 $E_{/\!/}$ 大于垂直方向的变形模量 $E_{\perp}$。表 6-7 所列为我国某些水电工程岩体变形模量实测值，可知岩体的 $E_{/\!/}/E_{\perp}$ 一般为 1.5~3.5。

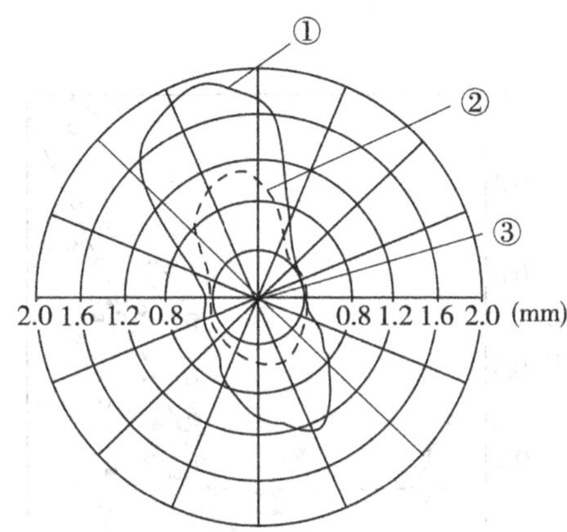

①—总变形；②—弹性变形；③—结构面走向

图 6-31　硐室岩体径向变形与结构面产状关系(据肖树芳等，1986)

表 6-7　**某些岩体的 $E_{11}/E_{\perp}$ 值表**

岩体名称	$E_{/\!/}$(GPa)	$E_{\perp}$(GPa)	$E_{/\!/}/E_{\perp}$	平均比值 $E_{/\!/}/E_{\perp}$	工　程
页岩、灰岩夹泥灰岩			3~5		
花岗岩			1~2		
薄层灰岩夹碳质页岩	56.3	31.4	1.79	1.79	乌江渡
砂岩	26.3	14.4	1.83	1.83	葛洲坝
变余砾状绿泥石片岩	35.6	22.4	1.59	1.59	丹江口
绿泥石云母片岩	45.6	21.4	2.13	2.13	
石英片岩夹绿泥石片岩	38.7	22.8	1.70	1.70	
板岩	9.7 28.1 52.5	6.1 23.8 44.1	1.59 1.18 1.19	1.32	五强溪
砂岩	38.5 71.6 82.7	30.3 35.0 66.6	1.27 2.05 1.24	1.52	

(2)结构面的密度：主要表现在随结构面密度增大，岩体完整性变差，变形增大，变形模量减小。图6-32所示为岩体$\frac{E_m}{E}$与RQD值的关系，图中E为岩块的变形模量。由图可见，当岩体RQD值由100降至65时，$\frac{E_m}{E}$迅速降低；当RQD<65时，$\frac{E_m}{E}$变化不大，即当结构面密度大到一定程度时，对岩体变形的影响就不明显了。

(3)结构面的张开度及填充特征对岩体的变形也有明显的影响。一般来说，张开度较大且无填充或填充薄时，岩体变形较大，变形模量较小；反之，则岩体变形较小，变形模量较大。

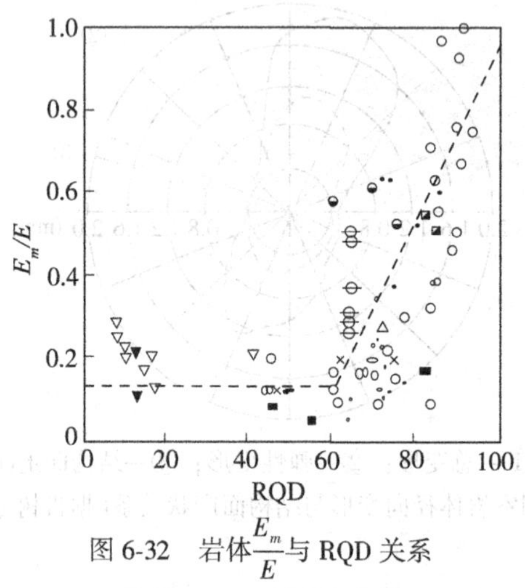

图6-32 岩体$\frac{E_m}{E}$与RQD关系

习 题

6-1 在岩石三轴试验中，围压对岩石的力学性质有什么影响？

6-2 试述岩石和岩体的变形特征。

6-3 常用的岩石强度指标有哪几种？

6-4 何谓结构面？从地质成因上和力学成因上分析，结构面可划分为哪几类？各有什么特点？

6-5 何谓三轴压缩强度及强度包络线？围压对岩块变形、破坏及强度的影响如何？

6-6 分别总结结构面的法向变形与剪切变形的主要特征。

6-7 单结构面理论的内容是什么？

6-8 简述岩体的强度特点。

6-9 一个由石英和具有方解石胶结物的长石组成的砂岩岩芯，直径为85mm，长度为169mm，饱和时湿重是21.42N，烘干后重20.31N。试计算其湿重、干容重和孔隙率。(20.9kN/m³、19.1kN/m³、10.4kN/m³)

6-10　某岩块的剪切强度参数为：$c=50\text{MPa}$，$\varphi=60°$，设岩石强度服从莫尔直线型强度理论。如用该岩石试件做三轴试验，当围压 σ_3 和轴压 σ_1 分别加到 50MPa 和 700MPa 后，保持轴压不变，逐渐卸除围压 σ_3。问：围压卸到多少时，岩石试件破坏？(23.5MPa)

6-11　某岩块进行全过程变形实验，测得实验数据如表 6-8 所示，要求：

(1)在坐标纸中画出应力-应变曲线；

(2)标出各变形阶段；

(3)计算各种变形模量的大小。

表 6-8

应力(MPa)	应变($\times10^{-2}$)	应力(MPa)	应变($\times10^{-2}$)	应力(MPa)	应变($\times10^{-2}$)
5	1.2	40	2.95	45	6.6
10	1.8	45	3.4	40	6.7
15	2.15	50	3.9	35	6.9
20	2.3	55	5.0	30	7.0
25	2.5	56.2	5.7	25	7.4
30	2.53	55	6.1	20	8.2
35	2.8	50	6.5	18	9.2

第7章　岩土的工程分类

7.1　土的工程分类

岩土是自然地质历史的产物，种类繁多，性质千差万别，为了便于对岩、土的工程性质作定性评价，合理地选择研究内容和方法，有必要对岩、土进行科学的分类。工程上，将性质不同的岩土划分成不同的类别，供勘察、设计和施工中使用。岩、土的分类方法很多，我国除了国家规范，国内各行业还根据各自的工程特点和实践经验，制定了各自的行业规范。虽然不同规范中岩、土的分类有所不同，但分类的原则是一致的，即粗粒土主要按颗粒级配分类，细粒土主要按塑性指数分类。下面仅介绍几种在土木工程中常用的岩、土工程分类方法，对这些方法，要辩证地加以分析与理解，掌握不同规范的适用范围和异同点，学会结合实际工程的具体情况，合理选用相应规范进行正确分类，以满足不同行业技术工作的需求。

7.1.1　土的分类原则和标准

土的分类体系就是根据土的工程性质差异将土划分成一定的类别，其目的在于通过一种通用的鉴别标准，以便于在不同土类间作有价值的比较、评价、积累以及学术与经验的交流。目前，国内各部门也都根据各自的用途特点和实践经验，制定了各自的分类方法，一般遵循下列基本原则：

(1)简明原则。土的分类采用的指标要既能综合反映土的主要工程性质，又要测定方法简单，且使用方便。

(2)工程特性差异原则。土的分类采用的指标要在一定程度上反映不同类工程用土的不同特性。例如，当采用重塑土的测试指标划分土的工程性质差异时，对于粗粒土，其工程性质取决于土粒的个体颗粒特征，所以常采用粒度成分指标进行工程分类；对于细粒土，其工程性质则采用反映土粒与水相互作用的可塑性指标。当考虑土的结构性对土工程性质差异的影响时，根据土粒的集合体特征，采用以成因、地质年代为基础的分类原则。因为土作为整体的存在，是自然历史的产物，土的工程性质随其成因与形成年代不同，而有显著差异。

在国际上土的统一分类系统(Unified Soil Classification System)来源于美国(A. Casagrande，1942)提出的一种分类体系。卡氏的分类体系在第二次世界大战时美国军用机场工程得到应用，战后与美国国家开垦局联合修订了该方法(1952)。其主要特点是充分考虑了土的粒度成分和可塑性指标，即粗粒土土粒的个体特性和细粒土与水的相互作用，这种方法采用了扰动土的测试指标，对于天然土作为地基或环境时，忽略了土粒的集合体特性(土的结构性)，因此，无法考虑土的成因、年代对工程性质的影响，这些是这种方法存在的缺陷。

在我国为了统一工程用土的鉴别、定名和描述，同时也便于对土性状做出一般定性评价，制定了《土的工程分类标准》(GB/T50145—2007)。它的分类体系基本采用与卡氏相似的分类原则，所采用的简便易测的定量分类指标，最能反映土的基本属性和工程性质，也便于计算机资料检索。土的总体分类体系如图 7-1 所示。

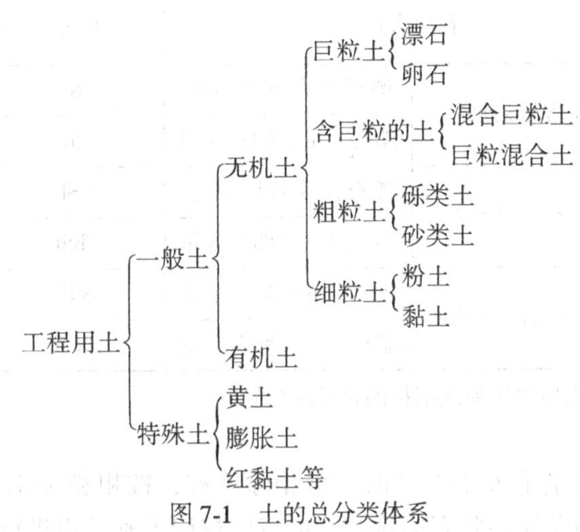

图 7-1　土的总分类体系

7.1.2 《土的工程分类标准》(GB/T50145—2007)

《土的工程分类标准》适用于土的基本分类，该标准按不同粒组的相对含量将土划分为巨粒(Large Grain)、粗粒(Coarse Grain)和细粒(Fine Grain)三大粒组。巨粒类土按粒组划分；粗粒类土按粒组、级配、细粒土含量划分；细粒类土按塑性图、所含粗粒类别以及有机质含量划分。

土的成分、级配、液限和特殊土等基本代号按下列规定使用：B——漂石、块石(Boulder or Rubble)，Cb——卵石、碎石(Cobble or Breakstore)，G——砾、角砾(Gravel)，S——砂(Sand)，M——粉土(Mo)，C——黏土(Clay)，F——细粒土(Fine)，Sl——混合土(Blende Soil)，O——有机质土(Organic Soil)，W——级配良好(Well Graded)，P——级配不良(Poorly Graded)，H——高液限(High Liquid Limit)，L——低液限(Low Liquid Limit)。

土类名称可用不同代号表示，土的工程分类代号可以由 1~3 个基本代号构成。当用一个基本代号表示时，代号代表土的名称，如 C 代表黏土。当由 2 个基本代号构成时，第一个代号表示土的主成分，第二个代号表示土的副成分(土的液限高低或土的级配好坏)，如 ML 表示低液限粉土、SW 表示级配良好砂。当由 3 个代号构成时，第一个代号表示土的主成分，第二个代号表示土的副成分，第三个代号表示土中所含次要成分，如 CHC 表示含砾高液限黏土。

1. 巨粒类土的分类

巨粒类土按粒组含量，可分为巨粒土(Large Grain Soils)、混合巨粒土(Soil with Large

Grains)和巨粒混合土(Coarse Grains Soil)三种类型。根据漂石含量与卵石含量的多少，又可将巨粒土分为漂石和卵石，将混合巨粒土分为混合土漂石和混合土卵石，将巨粒混合土分为漂石混合土和卵石混合土，具体划分标准见表 7-1，表中的巨粒指粒径 d>60mm 的颗粒。

表 7-1　　巨粒类土的分类

土类	粒组含量		代号	名称
巨粒土	巨粒含量>75%	漂石含量>卵石含量	B	漂石(块石)
		漂石含量≤卵石含量	Cb	卵石(碎石)
混合巨粒土	50%<巨粒含量≤75%	漂石含量>卵石含量	BSl	混合土漂石(块石)
		漂石含量≤卵石含量	CbSl	混合土卵石(碎石)
巨粒混合土	15%<巨粒含量≤50%	漂石含量>卵石含量	SlB	漂石(块石)混合土
		漂石含量≤卵石含量	SlCb	卵石(碎石)混合土

注：巨粒混合土可根据所含粗粒或细粒的含量进行划分。

当试样中巨粒组含量不大于 15%时，可扣除巨粒，按粗粒类土或细粒类土的相应规定分类；当巨粒对土的总体性状有影响时，可将巨粒记入砾粒组进行分类。

2. 粗粒类土的分类

试样中粗粒(60mm≥d>0.075mm)含量大于50%的土称为粗粒土，粗粒土又分为砾类土和砂类土两大类，砾粒组含量大于砂粒组含量的土称为砾类土，砾粒组含量不大于砂粒组含量的土称为砂类土。

根据粒组和细粒粒径(d≤0.075mm)含量，砾(砂)类土又分为砾(砂)、含细粒土砾(砂)和细粒土质砾(砂)三种类型，其中砾(砂)根据级配情况，又分为级配良好砾(砂)、级配不良砾(砂)；细粒土质砾(砂)根据粉粒含量，又分为黏土质砾(砂)和粉土质砾(砂)，具体划分标准见表 7-2、表 7-3。

表 7-2　　砾类土的分类

土类	粒组含量		代号	名称
砾	细粒含量<5%	级配 $Cu \geq 5$，$C_c = 1 \sim 3$	GW	级配良好砾
		级配：不同时满足上述要求	GP	级配不良砾
含细粒土砾	5%≤细粒含量<15%		GF	含细粒土砾
细粒土质砾	15%≤细粒含量<50%	细粒组中粉粒含量≤50%	GC	黏土质砾
		细粒组中粉粒含量>50%	GM	粉土质砾

表7-3 **砂类土的分类**

土类	粒组含量		代号	名称
砂	细粒含量<5%	级配 $Cu \geqslant 5$，$C_c = 1 \sim 3$	SW	级配良好砂
		级配：不同时满足上述要求	SP	级配不良砂
含细粒土砂	5%≤细粒含量<15%		SF	含细粒土砂
细粒土质砂	15%≤细粒含量<50%	细粒组中粉粒含量≤50%	SC	黏土质砂
		细粒组中粉粒含量>50%	SM	粉土质砂

3. 细粒土的分类标准

试样中细粒组含量不小于50%的土为细粒类土，分为细粒土和含粗粒的细粒土两种类型。粗粒组含量小于等于25%的土称细粒土；粗粒组含量大于25%且不大于50%的土称含粗粒的细粒土。

细粒土应根据塑性图进行分类，如图7-2所示，图中的液限 w_L 为用碟式液限仪测定的液限含水量或用质量76g锥角30°的液限仪，锥尖入土深度为17mm时的含水量。根据塑性指数，细粒土又分为黏土和粉土两种类型，黏土和粉土又根据液限大小划分为高液限（液限 $w_L \geqslant 50\%$）黏土（粉土）和低液限（液限 $w_L < 50\%$）黏土（粉土），见表7-4。

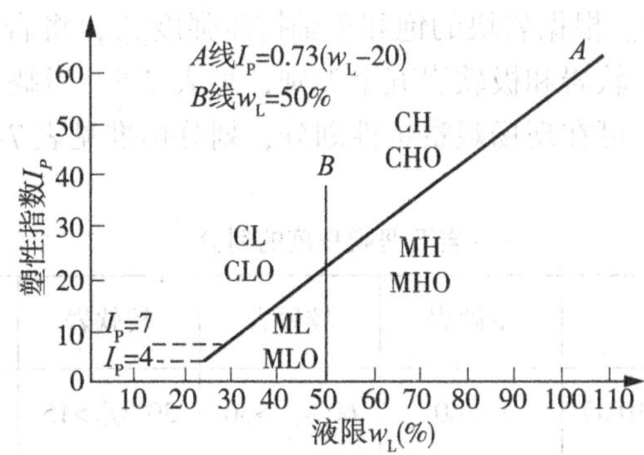

图7-2 塑性图（锥尖入土样深度17mm）

表7-4 **细粒土的分类**

土的塑性指标在塑性图7-2中的位置		代号	名称
塑性指数 I_P	液限 w_L		
$I_P \geqslant 0.73(w_L-20)$ 和 $I_P \geqslant 7$	≥50%	CH	高液限黏土
	<50%	CL	低液限黏土
$I_P < 0.73(w_L-20)$ 和 $I_P < 4$	≥50%	MH	高液限粉土
	<50%	ML	低液限粉土

注：黏土-粉土过渡区（CL-ML）的土可按相邻土层的类别划分。

含粗粒的细粒土又分为含砾细粒土和含砂细粒土两种类型。含砾细粒土和含砂细粒土还应根据所含细粒土的塑性指标在塑性图中的位置、液限以及所含粗粒类别，按表7-4进行分类，并按下列规定命名：当粗粒中的砾粒含量大于砂粒含量时，称含砾细粒土，在细粒土代号后加代号G，如含砾低液限黏土的代号为CLG；当粗粒中的砾粒含量不大于砂粒含量时，称含砂细粒土，在细粒土代号后加代号S，如含砂高液限黏土的代号为CHS。

有机质含量小于10%且不小于5%，有特殊气味、压缩性高的粉土或黏土称为有机质土；有机质含量大于等于10%，有特殊气味、压缩性高的粉土或黏土称为有机土。有机质土应根据所含细粒土的塑性指标在塑性图中的位置和液限，按表7-4进行分类，并在土名前加“有机质”，有机质细粒土的代号在原代号后面加O，如高液限有机质粉土的代号为MHO。

7.1.3 《建筑地基基础设计规范》(GB 50007—2011)

《建筑地基基础设计规范》适用于工业与民用建筑(包括构筑物)的地基基础设计。该规范对于岩土的分类相对比较简便，将作为建筑地基的岩、土分为岩石、碎石土、砂土、粉土、黏性土和人工填土六大类别。

1. *岩石*

岩石应为颗粒间牢固联结，呈整体或具有节理裂隙的岩体，岩石的类别划分主要有以下几种：

(1)按坚硬程度划分。根据岩块的饱和单轴抗压强度f_{rk}，将岩石的坚硬程度划分为坚硬岩、较硬岩、较软岩、软岩和极软岩五个类别，见表7-5。当缺乏饱和单轴抗压强度资料或不能做该项试验时，可在现场观察定性划分，划分标准见表7-6。

表7-5 **岩石坚硬程度的划分**

坚硬件程度类别	坚硬岩	较硬岩	较软岩	软岩	极软岩
饱和单轴抗压强度标准f_{rk}(MPa)	$f_{rk}>60$	$60\geqslant f_{rk}>30$	$30\geqslant f_{rk}>15$	$15\geqslant f_{rk}>5$	$60\geqslant f_{rk}\geqslant 30$

表7-6 **岩石坚硬程度的定性划分**

名称		定性鉴别	代表性岩石
硬质岩	坚硬岩	锤击声清脆，有回弹，震手，难击碎；基本无吸水反应	未风化-微风化的花岗岩、闪长岩、辉绿岩、玄武岩、安山岩、片麻岩、石英岩、硅质砾岩、石英砂岩、硅质石灰岩等
	较硬岩	锤击声较清脆，有轻微回弹，稍震手，较难击碎；有轻微吸水反应	1. 微风化的坚硬岩 2. 未风化-微风化的大理岩、板岩、石灰岩、钙质砂岩等

续表

<table>
<tr><th colspan="2">名称</th><th>定性鉴别</th><th>代表性岩石</th></tr>
<tr><td rowspan="2">软质岩</td><td>较软岩</td><td>锤击声不清脆，无回弹，轻易击碎；指甲可刻出印痕</td><td>1. 中风化的坚硬岩和较硬岩
2. 未风化-微风化的凝灰、千枚岩、砂质泥岩、泥灰岩等</td></tr>
<tr><td>软岩</td><td>锤击声哑，无回弹，有凹痕，易击碎；浸水后可捏成团</td><td>1. 风化的坚硬岩和较硬岩
2. 中风化的较软岩
3. 未风化-微风化的泥质砂岩、泥岩等</td></tr>
<tr><td colspan="2">极软岩</td><td>锤击声哑，无回弹，有较深凹痕，手可捏碎；浸水后，可捏成团</td><td>1. 风化的软岩
2. 全风化的各种岩石
3. 各种半成岩</td></tr>
</table>

(2)按风化程度划分。岩石的风化程度可分为未风化、微风化、中风化、强风化和全风化五个等级。其中，未风化是指岩石新鲜，偶见风化痕迹；微风化是指结构基本未变，仅节理面有渲染或略有变色，有少量风化裂隙；中风化是指结构部分破坏，沿节理面有次生矿物，风化裂隙发育，岩体被切割成岩块，用镐难挖，用岩芯钻方可钻进；强风化是指结构大部分破坏，矿物成分显著变化，风化裂隙很发育，岩体破碎，用镐可挖，用干钻不易钻进；全风化是指结构基本破坏，但尚可辨认，有残余结构强度，可用镐挖，用干钻可钻进。

(3)按完整程度划分。岩体的完整程度根据完整性指数划分为完整、较完整、较破碎、破碎和极破碎五个等级，见表 7-7。表中的完整性指数为岩体纵波波速与岩块纵波波速之比的平方。当缺乏波速试验数据时，岩体的完整程度可按表 7-8 进行划分。

表 7-7　**岩体完整程度的划分**

完整程度等级	完整	较完整	较破碎	破碎	极破碎
完整性指数	>0.75	0.75~0.55	0.55~0.35	0.35~0.15	<0.15

表 7-8　**岩体完整程度的定性划分**

名称	结构面组数	控制性结构面平均间距(m)	代表性结构类型
完整	1~2	>1.0	整体状结构
较完整	2~3	0.4~1.0	块状结构
较破碎	>3	0.2~0.4	镶嵌状结构
破碎	>3	<0.2	破裂状结构
极破碎	无序	—	散体状结构

2. 碎石土

碎石土是指粒径大于2mm的颗粒含量超过全重50%的土。根据颗粒形状和颗粒级配将碎石土分为漂石、块石、卵石、碎石、圆砾和角砾，见表7-9。

表7-9 碎石土分类

土的名称	颗粒形状	颗粒级配
漂石	圆形及亚圆形为主	粒径大于200mm颗粒含量超过全重的50%
块石	棱角形为主	
卵石	圆形及亚圆形为主	粒径大于20mm颗粒含量超过全重的50%
碎石	棱角形为主	
圆砾	圆形及亚圆形为主	粒径大于2mm颗粒含量超过全重的50%
角砾	棱角形为主	

注：分类时应根据颗粒级配由大到小以最先符合者确定。

3. 砂土

砂土是指粒径大于2mm的颗粒含量不超过全重50%，且粒径大于0.075mm的颗粒含量超过全重50%的土。根据颗粒形状和颗粒级配，将砂土分为砾砂、粗砂、中砂、细砂和粉砂，见表7-10。

表7-10 砂土分类

土的名称	颗粒级配
砾砂	粒径大于2mm颗粒含量占全重的25%~50%
粗砂	粒径大于0.5mm颗粒含量超过全重的50%
中砂	粒径大于0.25mm颗粒含量超过全重的50%
细砂	粒径大于0.075mm颗粒含量超过全重的85%
粉砂	粒径大于0.075mm颗粒含量超过全重的50%

注：分类时应根据颗粒级配由大到小以最先符合者确定。

4. 粉土

粉土是指介于砂土和黏性土之间，塑性指数$I_p \leq 10$，粒径大于0.075mm的颗粒含量不超过全重50%的土。

5. 黏性土

黏性土是指塑性指数$I_p > 10$的土。根据塑性指数I_p，将黏性土又分为粉质黏土和黏土，详见表7-11。

表 7-11 黏性土的分类

土的名称	塑性指数	土的名称	塑性指数
粉质黏土	$10<I_p\leq17$	黏土	$I_p>17$

注：塑性指数由相应的 76g 圆锥体沉入土样中深度为 10mm 时测定的液限计算而得。

6. 人工填土

人工填土是指由于人类活动而形成的堆积土，物质成分较杂乱，均匀性差。根据其组成和成因，可分为素填土、压实填土、杂填土和冲填土。

素填土为由碎石、砂土、粉土、黏性土等组成的填土。经过压实或夯实的素填土为压实填土。杂填土为含大量建筑垃圾、工业废料、生活垃圾等杂物的填土。冲填土为由水力充填泥砂形成的填土。

除了上述 6 大类岩、土，自然界还有一些具有一定分布区域或工程意义，包含特殊成分、状态和结构特征的土，称为特殊土，如淤泥及淤泥质土、红黏土、膨胀土、湿陷性土等。

淤泥为在静水或缓慢的流水环境中沉积，并经生物化学作用形成，其天然含水量 w 大于液限 w_L、天然孔隙 e 比大于或等于 1.5 的黏性土。

淤泥质土为天然含水量大于液限，而天然孔隙比小于 1.5 但大于或等于 1.0 的黏性土或粉土。淤泥及淤泥质土均属于软土，软土的承载力低、压缩性大、透水性差，具有明显的结构性和流变性，不能作为天然地基。含有大量未分解的腐殖质，有机质含量大于 60%的土为泥炭，有机质含量大于等于 10%且小于等于 60%的土为泥炭质土。

红黏土为碳酸盐岩系的岩石，经红土化作用形成的高塑性黏土。其液限 w_L 一般大于 50%。红黏土经再搬运后仍保留其基本特征，其液限大于 45%的土为次生红黏土。红黏土常呈蜂窝状结构，常有很多裂隙、结核和土洞。红黏土往往具有高塑性和分散性、高含水率和低密度、较高强度和较低压缩性。

膨胀土为土中黏粒成分主要由亲水性矿物组成，同时具有显著的吸水膨胀和失水收缩特性，其自由膨胀率大于或等于 40%的黏性土。

湿陷性土为在一定压力下浸水后产生附加沉降，其湿陷系数大于或等于 0.015 的土。

7.1.4 《公路桥涵地基与基础设计规范》(JTG D63—2007)

《公路桥涵地基与基础设计规范》适用于公路桥涵地基基础的设计，其他道路桥涵的地基基础设计也可参照使用。该规范与《建筑地基基础设计规范》对于岩、土的分类方法类似，将公路桥涵地基的岩、土分为岩石、碎石土、砂土、粉土、黏性土和特殊性岩土六大类别。

岩石除了采用与《建筑地基基础设计规范》相同的分类方法即按坚硬程度(划分标准同表 7-5、表 7-6)、完整程度分级(划分标准同表 7-7)和风化程度分级外，《公路桥涵地基与基础设计规范》还增加了岩体节理发育程度和软化性的分类标准。岩体节理发育程度根据节理间距分为节理很发育、节理发育、节理不发育三种类型，见表 7-12。此外，根据岩石的软化系数(岩石在饱和状态下的单轴抗压强度与其干燥状态下的单轴抗压强度的比值)，将岩石分为软化岩石和不软化岩石，规范规定，当软化系数等于或小于0.75时，应定为软化岩石；当软化系数大于0.75时，应定为不软化岩石。

表7-12 **岩体节理发育程度的分类**

程度	节理不发育	节理发育	节理很发育
节理间距(mm)	>400	200~400	20~200

《公路桥涵地基与基础设计规范》中对于碎石土、砂土、粉土和黏性土的分类标准与《建筑地基基础设计规范》相同，只是增加了黏性土按沉积年代分类，将其划分为老黏性土、一般黏性土和新近沉积黏性土，见表7-13。

表7-13 **黏性土的沉积年代分类**

土的分类	老黏土	一般性黏土	新近沉积黏性土
沉积年代	第四纪晚更新世(Q_3)及以前	第四纪全新世(Q_4)	第四纪全新世(Q_4)以后

《公路桥涵地基与基础设计规范》中的特殊性岩土包括软土、膨胀土、湿陷性土、红黏土、冻土、盐渍土(土中易溶盐含量大于0.3%，并具有溶陷、盐胀、腐蚀等工程特性的土)和填土。与《建筑地基基础设计规范》相比，软土不仅包括淤泥及淤泥质土，还增加了泥炭和泥炭质土，此外，还增加了软土地基鉴别指标，见表7-14。两个规范中的填土与人工填土其实是完全相同的，只是名称不同而已。

表7-14 **软土地鉴别指标(JTG D63—2007)**

指标名称	天然含水量 w(%)	天然孔隙比 e	直剪内摩擦角 φ(°)	十字板剪切强度 c_u(kPa)	压缩系数 a_{1-2}(MPa)
指标值	≥35或液限	≥1.0	宜不小于5	<35	宜大于0.5

7.1.5 《公路土工试验规程》(JTG E40—2007)

《公路土工试验规程》中提出的土的分类标准适用于各类公路工程用土的鉴别、定名和描述。土作为路基建筑材料，砂性土最优，黏性土次之，粉土和蒙脱石含量高的黏性土都是不良的路基土材料，容易引起路基病害。《公路土工试验规程》与《土的工程分类标准》分类体系类似，将土分为巨粒土、粗粒土、细粒土和特殊土四大类别，土的分类总体系见图7-3。

土的成分、级配、液限和特殊土等基本代号与《土的工程分类标准》中的代号基本相同，但个别代号有所变化，并增加了一些新代号，代号发生变化的有：块石(B_a)、卵石(C_b)和角砾(G_a)。增加的新代号有：小块石(CB_a)、黄土(Y)、膨胀土(E)、红黏土(R)、盐渍土(S_t)和冻土(F_t)。

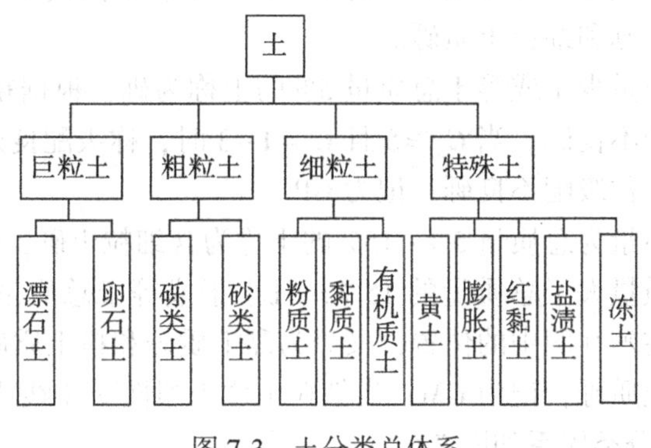

图 7-3　土分类总体系

1. 巨粒土分类

巨粒土按粒组含量分为漂(卵)石、漂(卵)石夹土和漂(卵)石质土三种类型。巨粒组(粒径 d>60mm 的颗粒)质量大于总质量 75%的土称为漂(卵)石；巨粒组质量为总质量 50%~75%(含 75%)的土称为漂(卵)石夹土；巨粒组质量为总质量 15%~50%(含 50%)的土称为漂(卵)石质土。对于巨粒组质量小于或等于总质量 15%的土，可扣除巨粒，按粗粒土或细粒土的相应规定分类定名。巨粒土的具体划分标准如图 7-4 所示。

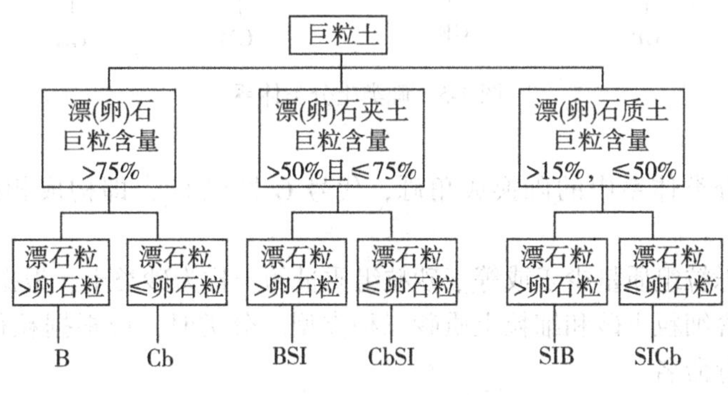

图 7-4　巨粒土分类体系

漂石与卵石应按下列规定定名：漂石粒组质量多于卵石粒组质量的土称漂石，记为 B；漂石粒组质量少于或等于卵石粒组质量的土称卵石，记为 C_b。

漂石夹土与卵石夹土按下列规定定名：漂石粒组质量多于卵石粒组质量的土称漂石夹土，记为 BSl；漂石粒组质量少于或等于卵石粒组质量的土称卵石夹土，记为 C_bSl。

漂石质土与卵石质土应按下列规定定名：漂石粒组多于卵石粒组的土称漂石质土，记为 S1B；漂石粒组少于或等于卵石粒组的土称卵石质土，记为 S1C_b。如有必要，可按漂(卵)石质土中的砾、砂、细粒土含量定名。

2. 粗粒土分类

试样中巨粒组土粒质量少于或等于总质量 15%，且巨粒组土粒与粗粒组土粒质量之和多于总质量 50%的土称为粗粒土，它分为砾类土和砂类土两种类型。

粗粒土中砾粒组质量多于砂粒组质量的土称砾类土，根据其中细粒含量和类别，砾类土又分为砾、含细粒土砾和细粒土质砾。

砾类土中细粒组质量少于或等于总质量5%的土称为砾，根据粗粒组的级配，将砾又分为级配良好砾和级配不良砾。当$C_u \geqslant 5$且$C_c = 1\sim3$时，称级配良好砾，记为GW；不能同时满足上述条件时，称级配不良砾，记为GP。

砾类土中细粒组质量为总质量5%~15%的土称为含细粒土砾，记为GF。

砾类土中细粒组质量大于总质量的15%，且小于或等于总质量的50%的土称为细粒土质砾，根据细粒土在塑性图中的位置，又分为黏土质砾和粉土质砾，当细粒土位于塑性图且线以下时，称粉土质砾，记为GM；当细粒土位于塑性图*A*线或*A*线以上时，称黏土质砾，记为GC。具体分类体系如图7-5所示。

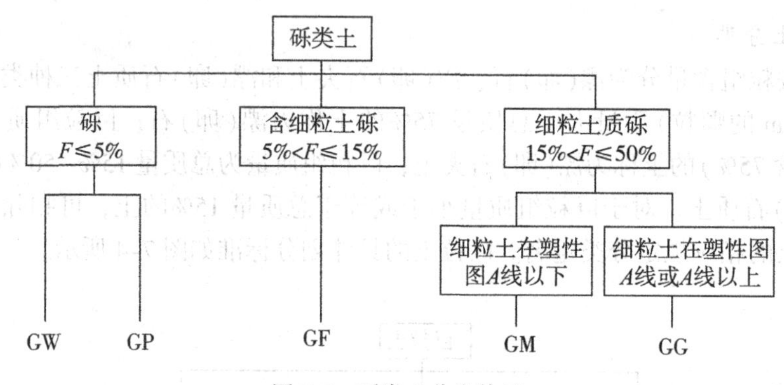

图7-5 砾类土分类体系

当把砾类土分类体系中的砾换成角砾，代号G换成G_a，即构成相应的角砾土分类体系。

粗粒土中，砾粒组质量少于或等于砂粒组质量的土称为砂类土，根据其中细粒含量和类别，分为砂、含细粒土砂和细粒土质砂三种类型。分类时，应根据粒径分组由大到小，以首先符合者进行命名。

砂类土中细粒组质量少于总质量5%的土称砂，根据粗粒组的级配又分为级配良好砂和级配不良砂。当$C_u \geqslant 5$，且$C_c = 1\sim3$时，称级配良好砂，记为SW；不能同时满足上述条件时，称级配不良砂，记为SP。

砂类土中细粒组质量为总质量5%~15%(含15%)的土称为含细粒土砂，记为SP。

砂类土中细粒组质量大于总质量的15%并小于总质量的50%的土称细粒土质砂，按细粒土在塑性图的位置，又分为粉土质砂和黏土质砂。当细粒土位于塑性图*A*线以下时，称粉土质砂，记为SM；当细粒土位于塑性图*A*线或*A*线以上时，称黏土质砂，记为SC。砂类土的分类体系如图7-6所示。

需要时，砂可进一步细分为粗砂、中砂和细砂：粗砂粒径大于0.5mm颗粒多于总质量50%；中砂粒径大于0.25mm颗粒多于总质量50%；细砂粒径大于0.074mm颗粒多于总质量75%。

3. 细粒土分类

试样中，细粒组质量多于或等于总质量50%的土称为细粒土，根据级配、塑性指数

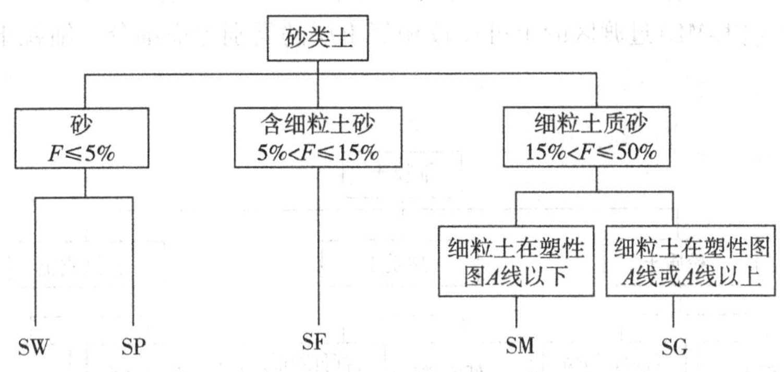

图 7-6　砂类土分类总体系

和有机质含量，分为粉质土、黏质土和有机质土三种类型。细粒土中粗粒组质量少于或等于总质量 25%的土称为粉质土或黏质土；细粒土中粗粒组质量为总质量 25%~50%(含 50%)的土称为含粗粒的粉质土或黏质土；试样中有机质含量多于或等于总质量的 5%且少于总质量 10%的土称为有机质土；试样中有机质含量多于或等于总质量 10%的土称为有机土。

根据液限大小，又将细粒土划分为高液限(液限 $w_L \geqslant 50\%$)细粒土和低液限(液限小于 50%)细粒土。根据粗粒组含量多少又将其划分为粉土和含砾粉土、黏土和含砾黏土。根据砾粒组质量与砂粒组质量的多少，又将其细分为含砾细粒土和含砂细粒土。

与《土的工程分类标准》相同，《公路土工试验规程》中的细粒土也是按塑性图(图 7-2)进行分类的。

当细粒土位于塑性图 A 线或 A 线以上时，按下列规定定名：在 B 线或 B 线以右，称为高液限黏土，记为 CH；在 B 线以左，$I_p=7$ 线以上，称低液限黏土，记为 CL。

当细粒土位于塑性图 A 线以下时，按下列规定定名：在 B 线或 B 线以右，称高液限粉土，记为 MH；在 B 线以左，$I_p=4$ 线以下，称低液限粉土，记为 ML。

黏土-粉土(CL-ML)过渡区(图 7-2 中 $I_p=4$ 和 $I_p=7$ 两条横虚线之间的区域)的土，可以按相邻土层的类别考虑细分。

含粗粒的细粒土应先根据塑性图确定细粒土部分的名称，再按以下规定最终定名：当粗粒组中砾粒组质量多于或等于砂粒组质量时，称含砾细粒土，应在细粒土代号后缀以代号 G，例如，高液限含砾粉土，其代号为 MHG；当粗粒组中砾粒组质量少于砂粒组质量时，称含砂细粒土，应在细粒土代号后缀以代号 S，例如，低液限含砂黏土，其代号为 CLS。

土中有机质包括未完全分解的动植物残骸和完全分解的无定形物质，后者多呈黑色、青黑色或暗色，有臭味，有弹性和海绵感。可以借目测、手摸及嗅觉判别或通过室内进行试验判别，并测定有机质含量。有机质土应按下列规定定名：

当细粒土位于塑性图(图 7-2)A 线或 A 线以上时，在 B 线或 B 线以右，称为有机质高液限黏土，记为 CHO；在 B 线以左，$I_p=7$ 线以上，称为有机质低液限黏土，记为 CLO。

当细粒土位于塑性图 A 线以下时，在 B 线或 B 线以右，称为有机质高液限粉土，记为 MHO；在 B 线以左，$I_p=4$ 线以下，称有机质低液限粉土，记为 MLO。

黏土-粉土(CL-ML)过渡区的土可以按相邻土层的类别考虑细分。细粒土分类体系如图 7-7 所示。

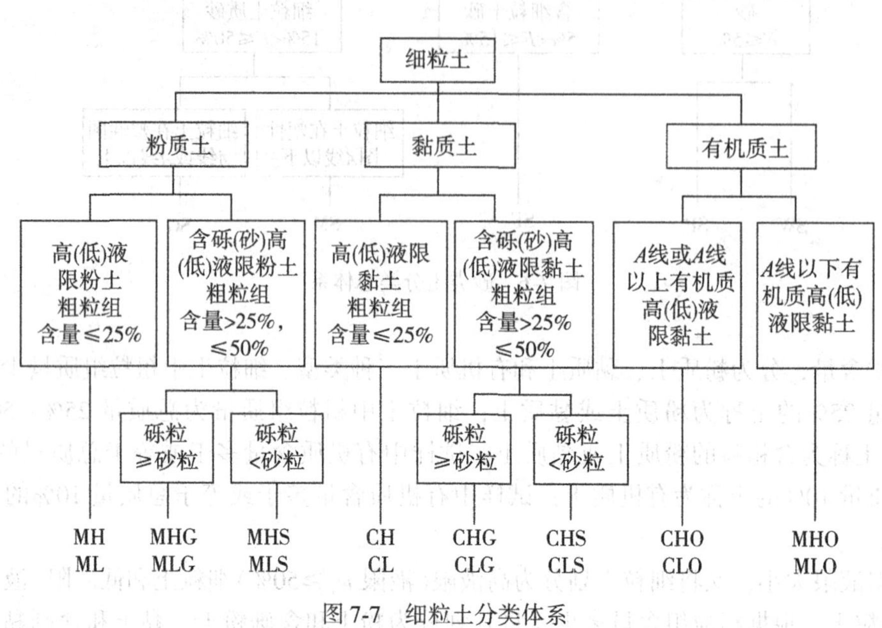

图 7-7 细粒土分类体系

特殊土主要包括黄土、膨胀土、红黏土、盐渍土和冻土。黄土、膨胀土、红黏土在塑性图上的位置定名，如图 7-8 所示。

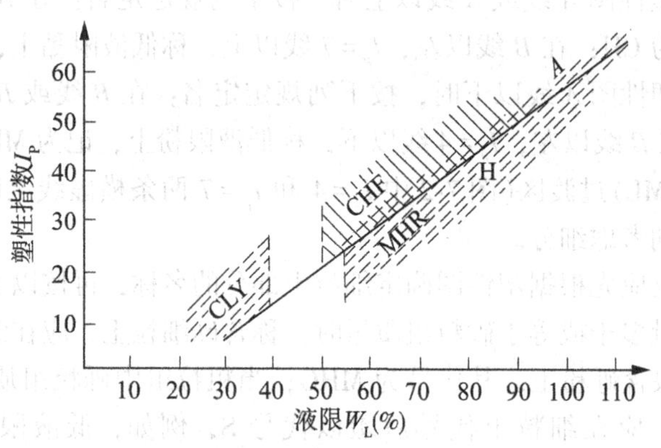

图 7-8 特殊土塑性图

黄土属低液限黏土(CLY)，分布范围大部分在 A 线以上，液限 $w_L<40\%$；膨胀土属高液限黏土(CHF)，分布范围大部分在 A 线以上，液限 $w_L>50\%$；红黏土属高液限粉土(MHR)，分布位置大部分在 A 线以下，液限 $w_L>55\%$。

盐渍土按照土层中所含盐的种类和质量百分率进行分类，将其分为弱盐渍土、中盐渍土、强盐渍土和过盐渍土四种类型，具体划分标准见表 7-15。

表 7-15 **软土地基鉴别指标**

名 称	氯盐渍土	亚氯盐渍土	亚硫酸盐渍土	硫酸盐渍土
土层中平均总盐量(质量%) CL^-/SO_4^{2-}比值	>2.0	1.0~2.0	0.3~1.0	<0.3
弱盐渍土	0.3~1.5	0.3~1.0	0.3~0.8	0.3~1.5
中盐渍土	1.5~5.0	1.0~4.0	0.8~2.0	0.5~1.5
强盐渍土	5.0~8.0	4.0~7.0	2.0~5.0	1.5~4.0
过盐渍土	>8.0	>7.0	>5.0	>4.0

冻土按照土冻结状态持续时间的长短，可分为多年冻土、隔年冻土和季节冻土三种类型，如表 7-16 所示。

表 7-16 **冻土地基鉴别指标**

类型	持续时间 t(年)	地面温度特征(℃)	冻融特征
多年冻土	$t \geqslant 2$	年平均地面温度≤0	季节融化
隔年冻土	$2 > t \geqslant 1$	最低月平均地面温度≤0	季节冻结
季节冻土	$t < 2$	最低月平均地面温度≤0	季节冻结

7.2 工程岩体分类

工程岩体指各类岩石工程周围的岩体，这些岩石工程包括地下工程、边坡工程及与岩石有关的地面工程，即为工程建筑物地基、围岩或材料的岩体。工程岩体分类是通过岩体的一些简单和容易实测的指标，把地质条件和岩体力学性质参数联系起来，并借鉴已建工程设计、施工和处理等成功与失败方面的经验教训，对岩体进行归类的一种工作方法。其目的是通过分类，概括地反映各类岩体的质量好坏，预测可能出现的岩体力学问题，为工程设计、支护衬砌、建筑选型和施工方法选择等提供参数和依据。

在我国现行的设计手册和矿山工程标准定额及概预算中，都有以普氏系数 f 表示的岩石级别。普氏分级法以岩块抗压强度为分级依据，这种单一指标不能正确反映复杂岩体的各种属性。因此，分级方法与应用的研究深受国内外学者的重视，并已取得显著进展。

对于不同工程岩体，分类方法可以不同，目前，国内外有关岩体的工程分类方法很多，大致有通用及专用两大分类方法。通用的分类方法是对各类岩体都适用，不针对具体工程而采用的分类；专用的分类方法针对各种不同类型工程而制定的分类方法，如针对硐室、边坡、岩基等岩体分类。

下面就目前较具代表性的工程岩体分类作一介绍。

7.2.1 简易分类

在现场凭经验和观察就可以确定的，大致可以分为三类，如表7-17所示。

表7-17 工程岩体简易分类表

类　型	特征描述
很弱的岩体	手搓即碎；$E=0\sim0.12\times10^4$MPa
固结较好、中硬的岩体	敲击掉块，直径为2.5~7.5cm；$E=0.12\sim0.4\times10^4$MPa
坚硬的或极硬的岩体	敲击掉块，直径大于7.5cm

7.2.2 岩石质量指标(RQD)分类

所谓岩石质量指标RQD(Rock Quality Designation)，是指钻探时岩芯的复原率，或称岩芯采取率，是由迪尔(Deere)等人于1964年提出的，认为钻探获得的岩芯其完整程度与岩体的原始裂隙、硬度、均质性等状态有关。所谓RQD，是指单位长度的钻孔中10cm以上的岩芯占有的比例，即

$$\mathrm{RQD}=\frac{L_P(>10\text{cm 的岩芯断块累计长度})}{L_t(\text{岩芯进尺总长度})}\times100\% \tag{7-1}$$

根据RQD值的大小，将岩体质量划分为5类(表7-18)。目前，该方法已积累了大量的经验，被较多的工程单位采用。

表7-18 岩石质量指标

RQD	<25	25~50	50~75	75~90	>90
岩石质量描述	很差	差	一般	好	很好
等级	Ⅰ	Ⅱ	Ⅲ	Ⅳ	Ⅴ

7.2.3 岩体地质力学分类(CSIR分类)

所谓地质力学岩体分类，就是用岩体的“综合特征值”对岩体划分质量等级。由南非科学和工业研究委员会(Council for Scientific and Industrial Research)提出的CSIR分类指标值RMR(Rock Mass Rating)由岩块强度、RQD值、节理间距、节理条件及地下水5种指标组成。

分类时，根据各类指标的实际情况，先按表7-19所列的标准评分，得到总分RMR的初值。然后根据节理、裂隙的产状变化按表7-20和表7-21对RMR的初值加以修正，修正的目的在于进一步强调节理、裂隙对岩体稳定产生的不利影响。最后用修正的总分对照表7-22即可求得所研究岩体的类别及相应的无支护地下工程的自稳时间和岩体强度指标值。

表 7-19　**岩体地质力学分类参数及其 RMR 评分值**

	分类参数		数值范围						
1	完整岩石强度(MPa)	点荷载强度指标	>10	4~10	2~4	1~2	对强度较低的岩石宜用单轴抗压强度		
		单轴抗压强度	>250	100~250	50~100	25~50	5~25	1~5	<1
	评分值		15	12	7	4	2	1	0
2	岩心质量指标 RQD(%)		90~100	75~90	50~75	25~50	<25		
	评分值		20	17	13	8	3		
3	节理间距(cm)		>200	60~200	20~60	6~20	<6		
	评分值		20	15	10	8	5		
4	节理条件		节理面很粗糙，节理不连续，节理面岩石坚硬	节理面稍粗糙，宽度小于 1mm，节理面岩石坚硬	节理面稍粗糙，宽度小于 1mm，节理面岩石软弱	节理面光滑或含厚度小于 5mm 的软弱夹层，张开度 1~5mm，节理连续	含厚度大于 5mm 的软弱夹层，张开度大于 5mm，节理连续		
	评分值		30	25	20	10	0		
5	地下水条件	每 10m 长的隧道涌水量(L/min)	0	<10	10~25	25~125	>125		
		节理水压力与最大主应力比值	0	<0.1	0.1~0.2	0.2~0.5	>0.5		
		总条件	完全干燥	潮湿	只有湿气(有裂隙水)	中等水压	水的问题严重		
	评分值		15	10	7	4	0		

表 7-20　**按节理方向 RMR 修正值**

节理走向或倾向		非常有利	有利	一般	不利	非常不利
评分值	隧道	0	-2	-5	-10	-12
	地基	0	-2	-7	-15	-25
	边坡	0	-5	-25	-50	-60

表 7-21　**节理走向和倾角对隧道开挖的影响**

走向与隧道轴垂直				走向与隧道轴平行		与走向无关
沿倾向掘进		反倾向掘进		倾角 20~45°	倾角 45~90°	倾角 0~20°
倾角 45~90°	倾角 20~45°	倾角 45~90°	倾角 20~45°			
非常有利	有利	一般	不利	一般	非常不利	不利

表 7-22 **按总 RMR 评分值确定的岩体级别及岩体质量评价**

评分值	100~81	80~61	60~41	40~21	小于 20
分级	Ⅰ	Ⅱ	Ⅲ	Ⅳ	Ⅴ
质量描述	非常好的岩体	好岩体	一般岩体	较差岩体	非常差岩体
平均稳定时间	15m 跨度 20 年	10m 跨度 1 年	5m 跨度 1 周	2.5m 跨度 10 小时	1m 跨度 30 分钟
岩体内聚力(kPa)	大于 400	300~400	200~300	100~200	小于 100
岩体内摩擦角(°)	大于 45	35~45	25~35	15~35	小于 15

CSIR 分类原为解决坚硬节理岩体中浅埋隧道工程而发展起来的，从现场应用看，它使用较简便，大多数场合岩体评分值(RMR)都有用，但在处理那些造成挤压、膨胀和涌水的极其软弱的岩体问题时，此分类法难以使用。

7.2.4 巴顿岩体质量分类(Q 分类)

由挪威地质学家巴顿(Barton，1974)等人提出，其分类指标 Q 为

$$Q=\frac{\mathrm{RQD}}{J_n}\frac{J_r}{J_a}\frac{J_w}{\mathrm{SRF}} \tag{7-2}$$

式中，RQD——Deere 的岩石质量指标；

J_n——节理组数；

J_r——节理粗糙度系数；

J_a——节理蚀变影响系数；

J_w——节理水折减系数；

SRF——应力折减系数。

上式中 6 个参数的组合，反映了岩体质量的三个方面，即$\frac{\mathrm{RQD}}{J_n}$表示岩体的完整性，$\frac{J_r}{J_a}$表示结构面的形态、充填物特征及其次生变化程度，$\frac{J_w}{\mathrm{SRF}}$表示水与其他应力存在时对质量影响。

根据 Bieniawski(1976)的建议，Q 与 RMR 分类指标间关系为

$$\mathrm{RMR}=9.0\ln Q+44 \tag{7-3}$$

分类时，根据各参数的实际情况，查表确定式中 6 个参数值，然后代入上式，即可得到 Q 值，按 Q 值可将岩体分为 9 类(表 7-23)。

表 7-23 **岩体质量 Q 值分类表**

Q 值	<0.01	0.01~0.1	0.1~1.0	1.0~4.0	4.0~10	10~40	40~100	100~400	>400
岩体类型	特别坏 异常差	极坏 极差	坏 很差	不良 差	中等 一般	好 好	良好 很好	极好 极好	特别好 异常好

7.2.5　岩体 BQ 分类

按照国家《工程岩体分级标准》(GB50218—94)的方法，工程岩体分级分两步进行。首先从定性判别与定量测试两个方面分别确定岩石的坚硬程度和岩体的完整性，并计算出岩体基本质量指标 BQ；然后结合工程特点，考虑地下水、初始应力场以及软弱结构面走向与工程轴线的关系等因素，对岩体基本质量指标 BQ 加以修正，以修正后的岩体基本质量 BQ 作为划分工程岩体级别的依据。

1. 岩体基本质量指标 BQ

《工程岩体分级标准》是在总结分析现有岩体分级方法及大量工程实践的基础上，根据对影响工程稳定性诸多因素的分析，并认为岩石的坚硬程度和岩体完整程度所决定的岩体基本质量，是岩体所固有的属性，是有别于工程因素的共性。岩体基本质量好，则稳定性也好；反之，稳定性差。

岩体基本质量指标 *BQ* 用下式表示：

$$BQ=90+3\sigma_{cw}+250K_v \tag{7-4}$$

当 $\sigma_{cw}>90K_v+30$ 时，以 $\sigma_{cw}=90K_v+30$ 代入上式，计算 *BQ* 值；当 $K_v>0.04\sigma_{cw}+0.4$ 时，以 $K_v=0.04\sigma_{cw}+0.4$ 代入上式，计算 *BQ* 值。

式中，σ_{cw}——岩块饱和单轴抗压强度，MPa；

K_v——岩体的完整性系数，可用声波试验资料按下式确定：

$$K_w=\left(\frac{v_{mp}}{v_{rp}}\right)^2 \tag{7-5}$$

其中，v_{mp}——岩体纵波速度，m/s；

v_{rp}——岩块纵波速度，m/s。

当无声测资料时，也可由岩体单位体积内结构面条数 J_v 查表 7-24 求得。

表 7-24　　J_v 与 K_v 对照表

J_v(条/m^3)	<3	3~10	10~20	20~35	>35
K_v	>0.75	0.75~0.55	0.55~0.35	0.35~0.15	<0.15

岩体的基本质量指标主要考虑了组成岩体岩石的坚硬程度和岩体完整性。按 *BQ* 值和岩体质量定性特征将岩体划分为 5 级，如表 7-25 所示。

表 7-25　　岩体质量分级

基本质量级别	岩体质量的定性特征	岩体基本质量指标(*BQ*)
Ⅰ	坚硬岩，岩体完整	>55~3
Ⅱ	坚硬岩，岩体较完整； 较坚硬岩，岩体完整	550~451

续表

基本质量级别	岩体质量的定性特征	岩体基本质量指标(*BQ*)
Ⅲ	坚硬岩，岩体较破碎； 较坚硬岩或软、硬岩互层，岩体较完整； 较软岩，岩体完整	450~351
Ⅳ	坚硬岩，岩体破碎； 较坚硬岩，岩体较破碎或破碎； 较软岩或较硬岩互层，且以软岩为主，岩体较完整或破碎； 软岩，岩体完整或较完整	350~251
Ⅴ	较软岩，岩体破碎； 软岩，岩体较破碎或破碎； 全部极软岩及全部极破碎岩	<250

注：表中岩石坚硬程度按表 7-26 划分；岩体破碎程度按表 7-27 划分。

表 7-26　**岩石坚硬程度划分表**

岩石饱和单轴抗压强度 σ_{cw}(Mpa)	>60	60~30	30~15	15~5	<5
坚硬程度	坚硬岩	较坚硬岩	较软岩	软岩	极软岩

表 7-27　**岩体完整程度划分表**

岩体完整性系数 K_v	>0.75	0.75~0.55	0.55~0.35	0.35~0.15	<0.15
完整程度	完整	较完整	较破碎	破碎	极破碎

2. BQ 的工程修正

工程岩体的稳定性，除与岩体基本质量的好坏有关外，还受地下水、主要软弱结构面、天然应力的影响，应结合工程特点，考虑各影响因素来修正岩体基本质量指标，作为不同工程岩体分级的定量依据，主要软弱结构面产状影响修正系数 K_1 按表 7-28 确定，地下水影响修正系数 K_2 按表 7-29 确定，天然应力影响修正系数 K_3 按表 7-30 确定。

对地下工程修正值 *BQ* 按下式计算：

$$[BQ]=BQ-100(K_1+K_2+K_3) \tag{7-6}$$

根据修正值[*BQ*]的工程岩体分级，仍按表 7-25 进行。各级岩体的物理力学参和围岩自稳能力可按表 7-31 确定。

表 7-28　**主要软弱结构面产状影响修正系数(K_1)表**

结构面产状及其与洞轴线的组合关系	结构面走向与洞轴线夹角 $\alpha\leqslant30°$，倾角 $\beta=30°\sim75°$	结构面走向与洞轴线夹角 $\alpha>60°$，倾角 $\beta>75°$	其他组合
K_1	0.4~0.6	0~0.2	0.2~0.4

表 7-29 **地下水影响修正系数(K_2)表**

地下水状态	BQ>450	BQ=450~350	BQ=350~250	BQ<250
潮湿或点滴状出水	0	0.1	0.2~0.3	0.4~0.6
淋雨状或涌流状出水，水压≤0.1MPa或单位水量10L/min	0.1	0.2~0.3	0.4~-0.6	0.7~0.9
淋雨状或涌流状出水，水压>0.1MPa或单位水量10L/min	0.2	0.4~0.6	0.7~0.9	1.0

表 7-30 **天然应力影响修正系数(K_3)表**

天然应力状态	BQ>550	BQ=550~450	BQ=450~350	BQ=350~250	BQ<250
极高应力区	1.0	1.0	1.0~1.5	1.0~1.5	1.0
高应力区	0.5	0.5	0.5	0.5~1.0	0.5~1.0

表 7-31 **各级岩体物理力学参数和围岩自稳能力表**

级别	密度ρ (g/cm³)	抗剪强度		变形模量 (×10³MPa)	泊松比	围岩自稳能力
		φ(°)	c(MPa)			
Ⅰ	>2.65	>60	>2.1	>33	0.2	跨度≤20m，可长期稳定，偶有掉块，无塌方
Ⅱ	>2.65	60~50	2.1~1.5	33~20	0.2~0.25	跨度10~20m，可基本稳定，局部可掉块或小塌方；跨度<10m，可长期稳定，偶有掉块
Ⅲ	2.65~2.45	50~39	1.5~-0.7	20~6	0.25~-0.3	跨度10~20m，可稳定数日至1个月，可发生小至中塌方；跨度5~10m，可稳定数月。可发生局部块体移动及小至中塌方；跨度<5m，可基本稳定
Ⅳ	2.45~2.25	39~27	0.7~0.2	6~1.3	0.3~0.35	跨度>5m，一般无自稳能力，数日至数月内可发生松动、小塌方，进而发展为中至大塌方，埋深小时，以拱部松动为主，埋深大时，有明显塑性流动和挤压破坏；跨度≤5m，可稳定数日至1月无自稳能力
Ⅴ	<2.25	<27	<0.2	<1.3	<0.35	无自稳能力

习　题

7-1　分析下列各对土粒粒组的异同点：块石颗粒与圆砾颗粒；碎石颗粒与粉粒；砂粒与黏粒。

7-2　甲、乙两土样的颗粒分析结果列于表 7-32，试绘制颗粒级配曲线，并确定不均匀系数以及评价级配均匀情况。(答案：甲土的 $C_u=23$)

表 7-32

粒径(mm)		2~0.5	0.5~0.25	0.25~0.1	0.1~0.075	0.075~0.02	0.02~0.01	0.01~0.005	0.005~0.002	<0.002
相对含水量(%)	甲土	24.3	14.2	20.2	14.8	10.5	6.0	4.1	2.9	3.0
	乙土			5.0	5.0	17.1	32.9	18.8	12.4	9.0

7-3　图 7-9 中 A 土的液限为 16.0%，塑限为 13.0%；B 土的液限为 24.0%，塑限为 14.0%；C 土为无黏性土。图中实线为累计曲线，虚线为 C 土的粒组频率曲线。试按《土的分类标准》对这三种土进行分类。

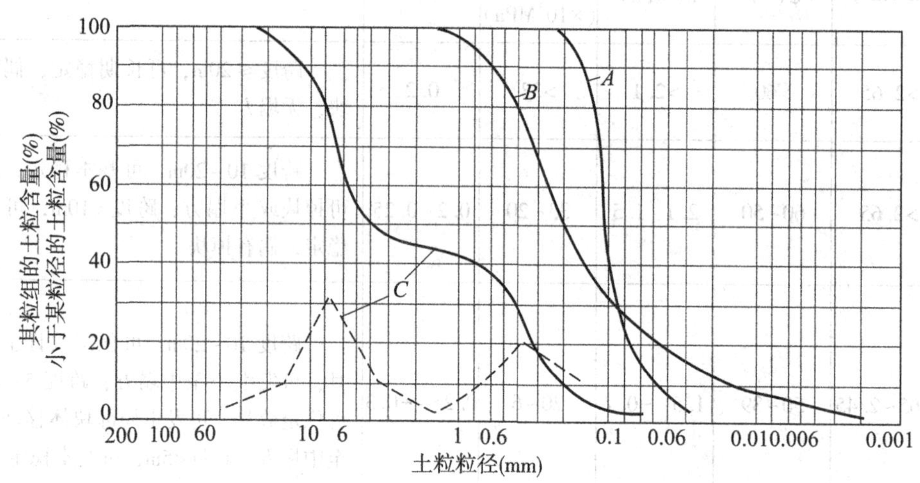

图 7-9　A、B 和 C 土的粒径分布线和 C 土的粒组频率曲线

7-4　在 CSIR 分类法、Q 分类法和 BQ 分类法中各考虑了岩体的哪些因素？

7-5　如何进行 CSIR 分类？

7-6　简述工程岩体分类的目的和意义。

7-7　有一潮湿岩体，节理水压力为 0，点荷载强度指标为 3MPa，节理间距为 0.45m，岩石质量指标 RQD 为 55%。试按表 7-19 制定一张与节理状态对应的岩体评分 RMR 值表。

7-8　如何通过岩体分级确定岩体的有关力学参数？

第 8 章　岩 土 压 力

8.1　概　　述

岩土压力通常是指挡墙后的填土因自重或外荷载作用对墙背产生的侧压力。由于岩土压力是挡墙的主要外荷载，因此，设计挡墙时，首先要确定岩土压力的性质、大小、方向和作用点。岩土压力的计算是比较复杂的问题，岩土压力的大小还与墙后岩土的性质、墙背倾斜方向等因素有关。

挡墙是防止土体坍塌的构筑物，在房屋建筑、桥梁、道路以及水利等工程中得到广泛应用，如支撑建筑物周围填土的挡土墙、地下室侧墙、桥台以及储藏粒状材料的挡墙等(图 8-1)；又如大、中桥两岸引道两侧的连接若用挡墙，便可少占土地，减少引道路堤的土方量；还有深基坑开挖支护墙以及隧道、水闸、驳岸等构筑物的挡墙。

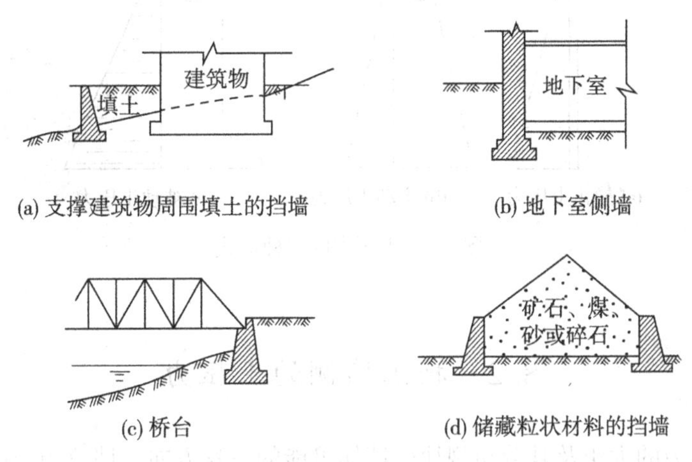

(a) 支撑建筑物周围填土的挡墙　(b) 地下室侧墙

(c) 桥台　(d) 储藏粒状材料的挡墙

图 8-1　挡墙应用举例

设计挡结构的关键是确定作用在挡土结构上的岩土压力性质、大小、方向和作用点。由于挡墙侧作用岩土压力，计算中，挡墙基础抗倾覆和抗滑移稳定性验算是十分重要的。通常绕墙趾点(即基础外侧边缘点)倾覆，但当地基软弱时，墙趾可能陷入土中，力矩中心点则向内移动，导致抗倾覆力矩减少。通常沿基础底面滑动，但当地基软弱时，滑动可能发生在地基持力层之中，导致挡墙基础连同地基一起滑动。挡墙结构按形式可分为重力式、悬臂式、扶臂式、内撑式、拉锚式等(图 8-2)。土压力按位移方向可分为静止土压力、主动土压力和被动土压力(图 8-3)。

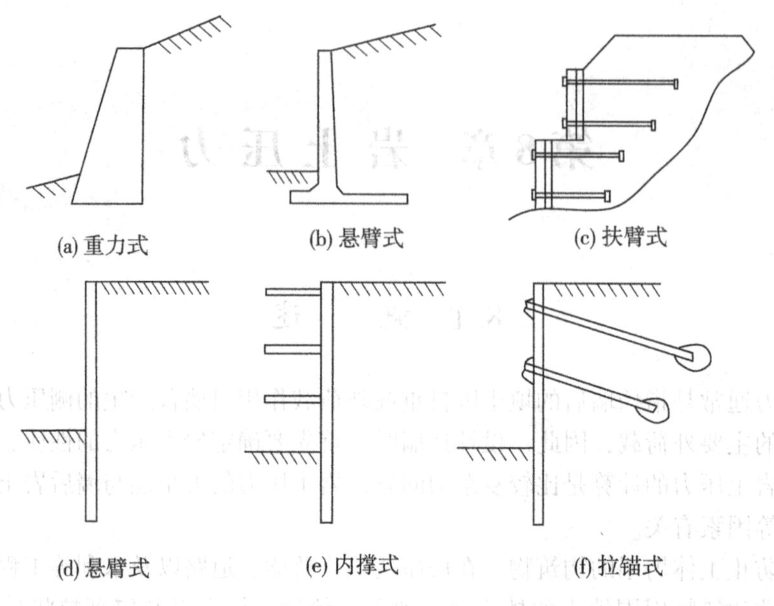

图 8-2　挡墙的几种类型

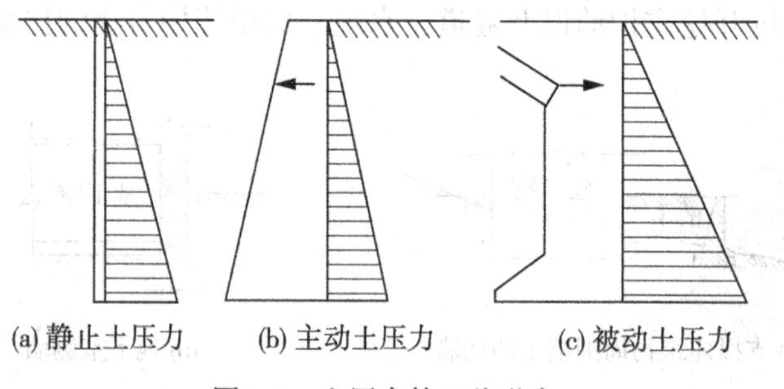

图 8-3　土压力的三种形式

8.2　挡土墙侧的土压力

挡土墙土压力的大小及其分布规律受墙体可能的位移方向、墙背填土的种类、填土面的形式、墙的截面刚度和地基的变形等一系列因素的影响。根据墙的位移情况和墙后土体所处的应力状态，土压力可分为以下三种：

(1)主动土压力：当挡土墙向离开土体方向偏移至土体达到极限平衡状态时，作用在墙上的土压力称为主动土压力，用E_a表示，如图 8-4(a)所示。

(2)被动土压力：当挡土墙向土体方向偏移至土体达到极限平衡状态时，作用在挡土墙上的土压力称为被动土压力，用E_p表示，如图 8-4(b)所示。桥台受到桥上荷载推向土体时，土对桥台产生的侧压力属于被动土压力。

(3)静止土压力：当挡土墙静止不动，土体处于弹性平衡状态时，土对墙的压力称为静止土压力，用E_0表示，如图 8-4(c)所示。地下室外墙(上部结构完工后)可视为受静止土压力的作用。

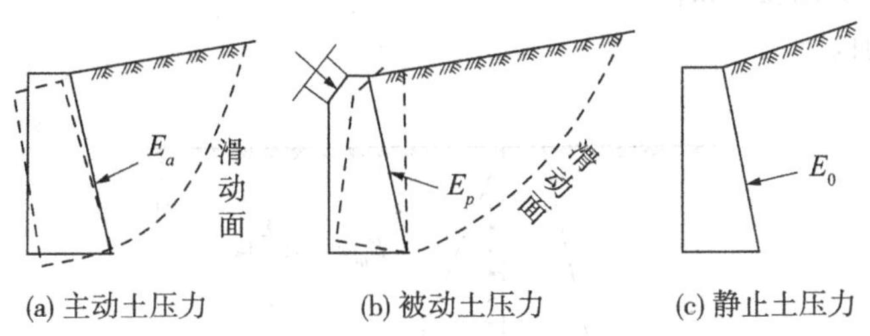

图 8-4　挡土墙侧的三种土压力

挡土墙计算属平面应变问题，故在土压力计算中，均取一延米的墙长度，单位取 kN/m，而土压力强度则取 kPa。土压力的计算理论主要有古典的 W. J. M. 朗肯（Rankine，1857）理论和 C. A. 库仑（Coulomb，1773）理论。自从库仑理论发表以来，人们先后进行过多次多种的挡土墙模型实验、原型观测和理论研究。实验表明：在相同条件下，主动土压力小于静止土压力，而静止土压力又小于被动土压力，即 $E_a<E_0<E_p$，而且产生被动土压力所需的位移 Δ_p 大大超过产生主动土压力所需的微小位移 Δ_a（图 8-5）。

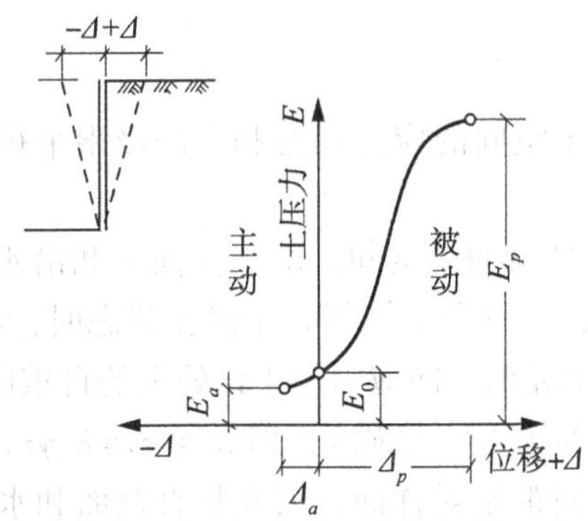

图 8-5　墙身位移和土压力的关系

静止土压力可按下述方法计算：在填土表面下任意深度 z 处取一微单元体（图 8-6），其上作用着竖向的土自重应力 γz，则该处的静止土压力强度可按下式计算：

$$\sigma_0=K_0\gamma z \tag{8-1}$$

式中，σ_0——静止土压力强度，kPa；

K_0——静止土压力系数（Coefficient of Earth Pressure at Rest），可按 J. 杰基（1948）对于正常固结土提出的经验公式 $K_0=1-\sin\varphi'$（φ'为土的内摩擦角）计算；

γ——墙背填土的重度，kN/m³。

由式（8-1）可知，静止土压力沿墙高为三角形分布。如图 8-6 所示，如果取单位墙长，则作用在墙上的静止土压力为

$$E_0=\frac{1}{2}\gamma H^2K_0 \tag{8-2}$$

式中，E_0——静止土压力，kN/m，其作用点在距墙底 $H/3$ 处；

H——挡土墙高度，m；

其余符号同前。

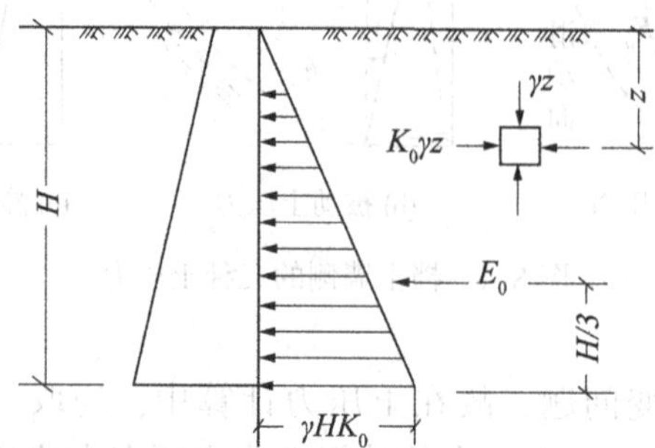

图 8-6 静止土压力的分布

8.3 朗肯土压力理论

8.3.1 基本假设

朗肯土压力理论是根据半空间的应力状态和土的极限平衡条件而得出的土压力计算方法。

图 8-7(a)表示地表为水平面的半空间，即土体向下和沿水平方向都伸展至无穷，在离地表 z 处取一微单元体 M，当整个土体都处于静止状态时，各点都处于弹性平衡状态。设土的重度为 γ，显然，M 单元的法向应力等于该处土的自重应力，即 $\sigma_z=\gamma z$；而竖直截面上的水平法向应力相当于静止土压力强度，即 $\sigma_x=\sigma_0=K_0\gamma z$。

由于半空间内每一竖直面都是对称面，因此竖直截面和水平截面上的剪应力都等于零，因而相应截面上的法向应力 σ_z 和 σ_x 都是主应力，此时的应力状态用莫尔圆表示为如图 8-7(d)所示的圆 I，由于该点处于弹性平衡状态，故莫尔圆没有和抗剪强度包线相切。

设想由于某种原因将使整个土体在水平方向均匀地伸展或压缩，使土体由弹性平衡状态转为塑性平衡状态。如果土体在水平方向伸展，则 M 单元竖直截面上的法向应力却逐渐减少，而在水平截面上的法向应力 σ_z 是不变的，当满足极限平衡条件时，即莫尔圆与抗剪强度包线相切，如图 8-7(d)圆Ⅱ所示，称为主动朗肯状态，此时 σ_x 达最低限值，它是小主应力，而 σ_z 是大主应力，若土体继续伸展，则只能造成塑性流动，而不改变其应力状态；反之，如果土体在水平方向压缩，那么 σ_x 不断增加，而 σ_z 仍保持不变，直到满足极限平衡条件，称为被动朗肯状态，这时 σ_x 达到极限值，是大主应力，而 σ_z 是小主力，莫尔圆为图 8-7(d)所示的圆Ⅲ。

由于土体处于主动朗肯状态时大主应力 σ_1 所作用的面是水平面，故剪切破坏面与竖直面的夹角为 $45°-\dfrac{\varphi}{2}$(图 8-7(b))；当土体处于被动朗肯状态时，大主应力 σ_1 的作用面

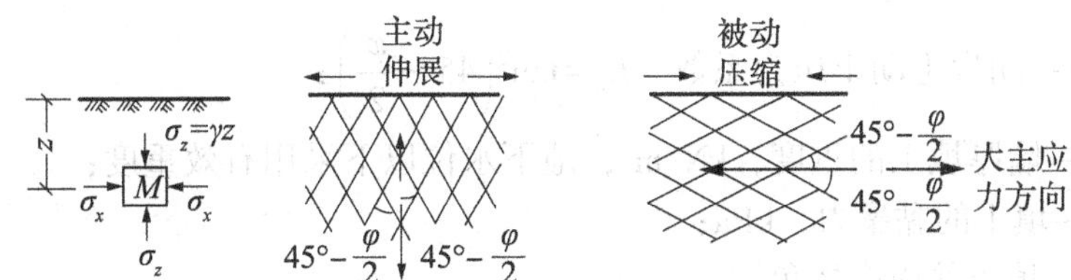

(a) 半空间内的微单元体　(b) 半空间的主动朗肯状态　(c) 半空间的被动朗肯状态

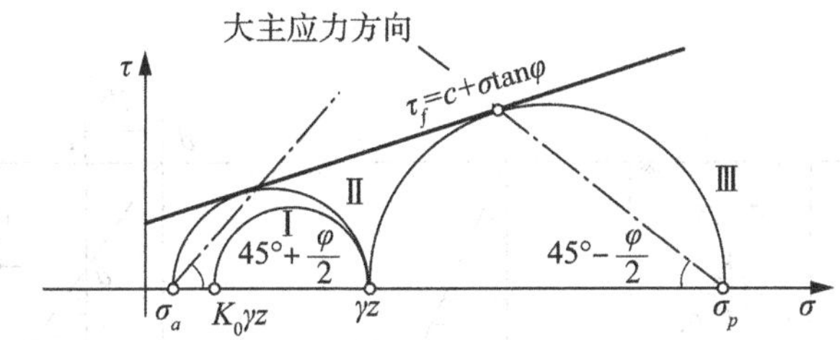

(d) 用莫尔圆表示主动和被动朗肯状态

图 8-7　半空间的极限平衡状态

是竖直面，剪切破坏面则与水平面的夹角为 $45°-\frac{\varphi}{2}$(图 8-7(c))，整个土体各由相互平行的两簇剪切面组成。

朗肯将上述原理应用于挡土墙土压力计算中，设想用墙背直立、光滑、填土面水平的挡土墙代替半空间左边的土(图 8-7)，则墙背与土的接触面上满足剪应力为零的边界应力条件以及产生主动或被动朗肯状态的边界变形条件。由此可以推导出主动和被动土压力的计算公式。

8.3.2　主动土压力

对于如图 8-8 所示的挡土墙，设墙背光滑(为了满足剪应力为零的边界应力条件)、直立、填土面水平。当挡土墙偏移土体时，由于墙背任意深度 z 处的竖向应力 $\sigma_z=\gamma z$ 不变，是大主应力 σ_1 不变；水平应力 σ_x 逐渐减少直至产生主动朗肯状态，是小主应力 σ_3，即主动土压力强度 σ_a，由极限平衡条件分别得：

无黏性土、粉土：

$$\sigma_a=\gamma z\tan^2\left(45°-\frac{\varphi}{2}\right) \tag{8-3a}$$

或

$$\sigma_a=\gamma zK_a \tag{8-3b}$$

黏性土、粉土：

$$\sigma_a=\gamma z\tan^2\left(45°-\frac{\varphi}{2}\right)-2c\tan\left(45°-\frac{\varphi}{2}\right) \tag{8-4a}$$

或

$$\sigma_a=\gamma zK_a-2c\sqrt{K_a} \tag{8-4b}$$

式中，σ_a——主动土压力强度，kPa；

K_a——朗肯主动土压力系数，$K_a=\tan^2\left(45°-\dfrac{\varphi}{2}\right)$；

γ——墙厚填土的重度，kN/m^3，地下水位以下采用有效重度；

c——填土的黏聚力，kPa；

φ——填土的内摩擦角，°；

z——所有计算点离填土面的深度，m。

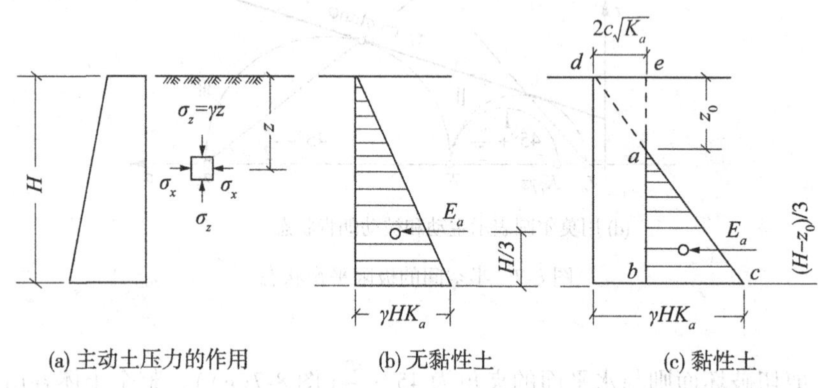

(a) 主动土压力的作用　　(b) 无黏性土　　(c) 黏性土

图 8-8　主动土压力强度分布图

由式(8-3)可知，无黏性土的主动土压力强度与 z 成正比，沿墙高呈三角形分布，如图 8-8(b)所示，如取单位墙长计算，则无黏性土的主动土压力为

$$E_a=\frac{1}{2}\gamma H^2\tan^2\left(45°-\frac{\varphi}{2}\right) \tag{8-5a}$$

或

$$E_a=\frac{1}{2}\gamma H^2K_a \tag{8-5b}$$

式中，E_a——无黏性土主动土压力，kN/m，E_a 通过三角形的形心，即作用在离墙底 $H/3$处。

由式(8-4)可知，黏性土和粉土的主动土压力强度包括两部分：一部分是土自重引起的土压力 γzK_a，另一部分是由黏聚力 c 引起的负侧压力 $2c\sqrt{K_a}$。这两部分土压力叠加的结果如图 8-8(c)所示，其中 ade 部分是负侧压力，对墙背是拉力，但实际上，墙与土在很小的拉力作用下就会分离，故在计算土压力时，这部分应忽略不计，因此黏性土和粉土的土压力分布仅是 abc 部分。

a 点离填土面的深度 z_0 常称为临界深度，在填土面无荷载的条件下，可令式(8-4b)为零，求得 z_0 值，即

$$\sigma_a=\gamma z_0K_a-2c\sqrt{K_a}=0 \tag{8-6}$$

则

$$z_0=\frac{2c}{\gamma\times\sqrt{K_a}} \tag{8-7}$$

如取单位墙长计算，则黏性土和粉土的主动土压力 E_a 为

$$E_a=\frac{(H-z_0)(\gamma HK_a-2\sqrt{K_a})}{2} \tag{8-8}$$

或

$$E_a=\frac{1}{2}\gamma H^2K_a-2cH\sqrt{K_a}+\frac{c^2}{\gamma} \tag{8-9}$$

式中，E_a——黏性土、粉土主动土压力，kN/m，E_a通过在三角形压力分布图 abc 的形心，即作用在离墙底$\frac{H-z_0}{3}$处。

【例 8-1】 如图 8-9 所示，有一挡土墙，高 5m，墙背直立、光滑、填土面水平。填土的物理力学性质指标如下：$c=10\text{kPa}$，$\varphi=20°$，$\gamma=18\text{kN/m}^3$。试求主动土压力及其作用点，并绘出主动土压力分布图。

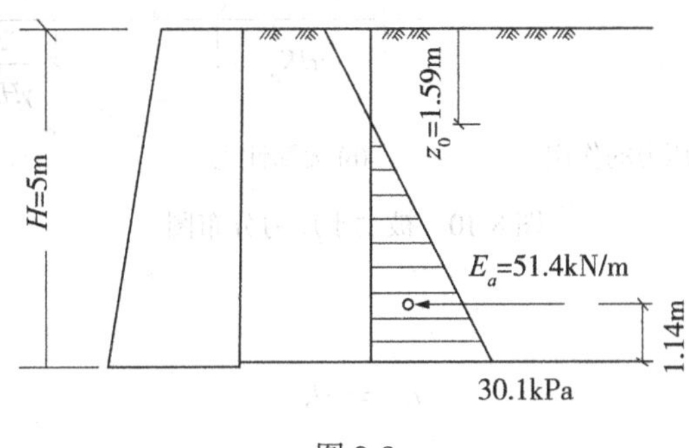

图 8-9

解：在墙底处的主动土压力强度按朗肯土压力理论为

$$\begin{aligned}\sigma_a&=\gamma H\tan^2\left(45°-\frac{\varphi}{2}\right)-2c\tan\left(45°-\frac{\varphi}{2}\right)\\&=18\times5\times\tan^2\left(45°-\frac{20°}{2}\right)-2\times10\times\tan\left(45°-\frac{20°}{2}\right)=30.1(\text{kPa})\end{aligned}$$

主动土压力为

$$E_a=\frac{1}{2}\gamma H\tan^2\left(45°-\frac{\varphi}{2}\right)-2cH\tan\left(45°-\frac{\varphi}{2}\right)+\frac{2c^2}{\gamma}=51.4(\text{kN/m})$$

临界深度

$$z_0=\frac{2c}{\gamma\sqrt{K_a}}=\frac{2\times10}{18\tan\left(45°-\dfrac{20°}{2}\right)}\approx1.59(\text{m})$$

主动土压力 E_a 作用在离墙底的距离为

$$\frac{H-z_0}{3}=\frac{5-1.59}{3}=1.14(\text{m})$$

主动土压力分布图如图 8-9 所示。

8.3.3 被动土压力

当墙受到外力作用而推向土体时(图 8-10(a))，填土中任意一点的竖向应力 $\sigma_z=\gamma z$ 仍不变，它是小主应力 σ_3 不变；而水平向应力 σ_x 却逐渐增大，直至出现被动朗肯状态，达最大极限值是大主应力 σ_1，它就是被动土压力强度 σ_p，于是可得：

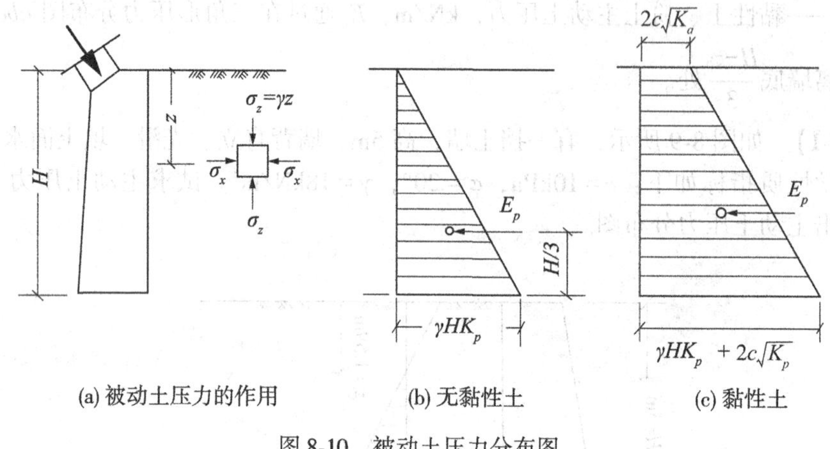

(a) 被动土压力的作用　(b) 无黏性土　(c) 黏性土

图 8-10　被动土压力分布图

无黏性土：

$$\sigma_p=\gamma z K_p \tag{8-10}$$

黏性土、粉土：

$$\sigma_p=\gamma z K_p+2c\sqrt{K_p} \tag{8-11}$$

式中，K_p——朗肯被动土压力系数，$K_p=\tan^2\left(45°+\dfrac{\varphi}{2}\right)$；

其余符号同前。

由式(8-10)和式(8-11)可知，无黏性土的被动土压力强度呈三角形分布(图 8-10(b))，黏性土和粉土的被动土压力强度呈梯形分布(图 8-10(c))。如取单位墙长计算，则被动土压力可由下式计算：

无黏性土：

$$E_p=\frac{1}{2}\gamma H^2 K_p \tag{8-12}$$

黏性土和粉土：

$$E_p=\frac{1}{2}\gamma H^2 K_p+2cH\sqrt{K_p} \tag{8-13}$$

被动土压力 E_p 通过三角形或梯形压力分布图的形心。

8.3.4 有超载时的主动土压力

通常将挡土墙后墙土面上的分布荷载称为超载。当挡土墙后填土面有连续均布荷载 q 作用时，土压力的计算方法是将均布荷载换算成当量的土重，即用假想的土重代替均布荷

载。当填土面水平时，当量的土层厚度为

$$h=\frac{q}{\gamma} \tag{8-14}$$

式中，γ——填土的重度，kN/m^3。

然后，以 $A'B$ 为墙背，按假想的填土面无荷载的情况计算土压力。以无黏性填土为例，则按朗肯土压力理论，填土面 A 点的主动土压力强度为

$$\sigma_{aA}=\gamma hK_a=qK_a \tag{8-15}$$

墙底 B 点的土压力强度为

$$\sigma_{aB}=\gamma(h+H)K_a=(q+\gamma H)K_a \tag{8-16}$$

压力分布如图 8-11(a)所示，实际的土压力分布图为梯形 $ABCD$ 部分，土压力的作用点在梯形的重心。

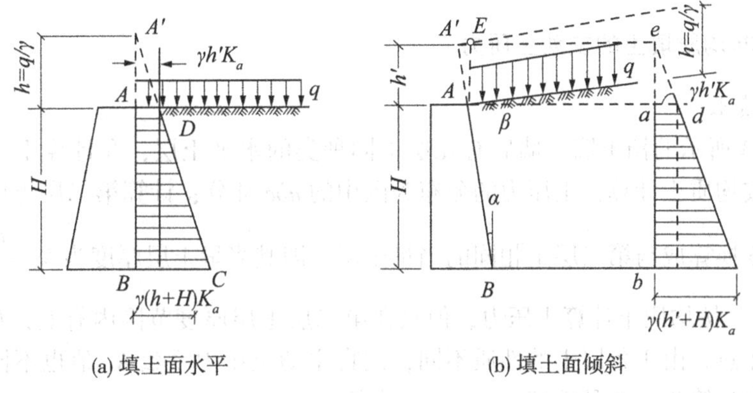

图 8-11　填土面有均布荷载时的主动土压力

当填土面和墙背倾斜时(图 8-11(b))，当量土层的厚度仍为 $h=\frac{q}{\gamma}$，假想的填土面与墙背 AB 的延长线交于 A'点，故以 $A'B$ 为假想墙背计算主动土压力，但由于填土面和墙背面倾斜，假想的墙高应为 $h'H$，根据△$A'AE$ 的几何关系可得

$$h'=h\cos\beta\cdot\cos\alpha/\cos(\alpha-\beta) \tag{8-17}$$

然后，同样以 $A'B$ 为假想的墙背，按地面无荷载的情况计算土压力。

当填土表面上的均布荷载从墙背后某一距离开始，如图 8-12(a)所示，在这种情况下的土压力计算可按以下方法进行：自均布荷载起点 O 作两条辅助线 OD 和 OE，分别与水平面的夹角为 φ 和 θ，对于垂直光滑的墙背，$\theta=45°+\frac{\varphi}{2}$，可以认为 D 点以上的土压力不受地面荷载的影响，E 点以下完全受均布荷载影响，D 点和 E 点间的土压力用直线连接，因此墙背 AB 上的土压力为图中阴影部分。若地面上均布荷载在一定宽度范围内，如图 8-12(b)所示，从荷载的两端 O 点及 O'点作两条辅助线 OD 和 $O'E$，都与水平面成 θ 角。认为 D 点以上和 E 点以下的土压力都不受地面荷载的影响，D 点、E 点之间的土压力按均布荷载计算，AB 墙面上的土压力如图中阴影部分。

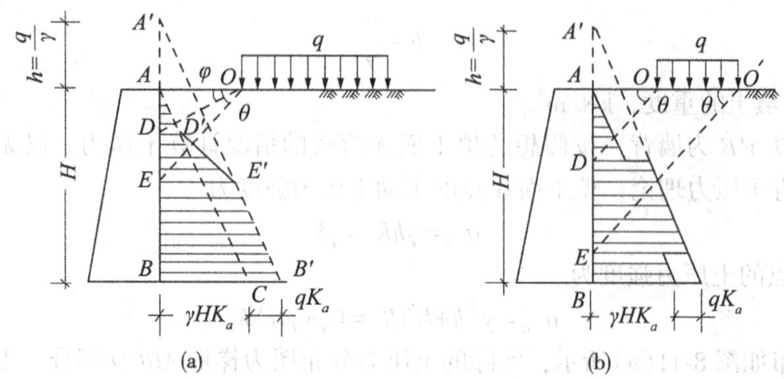

图 8-12 填土面有局部均布荷载时的主动土压力

8.3.5 非均质填土的主动土压力

1. 成层填土

如图 8-13 所示的挡土墙，墙后有几层不同种类的水平土层，在计算土压力时，第一层的土压力按均质土计算，土压力的分布为图中的 abc 部分；计算第二层土压力时，将第一层土按重度换算成与第二层土相同的当量土层，即其当量土层厚度为 $h_1'=\dfrac{h_1\gamma_1}{\gamma_2}$，然后以 $h_1'+h_2$ 为墙高，按均质土计算土压力，但只在第二层土层厚度范围内有效，如图中的 $bdfe$ 部分。必须注意，由于各层土的性质不同，朗肯主动土压力系数 K_a 值也不同。图中所示的土压力强度计算是以无黏性填土($\varphi_1<\varphi_2$)为例。

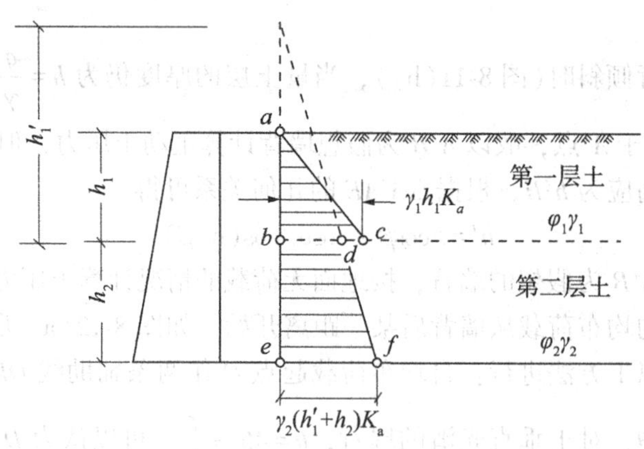

图 8-13 成层填土的土压力计算

2. 墙后填土有地下水

挡土墙后的回填土常会部分或全部处于地下水位以下，由于地下水的存在将使土的含水量增加，抗剪强度降低，而使土压力增大，因此，挡土墙应该有良好的排水措施。

当墙后填土有地下水时，作用在墙背上的侧压力有土压力和水压力两部分，地下水位

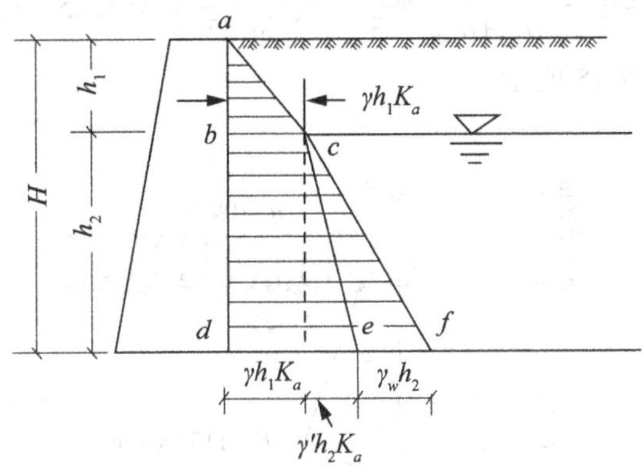

图 8-14　填土中有地下水时的土压力

以下土的重度应采用浮重度，地下水位以上和以下土的抗剪强度指标也可能不同(地下水对无黏性土的影响可忽略)，因而有地下水的情况也是成层填土的一种特定情况。计算土压力时，假设地下水位上下土的内摩擦角 φ 相同，在图 8-14 中，*abdec* 部分为土压力分布图，*cef* 部分为水压力分布图，总侧压力为土压力和水压力之和。图中所示的土压力强度计算也是以无黏性填土为例。当具有地区工程实践经验时，对黏性填土，也可按水土合算原则计算土压力，地下水位以下取饱和重度(γ_{sat})和总应力固结不排水抗剪强度指标(C_{cu}、φ_{cu})计算。

【例 8-2】 挡土墙高 6m，并有均布荷载 $q=10$kPa，见图 8-15，填土的物理力学性质指标：$\varphi=34°$，$c=0$，$\gamma=19$kN/m^3，墙背直立、光滑、填土面水平。试求挡土墙的主动土压力 E_a 及作用点位置，并绘出土压力分布图。

解：将地面均布荷载换算成填土的当量土层厚度：

$$h=\frac{q}{\gamma}=\frac{10}{19}=0.526(\mathrm{m})$$

在填土面处的土压力强度为

$$\sigma_{aA}=\gamma hK_a=qK_a=10\times\tan^2\left(45°-\frac{34°}{2}\right)=2.8(\mathrm{kPa})$$

在墙底处的土压力强度为

$$\begin{aligned}\sigma_{aB}&=\gamma(h+H)K_a=(q+\gamma H)\tan^2\left(45°-\frac{\varphi}{2}\right)\\&=(10+19\times6)\tan^2\left(45°-\frac{34°}{2}\right)=35.1(\mathrm{kPa})\end{aligned}$$

主动土压力为

$$E_a=\frac{(\sigma_{aA}+\sigma_{aB})H}{2}=\frac{(2.8+35.1)\times6}{2}=113.8(\mathrm{kN/m})$$

土压力作用点位置离墙底或离墙顶分别为

$$z=\frac{H}{3}\cdot\frac{2\sigma_{aA}+\sigma_{aB}}{\sigma_{aA}+\sigma_{aB}}=\frac{6}{3}\cdot\frac{2\times2.8+35.1}{2.8+35.1}=2.15(\mathrm{m})$$

$$z=\frac{H}{3}\cdot\frac{\sigma_{aA}+2\sigma_{aB}}{\sigma_{aA}+\sigma_{aB}}=\frac{6}{3}\cdot\frac{2.8+2\times35.1}{2.8+35.1}=3.85(\mathrm{m})$$

土压力分布图如图 8-15 所示。

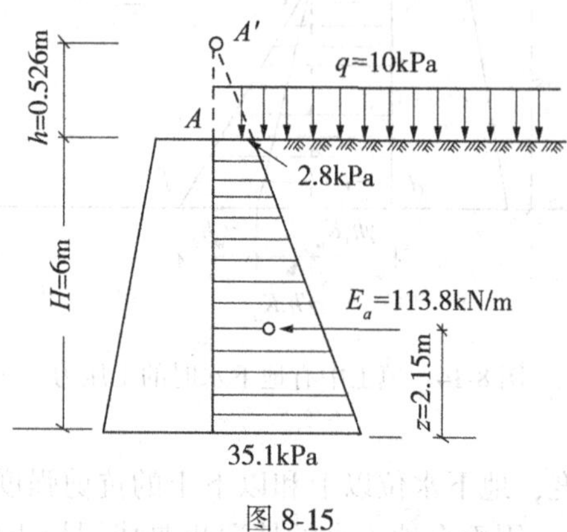

图 8-15

【例 8-3】 挡土墙高 5m，墙背直立、光滑、墙后填土面水平，共分两层。各层土的物理力学性指标如图 8-16 所示。试求主动土压力 E_a，并绘出土压力的分布图。

解：计算第一层填土的土压力强度，层顶处和层底处分别为

$$\sigma_{a0}=\gamma_1 z\tan^2\left(45°-\frac{\varphi_1}{2}\right)=0$$

$$\sigma_{a1}=\gamma_1\times h_1\tan^2\left(45°-\frac{\varphi_1}{2}\right)=17\times2\times\tan^2\left(45°-\frac{32°}{2}\right)$$

$$=17\times2\times0.307=10.4(\mathrm{kPa})$$

第二层填土顶面和底面的土压力强度分别为

$$\sigma_{a1}=\gamma_1 h_1\tan^2\left(45°-\frac{\varphi_2}{2}\right)-2c_2\tan\left(45°-\frac{\varphi_2}{2}\right)$$

$$=17\times2\tan^2\left(45°-\frac{16°}{2}\right)-2\times10\tan\left(45°-\frac{16°}{2}\right)$$

$$=4.2(\mathrm{kPa})$$

$$\sigma_{a2}=(\gamma_1 h_1+\gamma_2 h_2)\tan^2\left(45°-\frac{\varphi_2}{2}\right)-2c_2\tan\left(45°-\frac{\varphi_2}{2}\right)$$

$$=(17\times2+19\times3)\tan^2\left(45°-\frac{16°}{2}\right)-2\times10\tan\left(45°-\frac{16°}{2}\right)$$

$$=36.6(\mathrm{kPa})$$

主动土压力 E_a 为

$$E_a=\frac{10.4\times2}{2}+\frac{(4.2+36.6)\times3}{2}=71.6(\mathrm{kN/m})$$

主动土压力分布如图 8-16 所示。

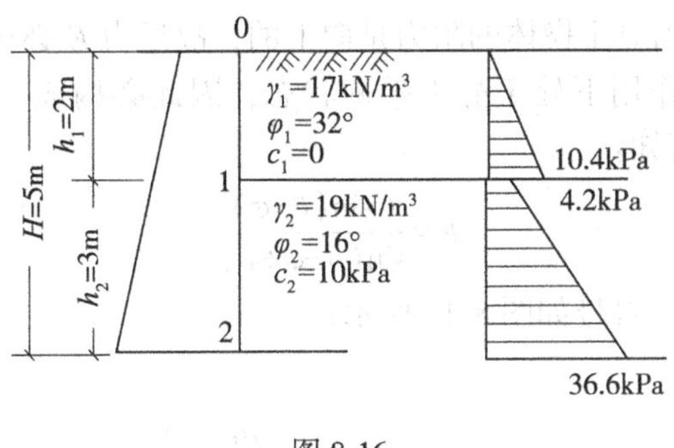

图 8-16

8.4　库仑土压力理论

库仑土压力理论是根据墙后土体处于极限平衡状态并形成一滑动楔体时，从楔体的静力平衡条件得出的土压力计算理论。其基本假设为：①墙后的填土是理想的散粒体(黏聚力 $c=0$)；②滑动破坏面为一平面。

8.4.1　主动土压力

一般挡土墙的计算均属于平面应变问题，均沿墙的长度方向取 1m 进行分析，如图 8-17(a)所示。当墙向前移动或转动而使墙后土体沿某一破坏面 $\overline{BC}$ 破坏时，土楔 ABC 向下滑动而处于主动极限平衡状态。此时，作用于土楔 ABC 上的力有：

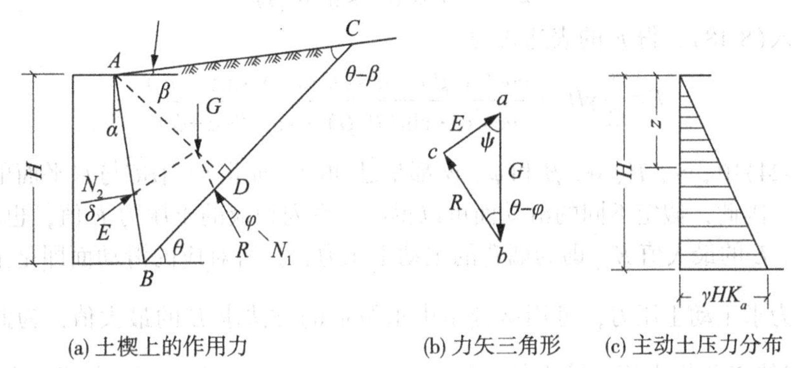

(a) 土楔上的作用力　(b) 力矢三角形　(c) 主动土压力分布

图 8-17　按库仑理论求主动土压力

(1)土楔体的自重 $G=S_{\triangle ABC}\cdot\gamma$，$\gamma$ 为填土的重度，只要破坏面 $\overline{BC}$ 的位置一确定，G 的大小就是已知值，其方向向下；

(2)破坏面 $\overline{BC}$ 上的反力 R，其大小是未知的。反力 R 与破坏面 $\overline{BC}$ 的法线 N_1 之间的夹角等于土的内摩擦角 φ，并位于 N_1 的下侧；

(3)墙背对土楔体的反力 E，与它大小相等、方向相反的作用力就是墙背上的土压力。

反力 E 的方向必与墙背的法线 N_2 成 δ 角，δ 角为墙背与填土之间的摩擦角，称为外摩擦角。当土楔体下滑时，墙对土楔体的阻力是向上的，故反力 E 必在 N_2 的下侧。

土楔体在以上三力作用下处于静力平衡状态，因此必构成一闭合的力矢三角形(图8-17(b))，按正弦定律可知：

$$E=\frac{G\sin(\theta-\varphi)}{\sin(\theta-\varphi+\psi)} \tag{8-18}$$

式中，$\psi=90°-\alpha-\delta$，其余符号如图 8-17 所示；

G——土楔重，为

$$G=\gamma\cdot S_{\triangle ABC}=\frac{\gamma\cdot\overline{BC}\cdot\overline{AD}}{2} \tag{8-19}$$

在△ABC 中，利用正弦定律得

$$\overline{BC}=\frac{\overline{AB}\cdot\sin(90°-\alpha+\beta)}{\sin(\theta-\beta)} \tag{8-20}$$

因为$\overline{AB}=\dfrac{H}{\cos\alpha}$，故

$$\overline{BC}=\frac{H\cdot\cos(\alpha-\beta)}{\cos\alpha\cdot\sin(\theta-\beta)} \tag{8-21}$$

再通过 A 点作 BC 线的垂线 AD，由△ADB 得

$$\overline{AD}=\overline{AB}\cdot\cos(\theta-\alpha)=\frac{H\cdot\cos(\theta-\alpha)}{\cos\alpha} \tag{8-22}$$

将式(8-21)和式(8-22)代入式(8-20)得

$$G=\frac{\gamma H^2}{2}\cdot\frac{\cos(\alpha-\beta)\cdot\cos(\theta-\alpha)}{\cos^2\alpha\cdot\sin(\theta-\beta)} \tag{8-23}$$

此式代入(8-18)，得 E 的表达式为

$$E=\frac{1}{2}\gamma H^2\cdot\frac{\cos(\alpha-\beta)\cdot\cos(\theta-\alpha)\cdot\sin(\theta-\varphi)}{\cos^2\alpha\cdot\sin(\theta-\beta)\cdot\sin(\theta-\varphi+\psi)} \tag{8-24}$$

在式(8-24)中，γ、H、α、β 和 φ、ψ 都是已知的，而滑动面$\overline{BC}$与水平面的倾角 θ 是任意假定的，因此，假定不同的滑动面可以得出一系列相应的土压力 E 值，也就是说，E 是 θ 的函数。E 的最大值 E_{max} 即为墙背的主动土压力，其所对应的滑动面即是土楔最危险的滑动面。为求主动土压力，可用微分学中求极值的方法求 E 的最大值，为此可令$\dfrac{dE}{d\theta}=0$，从而解得使 E 为极大值时填土的破坏角 θ_{cr}，这就是真正滑动面的倾角，将 θ_{cr} 代入式(8-24)，整理后可得库仑主动土压力的一般表达式如下：

$$E=\frac{1}{2}\gamma H^2\cdot\frac{\cos^2(\varphi-\alpha)}{\cos^2\alpha\cdot\cos(\alpha+\delta)\left[1+\sqrt{\dfrac{\sin(\varphi+\delta)\cdot\sin(\varphi-\beta)}{\cos(\alpha+\delta)\cdot\cos(\alpha-\beta)}}\right]^2} \tag{8-25}$$

或

$$E_a=\frac{\gamma H^2K_a}{2} \tag{8-26}$$

式中：K_a——库仑主动土压力系数，是式(8-25)的后面部分或查本书附表 6 确定；

H——挡土墙高度，m；

γ——墙后填土的重度，kN/m^3；

φ——墙后填土的内摩擦角，°；

α——墙背的倾角，°，俯斜时取正号(图 8-17)，仰斜为负号；

β——墙后填土面的倾角，°；

δ——土对挡土墙背的外摩擦角，查表 8-1 确定。

表 8-1 土对挡土墙墙背的外摩擦角

挡土墙情况	外摩察角 δ
墙背平滑、排水不良	$(0\sim0.33)\varphi$
墙背粗糙、排水良好	$(0.33\sim0.5)\varphi$
墙背很粗糙、排水良好	$(0.5\sim0.67)\varphi$
墙背与填土间不可能滑动	$(0.67\sim1.0)\varphi$

注：(1) φ 为墙背填土的内摩擦角；

(2) 当考虑汽车冲击以及渗水影响时，填土对桥台背的摩擦角可取 $\delta=\frac{\varphi}{2}$。

当墙背垂直($\alpha=0$)、光滑($\delta=0$)、填土面水平($\beta=0$)时，式(8-25)可写为

$$E_a=\frac{1}{2}\gamma H^2\tan^2\left(45°-\frac{\varphi}{2}\right) \tag{8-27}$$

可见，在上述条件下，库仑公式和朗肯公式相同。

由式(8-26)可知，主动土压力强度沿墙高的平方成正比，为求得离墙顶为任意深度 z 处的主动土压力强度 σ_a，可将 E_a 对 z 取导数而得，即

$$\sigma_a=\frac{dE_a}{dz}=\frac{d}{dz}\left(\frac{1}{2}\gamma z^2K_a\right)=\gamma zK_a \tag{8-28}$$

由上式可见，主动土压力强度沿墙高成三角形分布(图 8-17(c))。主动土压力的作用点在离墙底 $H/3$ 处，作用线方向与墙背法线的夹角为 δ。必须注意，在图 8-17(c)所示的土压力强度分布图中只表示其大小，而不代表其作用方向。

【例 8-4】 挡土墙高 4m，墙背倾斜角 $\alpha=10°$(俯斜)，填土坡角 $\beta=30°$，填土重度 $\gamma=18kN/m^3$，$\varphi=30°$，$c=0$，填土与墙背的摩擦角 $\delta=\frac{2\varphi}{3}=20°$，如图 8-18 所示。试按库仑理论求主动土压力 E_a 及其作用点。

解：根据 $\delta=20°$、$\alpha=10°$、$\beta=30°$、$\varphi=30°$，由式(8-25)或查附表 6 得库仑主动土压力系数 $K_a=1.051$，由式(8-26)计算主动土压力：

$$E_a=\frac{\gamma H^2K_a}{2}=\frac{18\times4^2\times1.051}{2}=151.3(kN/m)$$

土压力作用点在离墙底 $H/3=4/3=1.33(m)$处。

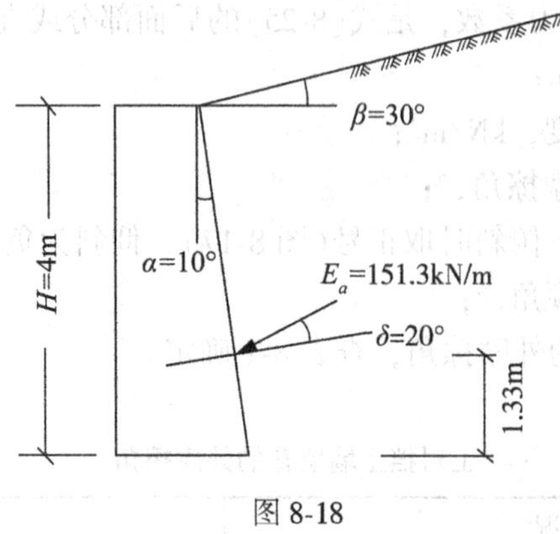

图 8-18

8.4.2 被动土压力

当墙受外力作用推向填土，直至土体沿某一破坏面$\overline{BC}$破坏时，土楔 ABC 向上滑动，并处于被动极限平衡状态(图 8-19(a))。此时，土楔 ABC 在其自重 G 和反力 R 和 E 的作用下平衡(图 8-19(b))，R 和 E 的方向都分别在$\overline{BC}$和$\overline{AB}$面法线的上方。按上述求主动土压力同样的原理，可求得被动土压力的库仑公式为

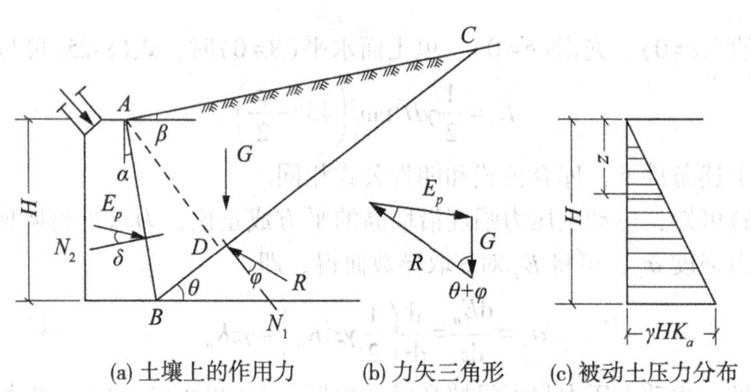

(a) 土壤上的作用力　(b) 力矢三角形　(c) 被动土压力分布

图 8-19　按库仑理论求被动土压力

$$E_p=\frac{1}{2}\gamma H^2\cdot\frac{\cos^2(\varphi+\alpha)}{\cos^2\alpha\cdot\cos(\alpha-\delta)\cdot\left[1-\sqrt{\dfrac{\sin(\varphi+\delta)\cdot\sin(\varphi+\beta)}{\cos(\alpha-\delta)\cdot\cos(\alpha-\beta)}}\right]^2} \tag{8-29}$$

或

$$E_p=\frac{1}{2}\gamma H^2K_p \tag{8-30}$$

式中，K_p——库仑被动土压力系数，是式(8-29)的后面部分；

δ——土对挡土墙背或桥台背的外摩擦角，查表 8-1 确定；

其余符号同前。

如墙背直立($\alpha=0$)、光滑($\delta=0$)以及墙后填土水平($\beta=0$)，则式(8-29)变为

$$E_p=\frac{1}{2}\gamma H^2\tan^2\left(45°+\frac{\varphi}{2}\right) \tag{8-31}$$

可见，在上述条件下，库仑被动土压力公式也与朗肯公式相同。

被动土压力强度 σ_p 可按下式计算：

$$\sigma_p=\frac{\mathrm{d}E_p}{\mathrm{d}z}=\frac{\mathrm{d}}{\mathrm{d}z}\left(\frac{1}{2}\gamma z^2K_p\right)=\gamma zK_p \tag{8-32}$$

被动土压力强度沿墙高也呈三角形分布，如图8-19(c)所示。必须注意，土压力强度分布图只表示其大小，不代表其作用方向。被动土压力的作用点在距离墙底 $H/3$ 处。

8.4.3 黏性土和粉土的主动土压力

库仑土压力理论假设墙后填土是理想的散体，也就是填土只有内摩擦角 φ 而没有黏聚力 c，因此，从理论上说只适用于无黏性土。但在实际工程中常不得不采用黏性土，为了考虑黏性土和粉土的黏聚力 c 对土压力数值的影响，在应用库仑公式时，曾有人将内摩擦角 φ 增大，采用所谓"等代内摩擦角 φ_D"来综合考虑黏聚力对土压力的效应，但误差较大。在这种情况下，可用以下方法确定：

1. 图解法(楔体试算法)

如果挡土墙的位移很大，足以使黏性土的抗剪强度全部发挥，则在填土顶面 z_0 深度处将出现张拉裂缝，引用朗肯土压力理论的临界深度 $z_0=\dfrac{2c}{\gamma\sqrt{K_a}}$($K_a$ 为朗肯主动土压力系数)。

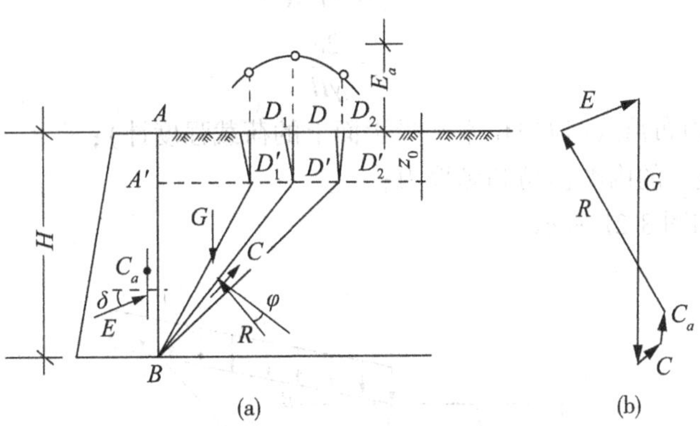

图8-20 黏性填土的图解法

先假设一滑动面 $\overline{BD'}$，如图8-20(a)所示，作用于滑动土楔 $A'BD'$ 上的力有：

(1)土楔体自重 G；

(2)滑动面 $\overline{BD'}$ 的反力 R，与 BD' 面的法线成 φ 角；

(3) $\overline{BD'}$ 面上的总黏聚力 $C=c\cdot\overline{BD'}$，c 为填土的黏聚力；

(4)墙背与接触面 $\overline{A'B}$ 的总黏聚力 $C_a=c_a\cdot\overline{A'B}$，在上述各力中，$G$、$C$、$c_a$ 的大小和方

向均已知，R 和 E 的方向已知，但大小未知，考虑到力系的平衡，由力矢多边形可以确定 E 的数值，如图 8-20(b)所示，假定若干滑动面按以上方法试算，其中最大值即为主动土压力 E_a。

2. 规范推荐公式

《建筑地基基础设计规范》(GB50007—2011)推荐的公式采用楔体试算法相似的平面滑裂面假定，得到黏性土和粉土的主动土压力为

$$E_a=\frac{\psi_c\gamma H^2K_a}{2} \tag{8-33}$$

式中，E_a——主动土压力，kN/m；

ψ_c——主动土压力增大系数，土坡高度小于 5m 时宜取 1.0，高度 5~8m 时宜取 1.1，高度大于 8m 时宜取 1.2；

γ——填土重度，kN/m^3；

H——挡土墙高度，m；

K_a——规范主动土压力系数，按式(8-34)~式(8-36)确定。

$$\begin{aligned}K_a=&\frac{\sin(\alpha'+\beta)}{\sin^2\alpha'\sin^2(\alpha'+\beta-\varphi-\delta)}\{k_q[\sin(\alpha'+\beta)\sin(\alpha'-\delta)+\sin(\varphi+\delta)\sin(\varphi-\beta)]\\&+2\eta\sin\alpha\cos\varphi\times\cos(\alpha'+\beta-\varphi-\delta)\\&-2[(k_q\sin(\alpha'+\beta)\sin(\varphi-\beta)+\eta\sin\alpha'\cos\varphi)(k_q\sin(\alpha'-\delta)\sin(\varphi+\delta)\\&+\eta\sin\alpha'\cos\varphi)]^{\frac{1}{2}}\}\end{aligned} \tag{8-34}$$

$$k_q=1+\frac{2q\sin\alpha'\cos\beta}{\gamma H\sin(\alpha'+\beta)} \tag{8-35}$$

$$\eta=\frac{2c}{\gamma H} \tag{8-36}$$

其中，q——地表均布荷载(以单位水平投影面上的荷载强度计)；

φ、c——填土的内摩擦角和黏聚力；

α'、β、δ 如图 8-21 所示。

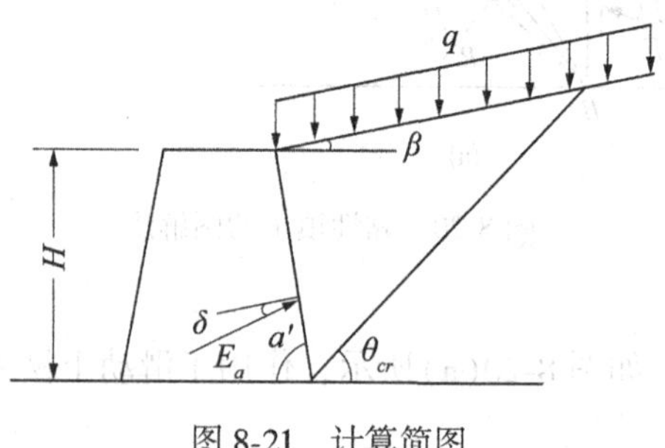

图 8-21 计算简图

8.4.4 有车辆荷载时的土压力

在桥台或路堤挡土墙设计时，应考虑车辆荷载引起的土压力，在《公路桥涵设计通用

规范》(JTG D60—2004)中规定，按照库仑土压力理论，先将台背或墙背填土的破坏棱体(滑动土楔)范围内的车辆荷载，用均布荷载 q 或换算为等代土层来代替。当填土面水平($\beta=0°$)时，等代土层厚度 h 的计算公式如下(图 8-22)：

$$h=\frac{q}{\gamma}=\frac{\sum G}{BL_0\gamma} \tag{8-37}$$

式中，γ——填土的重度，kN/m^3；

$\sum G$——布置在 $b\times L_0$ 面积内的车轮的总重力，kN，计算挡土墙的土压力时，车辆荷载如图 8-23 中的横向布置，车辆外侧车辆中线距路面边缘 0.5m，计算中涉及多车道加载时，车轮总重应进行折减，详见《公路桥涵设计通用规范》(JTGD60—2004)；

B——桥台横向全宽或挡土墙的计算长度，m；

L_0——台背或墙背填土的破坏棱体长度，m；对于墙顶以上有填土的路堤式挡土墙，L_0 为破坏棱体范围内的路基宽度部分。

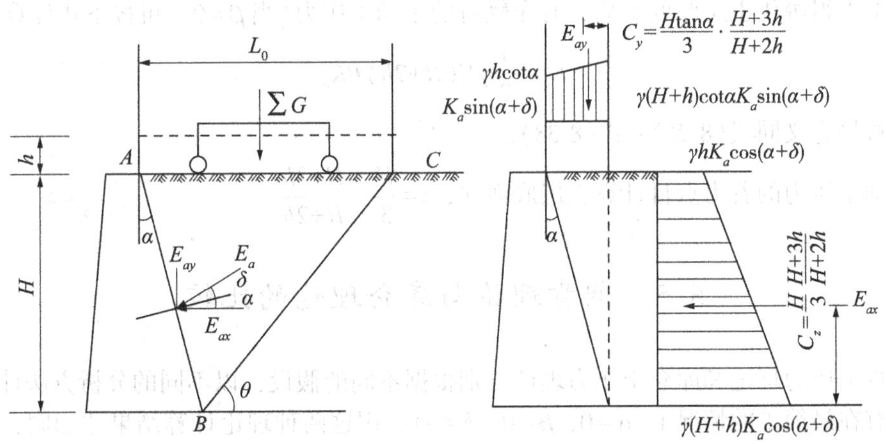

图 8-22　有车辆荷载时的土压力

桥台的计算宽度为桥台横向全宽。挡土墙的计算长度可按下列公式计算(图 8-23(b))：

$$B=13+H\tan 30° \tag{8-38}$$

式中，H——挡土墙高度，m，对于墙顶以上有填土时为两倍墙顶填土厚度加墙高。

当挡土墙分段长度小于 13m 时，B 取分段长度，并在该长度内按不利情况布置轮重。在实际工程中，挡土墙的分段长度一般为 10~15m。当挡土墙分段大于 13m 时，其计算长度取为扩散长度(图 8-23(a))，如果扩散长度超过挡土墙分段长度，则取分段长度计算。

台背或墙背填土的破坏棱体长度 L_0，对于墙顶以上有填土的挡土墙，L_0为破坏棱体范围内的路基宽度部分；对于桥台或墙顶以上没有填土的挡土墙，L_0可用下式计算：

$$L_0=H(\tan\alpha+\cot\theta) \tag{8-39}$$

式中，H——桥台或挡土墙的高度，m；

α——台背或墙背倾斜角，仰斜时以负值代入，垂直时则 $\alpha=0$；

θ——滑动面倾斜角，确定时，忽略车辆荷载对滑动面位置的影响，按没有车辆荷

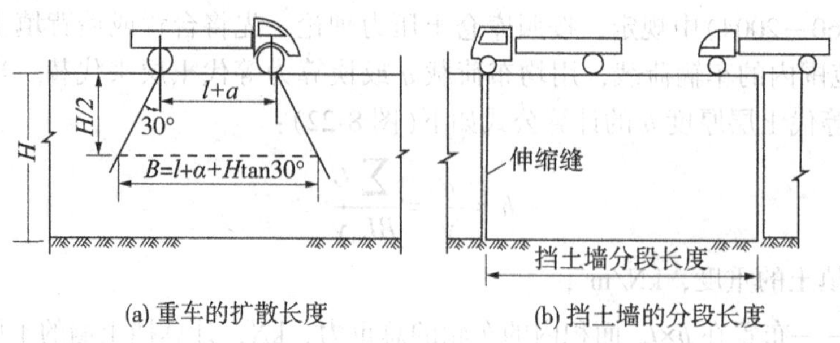

(a) 重车的扩散长度　　(b) 挡土墙的分段长度

图 8-23　挡土墙计算长度 B 的计算

载时的式(8-24)解得，使主动土压力 E 为极大值时最危险滑动面的破裂倾斜角，当填土面倾斜角 $\beta=0°$时，破坏棱体破裂面与水平面夹角 θ 的余切值可按下式计算：

$$\cot\theta=-\tan(\alpha+\delta+\varphi)+\sqrt{[\cot\varphi+\tan(\alpha+\delta+\varphi)][\tan(\alpha+\delta+\varphi)-\tan\alpha]} \tag{8-40}$$

其中，α、δ、φ——墙背倾斜角(取值同上)、墙背与填土间的外摩擦角和填土内摩擦角。

以上求得等代土层厚度 h 后，有车辆时的主动土压力(当 $\beta=0°$)可按下式计算：

$$E_a=\frac{1}{2}\gamma H(H+2h)BK_a \tag{8-41}$$

式中各符号意义同式(8-26)~式(8-38)。

主动土压力的着力点自计算土层底面起，$z=\frac{H}{3}\cdot\frac{H+3h}{H+2h}$。

8.5　朗肯理论与库仑理论的比较

朗肯土压力理论和库仑土压力理论分别根据不同的假设，以不同的分析方法计算土压力，只有在最简单的情况下($\alpha=0$，$\beta=0$，$\delta=0$)，用这两种理论计算结果才相同，否则将得出不同的结果。

朗肯土压力理论应用半空间中的应力状态和极限平衡理论的概念比较明确，公式简单，便于记忆，对于黏性上、粉土和无黏性土都可以用该公式直接计算，故在工程中得到广泛应用。但为了使墙后的应力状态符合半空间的应力状态，必须假设墙背是直立、光滑的，墙后填上是水平的，因而其他情况时计算繁杂，并由于该理论忽略了墙背与填土之间摩擦影响，使计算的主动土压力偏大，而计算的被动土压力偏小。朗肯理论可推广于非均质填土、有地下水情况，也可用于填土面上有均布荷载(超载)的几种情况(其中也有墙背倾斜和墙后填土面倾斜)。

库仑土压力理论根据墙后滑动土楔的静力平衡条件推导得出土压力计算公式，考虑了墙背与土之间的摩擦力，并可用于墙背倾斜，填土面倾斜的情况，但由于该理论假设填土是无黏性土，因此不能用库仑理论的原始公式直接计算黏性土或粉土的土压力。库仑理论假设墙后填土破坏时，破坏面是一平面，而实际上却是一曲面，实验证明，在计算主动土压力时，只有当墙背的斜度不大，墙背与填土间的摩擦角较小时，破坏面才接近于一平面，因此，计算结果与按曲线滑动面计算的有出入。在通常情况下，这种偏差在计算主动土压力时为2%~10%，可以认为已满足实际工程所要求的精度；但在计算被动土压力时，由于破坏面接近于对数螺线，因此计算结果误差较大，有时可达2~3倍，甚至更大。库仑理论可以用数解法，也可以用图解法。用图解法时，填土表面可以是任何形状，可以有任意分布的荷载(超载)，还可以推广用于黏性土、粉土填料以及有地下水的情况。用数解法时，也可以推广用于黏性土、粉土填料以及墙后有限填土(有较陡峻的稳定岩石坡面)的情况。

8.6 岩体侧压力计算

8.6.1 侧向岩石压力

静止岩石压力标准值可按式(8-2)计算，静止岩石压力系数 K_0 可按下式计算：

$$K_0=\frac{u}{1-u} \tag{8-42}$$

式中：u——岩石泊松比，宜采用实测数据或当地经验数据。

对沿外倾结构面滑动的边坡，其主动岩石压力合力标准值可按下式计算：

$$E_{ak}=\frac{1}{2}\gamma H^2 K_a \tag{8-43}$$

$$K_a=\frac{\sin(\alpha+\beta)}{\sin^2\sin(\alpha-\delta+\theta-\varphi_j)\sin(\theta-\beta)}\times[K_q\sin(\alpha+\theta)\sin(\theta-\varphi_j)-\eta\sin\alpha\cos\varphi_j] \tag{8-44}$$

$$\eta=\frac{2c_j}{\gamma H} \tag{8-45}$$

式中，θ——外倾结构面倾角，°；

c_j——外倾结构面黏聚力，kPa；

φ_j——外倾结构面内摩擦角，°；

K_q——系数，$K_q=1+\frac{2q\sin\alpha\cos\beta}{\gamma H\sin(\alpha+\beta)}$，$q$ 为地面均布荷载(kN/m^2)；

δ——岩石与挡墙背的摩擦角，°，取0.33~0.5；

φ——土的内摩擦角，°。

当有多组外倾结构面时，侧向岩压力应计算每组结构面的主动岩石压力，并取其大值。

对沿缓倾的外倾软弱结构面滑动的边坡(图8-24)，主动岩石压力合力标准值可按下式计算：

$$E_{ak}=G\tan(\theta-\varphi_j)-\frac{c_j L\cos\varphi_j}{\cos(\theta-\varphi_j)} \tag{8-46}$$

式中，G——四边形滑裂体自重，kN/m；

L——滑裂面长度，m；

θ——缓倾的外倾软弱结构面的倾角，°；

c_j——外倾软弱结构面的黏聚力，kPa；

φ_j——外倾软弱结构面内摩擦角，°。

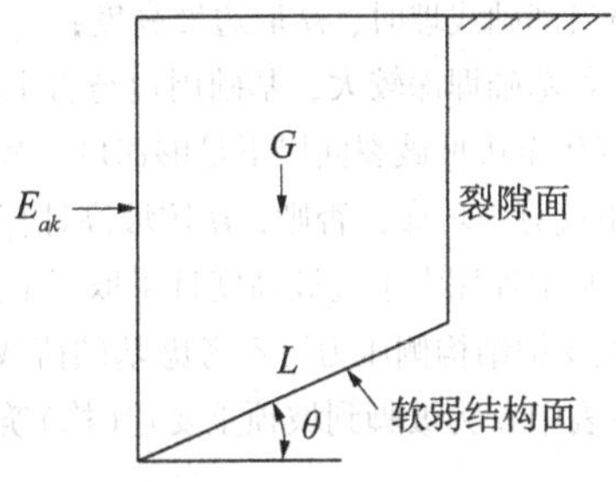

图8-24 岩质边坡四边形滑裂时侧向压力计算图

侧向岩石压力和破裂角计算应符合下列规定：

(1)对无外倾结构面的岩质边坡，以岩体等效内摩擦角按侧向土压力方法计算侧向岩压力；破裂角按 $45°+\frac{\varphi}{2}$确定，Ⅰ类岩体边坡可取75°左右。

(2)当有外倾硬性结构面时，侧向岩压力应分别以外倾硬性结构面的参数以岩体等效内摩擦角按侧向土压力方法计算，取两种结果的较大值；除Ⅰ类边坡岩体外，破裂角取外倾结构面倾角和 $45°+\frac{\varphi}{2}$两者中的较小值；

(3)当边坡沿外倾软弱结构面破坏时，侧向岩石压力按式(8-43)计算，破裂角取该外倾结构面的视倾角和 $45°+\frac{\varphi}{2}$两者中的较小者，同时应按上述(1)、(2)进行验算。

当坡顶建筑物基础下的岩质边坡存在外倾软弱结构面时，边坡侧压力应按8.6.2节和 *GB*50330—2002第6.3.4条两种情况分别计算，并取其中的较大值。

8.6.2 侧向岩土压力的修正

对支护结构变形有控制要求或坡顶有重要建(构)筑物时，可按表8-2确定支护结构上侧向岩土压力。

表8-2　　侧向岩土压力的修正

支护结构变形控制要求或破顶重要建(构)筑物基础位置 a		侧向岩土压力修正方法
土质边坡	对支护结构变形控制严格；或 $a<0.5$H	E_0
	对支护结构变形控制严格；或0.5H≤a≤1.0H	$E'_a=\frac{1}{2}(E_0+E_a)$
	对支护结构变形控制严格；或 $a>1.0$H	E_a
岩质边坡	对支护结构变形控制严格；或 $a<0.5$H	$E'_0=\beta_1 E_0$　$E'_0\geqslant(1.3\sim1.4)E_a$
	对支护结构变形控制不严格；或 $a\geqslant0.5$H	E_a

注：(1) E_a为主动岩土压力，E_0为静止岩土压力；E'_a为修正主动土压力，E'_0为岩质边坡修正静止岩石压力；

(2) β_1为岩质边坡静止岩石压力折减系数；

(3)当基础浅埋时，H取边坡高度；

(4)若基础埋深较大，基础周边与岩土间没有软性弹性材料隔离层或作了空位构造处理，能使基础垂直荷载传至边坡破裂面以下足够深度的稳定岩土层内，且基础水平荷载对边坡不造成较大影响，H可从隔离下端算至坡底，否则，H按坡高计算；

(5)基础埋深大于边坡高度且采取了上述处理措施，基础的垂直荷载与水平荷载均不传给支护结构时，边坡支护结构侧压力可不考虑基础荷载的影响；

(6)表中 α 为坡脚到坡顶重要建(构)筑物基础外边缘的水平距离。

岩质边坡静止侧压力的折减系数 β_1，可根据边坡岩体类别按表8-3确定。

表 8-3　**岩质边坡静止侧压力折减系数 β_1**

边坡岩体类型	Ⅰ	Ⅱ	Ⅲ	Ⅳ
静止岩石侧压力折减系数 β_1	0.30~0.45	0.40~0.55	0.50~0.65	0.65~0.85

注：当裂隙发育时取表中大值，裂隙不发育时取小值。

习　　题

8-1　静止土压力的墙背填土处于哪一种平衡状态？它与主动土压力、被动土压力状态有何不同？

8-2　挡土墙的位移及变形对土压力有何影响？

8-3　分别指出下列变化对主动土压力和被动土压力各有什么影响：(1)内摩擦角 φ 变大；(2)外摩擦角 δ 变小；(3)填土面倾角 β 增大；(4)墙背倾角(俯斜)角 α 减小。

8-4　为什么挡土墙墙后要做好排水设施？地下水对挡土墙的稳定性有何影响？

8-5　某挡土墙高 5m，墙背直立、光滑、墙后填土面水平，填土重度 $\gamma=19\text{kN/m}^3$，$\varphi=30°$，$c=10\text{kPa}$。试确定：(1)主动土压力强度沿墙高的分布；(2)主动土压力的大小和作用点位置。($E_a=32\text{kN/m}$)

8-6　某挡土墙高 4m，墙背倾斜角 $\alpha=20°$，填土面倾角 $\beta=10°$，填土重度 $q=20\text{kN/m}^3$，$\varphi=30°$，$c=0$，填土与墙背的摩擦角 $\delta=15°$，如图 8-25 所示，试按库仑理论求：(1)主动土压力大小、作用点位置和方向；(2)主动土压力强度沿墙高的分布。($E_a=89.6\text{kN/m}$)

8-7　某挡土墙高 6m，墙背直立、光滑，墙后填土面水平，填土分两层，第一层为砂土，第二层为黏性土，各土层的物理力学性指标如图 8-26 所示。试求：主动土压力强度，并绘出土压力沿墙高分布图。(第一层底 $\sigma_a=12\text{kPa}$，第二层顶 $\sigma_a=3.7\text{kPa}$，第二层底 $\sigma_a=40.9\text{kPa}$)

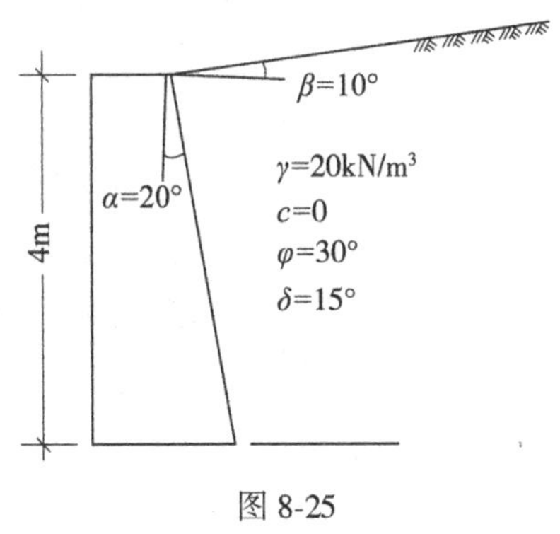

图 8-25

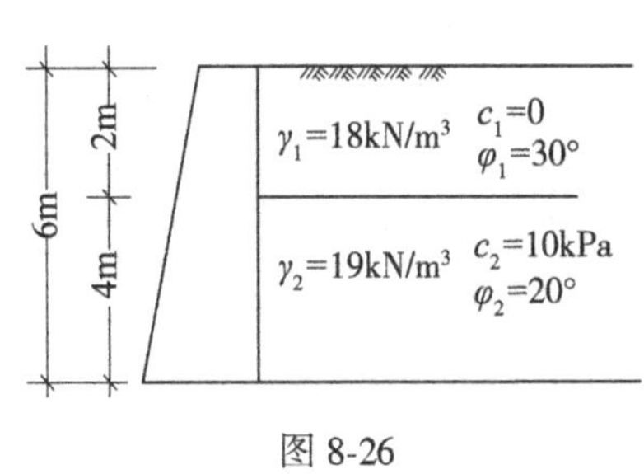

图 8-26

8-8　某挡土墙高 6m，墙背直立、光滑，墙后填土面水平，填土重度 $\gamma=18\text{kN/m}^3$，$\varphi=30°$，$c=0$。试确定：(1)墙后无地下水时的主动土压力；(2)当地下水位离墙底 2m 时，作用在挡土墙上的总压力(包括水压力和土压力)，地下水位以下填土的饱和重度为 19kN/m^3。($E_a=108\text{kN/m}$，$E=122\text{kN/m}$)

8-9　某挡土墙高 5m，墙背直立、光滑，墙后填土面水平，作用有连续均布荷载 $q=$

20kPa，土的物理力学性指标如图 8-27 所示。试求主动土压力。(E_a=78.1kN/m)

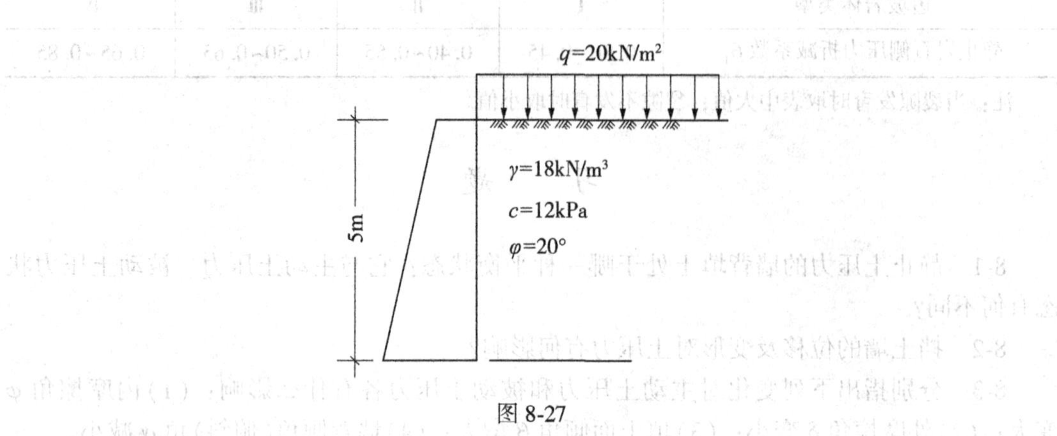

图 8-27

第 9 章　岩土地基工程

9.1　概　　述

土木工程在整个使用年限内都要求地基稳定，要求地基不致因承载力不足、渗流破坏而失去稳定性，也不致因变形过大而影响正常使用。地基承载力（Subgrade Bearing Capacity）是指地基承担荷载的能力。在荷载作用下，地基要产生变形。随着荷载的增大，地基变形逐渐增大，初始阶段地基尚处在弹性平衡状态，具有安全承载能力。当荷载增大到地基中开始出现某点，或小区域内各点任一截面上的剪应力达到岩土的抗剪强度时，该点或小区域内各点因剪切破坏而处在极限平衡状态，岩土中应力将发生重分布。这种小范围的剪切破坏区，称为塑性区（Plastic Zone）。地基小范围的极限平衡状态大多可以恢复到弹性平衡状态，地基尚能趋于稳定，仍具有安全的承载能力。但此时地基变形稍大，尚需验算变形的计算值不超过允许值。当荷载继续增大，地基出现较大范围的塑性区时，将显示地基承载力不足而失去稳定，此时，地基达到极限承载能力。地基承载力是地基岩土抗剪强度的一种宏观表现，影响地基岩土抗剪强度的因素对地基承载力也产生类似影响。

地基承载力问题是岩土力学中一个重要的研究课题，其目的是为了掌握地基的承载规律，发挥地基的承载能力，合理确定地基承载力，确保地基不致因荷载作用而发生剪切破坏，产生变形过大而影响建筑物或土工建筑物的正常使用。为此，地基基础设计一般都限制基底压力最大不超过地基承载力特征值。

确定地基承载力的方法一般有原位试验法、理论公式法、当地经验法三种。原位试验法（In-situ testing Method）是一种通过现场直接试验确定承载力的方法，现场直接试验，包括载荷试验、静力触探试验、标准贯入试验、旁压试验等，其中，载荷试验法为最直接、最可靠的方法。理论公式法（Theoretical Equation）是根据岩土的抗剪强度指标以理论公式计算确定承载力的方法。当地经验法（Local Empirical Method）是一种基于地区的使用经验，进行类比判断确定承载力的方法。

本章将介绍浅基础的地基破坏模式、原位试验法和理论公式法确定地基承载力特征值。确定地基承载力的当地经验法，详见《基础工程》中介绍。

9.2　浅基础的地基破坏模式

9.2.1　三种破坏模式

在荷载作用下地基因承载力不足引起的破坏，一般都由地基岩土的剪切破坏引起。试验研究表明，浅基础地基破坏模式(Ground Failure Modes of Shallow Foundation)有三种：整体剪切破坏、局部剪切破坏和冲切剪切破坏，如图 9-1 所示。

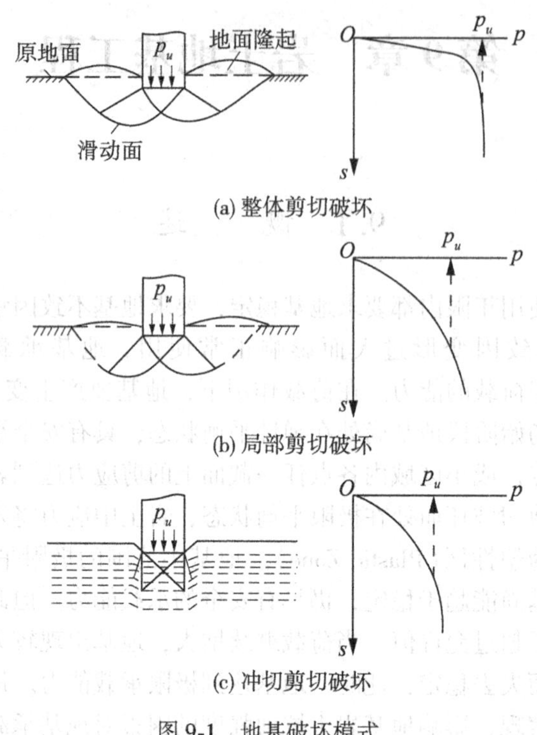

图 9-1　地基破坏模式

整体剪切破坏(General Shear Failure)是一种在浅基础荷载作用下地基发生连续剪切滑动面的地基破坏模式，其概念最早由 L. Prandtl 于 1920 年提出。其破坏特征：地基在荷载作用下产生近似线弹性(p-s 曲线的首段呈线性)变形。当荷载达到一定数值时，在基础的边缘以下岩土体首先发生剪切破坏，随着荷载的继续增加，剪切破坏区也逐渐扩大，p-s 曲线由线性开始弯曲。当剪切破坏区在地基中形成一片，成为连续的滑动面时，基础就会急剧下沉，并向一侧倾斜、倾倒，基础两侧的地面向上隆起，地基发生整体剪切破坏，地基基础失去了继续承载能力。描述这种破坏模式典型的荷载-沉降曲线(p-s 曲线)具有明显的转折点，破坏前，建筑物一般不会发生过大的沉降。它是一种典型的土体强度破坏，破坏有一定的突然性，如图 9-1(a)所示。整体剪切破坏一般在密砂和坚硬的黏土中最有可能发生。

局部剪切破坏(Local Shear Failure)是一种在浅基础荷载作用下地基某一范围内发生剪切破坏区的地基破坏型式，其概念最早由 K. Terzaghi 于 1943 年提出。其破坏特征：在荷载作用下，地基在基础边缘以下开始发生剪切破坏之后，随着荷载的继续增大，地基变形增大。剪切破坏区继续扩大，基础两侧土体有部分隆起，但剪切破坏区滑动面没有发展到地面，基础没有明显的倾斜和倒塌。基础由于产生过大的沉降而丧失继续承载能力。描述这种破坏模式的 p-s 曲线一般没有明显的转折点，其直线段范围较小，是一种以变形为主要特征的破坏模式，如图 9-1(b)所示。

冲切剪切破坏(Punching Shear Failure)是一种在浅基础荷载作用下地基岩土体发生垂

直剪切破坏，使基础产生较大沉降的一种地基破坏模式，也称刺入剪切破坏。冲切剪切破坏的概念由 E. E. 德贝尔和 A. S. De Beer，Vesic 于 1959 年提出。其破坏特征：在荷载作用下，基础产生较大沉降，基础周围的部分土体也产生下陷，破坏时基础好象“刺入”地基土层中，不出现明显的破坏区和滑动面，基础没有明显的倾斜，其 *p-s* 曲线没有转折点，是一种典型的以变形为特征的破坏模式，如图 9-1(c)所示。在压缩性较大的松砂、软土地基或基础埋深较大时相对容易发生冲切剪切破坏。

9.2.2 破坏模式的影响因素和判别

影响地基破坏模式的因素有：地基土的条件，如种类、密度、含水量、压缩性、抗剪强度等；基础条件，如型式、埋深、尺寸等。土的压缩性是影响破坏模式的主要因素。如果土的压缩性低，土体相对比较密实，一般容易发生整体剪切破坏；反之，如果土比较疏松，压缩性高，则会发生冲切剪切破坏。

地基压缩性对破坏模式的影响也会随着其他因素的变化而变化。建在密实土层中的基础，如果埋深大或受到瞬时冲击荷载，也会发生冲切剪切破坏；如果在密实砂层下卧有可压缩的软弱土层，则也可能发生冲切剪切破坏。建在饱和正常固结黏土上的基础，若地基土在加载时不发生体积变化，将会发生整体剪切破坏；如果加荷很慢，使地基土固结，发生体积变化，则有可能发生刺入破坏。对于具体工程可能会发生何种破坏模式，需考虑各方面的因素后综合确定。

9.3 地基界限荷载

9.3.1 地基土中应力状态的三个阶段

现场荷载试验根据各级荷载及其相应的相对稳定沉降值，可得荷载与沉降的关系曲线，即 *p-s* 曲线，还可得各级荷载作用下的沉降与时间的关系曲线，即 *s-t* 曲线。在某一瞬间内载荷板沉降与该瞬时时间之比$\frac{\mathrm{d}s}{\mathrm{d}t}$，称为土的变形速度，它在荷载增大的过程中变化，可得地基土中应力状态的三个阶段：压缩阶段、剪切阶段和隆起阶段，如图 9-2 所示。

(1)压缩阶段(Compression Stage)，又称直线变形阶段，对应 *p-s* 曲线的 *oa* 段。在这个阶段，外加荷载较小，地基土以压缩变形为主，压力与变形之间基本呈线性关系，地基中的应力尚处在弹性平衡阶段，地基中任一点的剪应力均小于该点的抗剪强度。该阶段的应力一般可近似采用弹性理论进行分析。

(2)剪切阶段(Shear Stage)，又称塑性变形阶段，对应 *p-s* 曲线的 *ab* 段。在这一阶段，从基础两侧底边缘开始，局部位置土中剪应力等于该处土的抗剪强度，土体处于塑性极限平衡状态，宏观上 *p-s* 曲线呈现非线性的变化。随着荷载的增大，基础下土的塑性变形区扩大，载荷-变形曲线的斜率增大。在这一阶段，虽然地基土部分区域发生了塑性极限平衡，但塑性区并未在地基中连成一片，地基仍有一定的稳定性，地基的安全度则随着塑性区的扩大而降低。

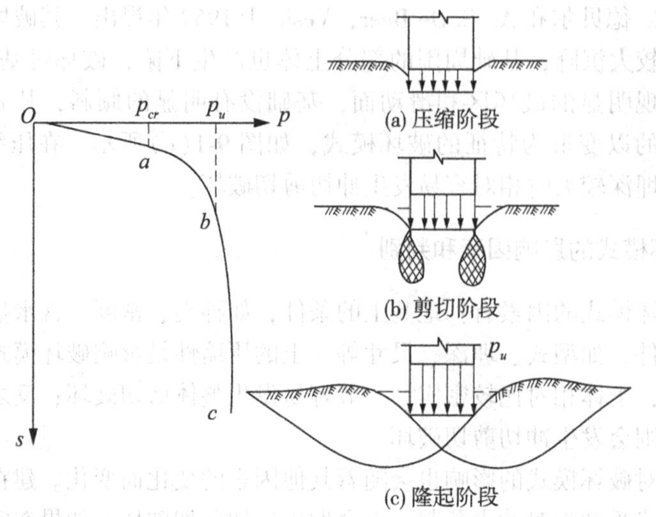

图 9-2 地基土中应力状态的三个阶段

(3)隆起阶段(Heave Stage)，又称塑性流动阶段，对应 p-s 曲线的 bc 段。该阶段基础以下两侧的地基塑性区贯通并连成一片，基础两侧土体隆起，很小的荷载增量都会引起基础大的沉陷，这时，变形主要不是由土的压缩引起，而是由地基土的塑性流动引起，是一种随时间不稳定的变形，其结果是基础向比较薄弱一侧倾倒，地基整体失去稳定性。

相应于地基土中应力状态的三个阶段，有两个界限荷载：前者是相当于从压缩阶段过渡到剪切阶段的界限荷载，称为比例界限荷载(Proportional Limit Loading)，一般记为 p_{cr}，它是 p-s 曲线上 a 点所对应的荷载；后者是相应于从剪切阶段过渡到隆起阶段的界限荷载，称为极限荷载(Ultimate Loading)，记为 p_u，它是 p-s 曲线上 b 点所对应的荷载。由此，取 p_{cr}或$\frac{p_u}{K}$(K 为安全系数)确定地基承载力特征值。

9.3.2 地基塑性区边界方程

假设在均质地基表面上，作用一竖向均布条形荷载 p，如图 9-3(a)所示，实际工程中的基础一般都有埋深 d，如图 9-3(b)所示，则条形基础两侧荷载 $q=\gamma_m d$，γ_m 为基础埋置深度的范围内土层的加权平均重度，地下水位以下取浮重度。因此，均布条形荷载 p 应替换为 $p_0(p_0=p-q)$。

根据弹性理论，它在地表下任一点 M 处产生的大、小主应力可按下式表达：

$$\sigma_1=\frac{p_0}{\pi}(\beta_0+\sin\beta_0) \tag{9-1a}$$

$$\sigma_3=\frac{p_0}{\pi}(\beta_0-\sin\beta_0) \tag{9-1b}$$

式中，p_0——均布条形荷载，kPa；

β_0——任意点 M 到均布条形荷载两端点的夹角，弧度。

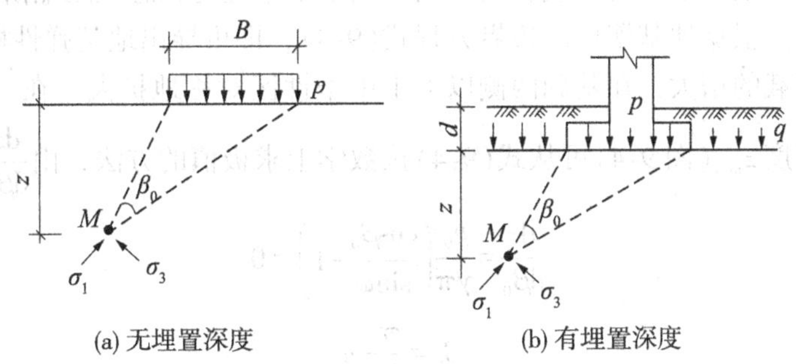

(a) 无埋置深度　(b) 有埋置深度

图 9-3　均布条形荷载作用下地基中的主应力

σ_1的作用方向与β_0角的平分线一致，作用在M点的应力，除了由基底平均附加压力p_0引起的地基附加应力外，还有土自重应力$q+\gamma z$，γ为地基持力层土的重度，地下水位以下均取浮重度。

为了推导方便，假设地基土原有的自重应力场的静止侧压力系数$K_0=1$，具有静水压力性质，则自重应力场没有改变M点附加应力场的大小和主应力的作用方向，因此，地基中任意点M的大、小主应力为：

$$\sigma_1=\frac{p_0}{\pi}(\beta_0+\sin\beta_0)+q+\gamma z \tag{9-2a}$$

$$\sigma_3=\frac{p_0}{\pi}(\beta_0-\sin\beta_0)+q+\gamma z \tag{9-2b}$$

式中，p_0——基底平均附加压力，$p_0=p-\sigma_{ch}=p-\gamma_m h$($h$为从天然地面算起的基础埋深)；

q——基础两侧荷载，$q=\gamma_m d$(d为从设计地面算起的基础埋深)；

γ——地基持力层土的重度，地下水位以下用浮重度；

其余符号的意义如图 9-3 所示。

当M点应力达到极限平衡状态时，该点的大、小主应力应满足下式极限平衡条件：

$$\sin\varphi=\frac{\sigma_1-\sigma_3}{\sigma_1+\sigma_3+2c\cot\varphi} \tag{9-3}$$

将式(9-2)代入得

$$z=\frac{p_0}{\gamma\pi}\left(\frac{\sin\beta_0}{\sin\varphi}-\beta_0\right)-\frac{1}{\gamma}(c\cot\varphi+q) \tag{9-4}$$

上式即为满足极限平衡条件的地基塑性区边界方程，给出了边界上任意一点的坐标z与β_0角的关系，如图 9-4 所示。如果荷载p_0、基础两侧超载q以及γ、c、φ为已知，则根据此式可绘出塑性区的边界线。

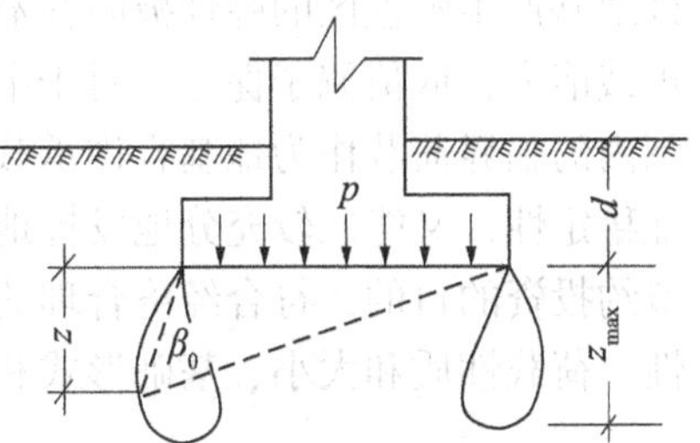

图 9-4　条形基础底面边缘的塑性区

9.3.3　地基的临塑荷载和临界荷载

1. 弹性极限荷载

弹性极限荷载是指基础边缘地基中刚要出现塑性

区时基底单位面积上所承担的荷载，它相当于地基土中应力状态从压缩阶段过渡到剪切阶段时的界限荷载。根据地基塑性区边界方程式(9-4)，即可导出地基弹性极限荷载。

随着基础荷载的增大，在基础两侧以下土中塑性区对称地扩大。在一定荷载作用下，塑性区的最大深度 z_{max}(图 9-4)可从式(9-4)按数学上求极值的方法，由$\frac{dz}{d\beta_0}$的条件求得

$$\frac{dz}{d\beta_0}=\frac{p_0}{\gamma\pi}\left(\frac{\cos\beta_0}{\sin\varphi}-1\right)=0$$

则有

$$\beta_0=\frac{\pi}{2}-\varphi$$

将它代入式(9-4)得出 z_{max} 的表达式为

$$z_{max}=\frac{p_0}{\gamma\pi}\left(\cot\varphi+\varphi-\frac{\pi}{2}\right)-\frac{1}{\gamma}(c\cot\varphi+q) \tag{9-5}$$

当荷载 p_0 增大时，塑性区就发展扩大，塑性区的最大深度也增大。根据定义，弹性极限荷载为地基刚要出现塑性区时的荷载，即 $z_{max}=0$ 时的荷载，则令式(9-5)右侧为零，可得弹性极限荷载 p_{cr} 的公式如下：

$$p_{cr}=\frac{\pi(c\cot\varphi+q)}{\cot\varphi+\varphi-\frac{\pi}{2}}+q \tag{9-6a}$$

或

$$p_{cr}=cN_c+qN_q \tag{9-6b}$$

式中，N_c、N_q——承载力系数，均为 φ 的函数：

$$N_c=\frac{\pi\cot\varphi}{\cot\varphi+\varphi-\frac{\pi}{2}}$$

$$N_q=\frac{\cot\varphi+\varphi+\frac{\pi}{2}}{\cot\varphi+\varphi-\frac{\pi}{2}}$$

从式(9-6a)、式(9-6b)可看出，弹性极限荷载 p_{cr} 由两部分组成，第一部分为地基土黏聚力 c 的作用，第二部分为基础两侧超载 q 或基础埋深 d 的影响，这两部分都是内摩擦角 φ 的函数，p_{cr} 随 φ、c、q 的增大而增大。

2. 临界荷载

临界荷载是指允许地基产生一定范围塑性区所对应的荷载。工程实践表明，采用不允许地基产生塑性区的弹性极限荷载 p_{cr} 作为地基容许承载力时，往往不能充分发挥地基的承载能力，取值偏于保守。对于中等强度以上的地基土，将控制地基中塑性区较小深度范围内的临界荷载作为地基容许承载力或地基承载力特征值，使地基既有足够的安全度、保证稳定性，又能比较充分地发挥地基的承载能力，从而达到优化设计、减少基础工程量、节约投资的目的，符合经济合理的原则。允许塑性区开展深度的范围大小与建筑物的重要性、荷载性质和大小、基础形式和特性、地基土的物理力学性质等有关。

根据工程实践经验，在中心荷载作用下，控制塑性区最大开展深度 $z_{max}=\frac{b}{4}$，在偏心

荷载下控制 $z_{max}=\dfrac{b}{3}$，对一般建筑物是允许的。$p_{\frac{1}{4}}$、$p_{\frac{1}{3}}$分别是允许地基产生 $z_{max}=\dfrac{b}{4}$和 $z_{max}=\dfrac{b}{3}$范围塑性区所对应的两个临界荷载。此时，地基变形会有所增加，必须验算地基的变形值不超过允许值。

根据定义，分别将 $z_{max}=\dfrac{b}{4}$和 $z_{max}=\dfrac{b}{3}$代入式(9-5)，得

$$p_{\frac{1}{4}}=\frac{\pi\left(c\cot\varphi+q+\dfrac{\gamma b}{4}\right)}{\cot\varphi+\varphi-\dfrac{\pi}{2}}+q \tag{9-7a}$$

或

$$p_{\frac{1}{4}}=cN_c+qN_q+\gamma bN_{\frac{1}{4}} \tag{9-7b}$$

和

$$p_{\frac{1}{3}}=\frac{\pi\left(c\cot\varphi+q+\dfrac{\gamma b}{3}\right)}{\cot\varphi+\varphi-\dfrac{\pi}{2}}+q \tag{9-8a}$$

或

$$p_{\frac{1}{3}}=cN_c+qN_q+\gamma bN_{\frac{1}{3}} \tag{9-8b}$$

式中，$N_{\frac{1}{4}}$、$N_{\frac{1}{3}}$——承载力系数，均为 φ 的函数：

$$N_{\frac{1}{4}}=\frac{\pi}{4\left(\cot\varphi+\varphi-\dfrac{\pi}{2}\right)}$$

$$N_{\frac{1}{3}}=\frac{\pi}{3\left(\cot\varphi+\varphi-\dfrac{\pi}{2}\right)}$$

从式(9-7b)、式(9-8b)可以看出，两个临界荷载由三部分组成，第一、二部分分别反映了地基土黏聚力和基础埋深对承载力的影响，这两部分组成了临塑荷载；第三部分表现为基础宽度和地基土重度的影响，实际上受塑性区开展深度的影响。它们都随内摩擦角 φ 的增大而增大，其值可从公式计算得到。分析临界荷载的组成，它们随 c、φ、q、γ、b 的增大而增大。

必须指出，弹性极限荷载和临界荷载两公式都是在条形荷载情况下(平面应变问题)导得的，对于矩形或圆形基础(空间问题)，用两公式计算，其结果偏于安全。至于临界荷载 $p_{\frac{1}{4}}$和 $p_{\frac{1}{3}}$的推导，仍近似用弹性力学解答，其所引起的误差，随塑性区扩大而加大。

【例 9-1】　某条形基础置于一均质地基上，宽 3m，埋深 1m，地基土天然重度 18.0kN/m³，天然含水量 38%，土粒相对密度 2.73，抗剪强度指标 $c=15$kPa，$\varphi=12°$，试问：该基础的临塑荷载 p_{cr}、临界荷载 $p_{\frac{1}{4}}$、$p_{\frac{1}{3}}$各为多少？若地下水位上升至基础底面，假定土的抗剪强度指标不变，其 p_{cr}、$p_{\frac{1}{4}}$、$p_{\frac{1}{3}}$有何变化？

解：根据 $\varphi=12°$，算得 $N_c=4.42$，$N_q=1.94$，$N_{\frac{1}{4}}=0.23$，$N_{\frac{1}{3}}=0.31$，计算 $q=\gamma_m d=18.0\times1.0=18.0$(kPa)。按式(9-6b)、式(9-7b)、式(9-8b)分别计算如下：

$$p_{cr}=cN_c+qN_q=15\times4.42+18.0\times1.94=101(\text{kPa})$$

$$p_{\frac{1}{4}}=cN_c+qN_q+\gamma bN_{\frac{1}{4}}$$
$$=15\times4.42+18.0\times1.94+18.0\times3.0\times0.23=114(\text{kPa})$$

$$p_{\frac{1}{3}}=cN_c+qN_q+\gamma bN_{\frac{1}{3}}$$
$$=15\times4.42+18.0\times1.94+18.0\times3.0\times0.31=119(\text{kPa})$$

地下水位上升到基础底面，此时 γ 需取浮重度 γ' 为

$$\gamma'=\frac{(d_s-1)\gamma}{d_s(1+w)}=\frac{(2.73-1)\times18.0}{2.73\times(1+0.38)}=8.27(\text{kN/m}^3)$$

则

$$p_{cr}=15\times4.42+18.0\times1.94=101(\text{kPa})$$

$$p_{\frac{1}{4}}=15\times4.42+18.0\times1.94+8.27\times3.0\times0.23=107(\text{kPa})$$

$$p_{\frac{1}{3}}=15\times4.42+18.0\times1.94+8.27\times3.0\times0.31=109(\text{kPa})$$

比较可知，当地下水位上升到基底时，地基的弹性极限荷载没有变化，地基的临界荷载值降低了，其减小量达 6.1%~7.6%。不难看出，当地下水位上升到基底以上时，弹性极限荷载也将降低。由此可知，对工程而言，做好排水工作，防止地表水渗入地基，保持水环境，对保证地基稳定、有足够的承载能力具有重要意义。

9.4 地基极限承载力

地基极限承载力(Subgrade Ultimate Bearing Capacity)是指地基剪切破坏发展即将失稳时所能承受的极限荷载，亦称地基极限荷载。它相当于地基土中应力状态从剪切阶段过渡到隆起阶段时的界限荷载。在土力学的发展中，地基极限承载力的理论公式很多，大多是按整体破坏模式推导，用于局部剪切或冲切剪切破坏情况时再根据经验加以修正。

极限承载力的求解方法有两大类：一类是按照极限平衡理论求解，假定地基土是刚塑性体，当应力小于土体屈服应力时，土体不产生变形，如同刚体一样；当达到屈服应力时，塑性变形将不断增加，直至土样发生破坏。图 9-5(a)所示的结构钢的塑性应变值 ε_{12} 可达弹性应变的 10~15 倍，可以理想化为弹塑性体，即在屈服点之前服从胡克定律，在屈服点之后其应变为一常数。当弹性应变较塑性应变小很多可以忽略时，简化为理想塑性体，即刚塑性体(图 9-5(b))。这类方法是通过在土中任取一微分体。以一点的静力平衡条件满足极限平衡条件建立微分方程，计算地基土中各点达到极限平衡时的应力及滑动面方向，由此求解基底的极限荷载。此解法由于存在数学上的困难，仅能对某些边界条件比较简单的情况得出解析解。另一类是按照假定滑动面求解，通过基础模型试验，研究地基整体剪切破坏模式的滑动面形状，并简化为假定滑动面，根据滑动土体的静力平衡条件求解极限承载力。

9.4.1 普朗德尔和赖斯纳极限承载力

L. Prandtl 于 1920 年根据极限平衡理论对刚性模子压入半无限刚塑性体的问题进行了研究。普朗德尔假定条形基础具有足够大的刚度，等同于条形模子，且底面光滑。地基材

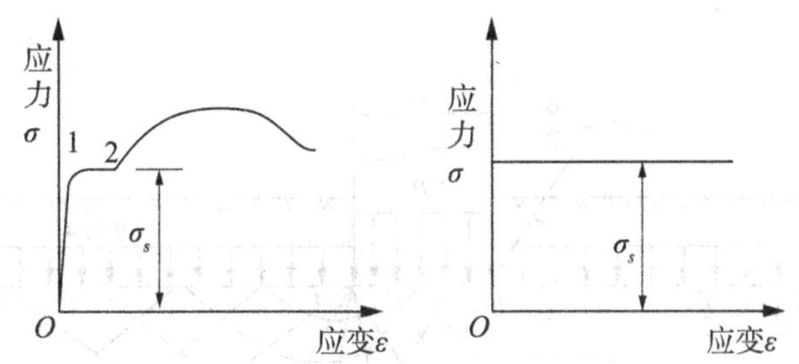

(a) 结构钢的典型应力应变图形　(b) 理想塑性体的应力应变关系

图 9-5　塑性变形的应力应变图形

料具有刚塑性性质，且地基土的重度为零，基础置于地基表面。当作用在基础上的荷载足够大时，基础陷入地基中，地基产生如图 9-6 所示的整体剪切破坏。

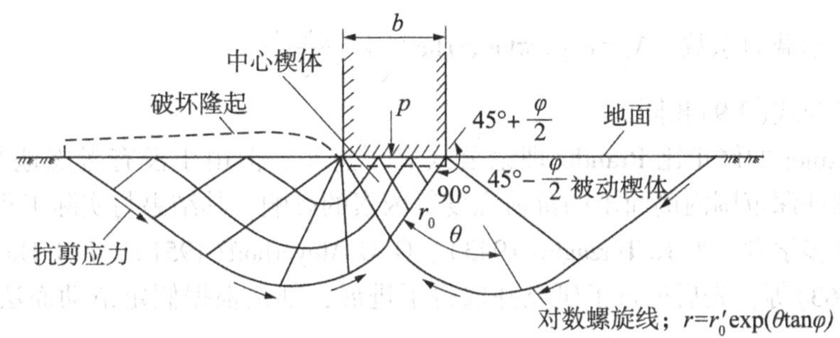

图 9-6　普朗德尔地基整体剪切破坏模式

图 9-6 所示的塑性极限平衡区分为五个部分，一个是位于基础以下的中心楔体，又称主动 Rankine 区，该区的大主应力 σ_1 的作用方向为竖向，小主应力 σ_3 作用方向为水平向，根据极限平衡理论小主应力作用方向与破坏面成 $45°+\dfrac{\varphi}{2}$ 角，此即中心区两侧面与水平面的夹角。与中心区相邻的是两个辐射向剪切区，又称普朗德尔区，由一组对数螺线和一组辐射向直线组成，该区形似以对数螺旋线 $r_0\exp(\theta\tan\varphi)$ 为弧形边界的扇形，其中心角为直角。与普朗德尔区另一侧相邻的是被动朗肯区，该区大主应力作用方向为水平向，小主应力 σ_3 作用方向为竖向，破裂面与水平面的夹角为 $45°-\dfrac{\varphi}{2}$。

Prandtl 导出在图 9-6 所示情况下作用在基底的极限荷载，即极限承载力为

$$p_u = cN_c \tag{9-9}$$

式中，N_c——承载力系数，$N_c = \cot\varphi\left[\exp(\pi\tan\varphi)\tan^2\left(45°+\dfrac{\varphi}{2}\right)-1\right]$；

c、φ——土的抗剪强度指标。

1924 年，Ressiner 在 Prandtl 理论解的基础上考虑了基础埋深的影响，如图 9-7 所示，即把基底以上两侧土仅仅视同作用在基底水平面上的柔性超载 $q(=\gamma_m d)$，导出了地基极限承载力计算公式如下：

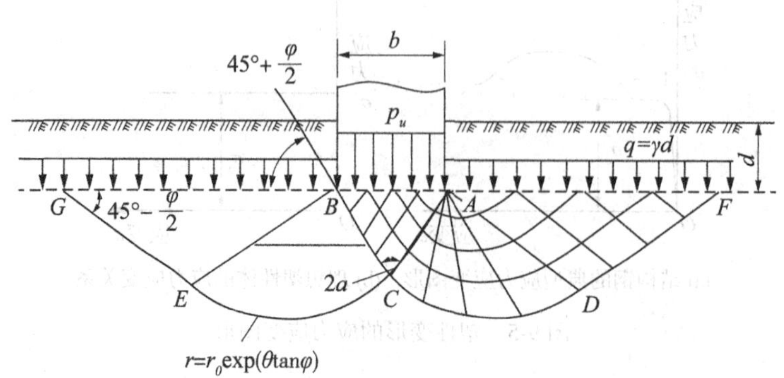

图 9-7 基础有埋置深度时的 Ressiner 解

$$p_u=cN_c+qN_q \tag{9-10}$$

式中，N_q——承载力系数，$N_q=\exp(\pi\tan\varphi)\tan^2\left(45°+\frac{\varphi}{2}\right)$；

其余符号与式(9-9)相同。

虽然 Ressiner 的修正比 Prandtl 理论公式有了进步，但由于没有考虑地基土的重量，没有考虑基础埋深范围内侧面土的抗剪强度等因素的影响，其结果与实际工程仍有较大差距，为此，许多学者，如 K. Terzaghi(1943)、G. G. Meyerhoff(1951)、J. B. Hansen(1961)、A. S. vesic(1963)等，先后进行了研究并取得了进展，都是根据假定滑动面法导出的极限荷载公式。

9.4.2 太沙基极限承载力

K. Terzaghi 对 Prandtl 理论进行了修正，他考虑：①地基土有重量，即 $\gamma\neq0$；②基底粗糙；③不考虑基底以上填土的抗剪强度，把它仅看成作用在基底水平面上的超载；④在极限荷载作用下基础发生整体剪切破坏；⑤假定地基中滑动面的形状如图 9-8(a)所示。由于基底与土之间的摩擦力阻止了发生剪切位移，因此，基底以下的Ⅰ区就像弹性核一样随着基础一起向下移动，为弹性区。由于 $\gamma\neq0$，弹性Ⅰ区与过渡区(Ⅱ区)的交界面(ab 和 a_1b)为一曲面，弹性核的尖端 b 点必定是左右两侧的曲线滑动面的相切点，为了便于推导公式，交界面在此假定为平面。如果弹性核的两个侧面 ab 和 a_1b 也是滑动面，如图 9-8(d)所示，则按极限平衡理论，它与水平面夹角为 $45°+\frac{\varphi}{2}$(图 9-6、图 9-7)；而基底完全粗糙，根据几何条件，其夹角为 φ，如图 9-8(b)所示；基底的摩擦力不足以完全限制弹性核的侧向变形，则它与水平面的夹角必介于 φ 与 $45°+\frac{\varphi}{2}$之间。Ⅱ区的滑动面假定由对数螺旋线和直线组成。除弹性核外，在滑动区域范围Ⅱ、Ⅲ区内的所有土体均处于塑性极限平衡状态，取弹性核为脱离体，并取竖直方向力的平衡，考虑单位长基础，有

$$p_ub=2P_p\cos(\psi-\varphi)+cb\tan\psi-G \tag{9-11a}$$

或

$$p_u=\frac{2P_p}{b}\cos(\psi-\varphi)+\left(c-\frac{\gamma b}{4}\right)\tan\psi \tag{9-11b}$$

式中，b——基础宽度，m；

γ——地基土重度，kN/m³；

ψ——弹性楔体与水平面的夹角，$45°+\varphi/2>\psi>\varphi$；

c——地基土的黏聚力，kPa；

φ——地基土的内摩擦角，°；

P_p——作用于弹性核边界 ab（或 a_1b）的被动土压力合力，即 $P_p=P_{pc}+P_{pq}+P_{p\gamma}$，三项分别是 c，q，γ 项的被动土压力系数 K_{pc}、K_{pq}、$K_{p\gamma}$ 的函数。太沙基建议采用下式简化确定（图 9-8）：

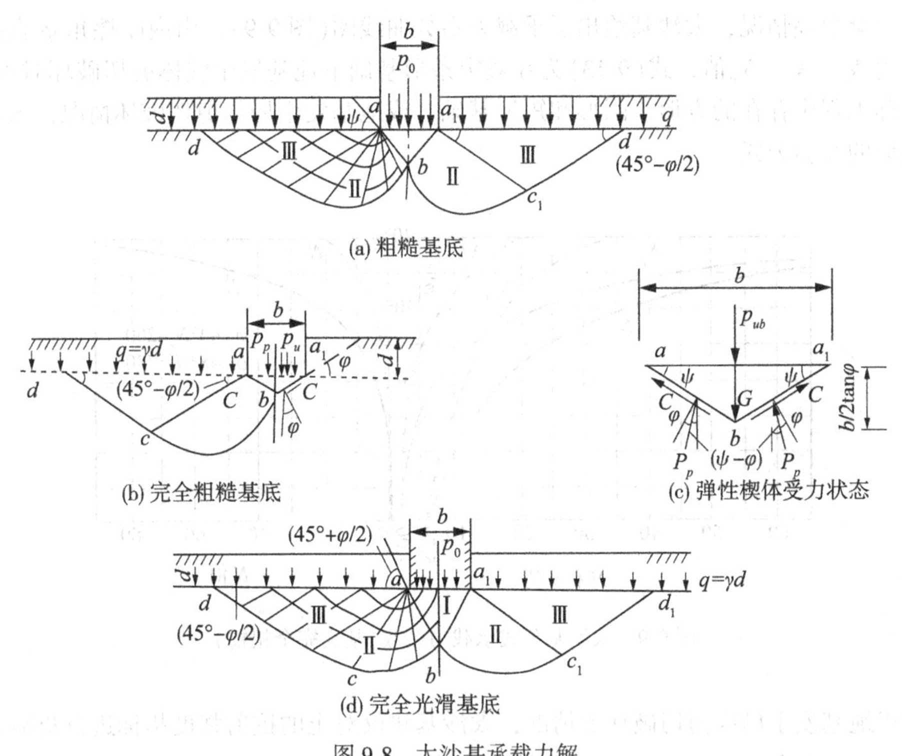

图 9-8　太沙基承载力解

$$P_p=\frac{b}{2\cos^2\varphi}\left(cK_{pc}+qK_{pq}+\frac{1}{4}\gamma b\tan\varphi K_{p\gamma}\right) \tag{9-12}$$

将式(9-12)代入式(9-11)，可得

$$p_u=cN_c+qN_q+\frac{1}{2}\gamma bN_\gamma \tag{9-13}$$

式中，N_c、N_q、N_γ——粗糙基底的承载力系数，是 φ、ψ 的函数。

式(9-13)即为基底不完全粗糙情况下太沙基承载力理论公式，其中，弹性核两侧对称边界面与水平面的夹角 ψ 为未定值。

太沙基给出了基底完全粗糙情况的解答。此时，弹性核两侧面与水平面的夹角 $\psi=\varphi$，承载力系数由下式确定：

$$N_c=(N_q-1)\cot\varphi \tag{9-14}$$

$$N_q=\frac{\exp\left[\left(\frac{3\pi}{2}-\varphi\right)\tan\varphi\right]}{2\cos^2\left(45°+\frac{\varphi}{2}\right)} \tag{9-15}$$

$$N_\gamma=\frac{\left[\left(\frac{K_{p\gamma}}{2\cos^2\varphi}\right)-1\right]\tan\varphi}{2} \tag{9-16}$$

从式(9-16)可知，承载力系数为土的内摩擦角 φ 的函数，表示土重影响的承载力系数 N_γ 包含相应被动土压力系数 $K_{p\gamma}$，需由试算确定。

对完全粗糙情况，太沙基给出了承载力系数曲线图(图 9-9)，由内摩擦角 φ 直接从图中可查得 N_c、N_q、N_γ 值，式(9-13)为在假定条形基础下地基发生整体剪切破坏时得到的，对于实际工程中存在的方形、圆形和矩形基础，或地基发生局部剪切破坏情况，太沙基给出了相应的经验公式。

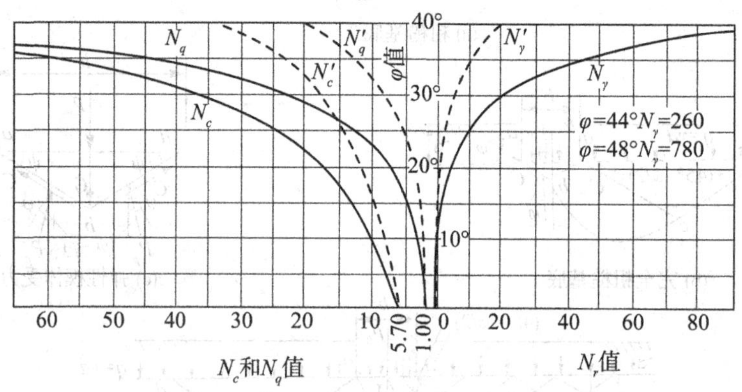

图 9-9 太沙基公式承载力系数(基底完全粗糙)

对于地基发生局部剪切破坏的情况，太沙基建议对土的抗剪强度指标进行折减，即取 $c^*=\frac{2c}{3}$，$\tan\varphi^*=\frac{2\tan\varphi}{3}$ 或 $\varphi^*=\arctan[(2\tan\varphi)/3]$。根据调整后的 φ^*，由图 9-9 查得 N_c、N_q、N_γ，按式(9-13)计算局部剪切破坏极限承载力；或者，根据 φ，由图 9-9 查得 N'_c、N'_q、N'_γ，再按下式计算极限承载力：

$$p_u=\frac{2}{3}cN'_c+qN'_q+\frac{1}{2}\gamma bN'_\gamma \tag{9-17}$$

对于圆形或方形基础，太沙基建议按下列半经验公式计算地基极限承载力：

对方形基础(宽度为 b)：

整体剪切破坏：$p_u=1.2cN_c+qN_q+0.4\gamma bN_\gamma$ (9-18)

局部剪切破坏：$p_u=0.8cN'_c+qN'_q+0.4\gamma bN'_\gamma$ (9-19)

对圆形基础(半径为 b)：

整体剪切破坏：$p_u=1.2cN_c+qN_q+0.6\gamma bN_\gamma$ (9-20)

局部剪切破坏：$p_u=0.8cN'_c+qN'_q+0.6\gamma bN'_\gamma$ (9-21)

对宽度 b、长度 l 的矩形基础，可按 b/l 值在条形基础($b/l=0$)和方形基础($b/l=1$)的计算极限承载力之间用插值法求得。

根据太沙基理论求得的是地基极限承载力，在此一般取它的 1/2~1/3 作为地基容许承载力，它的取值大小与结构类型、建筑物重要性、荷载的性质等有关，即对太沙基理论的安全系数一般取 $K=2\sim3$。

【例 9-2】 资料同例 9-1，要求：

(1)按太沙基理论求地基整体剪切破坏和局部剪切破坏时极限承载力，取安全系数 $K=2$，求相应的地基容许承载力。

(2)直径或边长为 3m 的圆形、方形基础，其他条件不变，地基产生了整体剪切破坏和局部剪切破坏，试按太沙基理论求地基极限承载力。

(3)根据上述资料，若地下水位上升到基础底面，问承载力各为多少？

解：根据题意 $c=15\text{kPa}$，$\varphi=12°$，$\gamma=18.0\text{kN/m}^3$，$b=3\text{m}$，$d=1\text{m}$，$q=18\text{kPa}$。

查得 $N_c=10.90$，$N_q=3.32$，$N_\gamma=1.66$

当 $c^*=\dfrac{2}{3}c=10\text{kPa}$，$\varphi^*=\dfrac{2}{3}\varphi=8°$时，$N_c=8.50$，$N_q=2.20$，$N_\gamma=0.86$。

(1)对条形基础：整体剪切破坏，按式(9-13)计算：

$$\begin{aligned}p_u&=cN_c+qN_q+\frac{1}{2}\gamma bN_\gamma\\&=15.0\times10.90+18.0\times3.32+\frac{1}{2}\times18.0\times3.0\times1.66\\&=268.08(\text{kPa})\end{aligned}$$

地基容许承载力 $[\sigma]=\dfrac{p_u}{K}=\dfrac{268.08}{2}=134.04(\text{kPa})$。

局部剪切破坏用 c^*、φ^* 仍代入式(9-13)计算：

$$\begin{aligned}p_u&=c^*N_c+qN_q+\frac{1}{2}\gamma bN\gamma\\&=10.0\times8.50+18.0\times2.20+\frac{1}{2}\times18.0\times3.0\times0.86\\&=147.82(\text{kPa})\end{aligned}$$

地基容许承载力 $[\sigma]=\dfrac{p_u}{K}=\dfrac{147.82}{2}=73.91\approx74(\text{kPa})$

(2)边长为 3m 的方形基础：整体剪切破坏，按式(9-18)计算：

$$\begin{aligned}p_u&=1.2cN_c+qN_q+0.4\gamma bN\gamma\\&=1.2\times15.0\times10.90+18.0\times3.32+0.4\times18.0\times3.0\times1.6\\&=291.82(\text{kPa})\end{aligned}$$

$$[\sigma]=\frac{p_u}{K}=\frac{291.82}{2}=145.91\approx146(\text{kPa})$$

局部剪切破坏，按式(9-19)计算：

$$p_u=0.8cN'_c+qN'_q+0.4\gamma bN'_\gamma$$
$$=0.8\times15.0\times8.5+18.0\times2.20+0.4\times18.0\times3.0\times0.86$$
$$=160.18(\text{kPa})$$
$$[\sigma]=\frac{p_u}{K}=80.09\approx80(\text{kPa})$$

(3)半径为1.5m的圆形基础：整体剪切破坏，按式(9-20)计算：

$$p_u=1.2cN_c+qN_q+0.6\gamma bN_\gamma$$
$$=1.2\times15.0\times10.90+18.0\times3.32+0.6\times18.0\times1.5\times1.66$$
$$=282.85(\text{kPa})$$
$$[\sigma]=\frac{p_u}{K}=141.43\approx141(\text{kPa})$$

局部剪切破坏，按式(9-21)计算：

$$p_u=0.8cN'_c+qN'_q+0.6\gamma bN'_\gamma$$
$$=0.8\times15.0\times8.50+18.0\times2.20+0.6\times18.0\times1.5\times0.86$$
$$=155.53(\text{kPa})$$
$$[\sigma]=\frac{p_u}{K}=77.77\approx78(\text{kPa})$$

(4)地下水位上升到基础底面，则各公式中的γ应由γ'代替，从例9-1知，$\gamma'=8.27\text{kN/m}^3$，则有条形基础整体剪切破坏，按式(9-13)计算：

$$p_u=15.0\times10.90+18.0\times3.32+\frac{1}{2}\times8.27\times3.0\times1.66$$
$$=243.85(\text{kPa})$$
$$[\sigma]=\frac{p_u}{K}=121.93\approx122(\text{kPa})$$

条形基础局部剪切破坏，用c^*、φ^*仍代入式(9-13)计算：

$$p_u=10\times8.5+18.0\times2.20+\frac{1}{2}\times8.27\times3.0\times0.86$$
$$=135.27(\text{kPa})$$
$$[\sigma]=\frac{p_u}{K}=67.63\approx68(\text{kPa})$$

方形基础整体剪切破坏，按式(9-18)计算：

$$p_u=1.2\times15.0\times10.90+18.0\times3.32+0.4\times8.27\times3.0\times1.66$$
$$=272.43(\text{kPa})$$
$$[\sigma]=\frac{p_u}{K}=136.22\approx136(\text{kPa})$$

方形基础局部剪切破坏，按式(9-19)计算：

$$p_u=0.8\times15.0\times8.50+18.0\times2.20+0.4\times8.27\times3.0\times0.86$$
$$=150.13(\text{kPa})$$
$$[\sigma]=\frac{p_u}{K}=75.07\approx75(\text{kPa})$$

圆形基础整体剪切破坏，按式(9-20)计算：

$$p_u = 1.2\times15.0\times10.90+18.0\times3.32+0.6\times8.27\times1.5\times1.66 = 268.32(\text{kPa})$$

$$[\sigma]=\frac{p_u}{K}=\frac{268.32}{2}=134.16\approx134(\text{kPa})$$

圆形基础局部剪切破坏，按式(9-21)计算：

$$p_u = 0.8\times15.0\times8.50+18.0\times2.20+0.6\times8.27\times1.5\times0.86 = 148.00(\text{kPa})$$

$$[\sigma]=\frac{p_u}{K}=74(\text{kPa})$$

9.4.3　汉森和魏锡克极限承载力

在实际工程中，理想中心荷载作用的情况不是很多，在许多时候，荷载是偏心的，甚至是倾斜的，这时情况相对复杂一些，基础可能会整体剪切破坏，也可能水平滑动破坏，其理论破坏模式如图9-10所示。与中心荷载下不同的是，有水平荷载作用时地基的整体剪切破坏沿水平荷载作用方向一侧发生滑动，弹性区的边界面也不对称，滑动方向一侧为平面，另一侧为圆弧，其圆心即为基础转动中心(图9-10(a))；随着荷载偏心距的增大，滑动面明显缩小(图9-10(b))。

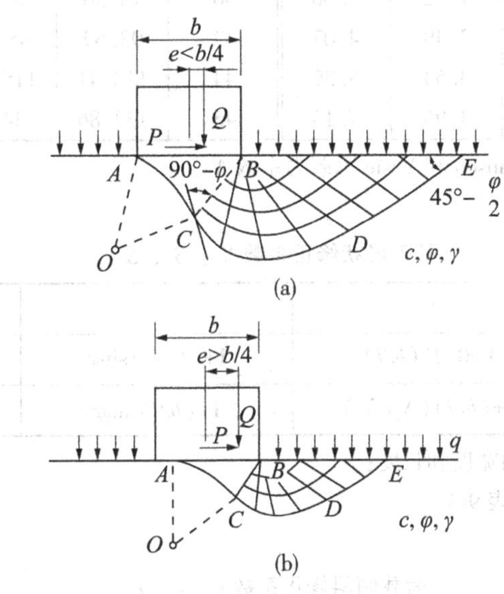

图9-10　偏心和倾斜荷载下的理论滑动图式

J. B. Hansen 和 A. S. Vesic 在太沙基理论基础上假定基底光滑，考虑荷载倾斜、偏心、基础形状、地面倾斜、基底倾斜等的影响，对承载力计算公式提出了修正公式：

$$p_u = cN_cS_ci_cd_cg_cb_c+qN_qS_qi_qd_qg_qb_q+\frac{1}{2}\gamma bN_\gamma S_\gamma i_\gamma d_\gamma g_\gamma b_\gamma \tag{9-22}$$

式中，N_c、N_q、N_γ——承载力系数；

S_c、S_q、S_γ——基础形状修正系数，见表9-2；

i_c、i_q、i_γ——荷载倾斜修正系数，见表9-3；

d_c、d_q、d_γ——基础埋深修正系数，见表9-4；

g_c、g_q、g_γ——地面倾斜修正系数，见表9-5；

b_c、b_q、b_γ——基底倾斜修正系数，见表9-6。

式(9-22)是一个普遍表达式，各修正系数可相应查表9-2～表9-6得到。J. B. Hansen和A. S. Vesic承载力系数N_c、N_q、$N_{\gamma(H)}$、$N_{\gamma(v)}$，见表9-1。

表9-1 **系数N_c、N_q、N_γ**

φ(°)	N_c	N_q	$N_{\gamma(H)}$	$N_{\gamma(v)}$	φ(°)	N_c	N_q	$N_{\gamma(H)}$	$N_{\gamma(v)}$
0	5.14	1.00	0	0	24	19.33	9.61	6.90	9.44
2	5.69	1.20	0.01	0.15	26	22.25	11.83	9.53	12.54
4	6.17	1.43	0.05	0.34	28	25.80	14.71	13.13	16.72
6	6.82	1.72	0.14	0.57	30	30.15	18.40	18.09	22.40
8	7.52	2.06	0.27	0.86	32	35.50	23.18	24.95	30.22
10	8.35	2.47	0.47	1.22	34	42.18	29.45	34.54	41.06
12	9.29	2.97	0.76	1.69	36	50.61	37.77	48.08	56.31
14	10.37	3.58	1.16	2.29	38	61.36	48.92	67.43	78.03
16	11.62	4.33	1.72	3.06	40	75.36	64.23	95.51	109.41
18	13.09	5.25	2.49	4.07	42	93.69	85.36	136.72	155.55
20	14.83	6.40	3.54	5.39	44	118.41	115.35	198.77	224.64
22	16.89	7.82	4.96	7.13	45	133.86	134.86	240.95	271.76

注：$N_{\gamma(H)}$、$N_{\gamma(V)}$分别为Hansen和Vesic承载力系数N_γ。

表9-2 **基础形状修正系数S_c、S_q、S_γ**

公式来源系数	S_c	S_q	S_γ
Hansen	$1+0.2i_c(b/l)$	$1+i_q(b/l)\sin\varphi$	$1+0.4i\gamma(b/l)\geqslant 0.6$
Vesic	$1+(b/l)(N_q/N_c)$	$1+(b/l)\tan\varphi$	$1-0.4(b/l)$

注：(1)b、l分别为基础的宽度和长度；

(2)i为荷载倾斜系数，见表9-3。

表9-3 **荷载倾斜修正系数i_c、i_q、i_γ**

公式来源系数	i_c	i_q	i_γ
Hansen	$\varphi=0°$：$0.5+0.5\sqrt{1-\frac{H}{cA}}$ $\varphi>0°$：$i_q-\frac{1-i_q}{N_c\tan\varphi}$	$\left(1-\frac{0.5H}{Q+cA\mathrm{ctan}\varphi}\right)^5>0$	水平基底：$\left(1-\frac{0.7H}{Q+cA\cot\varphi}\right)^5>0$ 倾斜基底：$\left(1-\frac{\left(0.7-\frac{\eta}{450°}\right)H}{Q+cA\cot\varphi}\right)^5>0$

续表

公式来源系数	i_c	i_q	i_γ
Vesic	$\varphi=0°$ $1-mH/cAN_c$ $\varphi>0°$ $i_q-\dfrac{1-i_q}{N_c\tan\varphi}$	$\left(1-\dfrac{H}{Q+cA\cot\varphi}\right)^m$	$\left(1-\dfrac{H}{Q+cA\cot\varphi}\right)^{m+1}$

注：(1)基地面积 $A=bl$，当荷载偏心时，则用有效面积 $A_e=b_el_e$；

(2) H 和 Q 分别为倾斜荷载在基底上的水平分力和垂直分力；

(3) η 为基础底面和水平面的倾斜角；

(4)当荷载在短边倾斜时，$m=2+(b/l)/[1+(b/l)]$；当长边倾斜时，$m=2+(l/b)/[1+(l/b)]$；对于条形基础，$m=2$；

(5)当进行荷载倾斜修正时，必须满足 $H\leqslant c_aA+Q\tan\delta$ 的条件，c_a 为基底与土之间的黏着力，可取用土的不排水剪切强度 c_u，δ 为基底与土之间的摩擦角。

表 9-4 **深度修正系数 d_c、d_q、d_γ**

公式来源系数	d_c	d_q	d_γ
Hansen	$1+0.4(d/b)$	$1+2\tan\varphi(1-\sin\varphi)^2(d/b)$	1.0
Vesic	$\varphi=0°$，$d\leqslant b$：$1+0.4(d/b)$ $\varphi=0°$，$d>b$：$1+0.4\arctan(d/b)$ $\varphi>0°$：$d_q-\dfrac{1-d_q}{N_c\tan\varphi}$	$d\leqslant b$： $1+2\tan\varphi(1-\sin\varphi)^2(d/b)$ $d>b$： $1+2\tan\varphi(1-\sin\varphi)\arctan(d/b)$	1.0

表 9-5 **地面倾斜修正系数 g_c、g_q、g_γ**

公式来源系数	g_c	$g_q=g_\gamma$
Hansen	$1-\dfrac{\beta}{147°}$	$(1-0.5\tan\beta)^5$
Vesic	$\varphi=0°$：$1-\dfrac{2\beta}{2+\pi}$　$\varphi>0°$：$g_q-\dfrac{1-g_q}{N_c\tan\varphi}$	$(1-\tan\beta)^2$

注：(1) β 为倾斜地面与水平面之间的夹角；

(2)魏锡克公式规定，当基础放在 $\varphi=0°$ 的倾斜地面上时，承载力公式中的 N_γ 项应为负值，其值为 $N_\gamma=-2\sin\beta$，并且应满足 $\beta<45°$ 和 $\beta<\varphi$ 的条件。

表 9-6 **基底倾斜修正系数 b_c、b_q、b_γ**

公式来源系数	b_c	b_q	b_γ
Hansen	$1-\dfrac{\eta}{147°}$	$e^{-2\eta\tan\varphi}$	$e^{-2.7\eta\tan\varphi}$
Vesic	$\varphi=0°$：$1-\dfrac{2\eta}{5.14}$　$\varphi>0°$：$b_q-\dfrac{1-b_q}{N_c\tan\varphi}$	$(1-\eta\tan\varphi)^2$	$(1-\eta\tan\varphi)^2$

注：η 为倾斜基底与水平面之间的夹角，应满足 $\eta<45°$ 的条件。

Hansen 公式和 Vesic 公式适用安全系数见表 9-7、表 9-8。

表 9-7 **Hansen 公式安全系数表**

土或荷载条件	K
无黏性土	2.0
黏性土	3.0
瞬时荷载(如风、地震和相当的活荷载)	2.0
静荷载或者长期活荷载	2 或 3(视土样而定)

表 9-8 **Vesic 公式安全系数表**

种类	典型建筑物	所属的特征	土的查勘	
			完全、彻底的	有限的
A	铁路桥、仓库、高炉、水工建筑、土工建筑	最大设计荷载极可能经常出现，破坏的结果是灾难性的	3.0	4.0
B	公路桥、轻工业和公共建筑	最大设计荷载极可能偶然出现，破坏的结果是严重的	2.5	3.5
C	房屋和办公室建筑	最大设计荷载不可能出现	2.0	3.0

注：(1)对于临时性建筑物，可以将表中数值降低至 75%，但不得使安全系数低于 2.0；

(2)对于非常高的建筑物，如烟囱和塔，或者随时可能发展成为承载力破坏危险的建筑物，表中数值将增加 20%~50%；

(3)如果基础设计是由沉降控制，则必须采用高的安全系数。

9.5 地基容许承载力和地基承载力特征值

所有建筑物和土工建筑物地基基础设计时，均应满足地基承载力和变形的要求，对经常受水平荷载作用的高层建筑、高耸结构、高路堤和挡土墙以及建造在斜坡上或边坡附近的建筑物，尚应验算地基稳定性。通常，地基计算时，首先应限制基底压力小于或等于基础宽度修正后的地基容许承载力或地基承载力特征值(设计值)，以便确定基础的埋置深度和底面尺寸，然后验算地基变形，必要时，验算地基稳定性。

地基容许承载力是指地基稳定有足够安全度的承载能力，它相当于地基极限承载力除以一个安全系数 K，此即定值法确定的地基承载力；同时，必须验算地基变形不超过允许变形值。因此，地基容许承载力也可定义为在保证地基稳定的条件下，建筑物基础或土工建筑物路基的沉降量不超过允许值的地基承载力。地基承载力特征值是指地基稳定有保证可靠度的承载能力，它作为随机变量是以概率理论为基础的，以分项系数表达的极限状态设计法确定的地基承载力；同时，也要验算地基变形不超过允许变形值。按《建筑地基基础设计规范》(GB50007—2011)，地基承载力特征值定义为由荷载试验测定的地基土的压力-变形曲线线性变形段内规定的变形所对应的压力值，其最大值为比例界限值。

地基弹性极限 p_{cr} 和临界荷载 $p_{\frac{1}{4}}$、$p_{\frac{1}{3}}$ 及地基极限荷载 p_u 的理论公式都属于地基承载力的表达式，均为基底接触面的地基抗力。地基承载力是土的内摩擦角 φ、黏聚力 c、重度 γ、基础埋深 d 和宽度 b 的函数，其中土的抗剪强度指标 c、φ 值可根据现场条件采用不同仪器和方法测定，试验数据剔除异常值后，承载力定值法应取平均值；承载力概率极限状态法应取特征值。

按照承载力定值法计算时，基底压力 p 不得超过修正后的地基容许承载力 $[\sigma]$；按照承载力概率极限状态法计算时，基底荷载效应 p_k 不得超过修正值后的地基承载力特征值 f_a，所谓修正后的地基容许承载力和承载力特征值，均指所确定的地基承载力包含了基础埋深和宽度两个因素。理论公式法直接得出修正后的地基容许承载力 $[\sigma]$ 或修正值后的地基承载力特征值 f_a；而原位试验法和规范表格法确定的地基承载力均未包含基础埋深和宽度两个因素，先求得地基容许承载力基本值 $[\sigma_0]$，再经过深宽修正，得出修正后的地基容许承载力 $[\sigma]$；或先求得地基承载力标准值 f_{ak}，再经过深宽修正，得出修正值后的地基承载力特征值 f_a。

理论公式法确定地基容许承载力，将选取 $[\sigma]=p_{cr}$、$p_{\frac{1}{4}}$、$p_{\frac{1}{3}}$ 或 $\dfrac{p_u}{K}$，当地基塑性区发展速度较慢时（如 $\dfrac{p_u}{p_{cr}}>3$），宜取 $[\sigma]\geqslant p_{\frac{1}{4}}$ 或 $p_{\frac{1}{3}}$；相反，地基塑性区发展速度较快时（如 $\dfrac{p_u}{p_{cr}}<2$），则应取 $[\sigma]\leqslant\dfrac{p_u}{2}$ 或 $\dfrac{p_u}{3}$。理论公式法确定地基承载力特征值，在《建筑地基基础设计规范》(GB50007—2011)中采用地基临界荷载 $p_{\frac{1}{4}}$ 的修正公式如下：

$$f_a=c_kM_c+qM_d+\gamma bM_b \tag{9-23}$$

式中，f_a——由土的抗剪强度指标确定的修正后的地基承载力特征值；

γ——地基土的重度，地下水位以下取浮重度；

b——基底宽度，大于 6m 时，按 6m 考虑；对于砂土，小于 3m，按 3m 考虑；

q——基础两侧超载 $q=\gamma_m d$（γ_m 为基础埋深 d 范围内土层的加权平均重度，地下水位以下取浮重度）；

M_c、M_d、M_b——承载力系数，由土的内摩擦角标准值按表 9-9 查取，表中 M_c、M_d 值与 $p_{\frac{1}{4}}$ 公式中相应的 N_c、N_q 值完全相等，而 M_b 值与相应的 $N_{\frac{1}{4}}$ 值不同，根据在卵石层上现场载荷试验所得实测值 M_b 对理论值 $N_{\frac{1}{4}}$ 作了部分修正；

c——基底下一倍基宽的深度内土的黏聚力标准值。

表 9-9　**承载力系数 M_c、M_d、M_b**

土的内摩擦角标准值 φ_k(°)	M_c	M_d	M_b
0	3.14	1.00	0
2	3.32	1.12	0.03
4	3.51	1.25	0.06
6	3.71	1.39	0.10

续表

土的内摩擦角标准值 φ_k(°)	M_c	M_d	M_b
8	3.93	1.55	0.14
10	4.17	1.73	0.18
12	4.42	1.94	0.23
14	4.69	2.17	0.29
16	5.00	2.43	0.36
18	5.31	2.72	0.43
20	5.66	3.06	0.51
22	6.04	3.44	0.61
24	6.45	3.87	0.80
26	6.90	4.37	1.10
28	7.40	4.93	1.40
30	7.95	5.59	1.90
32	8.55	6.35	2.60
34	9.22	7.21	3.40
36	9.97	8.25	4.20
38	10.80	9.44	5.00
40	11.73	10.84	5.80

浅层平板载荷试验确定地基容许承载力，通常$[\sigma]$取 p-s 曲线上的比例界限荷载值或极限荷载值的一半。浅层平板载荷试验确定地基承载力特征值，《建筑地基基础设计规范》(GB50007—2011)规定如下：

(1)当 p-s 曲线上有明显的比例界限时，取该比例界限所对应的荷载值；

(2)当满足前3条终止加载条件之一时，其对应的前一级荷载定为极限荷载，且该值小于对应比例界限的荷载值的2倍时，取极限荷载值的一半；

(3)不能按上两点要求确定时，当压板面积为0.25~0.50mm²时，可取 $s/b=0.010$~0.015对应的荷载，但其值不应大于最大加载量的一半；

(4)同一土层参加统计的试验点不应少于3点，各试验实测值的极差不得超过其平均值的30%，取此平均值作为土层的地基承载力特征值f_{ak}。再经过深宽修正，得出修正后地基承载力特征值f_a。

旁压试验确定地基承载力特征值可参见《高层建筑岩土工程勘查规程》(JGJ72—2004)。

9.6　岩石地基的承载力

对一些岩石地基来说，其岩石强度高于混凝土强度，因此岩石的承载力就显得毫无意义了。然而，我们发现岩石地基的承载力通常与场地的地质构造有紧密联系，本节将主要介绍破碎风化岩体、缓倾结构面岩体、成层岩体及岩溶地基等各种地质条件下的岩石地基承载力确定方法。

9.6.1　规范方法

根据《建筑地基基础规范》(GB50007—2011)的规定，岩石地基承载力特征值可按岩基载荷试验方法确定。对于完整、较完整和较破碎的岩石地基承载力特征值，可根据室内饱和单轴抗压强度按下式计算：

$$f_a = \psi_r \cdot f_{rk} \tag{9-24}$$

式中，f_a——岩石地基承载力特征值，kPa；

f_{rk}——岩石饱和单轴抗压强度标准值，kPa；

ψ_r——折减系数，根据岩体完整程度以及结构面的间距、宽度、产状和组合，由地区经验确定；无经验时，对完整岩体可取 0.5；对较完整岩体，可取 0.2~0.5；对破碎岩体，可取 0.1~0.2。

值得注意的是，上述折减系数值未考虑施工因素及建筑物使用后风化作用的继续影响，对于黏土质岩，在确保施工期及使用期不致遭水浸泡时，也可采用天然湿度的试样，不进行饱和处理。

对破碎、极破碎的岩石地基承载力特征值，可根据地区经验取值；无地区经验时，可根据平板载荷实验确定。

岩体完整程度应按表 9-10 划分。当缺乏试验数据时，可按表 9-11 执行。

表 9-10　**岩体完整程度划分**

完整程度等级	完整	较完整	较破碎	破碎	极破碎
完整性指数	>0.75	0.75~0.55	0.55~0.35	0.35~0.15	<0.15

表 9-11　**岩体完整程度划分(缺乏试验数据时)**

名称	结构面组数	控制性结构面平均间距(m)	代表性结构类型
完整	1~2	>1.0	整状结构
较完整	2~3	0.4~1.0	块状结构
较破碎	>3	0.2~0.4	镶嵌状结构
破碎	>3	<0.2	碎裂状结构
极破碎	无序	—	散体结构

9.6.2 破碎岩体的地基承载力

破碎岩体的地基承载力计算方法与土力学中的计算方法类似，即在基底下岩体中划分主动和被动楔形体，而后进行极限平衡分析。需要注意的是，如果不存在由结构面形成的优势滑动面，那么计算过程中采用的抗剪强度参数即为破碎岩体的强度参数；如果存在由结构面形成的优势滑动面，那么计算中就应该采用该结构面的强度参数。

如图 9-11 所示，可以将地基下岩体划分为主动区 A 和被动区 B 进行极限平衡分析，我们假定基础在纵向是无限延伸的，并且忽略两个区岩石本身的重量，此时两个区的受力条件类似于三轴试验条件下的岩石试件。对于主动区 A，其大主应力为基底压力 q，小主应力为水平方向上由被动区 B 所提供的约束力；对于被动区 B，其大主应力为水平方向上由主动区 A 提供的推力，当基础位于地面以上且被动区 B 上无荷载作用时，其小主应力为零；当基础有一定埋深时，则其小主应力等于基底以上岩石的自身重力 q_s。我们首先分析基础位于地面以上且无荷载作用($q_s=0$)的情况。

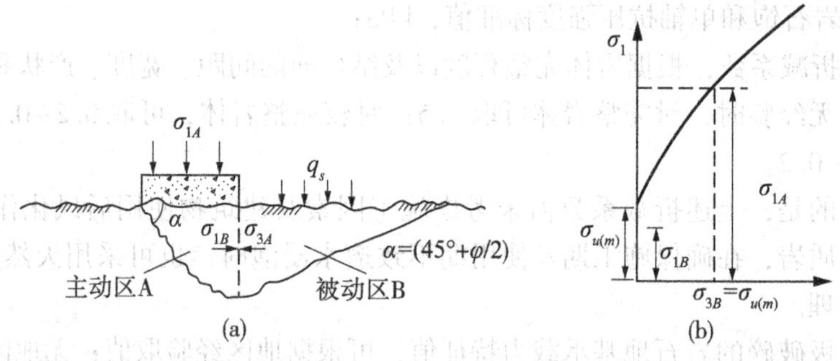

图 9-11 破碎岩石地基楔形滑动示意图

在一定的上部建筑物荷载作用下，如果图 9-11 中两个滑动面上的剪应力同时达到其抗剪强度，那么此时地基岩体处于极限平衡状态，此时作用的荷载即为极限荷载，其基底压力即为极限承载力。由上面分析可知，A 区的小主应力 σ_{3A} 与 B 区的大主应力 σ_{1B} 是一对作用力和反作用力，即其大小相等、方向相反，即 A 区的大主应力是由 B 区抵抗受压所提供的，其大小应为岩体的单轴抗压强度。岩体在三向受压状态下的强度可以由 Hoek-Brown 强度准则确定，那么破碎岩体的三轴强度可以表示为

$$\sigma_1=(m\sigma_{u(r)}\sigma_3+s\sigma_{u(r)}^2)^{\frac{1}{2}}+\sigma_3 \tag{9-25}$$

式中，m、s——与岩石类型和岩体破碎程度相关的常量；

$\sigma_{u(r)}$——完整岩石(Intact Rock)的单轴抗压强度；

σ_1、σ_3——大、小主应力。

式(9-25)可以用来计算作用在主动区 A 上的大主应力，即极限地基承载力，但是首先应该求出其小主应力，数值上应该等于被动区 B 的单轴抗压强度。B 区的单轴抗压强度同样地可以由式(9-25)计算，只需令 $\sigma_3=0$，则其单轴抗压强度为

$$\sigma_{u(m)}=(s\sigma_{u(r)}^2)^{\frac{1}{2}}=s^{\frac{1}{2}}\sigma_{u(r)} \tag{9-26}$$

再将上式作为 σ_3 代回到式(9-25)中，就可以得到 A 区的大主应力，即为地基极限承载力：

$$\begin{aligned}\sigma_{1A} &= (m\sigma_{u(r)}\sigma_{u(m)}+s\sigma_{u(r)}^2)^{\frac{1}{2}}+\sigma_{u(m)} \\ &= s^{\frac{1}{2}}\sigma_{u(r)}[1+(ms^{-\frac{1}{2}}+1)^{\frac{1}{2}}]\end{aligned} \tag{9-27}$$

根据主动区 A 上的大主应力和小主应力之间的关系，可以绘制出图 9-11 中所示的曲线。由曲线可以看出，两者之间存在着非线性关系，小主应力即围压的小量增加，可以使极限地基承载力得到很大的提高。

通过以上计算得到的是地基的极限承载力，引入安全系数的概念就可以得到岩石地基的容许承载力：

$$q_a=\frac{C_{f1}s^{\frac{1}{2}}\sigma_{u(r)}[1+(ms^{-\frac{1}{2}}+1)^{\frac{1}{2}}]}{F} \tag{9-28}$$

式中，C_{f1}——考虑基础形状因素的修正系数；

F——安全系数，在大多数荷载条件下，其值可以在 2 到 3 之间，这可以保证地基沉降不会影响到建筑物的安全和正常使用。对于恒载加最大活载的情形，可以考虑取安全系数为 3，而当组合中包括风荷载和地震荷载时，取安全系数为 2。

需要注意的是，在上述计算过程中涉及完整岩石和破碎岩体单轴抗压强度两个不同概念，区分它们是很重要的。完整岩石的单轴抗压强度是由岩芯实验得出的，而岩体的单轴强度是利用完整岩石的强度并结合破碎程度等因素计算得出的，反应岩体破碎程度的参数为 m 和 s。

上面讨论的是基础位于地面以上且地面无荷载时岩石地基承载力的计算方法，当基础位于地面以下，即基础具有一定埋深，或者地面有荷载 q_s 作用时，就必须考虑基底以上岩体自重和地面荷载对被动楔形区 B 的约束作用(图 9-11(a))。分析 B 的应力条件，相当于竖向的小主应力 $\sigma_{3B}=q_s$，因此，通过修正式(9-28)即可得具有埋深基础下岩石地基的容许承载力：

$$q_a=\frac{C_{f1}[(m\sigma_{u(r)}\sigma_3'+s\sigma_{u(r)}^2)^{\frac{1}{2}}]}{F} \tag{9-29}$$

式中，

$$\sigma_3'=(m\sigma_{u(r)}q_s+s\sigma_{u(r)}^2)^{\frac{1}{2}}+q_s \tag{9-30}$$

9.6.3　完整软岩地基承载力

对于较为完整的软弱岩体，可以利用 Bell 法计算地基的容许承载力。Bell 法的计算原理与上述计算方法相同，但是它考虑了主动滑动区的自重，同时也可以计算具有埋深或地面有荷载的情况。Bell 法的计算公式为

$$q_a=\frac{C_{f1}cN_c+C_{f2}\dfrac{B\gamma}{2}N_\gamma+\gamma DN_q}{F} \tag{9-31}$$

式中，B——基础宽度；

γ——岩石重度；

D——基础埋深；

c——岩体内聚力；

C_{f2}、C_{f1}——考虑基础形状因素的修正系数；

N_C、N_γ和N_q——承载力系数，由下式计算：

$$\left.\begin{aligned} N_c &= 2N_\varphi^{\frac{1}{2}}(N_\varphi+1) \\ N_\gamma &= N_\varphi^{\frac{1}{2}}(N_\varphi^2-1) \\ N_q &= N_\varphi^2 \end{aligned}\right\} \tag{9-32}$$

其中，$N_\varphi=\tan^2\left(45°+\frac{\varphi}{2}\right)$。

图 9-12 给出了承载力系数 N_c、N_γ 和 N_q 与岩体内摩擦角之间的关系。

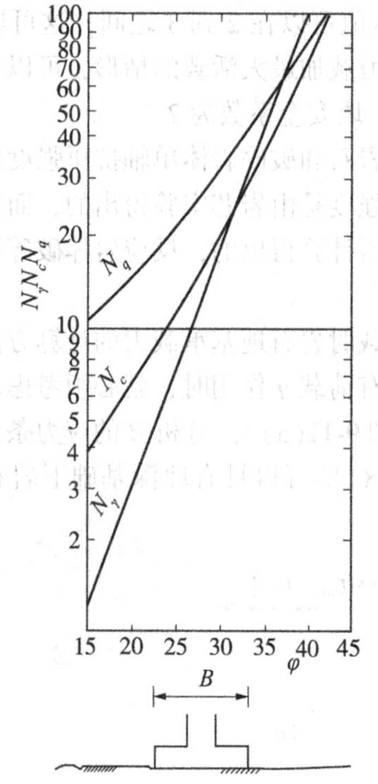

图 9-12 埋深为零时的承载力系数

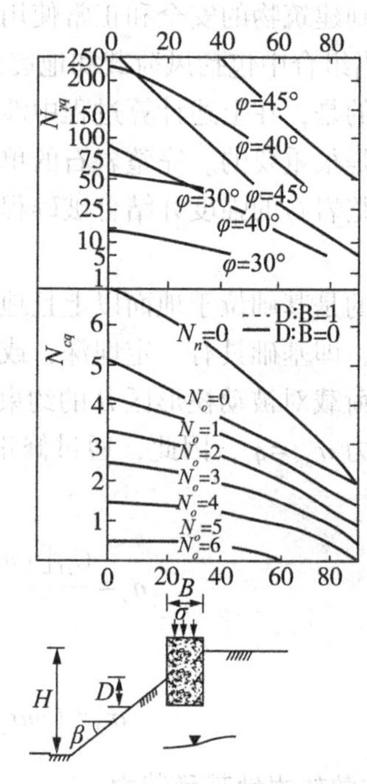

图 9-13 边坡岩石地基的承载力系数

需要指出的是，当基础置于地表($q_s=0$)且忽略滑动楔形体本身的重力时，式(9-31)可以被简化为

$$q_a=\frac{C_{f1}cN_c}{F} \tag{9-33}$$

9.6.4 边坡岩石地基承载力

对于边坡上的岩石地基，考虑到一侧临空面的出现使得侧压力减小，必须修正承载力

系数。对于坡角小于$\frac{\varphi}{2}$的边坡而言，地基上的容许荷载一般由其地基承载力和容许沉降控制；对于坡角大于$\frac{\varphi}{2}$的边坡，则一般由边坡的稳定条件控制地基上的容许荷载，很少需要验算其地基承载力。

岩石边坡地基的容许地基承载力可以利用下式计算：

$$q_a = \frac{C_{f1} c N_{cq} + C_{f2} \frac{B\gamma}{2} N_{\gamma q}}{F} \tag{9-34}$$

式中，N_{cq}和$N_{\gamma q}$为由图 9-13 给定的承载力系数。系数N_{φ}由稳定数N_0确定：

$$N_0 = \frac{\gamma H}{c} \tag{9-35}$$

利用承载力系数计算地基容许承载力时，需要假定地基中的地下水位线位于基底以下至少一倍基础宽度，当地下水位线超过这个水平时，计算就必须考虑地下水的作用。

有研究表明，当基础位于边坡顶部，且基础底面外边缘线与边坡顶部的水平距离小于 6 倍基础宽度时，必须考虑折减其地基容许承载力。折减的方法主要是利用下节中介绍的边坡稳定性分析方法验算地基的稳定性，此时为了保证变形最小，取安全系数为 2~3。

9.6.5　岩溶地基承载力

由于岩溶地区工程地质条件的复杂性，其基础工程设计极具挑战性。在岩溶地区，发生过不少地基失效的工程事故，这些事故发生的原因主要有两个方面，一是在工程选址阶段没有探查到地基范围内的洞穴，地基设计没有考虑洞穴的影响；二是没有充分考虑到洞穴对地基承载力和沉降的影响。因此，相对应地，岩溶地区成功的基础工程设计应该充分考虑到上述两个方面的原因。首先，必须查清洞穴所在的位置，工程能避开的话尽量避开；其次，确实不能避开时，应该确定存在洞穴时岩溶地基的承载力，当承载力不足时，则采取一些有效的工程措施进行治理。

岩溶又称喀斯特(Karst)，是可溶性岩层(石灰岩、白云岩、石膏、岩盐等)以被水溶解为主的化学溶蚀作用，并伴以机械作用而形成的沟槽、裂隙、洞穴、石芽、暗河，以及由于洞顶塌落而使地表产生陷穴等一系列现象和作用的总称。在化学溶蚀作用的早期，通常是在地下流水较为集中的节理和层理表面附近形成洞穴，而且此时形成的洞穴形状比较统一。但是，随着溶蚀作用的发展，洞穴的尺寸、形状和位置将变得难以预测，因此在岩溶地区进行基础工程设计之前，必须具有该地区详细的工程地质勘查资料。

岩溶地基稳定性评价是指通过勘察查明建筑场地的岩溶发育和分布特征，在此基础上合理地进行建筑场地选择。对古岩溶，现在不再发展和发育的岩溶，主要查明它的分布和规模，特别是上覆土层的结构特征。对于现在还继续作用和发育的岩溶，除应查明其分布和规模外，还应注意岩溶发育速度和趋势，以估价其对建筑物的影响。对于承载力不足的岩溶地基，可以采取一定的工程处理措施提高其地基承载力，具体措施主要有梁板跨越和换填两大类。当洞穴较小且周围岩体质量较好时，通常可以采用增大基础底面积和增强基础强度等措施跨越洞穴，此时，计算中采用一般采用较为保守的地基承载力值。若采用独立基础存在较大偏心，并产生较大的不均匀沉降时，则可将若干个基础联接形成条形或筏形基础。图 9-14 给出了岩溶地基上的一系列梁板跨越式基础。

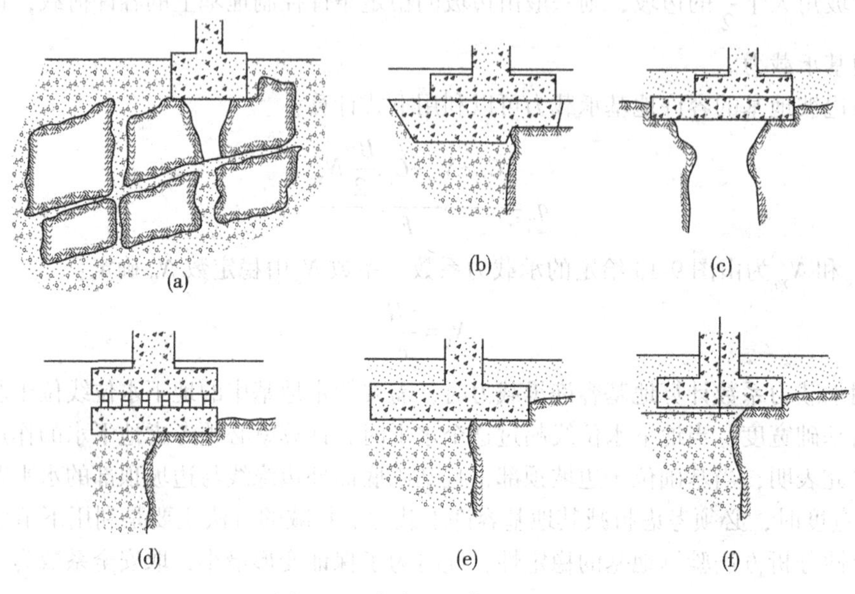

图 9-14　岩溶地基的治理措施

也可以利用换填法治理岩溶地基。对洞口较小的竖向洞穴，宜优先采用镶补加固、嵌塞等方法处理；对顶板不稳的浅埋溶洞，可清除覆土，爆开顶板，挖去洞内松软充填物，分层回填上细下粗的碎石滤水层。

还可以利用强夯法提高岩溶地基的承载力，这种方法主要适用于洞穴垂直高度有限的岩溶地基。Couch(1984)曾报道过这方面的工程实例，在岩溶地区的一个地基工程中利用15t 的重锤从 18m 的高处落下加固 8~10m 深度范围内的地基岩土体。

对于规模较大的洞穴，还可以利用桩基础进行处理。需注意的是，地下水的作用会对岩溶地基的稳定性产生非常不利的影响。首先，渗流梯度的增大会加剧洞穴的扩大速率，这必然导致洞穴周围的岩体需要承受更大的外力，从而影响地基的稳定性；其次，地下水位的降低会增加岩体中的有效应力，形成已有洞穴上的附加荷载；再次，地下水的流动可能带走洞穴中的填充物或使之松动，从而降低岩溶地基的承载力。

9.7　岩石地基抗滑稳定性计算

9.7.1　岩基的抗滑稳定性

当岩基受到水平方向荷载作用后，由于岩体中存在节理及软弱夹层，因而增加了岩基滑动的可能。实践表明，坚硬岩基滑动破坏的形式不同于松软地基。前者的破坏往往受岩体中的节理、裂隙、断层破碎带以及软弱结构面的空间方位及其相互间的组合形态所控制。由于岩基中天然岩体的强度，主要取决于岩体中各软弱结构面的分布情况及其组合形式，而不取决于个别岩石块体的极限强度。因此，在探讨坝基的强度与稳定性时，首先应当查明岩基中的各种结构面与软弱夹层位置、方向、性质以及搞清它们在滑移过程中所起的作用。岩体经常被各种类型的地质结构面切割成不同形状与大小的块体(结构体)。为此，研究岩基抗滑稳定是防止岩基破坏的重要课题之一。

在岩基抗滑计算中，大坝地基由于水压的推力作用，抗滑稳定非常重要，这也是岩基抗滑计算中的主要问题，因此，下面以坝基抗滑计算为例进行研究。

根据过去岩基失事的经验以及室内模型试验的情况来看，大坝失稳形式主要有两种情况：第一种情况是岩基中的岩体强度远远大于坝体混凝土强度，同时岩体坚固完整且无显著的软弱结构面，这时大坝的失稳多半是沿坝体与岩基接触处产生，这种破坏形式称为表层滑动破坏；第二种情况是在岩基内部存在着节理、裂隙和软弱夹层，或者存在着其他不利于稳定的结构面。在此情况下，岩基容易产生深层滑动。除了上述两种破坏形式之外，有时还会产生所谓混合滑动的破坏形式，即大坝失稳时一部分沿着混凝土与岩基接触面滑动，另一部分则沿岩体中某一滑动面产生滑动，因此，混合滑动的破坏形式实际上是介于上述两种破坏形式之间的情况。

目前评价岩基抗滑稳定，一般采用稳定系数分析法。

9.7.2　浅层表面抗滑稳定计算

如图 9-15 所示，稳定系数 K_s 为

$$K_s = \frac{f_0 \sum V}{\sum H} \tag{9-36}$$

式中，$\sum V$——垂直作用力之和，包括坝基水压力(扬压力)；

$\sum H$——水平力之和；

f_0——摩擦系数，一般为 0.6~0.8。

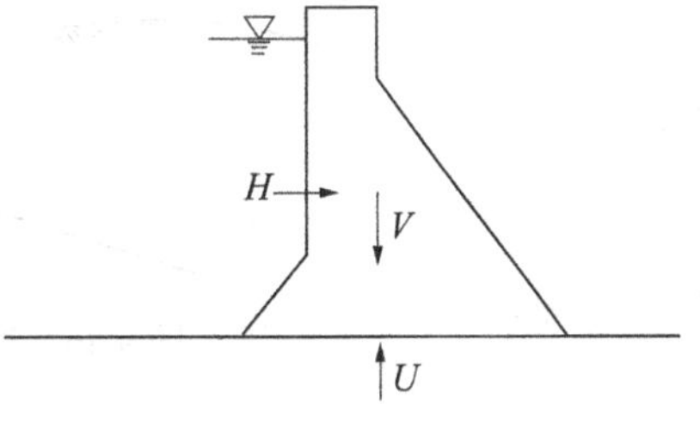

图 9-15　地基表层滑动计算模型

上式没有考虑坝基与岩面间的黏结力。由于往往基础与岩面的接触造成台阶状，并用砂浆与基础黏结。因而接触面上的抗剪强度 τ 可采用库仑方程 $\tau=\tau_0+f_0\sigma$，则：

$$K_s = \frac{\tau_0 A + f_0 \sum V}{\sum H} \tag{9-37}$$

式中，σ——正应力；

τ_0——接触面上的黏结力或混凝土与岩石间的黏结力；

A——底面积。

上述分析法只能是一个粗略的分析，以致稳定系数 K_s 选取较大的值。近年来，在一些文献中，考虑到坝基剪应力的变化幅度较大而将上式改写为

$$K_s = \frac{\tau_0 \gamma A + f_0 \sum V}{\sum H} \tag{9-38}$$

式中，$\gamma=\frac{\tau_m}{\tau_{\max}}$，代表平均剪应力与在下游坝址最大应力之比，一般采用0.5。

9.7.3 深层滑动的抗滑稳定计算

1. 单斜滑移面倾向下游

如图9-16所示，抗滑力 R 和下滑力 T 分别表示为

$$R=(H\sin\alpha+V\cos\alpha-U)\tan\varphi+cL$$
$$T=H\cos\alpha-V\sin\alpha$$

式中，c——滑动面上的内聚力，MPa；

φ——滑动面上的内摩擦角，°。

由此可以得到其稳定性系数为

$$K_s=\frac{f_0(V\cos\alpha-U-H\sin\alpha)+cL}{H\cos\alpha+V\sin\alpha} \tag{9-39}$$

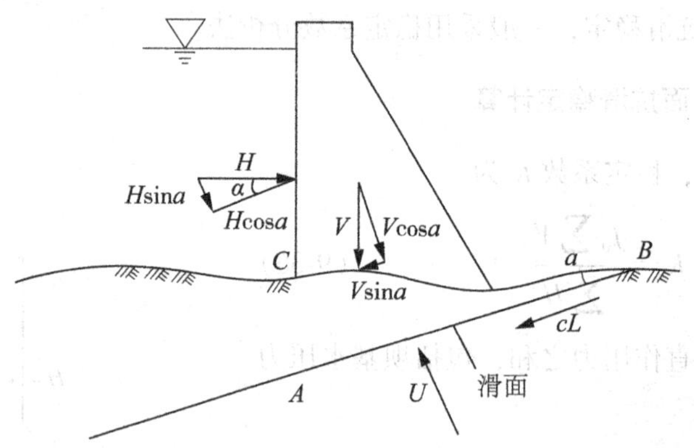

图9-16　地基深层滑动面倾向上游的情况

当坝底扬压力 $U=0$ 和黏结力 $c=0$ 时，则

$$K_s=\frac{f_0(V\cos\alpha-H\sin\alpha)}{H\cos\alpha+V\sin\alpha} \tag{9-40}$$

2. 单斜滑移面倾向下游

如果岩基中出现倾向下游的软弱结构面，如图9-17(a)中，这时必须验算坝下的岩体是否可能沿此软弱面并通过岩基中的另一可能滑动面 BC 产生滑动。在一般情况下，滑动面 BC 的位置以及它的倾角 β 都是未知的。因此，在计算安全系数 F_s 时，要选定若干个可能滑动面 BC，分别进行试算，以便求得最小安全系数及其相应的危险滑动面。以下介绍当滑动面选定后，根据岩基中的已知滑动面 ABC 确定相应的安全系数 F_s 的方法。对于重力坝或拱坝坝基抗滑安全系数的计算，常采用以下3种方法：

(1)抗力体极限平衡法。由图9-17(a)可以看出，坝体以及坝基中的部分岩体 ABC 在水平推力与重力的共同作用下具有自左向右的滑动趋势。然而，ABC 中的部分块体 BCD 在其自重(有时 DC 面上也有外荷)的作用下，显然具有沿 CB 面下滑的趋势，这一下滑趋

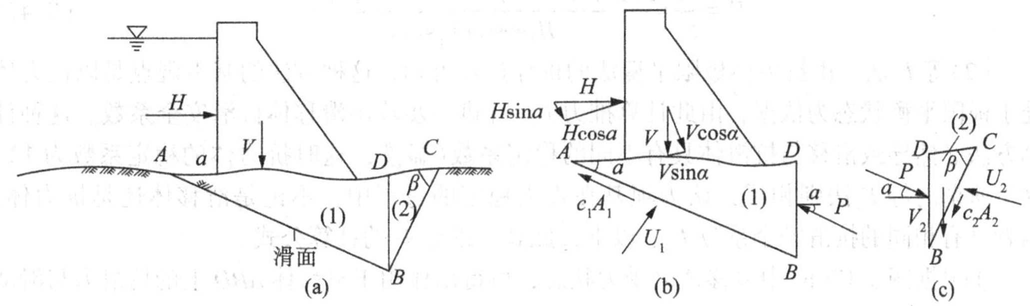

图 9-17　地基深层滑动面倾向下游的情况

势必然对左侧块体 ABD 产生阻滑作用。因此，常将左侧块体称为滑移体，而将右侧块体 BCD 称为抗力体。

所谓用抗力体极限平衡法来计算坝基的抗滑安全系数，就是通过抗力体的极限平衡状态计算出滑移体 ABC 与抗力体 BCD 之间的相互推力 P，如图 9-17(b)、(c)所示。然后再根据滑移体的受力状态来计算抗滑安全系数 F_s。具体计算步骤如下：

①由抗力体的极限平衡状态计算推力 P：由抗力体 BCD 的受力状态，按图 9-17(c)，可以直接得到作用于抗力体上的抗滑力与滑动力，分别为

$$F_a=f_2[P\sin(\alpha+\beta)+V_2\cos\beta-U_2]+c_2A_2 \tag{9-41}$$

$$F_d=P\cos(\alpha+\beta)-V_2\sin\beta \tag{9-42}$$

式中，f_2，c_2——滑移面 BC 上的内摩擦系数与凝聚力，MPa；

V_2——抗滑体 BCD 的自重，MN；

α、β——滑面 AB 与 BC 的倾角，°；

U_2——滑面 BC 上的扬压力，MN；

A_2——滑面 BC 的面积，m^2。

当抗力体处于极限平衡状态时，其抗滑力与滑动力相等，即

$$f_2[P\sin(\alpha+\beta)+V_2\cos\beta-U_2]+c_2A_2=P\cos(\alpha+\beta)-V_2\sin\beta \tag{9-43}$$

从而有

$$P=\frac{V_2\sin\beta+f_2(V_2\cos\beta-U_2)+c_2A_2}{\cos(\alpha+\beta)-f_2\sin(\alpha+\beta)} \tag{9-44}$$

②根据滑移体 ABD 计算抗滑安全系数：由图 9-17(b)可知，作用于滑移体 ABD 上的抗滑力与滑动力分别是

$$F_a=f_1(V_1\cos\alpha-H_1\sin\alpha-U_1)+c_1A_1+P \tag{9-45}$$

$$F_d=H_1\cos\alpha+V_1\sin\alpha \tag{9-46}$$

式中，f_1，c_1——滑移面 AB 上的内摩擦系数与凝聚力，MPa；

V_1——抗滑体 ABC 的重量，MN；

U_1——滑面 AB 上的扬压力，MN；

A_1——滑面 AB 的面积，m^2。

由于抗滑力与滑动力之比，直接求得安全系数 F_s 如下：

$$F_s=\frac{F_a}{F_d}=\frac{f_1(V_1\cos\alpha-H_1\sin\alpha-U_1)+c_1A_1+P}{H_1\cos\alpha+V_1\sin\alpha} \tag{9-47}$$

(2)等 F_s 法。由抗力体极限平衡法的推导过程可知，这种方法的基本观点是以抗力体处于极限平衡状态为依据，由此计算推力 P，并进一步算出滑移体抗滑安全系数。这种计算方法必然导致滑移与抗滑体具有不同的稳定系数(显然，这时抗力体的稳定系数为 1)。这里所谓的等 F_s 法则相反，认为坝基在丧失稳定的过程中，不论是滑移体还是抗力体，两者具有相同的抗滑安全系数 F_s。以下按此观点推导 F_s 的计算公式。

①根据图 9-17(b)中滑移体的受力状态，可得出作用于滑移体 ABD 上的抗滑力与滑动力如下：

$$F_a=f_1(V_1\cos\alpha-H_1\sin\alpha-U_1)+c_1A_1+P \tag{9-48}$$

$$F_d=H_1\cos\alpha+V_1\sin\alpha \tag{9-49}$$

由此可得安全系数 F_s(式(9-47))。

②根据图 9-17(c)中抗力体的受力状态，可求得相应的抗滑力与滑动力为

$$F_a=f_2[P\sin(\alpha+\beta)+V_2\cos\beta-U_2]+c_2A_2 \tag{9-50}$$

$$F_d=P\cos(\alpha+\beta)-V_2\sin\beta \tag{9-51}$$

由此可得安全系数 F_s 如下：

$$F_s=\frac{F_a}{F_d}=\frac{f_2[P\sin(\alpha+\beta)+V_2\cos\beta-U_2]+c_2A_2}{P\cos(\alpha+\beta)-V_2\sin\beta} \tag{9-52}$$

由此可以得到推力 P 为

$$P=\frac{F_sV_2\sin\beta+f_2(V_2\cos\beta-U_2)+c_2A_2}{F_s\cos(\alpha+\beta)-f_2\sin(\alpha+\beta)} \tag{9-53}$$

由式(9-52)与式(9-53)可知，式中均含有待求未知量 F_s 与 P，因此联立求解上述两式，即可分别求出抗滑安全系数 F_s 与推力 P。然而，实际计算中，可采用迭代法。首先假定一 F_s 值，然后由式(9-53)中算出 P 值，并将其代入式(9-52)，求出相应的 F_s 值，将求出的 F_s 值与最初假定的 F_s 值相比，若差值太大，则将算得的 F_s 值作为新的假定值代入式(9-53)中，再计算 P 值，然后将再算得的 P 值代入式(9-52)，求出新的 F_s 值，如此反复迭代，直到假定的 F_s 值与计算的 F_s 值相当接近为止。在实际迭代过程中，可将本次迭代中 F_s 的假定值与计算值进行平均，并以此平均值作为下一次迭代中的假定值，这样处理，可大大加速收敛速度。

(3)不平衡推力法。这种方法的基本观点是认为图 9-17(a)中左侧滑移体 ABD 如果沿滑面 AB 不能处于平衡状态(即滑移体的抗滑安全系数小于 1)，则 ABD 将具有下滑趋势，并将未知的下滑力 P 传至其下的抗力体 BDC，并成为抗力体 BDC 的推力。因此，该推力 P 称为不平衡推力。按不平衡推力 P 的概念，其值显然等于 AB 面上的下滑力与抗滑力之差，即

$$P=[V_1\sin\alpha+H_1\cos\alpha]-[f_1(V_1\cos\alpha)+H_1\sin\alpha-U_1)+c_1A_1] \tag{9-54}$$

推力求出后，再根据抗力体沿 BC 面的抗滑力与滑动力之比，即可求得抗滑安全系数 F_s 如下：

$$F_s=\frac{F_a}{F_d}=\frac{f_2[P\sin(\alpha+\beta)+V_2\cos\beta-U_2)+c_2A_2]}{P\cos(\alpha+\beta)-V_2\sin\beta} \tag{9-55}$$

习　　题

9-1　地基破坏模式有几种？发生整体剪切破坏时的 p-s 曲线的特征如何？

9-2　一条形基础，宽 1.5m，埋深 1.0m。地基土层分布为：第一层素填土，厚 0.8m，密度 1.8g/cm^3，含水量 35%；第二层黏性土，厚 6m，密度 1.82g/cm^3，含水量 38%，土粒比重 2.72，土黏聚力 10kPa，内摩擦角 13°。求该基础的临塑荷载 p_{cr}，临界荷载 $p_{\frac{1}{3}}$ 和 $p_{\frac{1}{4}}$。若地下水位上升到基础底面，假定土的抗剪强度指标不变，其 p_{cr}、$p_{\frac{1}{3}}$ 和 $p_{\frac{1}{4}}$ 相应为多少？据此可得到何种规律？

9-3　例 9-2 中，当基础为长边 6m、短边 3m 的矩形时，按太沙基理论计算相应整体剪切破坏、局部破坏及地下水位上升到基础底面时的极限承载力和承载力特征值。列表表示例 9-2 及上述计算结果，分析所表示的结果及其规律。

9-4　某条形基础宽 1.5m，埋深 1.2m，地基为黏性土，密度 1.84g/cm^3，饱和密度 1.88g/cm^3，土的黏聚力 8kPa，内摩擦角 15°。试按太沙基理论计算，问：

(1)整体破坏时地基极限承载力为多少？取安全度为 2.5，地基容许承载力为多少？

(2)分别加大基础埋深至 1.6m、2.0m，承载力有何变化？

(3)分别加大基础宽度至 1.8m、2.1m，承载力有何变化？

(4)地基土内摩擦角为 20°，黏聚力为 12kPa，承载力有何变化？

(5)根据以上的计算比较，可得出哪些规律？

9-5　一方形基础受垂直中心荷载作用，基础宽度 3m，埋深 2.5m，土的重度 18.5kN/m^3，$c=30$kPa，$\varphi=0$。试按魏锡克承载力公式计算地基的极限承载力。若取安全度为 2.5，求出相应的地基容许承载力。($p_u=290$kPa)

9-6　岩石地基工程有哪些特征？

9-7　岩石地基设计应满足哪些原则？

9-8　岩石地基上常用的基础型式有哪几种？

9-9　根据完整岩石和结构面的性质，可以将岩石地基的沉降分为哪三种类型？

9-10　岩石地基承载力的确定主要有哪几种方法？

9-11　设岩基上条形基础受倾斜荷载，其倾斜角 $\delta=18°$，基础的埋置深度为 3m，基础宽度 $b=8$m。岩基岩体的物理力学性质指标是：$\gamma=25$kN/m^3，$c=3$MPa，$\varphi=31°$。试求岩基的极限承载力，并绘出其相应的滑动面。

第10章　岩土边坡工程

10.1　概　　述

边坡(Slope)按成因可分为自然边坡和人工边坡。天然的山坡和谷坡是自然边坡，此类边坡是在地壳隆起或下陷过程中逐渐形成的。通常发生较大规模破坏的是自然边坡。人工边坡是由于人类活动形成的边坡，其中挖方形成的边坡称为开方边坡；填方形成的边坡称为构筑边坡，有时也称为坝坡。人工边坡的几何参数可以人为控制。

边坡按组成物质可分为岩质边坡和土质边坡。岩坡失稳与土坡失稳的主要区别在于土坡中可能滑动面的位置并不明显，而岩坡中的滑动面则往往较为明确，无需像土坡那样通过大量试算才能确定。

土坡滑动的影响因素复杂多变，但其根本原因在于土体内部某个面上的剪应力达到了抗剪强度，使稳定平衡遭到破坏。因此，导致土坡滑动失稳的原因可有以下两种：(1)外界荷载作用或土坡环境变化等导致土体内部剪应力加大，如路堑或基坑的开挖、堤坝施工中上部填土荷重的增加、降雨导致坡体饱和增加重度、土体内地下水的渗流力、坡顶荷载过量或由于地层、打桩等引起的动力荷载等；

(2)外界各种因素影响导致土体抗剪强度降低，促使土坡失稳破坏，如超孔隙水压力的产生，气候变化产生的干裂、冻融，黏土夹层因雨水等侵入而软化，以及黏性土蠕变导致的土体强度降低等。土坡稳定性问题可通过土坡稳定分析解决。但有待研究的不定因素较多，如滑动面形式的确定、土体抗剪强度参数的合理选取、土的非均质性以及土坡水渗流时的影响等。

岩坡中结构面的规模、性质及其组合方式在很大程度上决定着岩坡失稳时的破坏形式；结构面的产状或性质稍有改变，岩坡的稳定性将会受到显著影响。因此，要正确解决岩坡稳定性问题，首先需搞清结构面的性质、作用、组合情况以及结构面的发育情况等，在此基础上，不仅要对破坏方式做出判断，而且对其破坏机制也必须进行分析，这是保证岩坡稳定性分析结果正确性的关键。

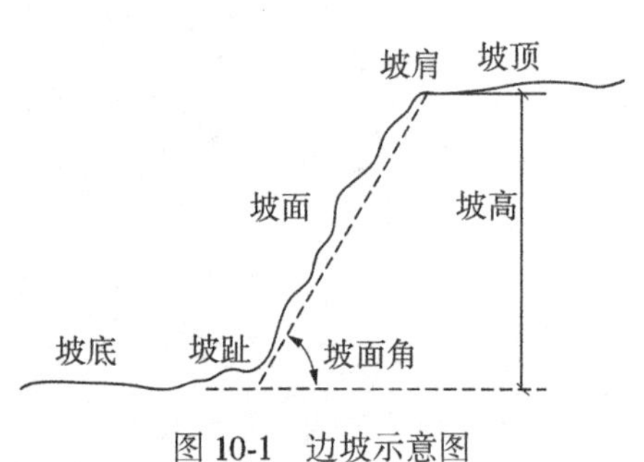

图10-1　边坡示意图

典型的边坡如图10-1所示，边坡与坡顶面相交的部位称为坡肩，与坡底面相交的部位称为坡趾或坡脚，坡面与水平面的夹角称为坡面角，坡肩与坡脚间的高差称为坡高。

边坡稳定问题是工程建设中经常遇到的问题，例如水库的岸坡，渠道边坡，隧洞进出口边坡，拱坝坝肩边坡，公路、铁路和机场的路堑边坡，高层建筑深基坑开挖以及露天矿井等土木工程建设，都涉及稳定性问题。边坡的失稳，轻则影响工程质量与施工进度，重则造成人员伤亡与国民经济的重大损失。因此，不论是土木建筑工程还是水利水电工程，边坡的稳定问题经常成为需要重点考虑的问题。

10.2　无黏性土坡的稳定性

图 10-2(a)给出一坡度为 β 的均质无黏性土坡，假设坡体及其地基为同一种土，并且完全干燥或者完全浸水，即不存在渗流作用。由于无黏性土土粒间缺少黏聚力，因此，只要位于坡面上的土单元能保持稳定，则整个土坡就是稳定的。

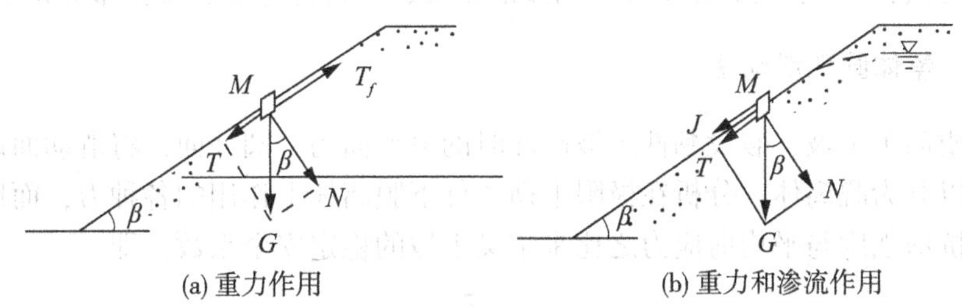

图 10-2　无黏性土坡的稳定性

在坡面上任取一侧面竖直、底面与坡面平行的土单元 M，不计单元体两侧应力对稳定性的影响，单元体自重为 G，土的内摩擦角为 φ，故使土单元下滑的剪切力为 G 在顺坡方向的分力 $T=G\sin\beta$；而阻止土体下滑的力则为单元体与下面土体之间的抗剪力 T_f，它等于单元体自重在坡面法线方向的分力 N 引起的摩擦力，即 $T_f=N\tan\varphi=G\cos\beta\tan\varphi$。抗滑力和滑动力的比值称为稳定性安全系数，用 K 表示，即

$$K=\frac{T_f}{T}=\frac{G\cos\beta\tan\varphi}{G\sin\beta}=\frac{\tan\varphi}{\tan\beta} \tag{10-1}$$

由上可见，对于均质无黏性土坡，理论上土坡的稳定性与坡高无关，只要坡角小于土内摩擦角($\beta<\varphi$)，$K>1$，土体就是稳定的。当坡角与土的内摩擦角相等($\beta=\varphi$)时，稳定安全系数 $K=1$，此时抗滑力等于滑动力，土坡处于极限平衡状态，相应的坡角就等于无黏性土的内摩擦角，称为自然休止角，通常为了保证土体具有足够的安全储备，可取 $K\geqslant 1.3\sim1.5$。

当无黏性土坡受到一定的渗流力作用时，坡面上渗流溢出处的单元土体，除本身重量外，还受到渗流力 $J=\gamma_w i$(i 为水头梯度，$i=\sin\beta$)的作用，如图 10-2(b)所示。若渗流为顺坡出流，则溢出处渗流及渗流力方向与坡面平行，此时使土单元下滑的剪切力为 $T+J=G\sin\beta+\gamma_w i$，且此时对于单位土体来说，土体自重 G 就等于有效重度 γ'，故土坡的稳定安全系数为

$$K=\frac{T_f}{T+J}=\frac{\gamma'\cos\beta\tan\varphi}{(\gamma'+\gamma_w)\sin\beta}=\frac{\gamma'\tan\varphi}{\gamma_{sat}\tan\beta} \tag{10-2}$$

可见，与式(10-1)相比，相差$\frac{\gamma'}{\gamma_{sat}}$倍，此值约为$\frac{1}{2}$。因此，当坡面有顺坡渗流作用时，无黏性土坡的稳定安全系数约降低一半。

10.3 黏性土坡的稳定性

黏性土坡由于剪切而破坏的滑动面大多为一曲面，破坏前，一般在坡顶首先出现张力裂缝，然后沿裂缝向下延伸，以曲面形式产生整体滑动。此外，滑动体沿纵向也有一定范围，并且也是曲面，为了简化，分析时往往按条形平面应变问题处理。

黏性土坡常用的稳定分析方法有整体圆弧滑动法、分条法、稳定数法等(包括总应力法或有效应力法)。本节主要介绍整体圆弧滑动法、毕肖普分条法及杨布分条法。

10.3.1 整体圆弧滑动法

对于均质简单土坡，假设黏性土坡破坏时的滑动面为一圆柱面，将滑动面以上土体视为刚体，并以其为脱离体，分析在极限平衡条件下脱离体上作用的各种力，而以整个滑动面上的平均抗剪强度与平均剪应力之比来定义土坡的稳定安全系数，即

$$K=\frac{\tau_f}{\tau} \tag{10-3}$$

若以滑动面上的最大抗滑力矩与滑动力矩之比来定义，结果完全一致。黏性土坡如图10-3所示，AC为假设的滑动面，圆心为O，半径为R。当土体ABC保持稳定时，必须满足力矩平衡条件(滑弧上的法向反力N通过圆心)，故稳定安全系数为

$$K=\frac{\text{抗滑力矩}}{\text{滑动力矩}}=\frac{\tau_f\overline{AC}R}{Ga} \tag{10-4}$$

式中，$\overline{AC}$——滑弧弧长；

a——土体重心离滑弧圆心的水平距离。

一般情况下，土的抗剪强度由黏聚力c和摩擦力$\sigma\tan\varphi$两部分组成，土体中法向应力σ沿滑动面并非常数，因此土的抗剪强度亦随滑动面的位置不同而变化。但对饱和黏土来说，在不排水的条件下，$\varphi_u=0$，故$\tau_f=c_u$，因此上式可写为

$$K=\frac{c_u\overline{AC}R}{Ga} \tag{10-5}$$

此分析法通常称为φ_u等于零分析法。

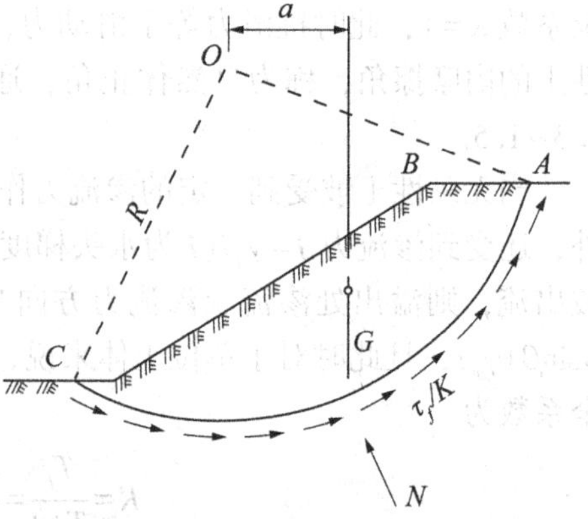

图10-3 均质土坡的整体圆弧滑动

由于计算上述安全系数时，滑动面为任意假定，并不是最危险滑动面，因此，所求结果并非最小安全系数。通常在计算时需假定一系列的滑动面，进行多次试算，计算工作量很大，为此，W. 费伦纽斯(Fellenius，1927)通过大量计算分

析，提出了确定最危险滑动圆心的经验方法，一直沿用至今。该法主要内容如下：

对于均质黏性土坡，当土的内摩擦角 $\varphi=0$ 时，其最危险面常通过坡脚。其圆心位置可以由图 10-4(a)中 CO 与 BO 两线的交点确定，图中 β_1 及 β_2 的值可根据坡角由表 10-1 查出。当 $\varphi>0$ 时，最危险滑动面的圆心位置可能在图 10-4(b)中 EO 的延长线上。自 O 点向外取圆心 O_1，O_2，…，分别作滑弧，并求出相应的抗滑安全系数 K_1，K_2，…，然后绘曲线找出最小值，即为所求的最危险滑动面的圆心 O_m 和土坡的稳定安全系数 K_{min}。当土坡非均质，或坡面形状及荷载情况比较复杂时，还需自 O_m 作 OE 线的垂直线，并在垂直线上再取若干点作为圆心进行计算比较，才能找出最危险滑动面的圆心和土坡稳定系数。

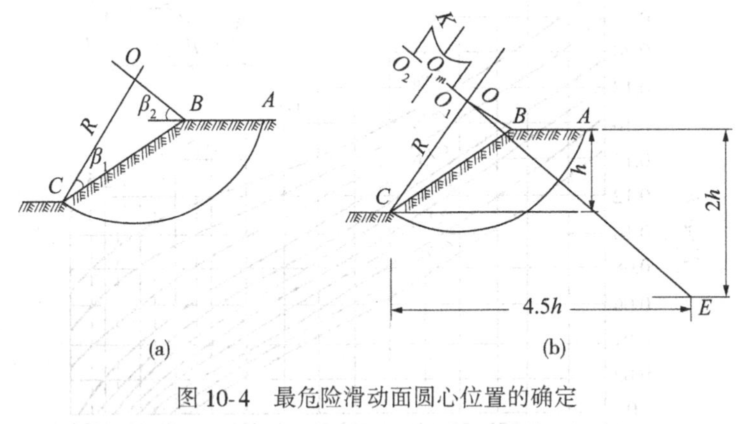

图 10-4 最危险滑动面圆心位置的确定

表 10-1 **不同边坡的 β_1、β_2 数据表**

坡比	坡角	β_1	β_2
1 : 0. 58	60°	29°	40°
1 : 1	45°	28°	37°
1 : 1. 5	33. 79°	26°	35°
1 : 2	26. 57°	25°	35°
1 : 3	18. 43°	25°	35°
1 : 4	14. 04°	25°	37°
1 : 5	11. 32°	25°	37°

当土坡外形和土层分布都比较复杂时，最危险滑动面不一定通过坡脚，此时费伦纽斯法不一定可靠。目前，电算分析表明，无论多么复杂的土坡，其最危险滑弧圆心的轨迹都是一根类似于双曲线的曲线，位于土坡坡线重心竖直线与法线之间。若采用电算，则可在范围内有规律地选取若干圆心坐标，结合不同的滑弧弧脚，求出相应滑弧的安全系数，再通过比较求得最小值 K_{min}。但需注意，对于成层土土坡，其低值区不止一个，可能存在多个 K_{min} 值。

如上所述，土坡的稳定分析大都需经过试算，计算工作量很大，因此，不少学者提出简化的图表计算法。图 10-5 给出的是计算资料整理所得的极限状态时均质土坡内摩擦角 φ、坡角 β 与稳定系数 N_S（数值范围 0~0.25）之间的关系曲线，其中

$$N_S=\frac{c}{\gamma h} \tag{10-6}$$

式中，c——土的黏聚力；

γ——土的重度；

h——土坡高度。

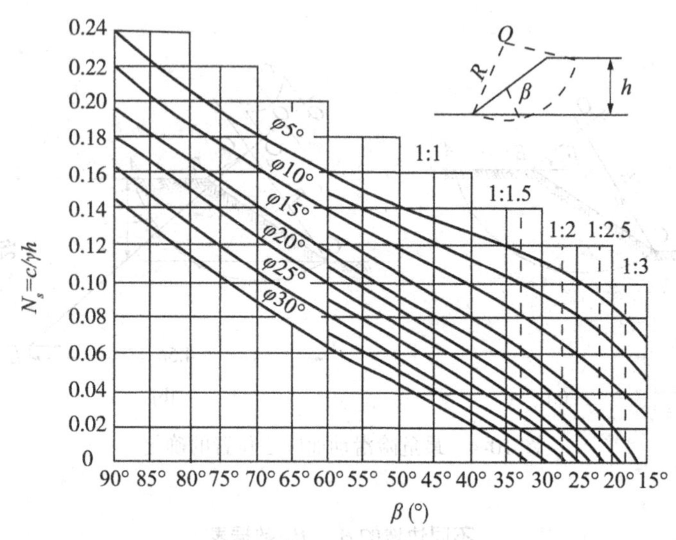

图 10-5 稳定数 N_S 计算图

从图中可直接由已知的 c、φ、γ、β 确定土坡极限高度 h，也可由已知的 c、φ、γ、h 及安全系数 K 确定土坡的坡角 β。

【例 10-1】 已知某土坡边坡坡比为 1∶1（β 为 45°），土的黏聚力 $c=12\text{kPa}$，内摩擦角 $\varphi=20°$，重度 $\gamma=17.0\text{kN/m}^3$。试确定该土坡的极限高度 h。

解：根据 $\beta=45°$ 和 $\varphi=20°$，查图 10-5 得 $N_S=0.065$，代入式(10-6)，得土坡的极限高度为

$$h=\frac{c}{\gamma N_S}=\frac{12}{17\times0.065}=10.9(\text{m})$$

10.3.2 瑞典条分法

瑞典条分法（Swedish Slice Method）是分条法中最简单最古老的一种，1916 年，瑞典分条法首先由彼得森氏（K. E. Petterson）提出。费伦纽丝（W. Fellenius）和泰勒（D. W. Taylor）进一步发展了这个方法。由于此法首先在瑞典被采用，因此常被称为瑞典法。

1. 瑞典条分法的最简单表达式

瑞典条分法的基本假设和计算方法可以综述如下：

(1)假定所分析的问题是平面性质。

(2)假定可能的滑裂面是一个圆弧，其位置及稳定系数通过试算确定，即作若干个不同的圆弧，计算其相应的稳定系数 F_s，其中最危险的圆弧以及相应的 F_s 值就是所求的答案。

(3)各个圆弧上的稳定系数 F_s 定义为每一土条在滑裂面上所能提供的抗滑力矩之和与外荷载及滑动土体在滑裂面上所产生的滑动力矩和之比，根据下式计算：

$$F_s=\frac{\text{剪切面上能提供的抗滑力矩}}{\text{下滑力矩}}=\frac{M_r}{M_0} \tag{10-7}$$

所有的这些力矩都以圆弧的圆心 O 为矩心，如图 10-6 所示。

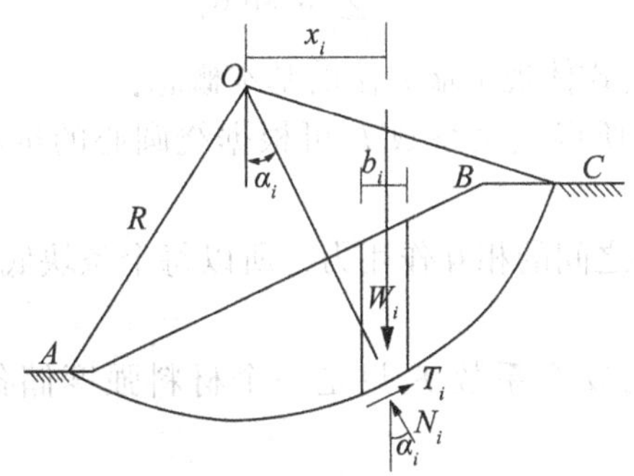

图 10-6　简化瑞典分条法

(4)滑动力矩 M_0 可按如下法计算、求出作用在滑裂体上所有力(除剪切面上的反力外)对 O 点的力矩并叠加，即为 M_0。如果仅承受自重作用，则可将滑裂体分为 N 个竖向分条，计算每一分条的重量 W_i，再令 W_i 作用线到矩心 O 的平距为 x_i，则

$$M_0=\sum_{i=1}^{n}W_ix_i \tag{10-8}$$

如果在滑动体上还作用着其他外力，如表面荷载、地震惯性力等，则可在 M_0 的公式中放进上述各力对于圆心 O 的力矩。

(5)抗滑力矩 M_r 可按照下述方法计算：

$$T_i=c_il_i+\tan\varphi_iN_i \tag{10-9}$$

$$M_r=\sum_{i=1}^{n}T_i\cdot R=\sum_{i=1}^{n}(c_il_i+N_i\tan\varphi_i)R \tag{10-10}$$

式中，N_i——作用在第 i 条块底面(剪切面)上的有效法向力；

l_i——该分条底边长度；

T_i——最大抗滑剪切力；

c_i——滑面的内聚力；

φ_i——滑动面的内摩擦角。

式中，R——圆弧的半径。

(6)瑞典法中假设各分条的 N_i 等于 $W_i\cos\alpha_i$，即

$$M_r=R\sum_{i=1}^{n}(c_il_i+W_i\cos\alpha_i\tan\varphi_i) \tag{10-11}$$

式中，α_i——第 i 条块剪切面与水平面的夹角。这样：

$$F_s=\frac{R\sum_{i=1}^{n}(c_il_i+W_i\cos\alpha_i\tan\varphi_i)}{\sum_{i=1}^{n}W_ix_i} \tag{10-12}$$

式中，$x_i=R\sin\alpha_i$，代入式(10-12)，可得到

$$F_s=\frac{\sum_{i=1}^{n}(c_il_i+W_i\cos\alpha_i\tan\varphi_i)}{\sum_{i=1}^{n}W_i\sin\alpha_i} \tag{10-13}$$

瑞典条分法的最简单公式体现了瑞典法的基本概念：

(1)剪切面是个圆弧，所以安全系数 F_s 可根据绕圆心的抗滑力矩与下滑力矩的比来确定；

(2)计算中不考虑条块之间的相互作用力，所以每个条块底部的反力可以直接由该条块上的荷载算出；

(3)瑞典分条法求出的安全系数 F_s 只是一个材料强度储备系数，而不是一个超载系数。

2. 瑞典条分法的一般表达式

在实际中，土坡的稳定性分析还会涉及很多其他因素的影响，将这些因素考虑在稳定性分析中，写出瑞典分条法的一般公式，如图 10-7 所示。

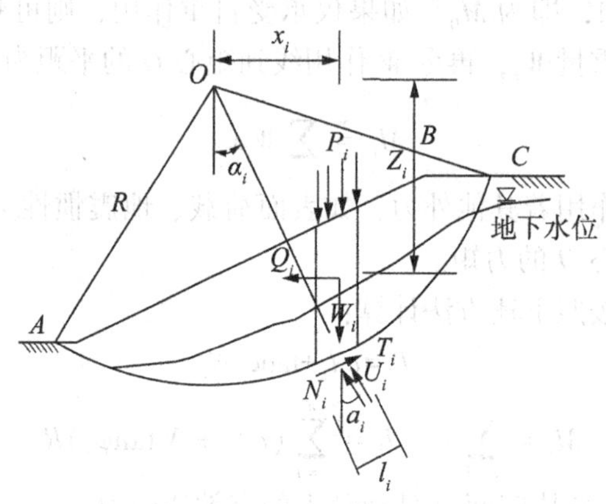

图 10-7 瑞典条分法计算模型图

假设第 i 条上作用有以下荷载：

(1)垂直荷载：自重，可将其分为两个部分，地下水位线以上用干容重计算，设为 W_{i1}(如果材料有显著毛细作用时，容重应当适当提高)；地下水位以下的部分应该用饱和容重计算，设为 W_{i2}。如果分条宽度不大，自重的作用线通过分条宽度的平分线。

除自重外，该分条还承受其他垂直荷载 P_i。当分条宽度不大或自重是最重要的荷载时，可以近似假定 P_i 的合力作用线和自重合力作用线相重合。

(2)水平荷载：包括水平孔隙压力(右侧为 $U_{i,i-1}$，左侧为 $U_{i,i+1}$)和其他水平荷载 Q_i，如地震惯性力 kW_i等。

将垂直荷载和水平荷载分别合并，得到合力为：

垂直荷载合力　$W_i=W_{i1}+W_{i2}+P_i$(向下为正，其作用线距圆心 O 的水平距离为 x_i)

水平荷载合力　$Q_i=U_{i,i-1}-U_{i,i+1}+kW_i$(剪切面的出口为正，其作用线距圆心的垂直距离为 Z_i)

则瑞典分条法的一般公式可写为

$$F_s=\frac{R\cdot\sum_{i=1}^{n}\left[c_il_i+(W_i\cos\alpha_i-Q_i\sin\alpha_i-U_i)\tan\varphi_i\right]}{R\cdot\sum_{i=1}^{n}W_i\sin\alpha_i+\sum_{i=1}^{n}Q_iZ_i} \tag{10-14}$$

令分子与分母同时除以 R，因为 Z_i 与 y_i 相差并不远，可以近似认为 $\sum_{i=1}^{n}Q_i\dfrac{Z_i}{R}=\sum_{i=1}^{n}Q_i\cos\alpha_i$，因此，公式(10-14)可以简化成公式(10-15)，即

$$F_s\approx\frac{\sum_{i=1}^{n}\left[c_il_i+(W_i\cos\alpha_i-Q_i\sin\alpha_i-U_i)\tan\varphi_i\right]}{\sum_{i=1}^{n}(W_i\sin\alpha_i+Q_i\cos\alpha_i)} \tag{10-15}$$

根据公式(10-15)，稳定系数 F_s又可以定义为沿剪切面的平均抗剪强度 $\bar{\tau}_f$与沿剪切面的平均剪应力 $\bar{\tau}$ 的比值，该公式中忽略了 Q_i作用点位置的影响，即不论 Q_i作用在什么高程，并不影响 F_s。这和现实情况也不相符，当滑坡体承受水平荷载时，也会影响计算结果。但是，在实际应用中，这一影响一般被忽略，因为与垂直荷载相比，水平荷载对 F_s 的影响较小。

10.3.3　毕肖普条分法

A. W. 毕肖普(Bishop，1955)假定各土条底部滑动面上的抗滑安全系数均相同，即等于整个滑动面的平均安全系数，取单位长度土坡按平面问题计算，如图 10-8 所示，设可能滑动面为一圆弧 AC，圆心为 O，半径为 R。滑动土条上的力有：①土条自重 $G_i=\gamma b_ih_i$，其中 b_i，h_i 分别为该土条的宽度与平均高度；②作用于土条底面的抗剪力 T_{fi}，有效法向反力 N_i' 及空隙水压力 u_il_i，其中 u_i，l_i 分别为该土条底面中点处孔隙水压力和圆弧长度；③作用于该土条两侧的法向力 E_i 和 E_{i+1}及切向力 X_i 和 $X_{i+1,}$ $\Delta X_i=(X_{i+1}-X_i)$，且 G_i、T_{fi}、N_i' 及 u_il_i 的作用点均在土条底面中点。对 i 土条竖直方向取力的平衡，得

$$G_i+\Delta X_i-T_{fi}\sin\alpha_i-N_i'\cos\alpha_i-u_il_i\cos\alpha_i=0$$

或

$$N_i'\cos\alpha_i=G_i+\Delta X_i-T_{fi}\sin\alpha_i-u_ib_i \tag{10-16}$$

当土坡尚未破坏时，土条滑动面上的抗剪强度发挥了一部分，若以有效应力表示，土条滑动面上的抗剪力为

$$T_{fi}=\frac{\tau_{fi}l_i}{K}=\frac{c'l_i}{K}+N'_i\frac{\tan\varphi'}{K} \tag{10-17}$$

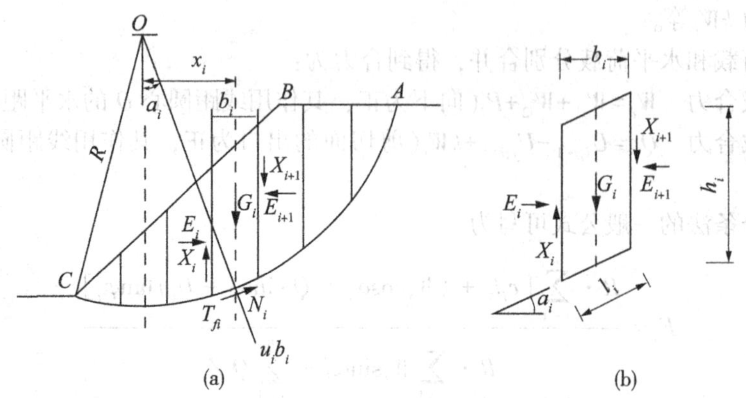

图 10-8　毕肖普分条法计算图式

式中，c'——土的有限黏聚力，kPa；

φ'——土的有效内摩擦角，°；

K——安全系数。

代入式(10-17)，可解 N_i' 为

$$N_i' = \frac{1}{m_{\alpha_i}}\left(G_i + \Delta X_i - u_i b_i - \frac{c' l_i}{K}\sin\alpha_i\right) \tag{10-18}$$

式中，$m_{\alpha_i} = \cos\alpha_i\left(1 + \dfrac{\tan\varphi'\tan\alpha_i}{K}\right)$

然后就整个滑动土体对圆心 O 求力矩平衡，此时相邻土条之间侧壁作用力的力矩将互相抵消，而各土条的 N_i' 及 $u_i l_i$ 的作用线均通过圆心，故有

$$\sum G_i x_i - \sum T_{fi} R = 0 \tag{10-19}$$

将式(10-18)、式(10-19)代入式(10-17)，且 $x_i = R\sin\alpha_i$，$b = b_i = l_i\cos\alpha_i$，可得

$$K = \frac{\sum \dfrac{1}{m_{\alpha i}}[c'b + (G_i - u_i b + \Delta X_i)\tan\varphi']}{\sum G_i \sin\alpha_i} \tag{10-20}$$

上式为毕肖普条分法计算土坡安全系数的普遍公式，但 ΔX_i 仍为未知。为了求出 K，需估算 ΔX_i 值，可通过逐次逼近法求解，而 X_i 及 E_i 的试算值均应满足每个土条的平衡条件，且整个滑动土体的 $\sum \Delta X_i$ 及 $\sum \Delta E_i$ 均等于零。毕肖普证明，若令各土条的 $\Delta X_i = 0$，所产生的误差仅为 1%，由此，可得国外使用相当普遍的毕肖普简化公式：

$$K = \frac{\sum \dfrac{1}{m_{\alpha i}}[c'b + (G_i - u_i b)\tan\varphi']}{\sum G_i \sin\alpha_i} \tag{10-21}$$

由于式(10-18)中的 $m_{\alpha i}$ 的计算式含有安全系数 K，故上述安全系数 K 仍需试算。通常，试算可先假定 $K=1$，求出 $m_{\alpha i}$，再按式(10-21)求出 K，如此反复迭代，直至前后两次 K 值满足所求的精度为止。通常迭代 3~4 次即可满足工程精度要求，直至迭代收敛。

尚需注意，当 α_i 为负值时，$m_{\alpha i}$有可能趋近于零，此时，N_i' 将趋近于无限大，显然不合理，故此时简化毕肖普法不能应用。国外某些学者建议，当任一土条的 $m_{\alpha i}<0.2$ 时，简化毕肖普法计算的 K 值误差较大，最好采用其他方法；此外，当坡顶土条的 α_i 很大时，N_i' 可能出现负值，此时可取 $N_i'=0$。

为了求得最小的安全系数 K，同样必须假定若干个滑动面，其最危险滑动面圆心位置的确定，仍可采用前述费伦纽斯经验法。

毕肖普条分法考虑了土条两侧的作用力，计算结果比较合理。应先后利用每一土条竖直方向力的平衡及整个滑动土体对圆心的力矩平衡条件，避开 E_i 及其作用点的位置，并假设所有的 ΔX_i 均等于零，使分析过程得到简化，但同样不能满足所有的平衡条件，所以该方法不是一种严格的方法，由此产生的误差为2%~7%。同时，毕肖普条分法也可用于总应力分析，即在上述公式中略去孔隙水压力 $u_i l_i$ 的影响，并采用总应力强度 c、φ 计算即可。

【例 10-2】 某均质黏性土坡，高 10m，坡比 1：1，填土黏聚力 $c=15\text{kPa}$，内摩擦角 $\varphi=20°$，重度 $\gamma=18\text{kN/m}^3$，坡内无地下水影响。试用肖毕普分条法(总应力法)计算土坡的稳定安全系数。

解：(1)选择滑弧圆心，按一定比例画出土坡剖面，如图 10-9 所示。由于是均质土坡，可按表 10-1 查得 $\beta_1=28°$，$\beta_2=37°$，作 BO 线及 CO 线，得交点 O，再求得 E 点，作 EO 的延长线，在 EO 延长线上取一点 O_1 作为第一次试算的滑弧圆心，过坡脚作相应的滑动圆弧，可量得半径 $R=16.56\text{m}$。

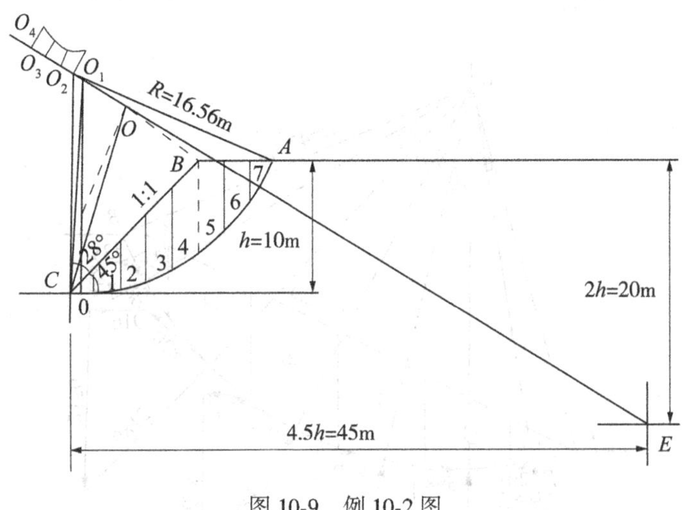

图 10-9　例 10-2 图

(2)将滑动土体分成若干土条，并对土条编号。取土条宽度 b 为 2m。土条编号从滑弧圆心的垂直线开始作为 0，逆滑动方向的土体一次编号为 1，2，…，7。

(3)量出各土体中心高度 h_i，并列表计算 $\sin\alpha_i$，$\cos\alpha_i$，G_i，$G_i\sin\alpha_i$，$G_i\tan\varphi$ 以及 cb。

(4)稳定安全系数为

$$K=\frac{\sum\frac{1}{m_{\alpha i}}(cb+G_i\tan\varphi)}{\sum G_i\sin\alpha_i}$$

第一次试算时，假定 $K=1$，求得

$$K=\frac{664.72}{561.71}=1.1834$$

第二次试算时，假定 $K=1.1834$，求得

$$K=\frac{686.02}{561.71}=1.2213$$

第三次试算时，假定 $K=1.2231$，求得

$$K=\frac{689.85}{561.71}=1.2281$$

第四次试算时，假定 $K=1.2281$，求得

$$K=\frac{690.41}{561.71}=1.2291$$

满足精度要求，故取 $K=1.23$。应当注意：这仅是一个滑弧的计算结果，为了求出最小的 K 值，需假定若干个滑动面，按前述方法进行试算(计算过程见表 10-2)。

【例 10-3】 简单黏性土坡，高 25m，坡比 1∶2，辗压土的容重 $\gamma=20\text{kN/m}^3$，内摩擦角 $\varphi\approx26.6°$(相当于 $\tan\varphi=0.5$)，黏结力 $c=10\text{kPa}$，滑动圆心 O 点如图 10-10 所示。试分别用瑞典分条法和简化毕肖普法计算该滑动圆弧的安全系数，并对结果进行比较。

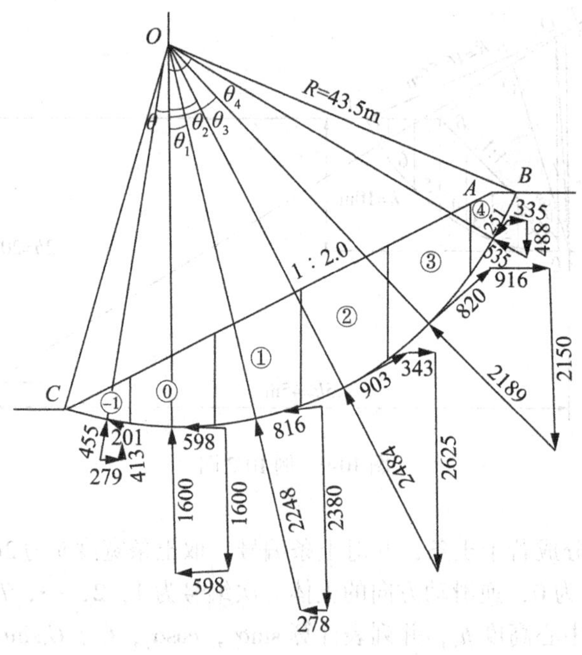

图 10-10 例题 10-3

解：为使例题计算简单，将滑动土体只分成 6 个条块，分别计算各条块的重量，滑动面长度 l_1，滑动面中心与过圆心铅垂线的圆心角 θ_1，然后按瑞典分条法和简化毕肖普法进行稳定分析计算。

(1)用瑞典分条法计算。瑞典条分法分项计算见表 10-3。

$$\sum W_i \sin\theta_i = 3584\text{kN},\ \sum W_i \cos\theta_i \tan\varphi_i = 4228\text{kN},\ \sum c_i l_i = 650\text{kN}$$

表 10-2

土条编号	0	1	2	3	4	5	6	7	$\sum$
h_i(m)	0.970	2.786	4.351	5.640	6.612	6.188	4.202	1.520	
b(m)	2.000	2.000	2.000	2.000	2.000	2.000	2.000	1.709	
$G_i(=\gamma h_i b)$	34.920	100.30	156.64	203.04	238.03	222.77	151.27	46.760	
$\sin\alpha_i$	0.030	0.151	0.272	0.393	0.514	0.636	0.758	0.950	
$\cos\alpha_i$	1.000	0.988	0.962	0.919	0.857	0.772	0.652	0.313	
$G_i\sin\alpha_i$	1.05	15.15	42.61	79.79	122.35	141.68	114.66	44.42	561.71
$G_i\tan\varphi$	12.71	36.51	57.01	73.9	86.64	81.08	55.06	17.02	
cb	30	30	30	30	30	30	30	25.64	
$m_{ai}(K=1)$	1.011	1.043	1.061	1.062	1.044	1.003	0.928	0.659	
[(7)+(8)]/(9)	42.25	63.77	82.01	97.83	111.72	110.75	91.66	64.73	664.72
$m_{\alpha i}$	1.009	1.034	1.46	1.04	1.015	0.968	0.885	0.605	
[(7)+(8)]/(11)	42.33	64.32	59.60	99.90	114.92	114.75	96.11	70.51	686.02
$m_{\alpha i}$	1.009	1.033	1.043	1.036	1.01	0.962	0.877	0.596	
[(7)+(8)]/(13)	42.33	64.39	83.42	100.29	115.49	115.47	96.99	71.58	
$m_{\alpha i}$	1.009	1.003	1.043	1.035	1.009	0.961	0.877	0.595	
[(7)+(8)]/(15)	42.33	66.31	83.42	100.39	115.60	115.59	96.99	71.70	690.41

安全系数

$$F_s = \frac{\sum (W_i \cos\theta_i \tan\varphi_i + c_i l_i)}{\sum W_i \sin\theta_i} = \frac{4228 + 650}{3584} = 1.36$$

(2)用简化毕肖普法计算。根据瑞典分条法计算结果 $F_s=1.36$，可知毕肖普法安全系数稍高于瑞典分条法，设 $F_{sl}=1.55$，按简化毕肖普法列表分项计算见表 10-4。

$$\sum \frac{c_i b_i + W_i \tan\varphi_i}{m_{\alpha i}} = 5417\text{kN}$$

安全系数为

$$F_{s2}=\frac{\sum\frac{1}{m_{\alpha i}}(c_ib_i+W_i\tan\varphi_i)}{\sum W_i\sin\theta_i}=\frac{5417}{3386}=1.51$$

毕肖普法安全系数公式中的滑动力 $\sum W_i\sin\theta_i$ 与瑞典分条法相同，$F_{s1}-F_{s2}=0.04$，误差较大，按 $F_{s2}=1.51$，进行第二次迭代计算，结果见表10-5。

$$\sum\frac{c_ib_i+W_i\tan\varphi_i}{m_{\alpha i}}=5404.8(\text{kN})$$

安全系数为

$$F_{s2}=\frac{\sum\frac{1}{m_{\alpha_i}}(c_ib_i+W_i\tan\varphi_i)}{\sum W_i\sin\theta_i}=\frac{5404.8}{3386}=1.507$$

表10-3

条块编号	θ_i (°)	W_i (kN)	$\sin\theta_i$	$\cos\theta_i$	$W_i\sin\theta_i$ (kN)	$W_i\cos\theta_i$ (kN)	$W_i\cos\theta_i\tan\varphi_i$ (kN)	l_i (m)	c_il_i (kN)
-1	-9.93°	412.5	-0.172	0.985	-71	406.3	203	8	80
0	0	1600	0	1	0	1600	800	10	100
1	13.29°	2375	0.23	0.973	546	2311	1156	10.5	105
2	27.37°	2625	0.46	0.888	1207	2331	1166	11.5	115
3	43.60°	2150	0.69	0.724	1484	1557	779	14	140
4	59.55°	487.5	0.862	0.507	420	247	124	11	110

表10-4

编号	$\cos\theta_i$	$\sin\theta_i$	$\sin\theta_i\tan\varphi_i$	$\frac{\sin\theta_i\tan\varphi_i}{F_s}$	$m_{\alpha i}$	$W_i\sin\theta_i$	c_ib_i	$W_i\tan\varphi_i$	$\frac{c_ib_i+W_i\tan\varphi_i}{m_{\alpha i}}$
-1	0.985	-0.172	-0.086	-0.055	0.93	-71	80	206.3	307.8
0	1	0	0	0	1	0	100	800	900
1	0.973	0.23	0.115	0.074	1.047	546	100	1188	1230
2	0.888	0.46	0.23	0.148	1.036	1207	100	1313	1364
3	0.724	0.69	0.345	0.223	0.947	1484	100	1075	1241
4	0.507	0.862	0.431	0.278	0.785	420	50	243.8	374.3

$F_{s1}-F_{s2}=0.003$，十分接近，可以认为 $F_s=1.51$。

计算结果表明，简化毕肖普法的安全系数较瑞典分条法高，约大0.15，与一般结论相同。

表 10-5

编号	$\cos\theta_i$	$\sin\theta_i$	$\sin\theta_i\tan\varphi_i$	$\dfrac{\sin\theta_i\tan\theta_i}{F_s}$	$m_{\alpha i}$	$W_i\sin\theta_i$	c_ib_i	$W_i\tan\varphi_i$	$\dfrac{c_ib_i+W_i\tan\varphi_i}{m_{\alpha i}}$
-1	0.985	-0.172	-0.086	-0.057	0.928	-71	80	206.3	308.5
0	1	0	0	0	1	0	100	800	900
1	0.973	0.23	0.115	0.076	1.045	546	100	1188	1232.5
2	0.888	0.69	0.345	0.152	1.04	1207	100	1313	1358.6
3	0.724	0.69	0.345	0.228	0.952	1484	100	1075	1234.2
4	0.507	0.862	0.431	0.285	0.972	420	50	243.8	371

10.3.4 简布条分法

在实际工程中，常常会遇到非圆弧滑动面的土坡稳定分析，如土坡下面有软弱夹层，或土坡位于倾斜岩层面上，滑动面形状受到夹层或硬层影响而呈非圆弧形状。此时，若采用前述圆弧滑动面法分析就不再适用。下面介绍 N・杨布(Janbu，1954，1972)提出的非圆弧普遍分条法(GPS)。

如图 10-11(a)所示土坡，滑动面任意，划分土条后，假定：①滑动面上的切向力 T_i 等于滑动面上土所发挥的抗剪强度 τ_{fi}，即 $T_i=\tau_{fi}l_i=\dfrac{N_i\tan\varphi_i+c_il_i}{K}$；②土条两侧法向力 E 的作用点位置为已知，且一般假定作用于土条底面以上$\dfrac{1}{3}$高度处。分析表明，条间力作用点的位置对土坡稳定安全系数影响不大。

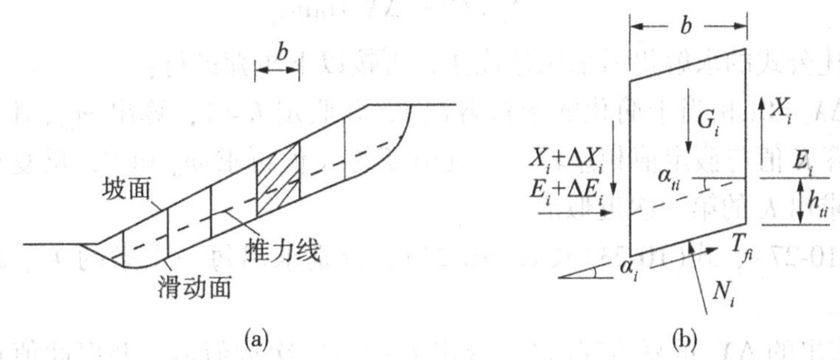

图 10-11　杨布的普遍分条法

取任一土条，如图 10-11(b)所示，h_{ti} 为条间力作用点的位置，α_{ti} 为推力线与水平线的夹角。需求的未知量有：土条底部法向反力 N_i(n 个)，法向条间力之差 ΔE_i(n 个)，切向条间力 X_i(n-1 个)及安全系数 K。可通过对每一土条的力和力矩平衡建立 $3n$ 个方程求解。

对每一土条取竖直方向力的平衡，则

$$N_i\cos\alpha_i = G_i + \Delta X_i - T_{fi}\sin\alpha_i$$

或

$$N_i = (G_i + \Delta X_i)\sec\alpha_i - T_{fi}\tan\alpha_i \tag{10-22}$$

再取水平方向力的平衡，有

$$\Delta E_i = N_i\sin\alpha_i - T_{fi}\cos\alpha_i = (G_i + \Delta X_i)\tan\alpha_i - T_{fi}\sec\alpha_i \tag{10-23}$$

对土条中点取力矩平衡，并略去高阶微量，则

$$X_i b = -E_i b\tan\alpha_{ti} + h_{ti}\Delta E_i$$

或

$$X_i = -E_i\tan\alpha_{ti} + \frac{h_{ti}\Delta E_i}{b} \tag{10-24}$$

再由整个边坡 $\sum \Delta E_i = 0$ 可得

$$\sum (G_i + \Delta X_i)\tan\alpha_i - \sum T_i\sec\alpha_i = 0 \tag{10-25}$$

根据安全系数定义和莫尔-库仑破坏准则

$$T_{fi} = \frac{\tau_{fi} l_i}{K} = \frac{cb\sec\alpha_i + N_i\tan\varphi}{K} \tag{10-26}$$

联合求解式(10-22)及式(10-26)，得

$$T_{fi} = \frac{1}{K}[cb + (G_i + \Delta X_i)\tan\varphi]\frac{1}{m_{\alpha i}} \tag{10-27}$$

式中，
$$m_{\alpha i} = \left(1 + \frac{\tan\varphi\tan\alpha_i}{K}\right)$$

将式(10-27)代入式(10-25)，得

$$K = \frac{\sum \frac{1}{\cos\alpha_i m_{\alpha i}}[cb + (G_i + \Delta X_i)\tan\varphi]}{\sum (G_i + \Delta X_i)\tan\alpha_i} \tag{10-28}$$

显见，上述公式的求解仍需采用迭代法，可按以下步骤进行：

(1)先设 $\Delta X_i = 0$(相当于简化的毕肖普法)，并假定 $K=1$，算出 $m_{\alpha i}$，代入式(10-25)求得 K，若计算 K 值与假定值相差较大，则由新的 K 值再求 $m_{\alpha i}$ 和 K，反复逼近，直至满足精度要求，求出 K 的第一次近似值。

(2)由式(10-27)、式(10-23)及式(10-24)，分别求出每一土条的 T_i、ΔE_i 及 X_i，并计算出 ΔX_i。

(3)用新求出的 ΔX_i 重复步骤(1)，求出 K 的第二次近似值，并以此值重复上述计算每一土条的 T_i、ΔE_i 及 ΔX_i，直至前后计算的 K 值达到某一要求的计算精度。

杨布分条法可以满足所有静力平衡条件，但推力线的假定必须符合条间力的合理性要求(即满足土条间不产生拉力和剪切破坏)。目前，该方法在国内外应用较广，但也必须注意，在某些情况下，其计算结果有可能不收敛。

10.3.5 传递系数法

传递系数法也称为不平衡推力传递法，亦称折线滑动法或剩余推力法，它是我国工程

技术人员创造的一种实用滑坡稳定分析方法。由于该法计算简单，并且能够为滑坡治理提供设计推力，因此在水利部门、铁路部门得到了广泛应用，国家规范和行业规范都将其列为推荐的计算方法。当滑动面为折线形时，滑坡稳定性分析可采用折线滑动法。

传递系数法的基本假设有以下六点：

(1)将滑坡稳定性问题视为平面应变问题；

(2)滑动力以平行于滑动面的剪应力 τ 和垂直于滑动面的正应力 σ 集中作用于滑动面上；

(3)视滑坡体为理想刚塑材料，认为整个加荷过程中，滑坡体不会发生任何变形，一旦沿滑动面剪应力达到其剪切强度，则滑坡体即开始沿滑动面产生剪切变形；

(4)滑动面的破坏服从莫尔-库仑准则；

(5)条块间的作用力合力(剩余下滑力)方向与滑动面倾角一致，剩余下滑力为负值时则传递的剩余下滑力为零；

(6)沿整个滑动面满足静力的平衡条件，但不满足力矩平衡条件。

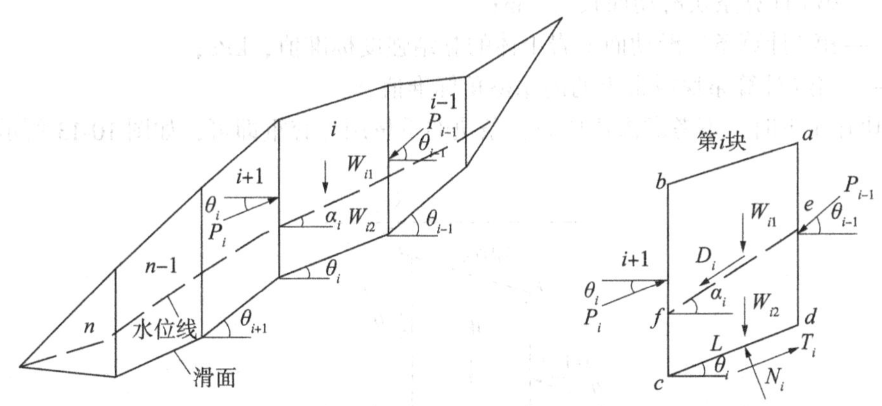

图 10-12　传递系数法计算简图

根据稳定系数计算方法及建立静力平衡条件的差异，传递系数法可分为强度储备法、超载法、改进的传递系数法。下面以超载法为例进行分析，如图 10-12 所示。

第 i 条块的下滑力为

$$T_i=(W_{i1}+W_{i2})\sin\theta_i+D_i\cos(\alpha_i-\theta_i) \tag{10-29}$$

$$N_i=(W_{i1}+W_{i2})\cos\theta_i+D_i\sin(\alpha_i-\theta_i) \tag{10-30}$$

第 i 块的抗滑力为

$$R_i=[(W_{i1}+W_{i2})\cos\theta_i+D_i\sin(\alpha_i-\theta_i)]\tan\varphi_i+c_iL_i \tag{10-31}$$

条块的天然重量、浮重量分别为

$$W_{i1}=\gamma V_{iu},\ W_{i2}=\gamma' V_{id}$$

计算渗透压力 D_i，渗透压力的几何意义是：土条中饱浸水面积与水的重度及水力坡降($i\approx\sin\alpha_i$)的乘积，其方向与水流方向一致，与水平向的夹角为 α_i。

$$D_i=\gamma_W iV_{id},\ V_{id}=\frac{1}{2}(h_a+h_b)\times L_i\times\cos\theta_i \tag{10-32}$$

令 $h_w=\dfrac{h_a+h_b}{2}$，则

$$D_i=\gamma_W h_W L_i \sin\alpha_i \cos\theta_i \tag{10-33}$$

式中，γ_W——水的容重，kN/m^3；

γ——岩土体的天然容重，kN/m^3；

γ'——岩土体的浮容重，kN/m^3；

V_{iu}——第 i 计算条块单位宽度岩土体的水位线以上的体积，m^3/m；

V_{id}——第 i 计算条块单位宽度岩土体的水位线以下的体积，m^3/m；

W_{i1}——第 i 条块水位线以上天然重量，kN/m；

W_{i2}——第 i 条块水位线以下的浮重度，kN/m；

θ_i——第 i 计算条块地面倾角，°，反倾时取负值；

α_i——第 i 计算条块地下水流线平均倾角，一般情况下取浸润线倾角与滑面倾角平均值，°，反倾时取负值；

l_i——第 i 计算条块滑动面长度，m；

c_i——第 i 计算条块滑动面上岩土体的黏结强度标准值，kPa；

φ_i——第 i 计算条块滑带土的内摩擦角标准值，°。

当滑块在水下时，不考虑渗透压力，条块的重量用浮容重即可，如图 10-13 所示。

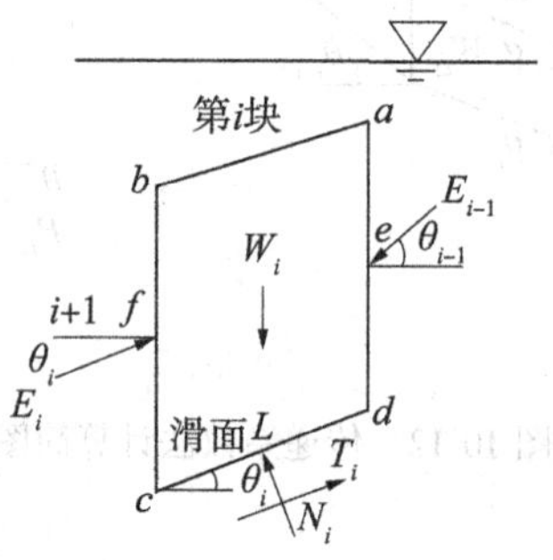

图 10-13　水下条块的水压力计算

第 i 条块的剩余下滑力 P_i：

$$P_i=KT_i-R_i+P_{i-1}\psi_{i-1} \tag{10-34}$$

第 1 条块：

$$P_1=KT_1-R_1$$

第 2 条块：

$$P_2=(KT_2-R_2)+(KT_1-R_1)\psi_1$$

第 3 条块：

$$P_3=(KT_3-R_3)+(KT_2-R_2)\psi_2+(KT_1-R_1)\psi_1\psi_2$$

第 4 条块：

$$P_4=(KT_4-R_4)+(KT_3-R_3)\psi_3+(KT_2-R_2)\psi_2\psi_3+(KT_1-R_1)\psi_1\psi_2\psi_3$$

……

第 n 条块：

$$P_n = K\left(\sum_{i=1}^{n-1}\left(T_i\prod_{j=i}^{n-1}\psi_j\right)+T_n\right)-\left(\sum_{i=1}^{n-1}\left(R_i\prod_{j=i}^{n-1}\psi_j\right)+R_n\right) \tag{10-35}$$

式中，K 为防治工程的最小安全系数，对不同级别的防治工程，依据不同的荷载组合确定防治工程的最小安全系数。

当最后条块的滑坡推力 $P_n=0$，K 即为滑坡稳定性系数，用 F_s 表示，即

$$F_s = \frac{\sum_{i=1}^{n-1}\left(R_i\prod_{j=i}^{n-1}\psi_j\right)+R_n}{\sum_{i=1}^{n-1}\left(T_i\prod_{j=i}^{n-1}\psi_j\right)+T_n} \tag{10-36}$$

$$\prod_{j=i}^{n-1}\psi_j = \psi_i\cdot\psi_{i+1}\cdot\psi_{i+2}\cdots\psi_{n-1} \tag{10-37}$$

式中，ψ_i——推力传递系数。

$$\psi_{i-1}=\cos(\theta_{i-1}-\theta_i)-\sin(\theta_{i-1}-\theta_i)\tan\varphi_i \tag{10-38}$$

10.3.6　坡顶开裂时的土坡稳定性

如图 10-14 所示，由于土的收缩及张力作用，在黏性土坡的坡顶附近可能出现裂缝，雨水或相应的地表水渗入裂缝后，将产生静水压力 P_w(kN/m)为

$$P_w=\frac{\gamma_w h_0^2}{2} \tag{10-39}$$

式中，h_0——坡顶裂缝开展深度，可近似地按挡土墙后为黏性填土时，墙顶产生的拉裂深度，$h_0=\dfrac{2c}{\gamma\sqrt{K_a}}$，其中 K_a 为朗肯主动土压力系数。

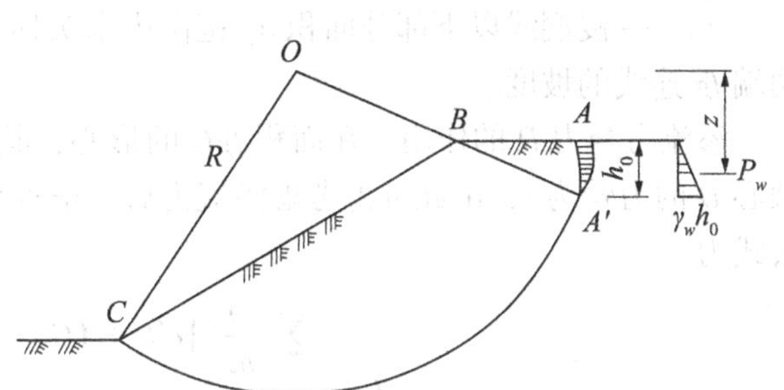

图 10-14　坡顶开裂时稳定计算

该静水压力促使土坡滑动，其对最危险滑动面圆心 O 的力臂为 z，因此，在按前述各种方法进行土坡稳定性分析时，滑动力矩中尚应计入 P_w 的影响，同时，土坡滑动面的弧长也将相应地缩短，即抗滑力矩有所减少。

10.3.7　土中水渗流时的土坡稳定性

当土坡部分浸水时，水下土条的重力都应按饱和重度计算，同时，还需要考虑滑动面上的静水压力和作用在土坡坡面上的水压力。如图 10-15(a)所示，ef 线以下作用有滑动面上的静水压力 P_1、坡面上水压力 P_2 以及孔隙水重力和土粒浮力的反作用力 G_w。在静水状态，三力维持平衡，且由于 P_1 的作用线通过圆心 O，根据力矩平衡条件，P_2 对圆心 O 的力矩也恰好与 G_w 对圆心 O 的力矩相互抵消。因此，在静水条件下，周界上的水压力对滑动土体的影响可用静水面以下滑动土体所受的浮力来代替，即相当于水下土条的重量取有效重度计算，故稳定安全系数的计算公式与前述完全相同，只是将 ef 线以下土的重度

用有效重度 γ' 计算。

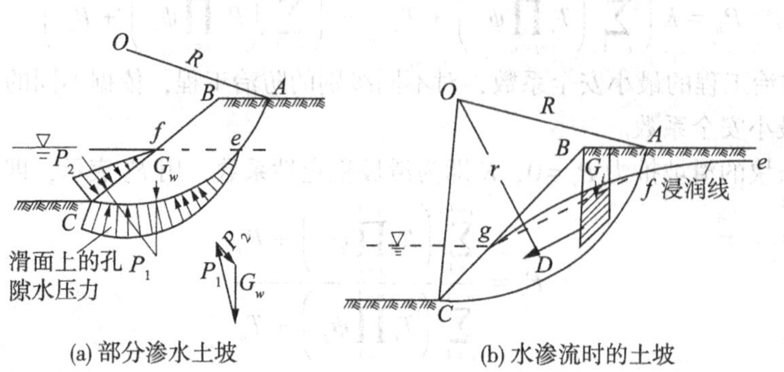

(a) 部分渗水土坡　　(b) 水渗流时的土坡

图 10-15　水渗流时的土坡稳定计算

当土坡两侧水位不同时，水将由高的一侧向低的一侧渗流。当坡内水位高于坡外水位时，坡内水将向外渗流，产生渗流力(动水力)，其方向指向坡面，如图 10-15(b)所示。若已知浸润线(渗流水位线)为 efg，滑动土体在浸润线以下部分(fgC)的面积为 A_w，则作用在该部分土体上的渗流力合力为

$$D = JA_w = \gamma_w i A_w \tag{10-40}$$

式中，J——作用在单位体积土体上的渗流力，kN/m³；

i——浸润线以下部分面积 A_w 范围内水头梯度平均值，可近似地假定 i 等于浸润线两端 fg 连线的坡度。

渗流力合力 D 的作用点在面积 fgC 的形心，其作用方向假定与 fg 平行，D 对滑动面圆心 O 的力臂为 r，由此可得考虑渗流力后，毕肖普分条法分析土坡稳定安全系数的计算公式为

$$K = \frac{\sum \frac{1}{m_{\alpha i}}[c'b + (G_i - u_i b)\tan\varphi']}{\sum G_i \sin\alpha_i + \frac{r}{R}\cdot D} \tag{10-41}$$

10.4　岩质边坡稳定性

在进行岩坡稳定性分析时，首先应当查明岩坡可能的滑动类型，然后对不同类型采用相应的分析方法。严格而言，岩坡滑动大多属空间滑动问题，但对只有一个平面构成的滑裂面，或者由多个平面组成滑裂面，而这些面的走向又大致平行，且沿着走向长度大于坡高时，也可按平面滑动进行分析，其结果偏于安全。在平面分析中，常常把滑动面简化为圆弧、平面、折面，把岩体看成刚体，按莫尔-库仑强度准则对指定的滑动面进行稳定验算。

目前，用于分析岩坡稳定性的方法有刚体极限平衡法、赤平投影法、有限元法以及模拟试验等。比较成熟、目前应用得较多的仍然是刚体极限平衡法。在刚体极限平衡法中，组成滑坡体的岩块被视为刚体。按此假定，可用理论力学原理分析岩块处于平衡状态时必

须满足的条件。本节主要讨论刚体极限平衡法。

10.4.1　平面滑动岩坡稳定性分析

1. 平面滑动的一般条件

岩坡沿着单一的平面发生滑动，一般必须满足下列几何条件(图 10-16)：

(1)滑动面的走向必须与坡面平行或接近平行(约在±20°的范围内)；

(2)滑动面必须在边坡面露出，即滑动面的倾角 β 必须小于坡面的倾角 α；

(3)滑动面的倾角 β 必须大于该平面的摩擦角 φ；

(4)岩体中必须存在对于滑动阻力很小的分离面，以定出滑动的侧面边界。

2. 平面滑动分析

大多数岩坡在滑动之前会在坡顶或坡面上出现张裂缝，如图 10-16 所示。张裂缝中不可避免地还充有水，从而产生侧向水压力，使岩坡的稳定性降低。在分析中往往作下列假定：

(1)滑动面及张裂缝的走向平行于坡面；

(2)张裂缝垂直，其充水深度为 Z_w；

(3)水沿张裂缝底进入滑动面渗漏，张裂缝底与坡趾间的长度内水压力按线性变化至零(三角形分布)，如图 10-16 所示；

(4)滑动块体重量 W、滑动面上水压力 U 和张裂缝中水压力 V 三者的作用线均通过滑体的重心，即假定没有使岩块转动的力矩，破坏只是由于滑动。一般而言，忽视力矩造成的误差可以忽略不计，但对于具有陡倾斜构面的陡边坡，要考虑可能产生倾倒破坏。

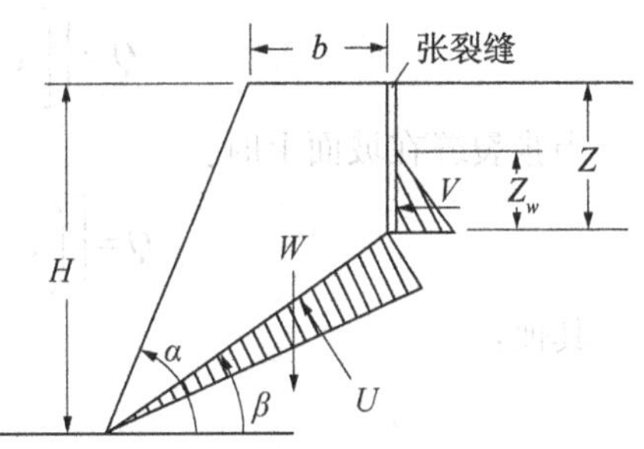

图 10-16　平面滑动分析简图

潜在滑动面上的安全系数可按极限平衡条件求得。这时安全系数等于总抗滑力与总滑动力之比，即

$$F_S=\frac{cL+(W\cos\beta-U-V\sin\beta)\tan\varphi}{W\sin\beta+V\cos\beta} \tag{10-42}$$

式中，L——滑动面长度(每单位宽度内的面积)，m。

$$L=\frac{H-Z}{\sin\beta} \tag{10-43}$$

$$U=\frac{1}{2}\gamma_w Z_w L \tag{10-44}$$

$$V=\frac{1}{2}\gamma_w Z_w^2 \tag{10-45}$$

W 按下列公式计算：

当张裂缝位于坡顶面时：

$$W=\frac{1}{2}\gamma H^2\left\{\left[1-\left(\frac{Z}{H}\right)^2\right]\cot\beta-\cot\alpha\right\} \tag{10-46}$$

当张裂缝位于坡面上时：

$$W=\frac{1}{2}\gamma H^2\left[\left(1-\frac{Z}{H}\right)^2\cot\beta(\cot\beta\tan\alpha-1)\right] \tag{10-47}$$

当边坡的几何要素和张裂缝内的水深为已知时，用上述公式计算安全系数很简单。但有时需要对不同的边坡几何要素、水深、不同抗剪强度的影响进行比较，这时，用上述公式计算就相当麻烦。为了简化起见，可以将式(10-42)重新整理为下列的无量纲的形式：

$$F_S=\frac{\frac{2c}{\gamma H}P+[Q\ \mathrm{arctan}\beta-R(P+S)]\tan\varphi}{Q+RS\ \mathrm{arctan}\beta} \tag{10-48}$$

式中，

$$P=\frac{1-\frac{Z}{H}}{\sin\beta} \tag{10-49}$$

当张裂缝在坡顶面上时：

$$Q=\left\{\left[1-\left(\frac{Z}{H}\right)^2\right]\cot\beta-\cot\alpha\right\}\sin\beta \tag{10-50}$$

当张裂缝在坡面上时：

$$Q=\left[\left(1-\frac{Z}{H}\right)^2\cot\beta(\cot\beta\tan\alpha-1)\right] \tag{10-51}$$

其他：

$$R=\frac{\gamma_w}{\gamma}\times\frac{Z_w}{Z}\times\frac{Z}{H} \tag{10-52}$$

$$S=\frac{Z_w}{Z}\times\frac{Z}{H}\sin\beta \tag{10-53}$$

P、Q、R、S 均为无量纲的，它们只取决于边坡的几何要素，而不取决于边坡的尺寸大小。因此，当内聚力 $c=0$ 时，安全系数 F_s 不取决于边坡的具体尺寸。

图 10-17、图 10-18 和图 10-19 分别表示各种几何要素的边坡的 P、S、Q 值，可供计算使用。两种张裂缝的位置都包括在 Q 比值的图解曲线中，所以不论边坡外形如何，都不需检查张裂缝的位置，就能求得 Q 值，但应注意张裂缝的深度一律从坡顶面算起。

【例 10-4】 设有一岩石边坡，高 30.5m，坡角 $\alpha=60°$，坡内有一结构面穿过，结构面的倾角 $\beta=30°$。在边坡坡顶面线 8.8m 处有一条张裂缝，其深度 $Z=15.2$m。岩石容重 $\gamma=25.6\text{kN/m}^3$。结构面的内聚力 $c=48.6$kPa，内摩擦角 $\varphi=30°$。求水深 Z_w 对边拔安全系数 F_s 的影响。

解：当 $\frac{Z}{H}=0.5$ 时，由图 10-17 和图 10-19 查得 $P=1.0$ 和 $Q=0.36$。对于不同的 $\frac{Z_w}{z}$，R 和 S 的值见表 10-6。

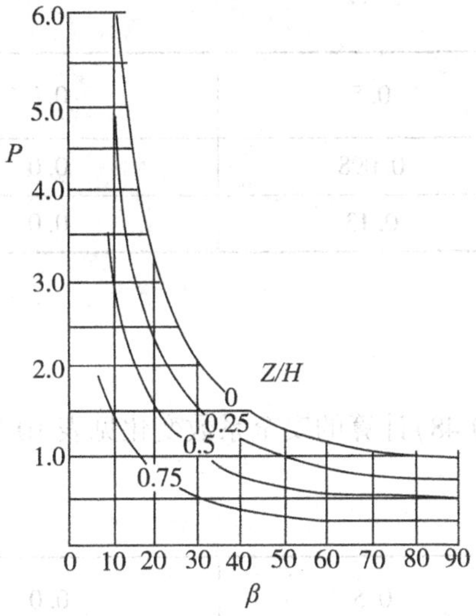

图 10-17　不同边坡几何要素的 P 值

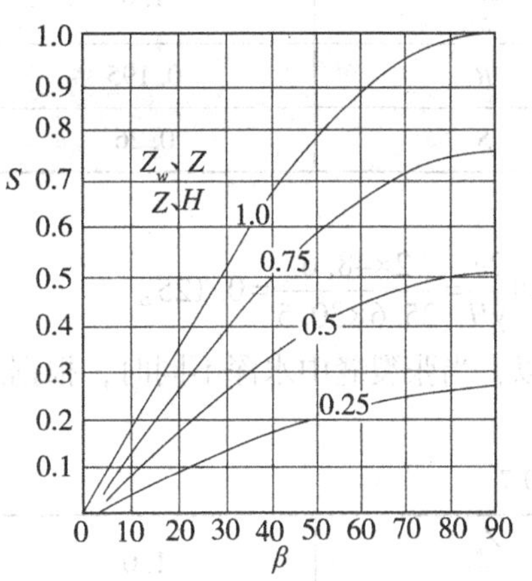

图 10-18　不同边坡几何要素的 S 值

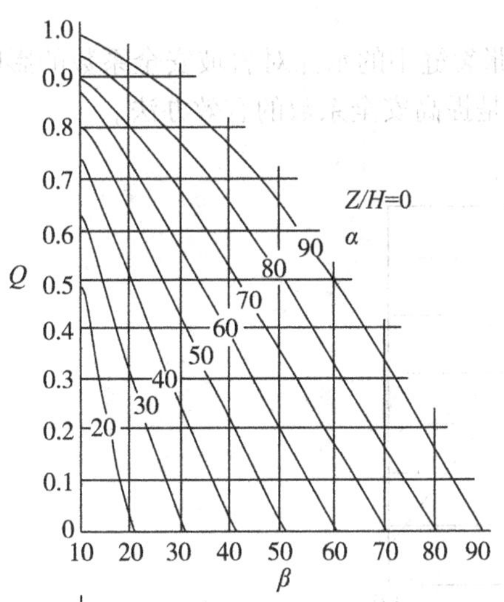

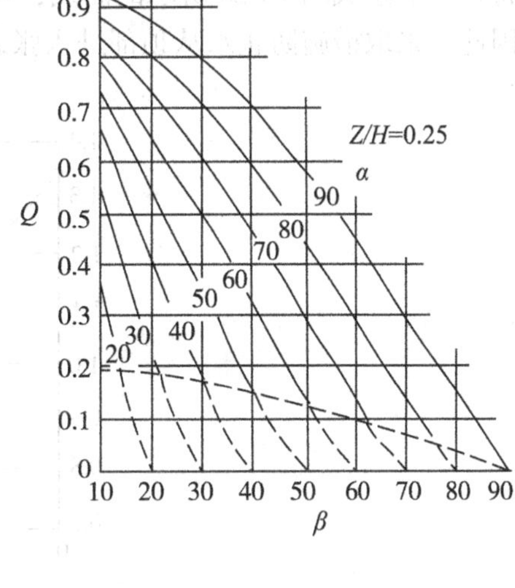

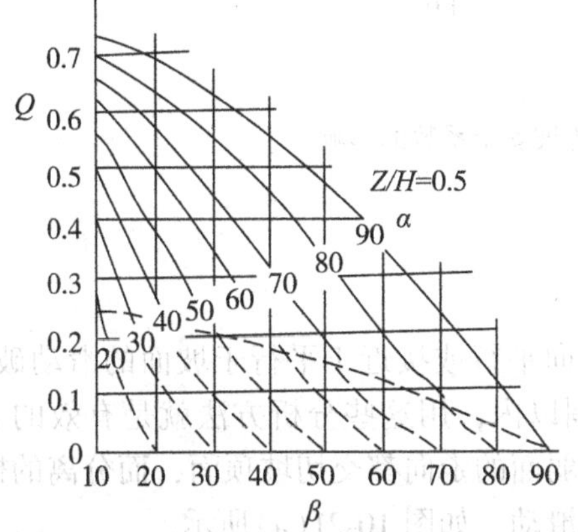

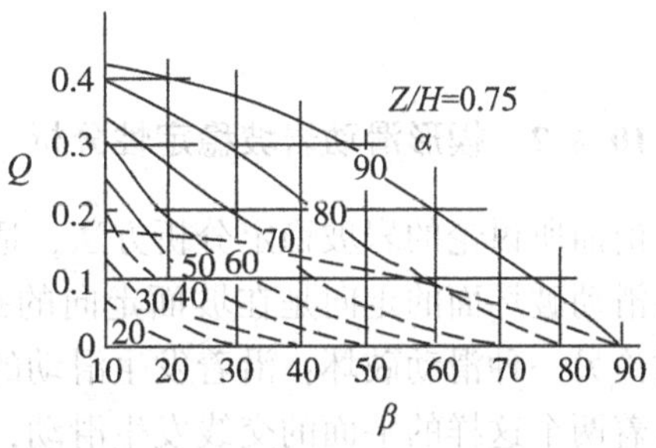

图 10-19　不同边坡几何要素的 Q 值

表 10-6

$\frac{Z_w}{z}$	1.0	0.5	0.0
R	0.195	0.098	0.0
S	0.26	0.13	0.0

又知$\frac{2c}{\gamma H}=\frac{2\times 48.6}{25.6\times 30.5}=0.125$。

所以，当张裂缝中水深不同时，根据式(10-48)计算的安全系数变化见表 10-7。

表 10-7

$\frac{Z_w}{Z}$	1.0	0.5	0.0
F_s	0.77	1.10	1.34

将这些值绘成图 10-20 所示的曲线，可见，张裂缝中的水深对岩坡安全系数的影响很大。因此，采取措施防止水从顶部进入张裂缝，是提高安全系数的有效办法。

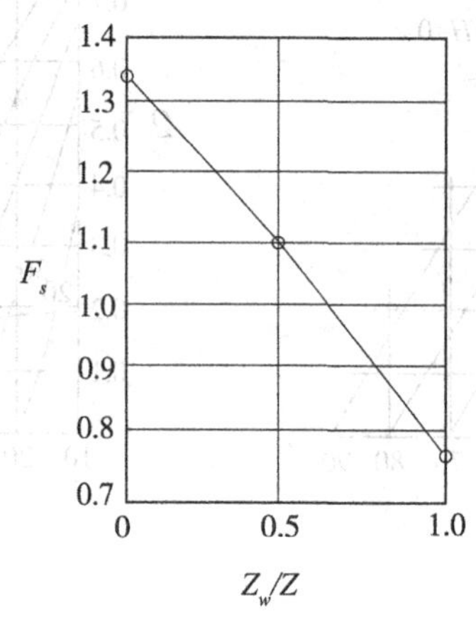

图 10-20　张裂缝中水深对边坡安全系数的影响

10.4.2　楔形滑动岩坡稳定性分析

前面所讨论的岩坡稳定分析方法，适用于走向平行或接近于平行于坡面的滑动破坏，只要滑动破坏面的走向是在坡面走向的±20°范围以内，用这些分析方法就是有效的。本节讨论另一种滑动破坏：沿着发生滑动的结构软弱面的走向都交切坡顶面，而分离的楔形体沿着两个这样的平面的交线发生滑动，即楔形滑动，如图 10-21(a)所示。

设滑动面 1、2 的内摩擦角分别为 φ_1 和 φ_2，内聚力分别为 c_1 和 c_2，其面积分别为 A_1 和 A_2，其倾角分别为 β_1 和 β_2，走向分别为 ψ_1 和 ψ_2，两滑动面的交线的倾角为 β_s，走向

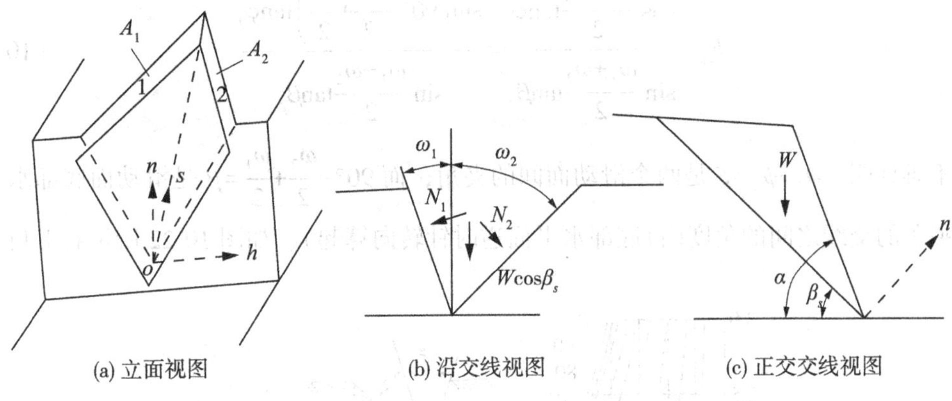

(a) 立面视图　(b) 沿交线视图　(c) 正交交线视图

A_1—滑动面 1；A_2—滑动面 2

图 10-21　楔形滑动图形

为 ψ_s，交线的法线 $\bar{n}$ 和滑动面之间的夹角分别为 ω_1 和 ω_2，楔形体重量为 W，W 作用在滑动面上的法向力分别为 N_1 和 N_2。楔形体对滑动的安全系数为

$$F_S=\frac{N_1\tan\varphi_1+N_2\tan\varphi_2+c_1A_1+c_2A_2}{W\sin\beta_S} \tag{10-54}$$

其中，N_1 和 N_2 可根据平衡条件求得，即

$$N_1\sin\omega_1+N_2\sin\omega_2=W\cos\beta_S \tag{10-55}$$

$$N_1\cos\omega_1=N_2\cos\omega_2 \tag{10-56}$$

从而可解得

$$N_1=\frac{W\cos\beta_S\cos\omega_2}{\sin\omega_1\cos\omega_2+\cos\omega_1\sin\omega_2} \tag{10-57}$$

$$N_2=\frac{W\cos\beta_S\cos\omega_1}{\sin\omega_1\cos\omega_2+\cos\omega_1\sin\omega_2} \tag{10-58}$$

式中，

$$\sin\omega_i=\sin\beta_i\sin\beta_S\sin(\psi_S-\psi_i)+\cos\beta_i\cos\beta_S\quad(i=1,\ 2) \tag{10-59}$$

如果忽略滑动面上的内聚力 c_1 和 c_2，并设两个面上的内摩擦角相同，都为 φ_j，则安全系数为

$$F_S=\frac{(N_1+N_2)\tan\varphi_j}{W\sin\beta_S} \tag{10-60}$$

根据式(10-57)和式(10-58)，并经过化简，得

$$N_1+N_2=\frac{W\cos\beta_S\cos\dfrac{\omega_2-\omega_1}{2}}{\sin\dfrac{\omega_1+\omega_2}{2}} \tag{10-61}$$

因而

$$F_S=\frac{\cos\frac{\omega_2-\omega_1}{2}\tan\varphi_j}{\sin\frac{\omega_1+\omega_2}{2}\tan\beta_S}=\frac{\sin\left(90°-\frac{\omega_2}{2}+\frac{\omega_1}{2}\right)\tan\varphi_j}{\sin\frac{\omega_1+\omega_2}{2}\tan\beta_S} \tag{10-62}$$

不难证明，$\psi_1+\psi_2=\xi$ 是两个滑动面间的夹角，而 $90°-\frac{\omega_2}{2}+\frac{\omega_1}{2}=\beta$ 是滑动面底部水平面与这夹角的交线之间的角度(自底部水平面逆时针转向算起)，如图 10-22 所示右上角。

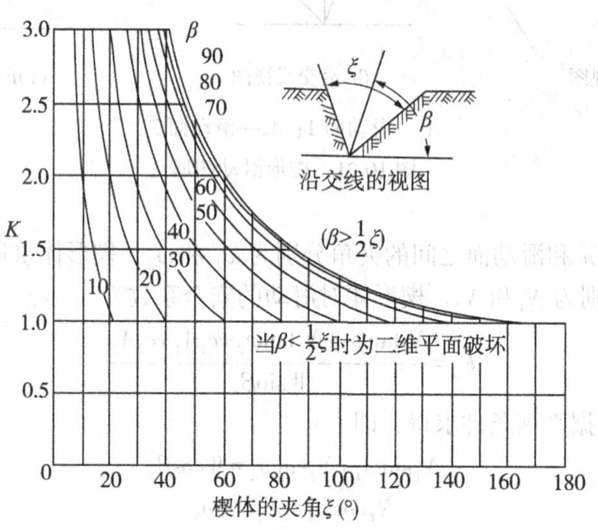

图 10-22 楔体系数 K 的曲线

因而

$$F_S=\frac{\sin\beta}{\sin\frac{1}{2}\xi}\left(\frac{\tan\varphi_j}{\tan\beta_S}\right) \tag{10-63}$$

或写成

$$(F_s)_{楔}=K(F_s)_{平} \tag{10-64}$$

式中，$(F_s)_{楔}$——仅有摩擦力时的楔形体的抗滑安全系数；

$(F_s)_{平}$——坡角为 α、滑动面的倾角为 β_s 的平面破坏的抗滑安全系数；

K——楔体系数，它取决于楔体的夹角 ξ 以及楔体的歪斜角 β。

图 10-22 上绘有对应于一系列 ξ 和 β 的 K 值，可供使用。

习 题

10-1 土坡稳定有何实际意义？影响土坡稳定的因素有哪些？

10-2 何谓无黏性土坡的自然休止角？无黏性土坡的稳定性与哪些因素有关？

10-3 土坡圆弧滑动面的整体稳定分析的原理是什么？如何确定最危险圆弧滑动面？

10-4　简述毕肖普分条法确定稳定安全系数的试算过程。

10-5　试比较整体圆弧法、毕肖普分条法及杨布分条法的异同。

10-6　土坡稳定安全系数的意义是什么？在本章中有哪几种表达形式？

10-7　分析土坡稳定性时应如何根据工程情况选取土体抗剪强度指标及稳定安全系数？

10-8　边坡的分类有哪些？

10-9　简述岩石边坡破坏的基本类型及其特点。

10-10　岩石边坡稳定性分析主要有哪几种方法？

10-11　某地基土的天然重度 $\gamma=18.6\text{kN/m}^3$，内摩擦角 $\varphi=10°$，黏聚力 $c=12\text{kPa}$，当采用坡度 1∶1 开挖基坑时，其最大开挖深度可为多少？(6m)

10-12　已知某挖方土坡，土的物理力学指标为 $\gamma=18.93\text{kN/m}^3$，$\varphi=10°$，$c=12\text{kPa}$，若采取安全系数 $K=1.5$，试问：(1)将坡角做成 $\beta=60°$ 时边坡的最大高度是多少？(2)若挖方的开挖高度为 6m，坡角最大能做成多大？((1)2.92m，(2)31°)

10-13　某均质黏性土土坡，$h=20\text{m}$，坡比为 1∶2，填土重度 $\gamma=18\text{kN/m}^3$，黏聚力 $c'=10\text{kPa}$，内摩擦角 $\varphi'=36°$，若取土条平均孔隙压力系数 $\overline{B}=0.6$，即 $u_1b=G_1\overline{B}$，试用毕肖普分条法计算该土坡的稳定安全系数。($K=1.13$)

第11章 岩土地下工程

11.1 概 述

为各种目的修建在地层之内的中空巷道或中空硐室，统称为地下工程，包括矿山坑道、铁路及公路隧道、水工隧洞、地下发电站厂房、地下铁道、地下停车场、地下储油库及储气库、地下弹道导弹发射井、地下飞机库以及地下核废料密闭储藏库等。虽然它们规模不等，但都有一个共同的特点，就是都要在岩体内开挖出具有一定横断面积和尺寸，并有较大延伸长度的洞室，所以周围岩体的稳定性就决定着地下工程的安全和正常使用条件。

地下工程所处的环境条件与地面工程是截然不同的，地下工程的设计与实施具有更多的复杂性(表11-1)。但长期以来都是沿用适用于地面工程的理论和方法解决地下工程所遇

表11-1 地下工程与地面建筑工程的对比

项目		地下工程	地面建筑工程
地质条件	特　点	复杂多变，意外情况较多	简单明确
	对工程的影响	较地面建筑影响更大	决定基础的设计与施工
力学分析与设计方法	受力结构	(1)在岩体中开挖，围岩与支护共同组成承载体，受力结构不明确 (2)工程结构在超负荷时具有可缩性 (3)几何不稳定的结构在地下工程中可能稳定	在地表筑基础，其上建结构，受力结构明确
	材料特性	(1)岩体亦可视为地下结构的建材 (2)岩体一般是非均质、非连续、非线性、有流变性的	(1)主要结构材料一般是人造的 (2)材料均质、连续，正常荷载下表现为线弹性，流变性可忽略
	外载条件	(1)初始地应力场为主要荷载来源 (2)先受力后开挖 (3)原岩应力及边界条件不明确 (4)支护压力不是定值，而是变值；不仅与围岩性质有关，还与支护结构的性质有关	(1)结构承载包括恒载(如结构自重、永久承重等)、活载(如风载、楼面活荷载、移动承载物重量)等 (2)结构承载是确知的
	计算参数	往往要进行原位试验与测试	一般在室内试验
	计算误差	计算误差常达百分之几十至几倍，甚至一个数量级以上	上部结构的计算误差可小于5%，下部结构也不超过百分之几十
	设计方法	设计还是以经验准测和模拟法为主	已形成统一的标准和设计规范
实施	施工	作业面狭窄、工期长	场地开阔，便于组织，工期短
	造价	高	低

到的各类问题，因而常常不能正确阐明地下工程中出现的各种力学现象和过程，使地下工程长期处于“经验设计”和“经验施工”的局面。因此，人们都在努力寻求用于解决地下工程问题的新理论和新方法。

地下工程学科具有很强的实践性，它的发展与岩土力学的发展有着密切的关系。土力学的发展促使松散地层围岩稳定和围岩压力理论的发展，而岩石力学的发展促使围岩压力和地下工程理论的进一步飞跃。20 世纪 50 年代以来，围岩弹性、弹塑性和黏弹性解答逐渐出现，锚杆与喷射混凝土等新型支护的出现和与此相应的新奥法(New Austrian Tunneling Method，NATM)的兴起，终于形成了以岩石力学原理为基础、考虑支护与围岩共同作用的地下工程现代理论。

地下工程围岩是指地壳中受地下工程开挖影响的那一部分岩体，其范围通常等于地下工程横剖面中最大尺寸的 3~5 倍。岩体是一种经历地质构造运动而发生变形与破坏的十分复杂的介质。在地下工程建设中，无论怎样仔细地研究，都不可能把工程区域内岩体的力学性质完全搞清楚。因此，根据地下工程的性质与要求，将围岩体的某种或某些属性加以概略划分，称为围岩分类或围岩分级。围岩分类的目的在于整理和传授复杂的岩石环境中开挖地下工程的经验。围岩分类是将以地质条件为主分散的实践经验加以概略量化的一种骨架，是应用前人经验进行支护设计、选择施工方法的桥梁，是计算工程造价和投资的依据，工程围岩分类方法详见第 7 章。

11.2 地下工程的分类

地下工程包括的类型很多，从不同的角度区分，可得到不同的分类方法。最合理的地下工程分类必须与其周围岩体应有的稳定性、安全程度联系起来，同时取决于地下工程的用途。

11.2.1 Barton 分类

1974 年，挪威地质学家 Barton、Lien 和 Lunde 将地下工程分为：

(1)临时性矿山坑硐；

(2)竖井；

(3)永久性矿山坑硐、水电工程的引水隧洞(不包括高水头涵洞)、导挖隧道、平巷和大型开挖工程的导坑；

(4)地下储藏室、污水处理站、公路和铁路支线的隧道、水电工程的调压室及进出隧道；

(5)地下电站主硐室、公路和铁路干线的隧道、民防硐室、隧道入口及交叉点；

(6)地下核电站、地铁车站、地下体育场及公共设施、地下厂房。

11.2.2 按地下工程埋置深度分类

按地下工程埋置深度分类，可将隧道划分为深埋隧道和浅埋隧道两大类，现行的铁路隧道设计规范和公路隧道设计规范在计算围岩压力时，都采用该划分方案。深埋隧道和浅埋隧道的临界深度(H_p)可按荷载等效高度值，并结合地质条件、施工方法等因素综合判

定。按荷载等效高度的判定式为

$$H_p=(2.0\sim2.5)h_q \tag{11-1}$$

式中，H_p——深埋与浅埋地下工程分界深度；

h_q——荷载等效高度，$h_q=\dfrac{q}{\gamma}$，q 为深埋地下工程垂直均布压力(kN/m^2)，γ 为围岩容重(kN/m^3)。

根据上述方案，对于山岭区地下工程，一般埋深超过50m的，基本上都可以划分为深埋地下工程。

另外，地下工程按用途可分为交通地下工程(如公路及铁路隧道、水底隧道、地下铁道、航运隧道、人行隧道等)、水工地下工程(如引水及尾水隧洞、导流隧洞、排沙隧洞等)、市政地下工程(如给排水隧道、人防硐室等)及矿山地下工程等；按地下工程所处位置，可分为山地(区)地下工程、城市地下工程及水下地下工程；按所处地层，可分为岩石(软岩、硬岩)地下工程、土质地下工程等。

11.3 地下工程围岩应力

地下工程开挖之前，岩体在原岩应力条件下处于平衡状态，开挖后，地下硐室周围岩体发生卸荷回弹和应力重分布。根据垂直应力和水平应力的关系，对于具有一定尺寸的地下工程来说，其垂直剖面上各点的原始应力大小是不等的，地下硐室在岩体内将处在一种非均匀的初始应力场中。

地下工程的开挖，破坏了岩体原有的应力平衡状态，围岩内各质点在回弹应力作用下，均将力图沿最短距离向消除了阻力的自由表面方向移动，直至达到新的平衡。围岩应力重分布的主要特征是径向应力向自由表面接近而逐渐减小，至硐壁处变为零；而切向应力的变化则有不同的情况，在一些部位愈接近自由表面，切向应力愈大，并于硐壁达最高值，即产生所谓压应力集中，在另一些部位，愈接近自由表面，切向应力愈低，有时甚至于硐壁附近出现拉应力，即产生所谓的拉应力集中。图11-1所示是侧压力系数(指原岩水平应力与垂直应力的比值)$\lambda=0.25$ 时围岩应力集中系数 k(指同一点开挖后重分布应力与原岩应力的比值)分布图。显然，硐壁处的应力集中现象最明显。地下工程的开挖在围岩内引起强烈的主应力分异现象，使围岩内的应力差愈接近自由表面愈大，至地下工程周边达到最大值。理论与实验表明，地下工程围岩应力重分布的特点主要取决于地下工程的形状和岩体的初始应力状态。

11.3.1 圆形地下工程围岩应力

1. 围岩应力的弹性分析

在研究过程中，假定岩体连续、完全弹性、均匀、各向同性和微小变形，即满足古典弹性理论的全部假定。由于地下开挖体在长度方向的尺寸通常总比横截面尺寸大得多，在不考虑掘进影响时，可采用平面应变的假定。

对于裂隙不多的坚硬岩体，一般认为可应用线弹性理论分析；对于裂隙岩体或软弱岩体，如果围岩应力不高，围岩有可能处于弹性状态。线弹性分析是围岩压力理论研究的十

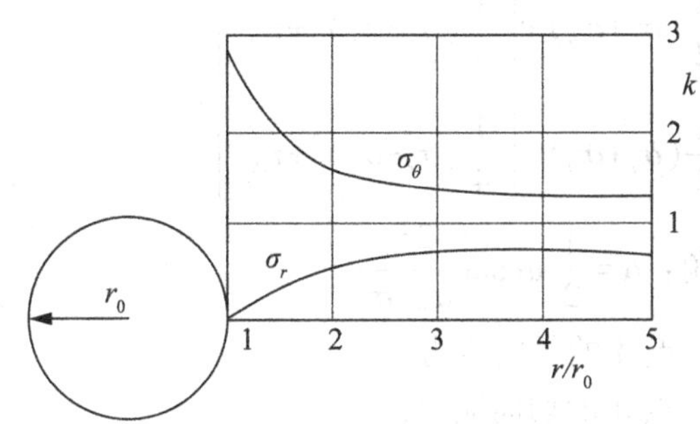

σ_θ—切向应力；σ_r—径向应力；r_0—圆洞半径；r—任一点半径

图 11-1　围岩应力集中系数分布图

分重要的内容，是弹塑性、黏弹性、黏弹塑性及弱面体力学分析的基础。

设在距地表 H 深处开挖一半径为 a 的圆形硐室，且 $H>(3\sim5)a$。根据以上假定，可把在岩体中开挖硐室后围岩应力分布问题视为双向受压无限大平板中的孔口应力分布问题，如图 11-2 所示。在距圆形硐室中心为 r 的某点取一单元体 $A(r,\ \theta)$（θ 为 OA 与水平轴的夹角），采用极坐标求解围岩应力。圆形硐室的应力一般可按基尔西公式求解，其求解应力的公式为

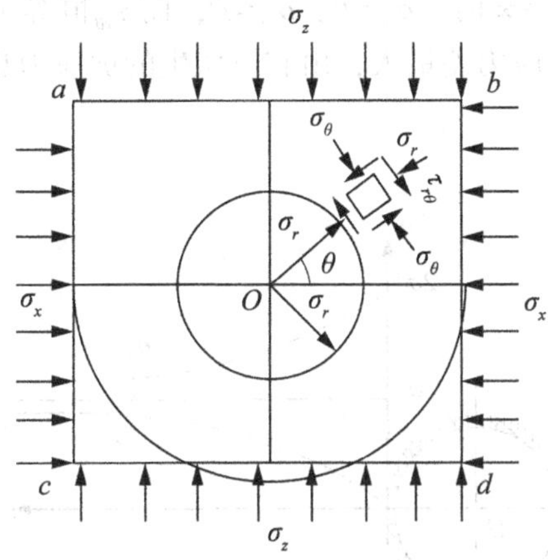

图 11-2　圆形硐室围岩中的应力分布

$$
\begin{aligned}
\sigma_r &= \frac{P}{2}(1+\lambda)\left(1-\frac{a^2}{r^2}\right)+\frac{P}{2}(1-\lambda)\left(1-4\frac{a^2}{r^2}+3\frac{a^4}{r^4}\right)\cos2\theta \\
\sigma_\theta &= \frac{P}{2}(1+\lambda)\left(1+\frac{a^2}{r^2}\right)-\frac{P}{2}(1-\lambda)\left(1+3\frac{a^4}{r^4}\right)\cos2\theta \\
\tau_{r\theta} &= \frac{P}{2}(1-\lambda)\left(1+2\frac{a^2}{r^2}-3\frac{a^4}{r^4}\right)\sin2\theta
\end{aligned}
\tag{11-2}
$$

则点$(r,\ \theta)$处的主应力：

最大主应力：$\sigma_1=\frac{1}{2}(\sigma_r+\sigma_\theta)+\left[\frac{1}{4}(\sigma_r-\sigma_\theta)^2+\tau_{r\theta}{}^2\right]^{\frac{1}{2}}$

最小主应力：$\sigma_3=\frac{1}{2}(\sigma_r+\sigma_\theta)-\left[\frac{1}{4}(\sigma_r-\sigma_\theta)^2+\tau_{r\theta}{}^2\right]^{\frac{1}{2}}$

主应力对径向的倾角：$\alpha=\frac{1}{2}\arctan\frac{2\tau_{r\theta}}{\sigma_\theta-\sigma_r}$ （11-3）

式中，σ_r——岩体任意一点 A 的径向应力；

σ_θ——岩体任意一点 A 的切向应力；

$\tau_{r\theta}$——任意一点 A 的剪应力；

P——作用在岩体上的原岩垂直应力；

λ——侧压力系数。

（1）当 $\lambda=1$ 时，围岩处于静水应力状态，式(11-2)简化为

$$\sigma_r=P\left(1-\frac{a^2}{r^2}\right)$$
$$\sigma_\theta=P\left(1+\frac{a^2}{r^2}\right) \tag{11-4}$$
$$\tau_{r\theta}=0$$

由式(11-4)可以看出，径向应力 σ_r和切向应力都随径向间距 r 变化(图 11-3)。当 $r=a$ 时，$\sigma_r=0$，$\sigma_\theta=2P$；当 $r\to\infty$ 时，$\sigma_r=P$，$\sigma_\theta=P$，而 $\tau_{r\theta}$恒等于零。

可见，在硐室周边处的应力差最大，由它所派生的剪应力也最大，说明在硐室周边容易发生破坏。

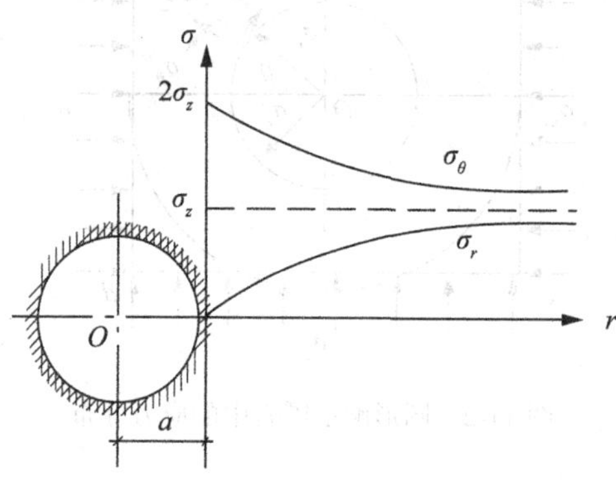

图 11-3 λ=1 时圆形硐室的围岩应力分布曲线

（2）当 $\lambda\neq1$ 时，根据式(11-2)，可得到在 $r=a$ 处的应力：

$$\sigma_r=0$$
$$\sigma_\theta=P(1+2\cos2\theta)+\lambda P(1-2\cos2\theta) \tag{11-5}$$
$$\tau_{r\theta}=0$$

由式(11-5)可知，在硐室周边处，切向应力 σ_θ最大，径向应力 $\sigma_r=0$，剪应力 $\tau_{r\theta}=0$，

所以 σ_θ 为主应力。同时，还可以看出，σ_θ 值不仅与 P 及 λ 有关，而且与 θ 值有关。λ 值的变化对硐室周边切向应力分布起着决定性的作用。

(3) 当 $\theta=\frac{\pi}{2}\left(或\ \theta=\frac{3\pi}{2}\right)$，$r=a$ 时，由式(11-2)可得

$$\sigma_\theta=\frac{P}{2}[2(1+\lambda)-4(1-\lambda)]=P(3\lambda-1) \tag{11-6}$$

由此可见，在硐室的顶部和底部，σ_θ 不出现负值(拉力)的条件是 $\lambda>\frac{1}{3}$。由于最大的拉应力往往出现在硐室开挖边缘的顶部和底部，所以 $\lambda>\frac{1}{3}$ 是圆形硐室不出现拉应力的条件。

2. 围岩应力的弹塑性分析

地下工程开挖后，如果围岩应力小于岩体的屈服极限，围岩仍处于弹性状态。当围岩局部区域的应力超过岩体强度时，岩体物性状态发生改变，围岩进入塑性或破坏状态。围岩的塑性或破坏状态有两种情况：一是围岩局部区域的拉应力达到抗拉强度，产生局部受拉分离破坏；二是局部区域剪应力达到岩体抗剪强度，使这部分围岩进入塑性状态，但其余部分围岩仍然处于弹性状态。

目前，地下工程塑性区的应力、变形及其范围大小的计算仍以弹塑性理论所提出的基本观点作为研究和计算的依据，即无论是应力、变形以及位移都认为是连续变化的。塑性区应力状态的解析解，只能解出 $\lambda=1$ 的圆形硐室(即轴对称问题)，并且认为岩体是均质的、各向同性的弹性体。因此，这里只对轴对称条件下的围岩应力进行弹塑性分析。

(1) 平衡方程。轴对称条件下，应力及变形均仅是 r 的函数，而与 θ 无关，且塑性区为一等厚圆，在塑性区中假设 c、φ 值为常数，在弹性区与塑性区交界处既满足弹性条件又满足塑性条件。在不考虑体力时，得平衡方程为

$$\frac{\partial\sigma_r}{\partial r}+\frac{\sigma_r-\sigma_\theta}{r}=0 \tag{11-7}$$

(2) 塑性条件。在塑性区应力除满足平衡方程外，尚需满足塑性条件。所谓塑性条件，就是岩体中应力满足此条件时，岩体便呈现塑性状态。根据莫尔强度理论，当岩体的强度曲线与岩体内各点的应力 σ_θ 与 σ_r 所作莫尔圆相切时，岩体就进入了塑性状态，故塑性条件就是莫尔强度理论中的强度条件，如图 11-4 所示，在 $\triangle ABM$ 中

$$\sin\varphi=\frac{\dfrac{\sigma_\theta-\sigma_r}{2}}{c\cdot\cot\varphi+\dfrac{\sigma_\theta+\sigma_r}{2}}$$

$$\frac{\sigma_\theta-\sigma_r}{2}=\left(c\cdot\cot\varphi+\frac{\sigma_\theta+\sigma_r}{2}\right)\sin\varphi \tag{11-8}$$

$$\sigma_\theta-\sigma_r=2(c\cdot\cot\varphi+\sigma_r)\frac{\sin\varphi}{1-\sin\varphi}$$

即

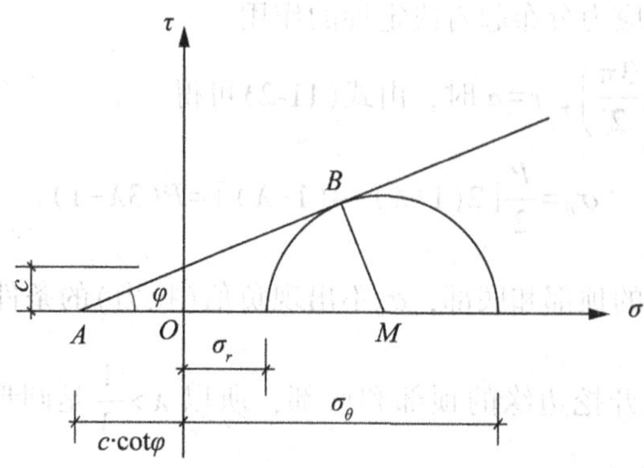

图 11-4　塑性区内应力圆与强度曲线的关系

$$\frac{\sigma_r^p+c\cdot\cot\varphi}{\sigma_\theta^p+c\cdot\cot\varphi}=\frac{1-\sin\varphi}{1+\sin\varphi} \tag{11-9}$$

式(11-9)即为塑性区岩体应满足的塑性条件，上标 p 表示塑性区的分量。

(3)塑性区的应力。联立解式(11-7)及式(11-8)或式(11-9)，即可得到极限平衡状态下塑性区的应力：

$$\ln(\sigma_r^p+c\cdot\cot\varphi)=\frac{2\sin\varphi}{1-\sin\varphi}\ln r+C_1 \tag{11-10}$$

式中，C_1——积分常数，由边界条件确定。

当有支护时，支护与围岩接触面($r=a$)上的应力边界条件为 σ_r^p 应等于支护抗力 P_i，所以：

$$\ln(P_i+c\cdot\cot\varphi)=\frac{2\sin\varphi}{1-\sin\varphi}\ln a+C_1$$

$$C_1=\ln(\sigma_r^p+c\cdot\cot\varphi)-\frac{2\sin\varphi}{1-\sin\varphi}\ln r \tag{11-11}$$

代入式(11-8)及式(11-10)可得到塑性区应力：

$$\begin{aligned}\ln(\sigma_r^p+c\cdot\cot\varphi)&=\frac{2\sin\varphi}{1-\sin\varphi}\ln r+\ln(c\cdot\cot\varphi+P_i)-\frac{2\sin\varphi}{1-\sin\varphi}\ln a\\&=\frac{2\sin\varphi}{1-\sin\varphi}(\ln r-\ln a)+\ln(c\cdot\cot\varphi-P_i)\\&=\ln\left[\left(\frac{r}{a}\right)^{\frac{2\sin\varphi}{1-\sin\varphi}}(P_i+c\cdot\cot\varphi)\right]\end{aligned}$$

$$\sigma_r^p+c\cdot\cot\varphi=(P_i+c\cdot\cot\varphi)\left(\frac{r}{a}\right)^{\frac{2\sin\varphi}{1-\sin\varphi}}$$

所以

$$\sigma_r^p=(P_i+c\cdot\cot\varphi\left(\frac{r}{a}\right)^{\frac{2\sin\varphi}{1-\sin\varphi}}-c\cdot\cot\varphi$$

$$\sigma_{\theta}^{p}=(P_{i}+c\cdot\cot\varphi)\left(\frac{1+\sin\varphi}{1-\sin\varphi}\right)\left(\frac{r}{a}\right)^{\frac{2\sin\varphi}{1-\sin\varphi}}-c\cdot\cot\varphi \tag{11-12}$$

式(11-12)为轴对称问题塑性区内次生应力的计算公式，即修正的芬涅尔公式。塑性应力随着 c、φ 及 P_i 的增大而增大，而与原岩应力 P 无关。

(4)围岩应力变化规律。图 11-5 绘出了从硐室周边沿径向方向上诸点应力的变化规律。可以看出，当围岩进入塑性状态时，σ_θ 的最大值从硐室周边转移到弹、塑性区的交界处。随着往岩体内部延伸，围岩应力逐渐恢复到原岩应力状态。在塑性区内，由于塑性区的出现，切向应力 σ_θ 从弹、塑性区的交界处向硐室周边逐渐降低。

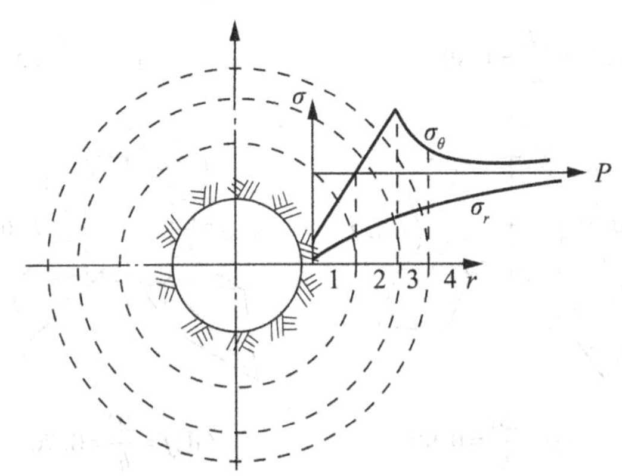

1—松动区；1~2—塑性区；3~4—弹性区；4—原岩应力区

图 11-5　塑性区围岩应力分布状态

根据围岩变形状态，可将硐室周围的岩体从周边开始，逐渐向深部分为四个区域。各区域的变形特征：

①松动区：区内岩体已被裂隙切割，越靠近硐室周边越严重，其内聚力 c 趋近于零，内摩擦角 φ 亦有所降低，岩体强度明显削弱。因区内岩体应力低于原岩应力，故称应力降低区。

②塑性强化区：区内岩体呈塑性状态，但具有较高的承载能力，岩体处于塑性强度阶段。区内岩体应力大于原岩应力，最大的应力集中由围岩周边转移到弹性区与塑性区的交界面上。

③弹性变形区：区内岩体在次生应力作用下仍处于弹性变形状态，各点的应力均超过原岩应力，应力解除后能恢复到原岩应力状态。

④原岩应力区：未受开挖影响，岩体仍处于原岩应力状态。

11.3.2　非圆形开挖体的围岩应力

1. 半圆直墙断面硐室的围岩应力

半圆直墙断面是应用较广的一种硐形。徐干成、白洪才、郑颖人等根据平面弹性力学问题中的复变函数法，计算出了半圆直墙断面硐室在上覆岩体厚度(H)等于 2.5 倍硐跨自重作用下的硐周应力分布(图 11-6)。可以看出：

(1)当侧压力系数 λ 值较小时，如 $\lambda=0.2$，硐顶底出现拉应力；当 λ 值由小变大时，硐顶、底拉应力趋于减小，直至出现压应力，且压应力随着 λ 值的增加而增加；而两侧的压应力则趋于减小。

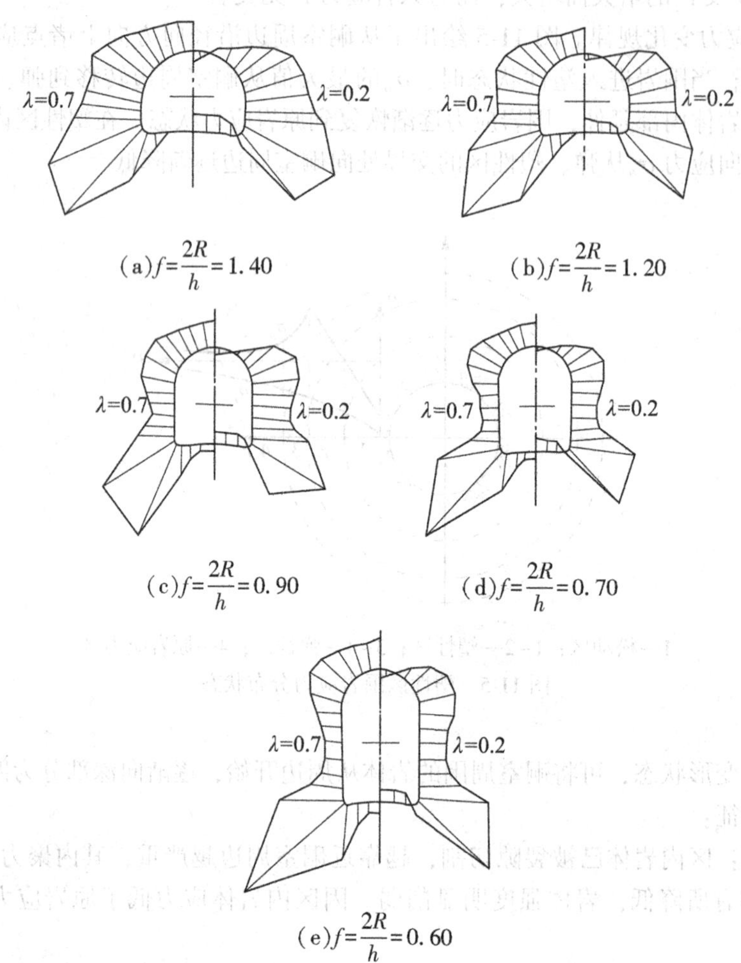

图 11-6 硐周切向应力分布($H=5R$，H—覆盖层厚度)

(2)随着跨高比 $f=\frac{2R}{h}$ 的减小，硐顶及硐底中部拉应力趋于减小，压应力趋于增大；而硐室两侧的压应力趋于减小。当 $\lambda<1$ 时，跨高比减小对围岩受力有利；当 $\lambda>1$ 时，跨高比很小的硐形围岩受力不利。

(3)随着跨高比的依次减小，只是相应地增大了硐壁高度，而硐顶和硐底的形状并无变化。与此相应，硐顶及硐底应力值的变化幅度远小于硐壁部分的幅度。

2. 椭圆形断面硐室的围岩应力

设椭圆形断面硐室长半轴为 a，短半轴为 b，作用在硐室围岩上的垂直均布应力为 P，水平应力为 λP，如图 11-7 所示。根据弹性理论，按椭圆孔复变函数，可解得硐室周边上任一点的切向应力 σ_θ、径向应力 σ_r 和剪应力 $\tau_{r\theta}$ 值的大小。

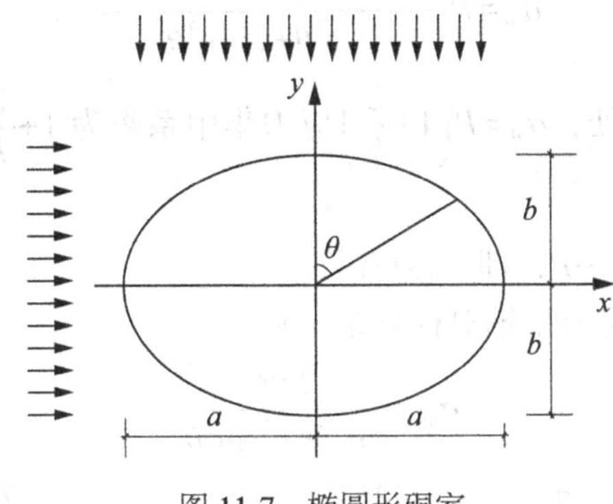

图 11-7　椭圆形硐室

$$\sigma_\theta=\frac{P(k^2\sin^2\theta+2k\sin^2\theta-\cos^2\theta)+\lambda P(\cos^2\theta+2k\cos^2\theta-k^2\sin^2\theta)}{\cos^2\theta+k^2\sin^2\theta} \tag{11-13}$$

$$\sigma_r=\tau_{r\theta}=0$$

式中，k——椭圆轴比，$k=\dfrac{b}{a}$；

θ——硐室周边某一计算点和椭圆中心连线与垂直轴的夹角。

可以看出，椭圆形断面硐室周边应力和两个应力极值仍然在水平轴$\left(\theta=\dfrac{\pi}{2}\text{或}\theta=\dfrac{3\pi}{2}\right)$和垂直轴($\theta=0$ 或 $\theta=\pi$)上。

表 11-2 给出了椭圆形断面硐室顶底和两侧点的应力集中系数。

表 11-2　**椭圆硐室周边应力值**

λ	θ(°)	b : a=K								
		2/1	1.75/1	1.50/1	1.25/1	1/1	1/1.25	1/1.50	1/1.75	1/2
1.00	0	4.00	3.50	3.00	2.50	2.00	1.60	1.33	1.14	1.00
	90	1.00	1.14	1.33	1.60	2.00	2.50	3.00	3.50	4.00
0.75	0	2.75	2.37	2.00	1.62	1.25	0.95	0.75	0.60	0.50
	90	1.25	1.39	1.58	1.85	2.25	2.75	3.25	3.75	4.25
0.50	0	1.50	1.25	1.00	0.75	0.50	0.30	0.16	0.07	0
	90	1.50	1.64	1.83	2.10	2.50	3.00	3.50	4.00	4.50
0.25	0	0.25	0.12	0	-0.12	-0.25	-0.35	-0.42	-0.47	-0.50
	90	1.75	1.89	2.08	2.35	2.75	3.25	3.75	4.25	4.75
0	0	-1.00	-1.00	-1.00	-1.00	-1.00	-1.00	-1.00	-1.00	-1.00
	90	2.00	2.14	2.60	2.60	3.00	3.50	4.00	4.50	5.00

(1)当 $\lambda=0$ 时，即仅在垂直方向有荷载 P 时，有

$$\sigma_\theta = P\frac{k^2\sin^2\theta + 2k\sin^2\theta - \cos^2\theta}{\cos^2\theta + k^2\sin^2\theta} \tag{11-14}$$

在两侧 $\theta=\frac{\pi}{2}$ 和 $\theta=\frac{3\pi}{2}$ 处，$\sigma_\theta = P\left(1+\frac{2}{k}\right)$ 应力集中系数为 $1+\frac{2}{k}$，当 $k<1$ 时，两侧点会出现较高的应力集中。

在主硐顶 $\theta=0$ 处，$\sigma_\theta=-P$，即 σ_θ 为常数。

(2) 当 $\lambda=1$ 时，原岩应力呈轴对称分布，有

$$\sigma_\theta = \frac{2kP}{\cos^2\theta + k^2\sin^2\theta} \tag{11-15}$$

在硐室两侧 $\theta=\frac{\pi}{2}$ 和 $\theta=\frac{3\pi}{2}$ 处，$\sigma_\theta=\frac{2}{k}P$，应力集中系数为 $\frac{2}{k}$；在硐顶 $\theta=0$ 处，$\sigma_\theta=2k\text{Pa}$，应力集中系数为 $2k$。当 $k<1$ 时，两侧应力集中高于洞顶，反之亦然。理论分析和数值计算表明，当 $\lambda=1$ 时，围岩不会出现拉应力。

3. 方形-矩形断面硐室的围岩应力

方形-矩形断面围岩应力的计算方法比较复杂，这里不作具体介绍。由实验和理论分析可知，方形-矩形断面硐室围岩应力的大小与侧压系数和方形-矩形的边比(高宽比)有关。

方形-矩形硐室周边上最大压应力集中均产生于角点上，而且这些角点上的最大压应力集中系数随硐室宽高比(B/H)的不同而变化，在不同的应力场中(λ 值不同)，大体上都是方形或近似于方形的硐室上的最大压应力集中系数为最低；随着宽高比的增大或减小，硐室角点上的最大压应力集中系数则线性或近似于线性地增大。

方形-矩形断面硐室为直线型周边，最易出现受拉区，所以受力状态较差，尤其是当硐室断面长轴与原岩最大主应力垂直时，会出现较大的拉应力，使硐室周边遭到破坏，不利于地下工程的稳定。

11.4 地下工程支护设计

11.4.1 概述

地下工程开挖后，为保证其安全可靠，一般要进行支护。由于开挖扰动作用，地下工程围岩将产生变形、松弛、错动、挤压、断裂、下沉或坍塌等现象。为了阻止围岩的移动和崩落，以保证地下工程具有设计的建筑界限和净空，就需要架设临时支撑或修筑永久性支护结构。因此，要进行合理的支护设计。现代支护理论认为，地下工程支护设计的主要目的在于发挥岩体的自承能力。长期以来，地下工程支护设计多是根据围岩模拟凭经验进行的，这些经验来自大量的工程实践，有一定的科学依据。当然，工程模拟设计法本身也在不断发展，如在经验设计法中引用各种量测资料，以及采用统计数学、模糊数学和数值分析等现代手段，使之愈来愈符合理论观点和趋于科学化。目前，地下工程支护设计方法可以归纳为以下四种设计模型：

(1) 以参照过去地下工程实践经验进行工程模拟为主的经验设计法；

(2)以现场量测和实验室试验为主的实用设计方法，如以地下工程净空量测位移为依据的收敛-约束法；

(3)作用与反作用模型，即荷载-结构模型，如弹性地基梁、弹性地基框架计算法等；

(4)连续介质模型，包括解析法和数值法。数值计算法目前主要是有限单元法。

弹塑性力学、流变学及岩土力学等现代力学和计算机技术的发展克服了理论分析中数学和力学上的障碍，使理论设计法有了极大的进展。然而，计算参数和计算理论方面的一些障碍仍然存在，理论设计法一般还只能作为辅助方法。

测量技术和计算技术互相渗透，以现场监控量测、信息反馈为基础的设计方法(即信息化设计)有了很大的进展。信息化设计是以新奥法设计为基础，以工程模拟法为主，通过现场监控测量进行工程实际检验、确认和修正，必要时，可辅以理论计算验算法确定地下工程支护参数的方法。当然，信息化设计法还有待于不断发展和完善。

11.4.2　地下工程围岩压力计算

地下工程围岩压力的计算，可借鉴隧道工程的围岩压力计算方法。

1. 深埋地下工程围岩压力计算

地下工程围岩压力的确定，目前有三种方法：第一种是直接测量法；第二种是工程模拟法，即根据大量实际资料分析统计和总结，按不同围岩类别提出围岩压力的经验数值(经验公式)，作为后建地下工程确定围岩压力的依据；第三种是在实践的基础上从理论上研究围岩压力的估算方法。由于影响围岩压力的因素很多，企图建立一种完善和适合客观实际情况的围岩压力理论及计算方法较为困难。

上述第三种方法由于地质条件千变万化，难以达到准确的要求，因此，采用工程模拟法估算围岩压力较为普遍。

当地下工程深埋时，作用在支护结构上的围岩压力，从松动压力的概念看，实际为硐室周边某一破坏范围内岩体的重量。理论和实践证明，围岩愈好，则硐室就愈稳定，硐室开挖所影响区域就愈小，围岩压力值也较小；相反，围岩愈差，则压力值相应就大；在围岩类别相同的条件下，跨度愈大，硐室的稳定性就愈差，压力也就愈大，说明围岩压力的大小与硐室跨度成正比。

1)国外常用的围岩压力理论

(1)普氏理论。为了确定作用在支护结构物上的围岩压力，苏联普罗托季亚科诺夫提出了基于坍落拱的计算原理。他认为，所有地层都可视为具有一定黏结力的“松散介质”，引入了似摩擦系数f_{up}的概念。即，在具有一定黏结力的松散介质中开挖隧道后，其上方会形成一抛物线状的天然拱，这实质上就是在松散介质、裂隙岩层中开挖坑道时的破坏范围。而作用在支护上的竖向压力就是这个破坏范围(天然拱)以内的松动岩体的重量。因此，问题归结于如何确定出天然拱(即坍落拱)的尺寸，如图 11-8 所示。

在松散介质中开挖坑道，其上方形成坍落拱。该坍落拱外缘为一质点拱(即厚度很薄的拱)，如图 11-9 所示，其存在条件有两个：

①在任何一截面上无弯矩作用；

②拱脚能保持稳定而不致产生滑动。

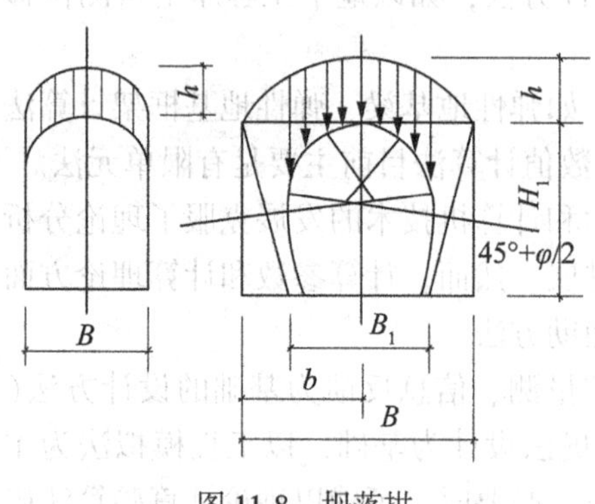

图 11-8 坍落拱

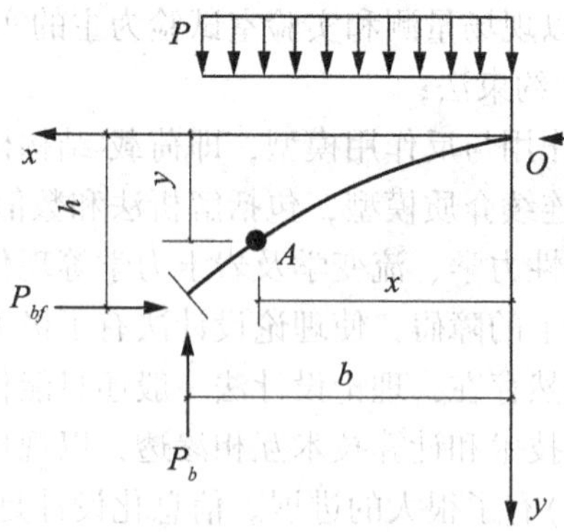

图 11-9 质点拱

由上述第一个条件，对 A 点取矩 $\sum M_A=0$，则 $Ty=\dfrac{Px^2}{2}=0$

$$y=\frac{Px^2}{2T} \tag{11-16}$$

式中，T——拱顶推力；

P——作用在天然拱上的竖向均布压力；

x、y——质点拱上任意一点 A 的坐标。

令 $x=b$，$y=h$，代入式(11-16)，得

$$T=\frac{Pb^2}{2h} \tag{11-17}$$

式中，b——坍落拱半跨度；

h——坍落拱高度。

由式(11-16)及式(11-17)可见，坍落拱的外缘曲线为二次抛物线。

由第二条件可知，要保持拱脚稳定而不滑动，拱脚处水平摩阻力必须大于该处的推力 T，取安全系数为 2，则

$$\frac{P_h f_{up}}{T}=2 \tag{11-18}$$

将式(11-18)代入式(11-19)，可得

$$h=\frac{b}{f_{up}} \tag{11-19}$$

式中，f_{up}——普氏系数。

作用在支护结构上竖直均布压力为

$$q=\gamma h \tag{11-20}$$

作用在支护结构物上的侧压力也视为均匀分布，可按一般土力学原理，由公式(11-20)计算：

$$e=\left(q+\frac{1}{2}\gamma H\right)\tan^2\left(45°-\frac{\varphi}{2}\right) \tag{11-21}$$

式中，H——坑道高度；

e——水平均布围岩压力，kN/m^2；

φ——围岩的似摩擦角。

按普氏地压理论计算的竖向压力，对于软土质地层偏小，对于硬土质和坚硬质地层则偏大。一般在松散、破碎围岩中较为适用。

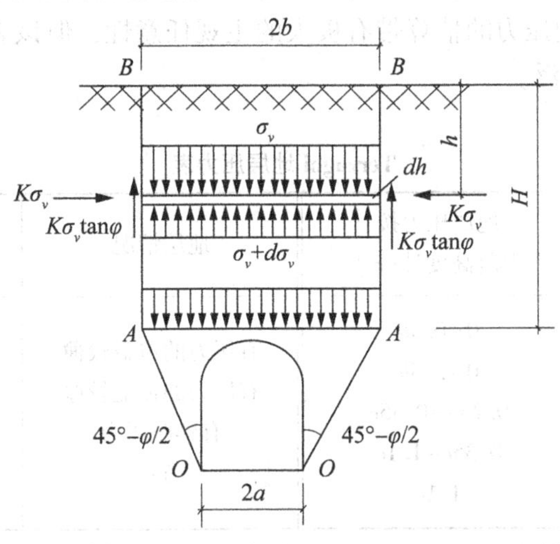

图 11-10 压力计算图式

(2) K. Terzaghi 理论。K. Terzaghi 把隧道围岩视为散粒体。他认为，坑道开挖后，其上方围岩将形成卸落拱，如图 11-10 所示。假定坑道上方岩体因坑道变形而下沉，并产生错动面 OAB，假定作用在任何水平断面上的竖向压应力 σ_v 都是均布的，相应的水平压应力 σ_h 与 σ_v 的比值为 K，即 $K=\dfrac{\sigma_h}{\sigma_v}$。在距地面深度 h 处，取出一厚度为 dh 的水平条带，考虑其平衡条件 $\sum V=0$，得出

$$\frac{\mathrm{d}\sigma_v}{\gamma-\dfrac{K\sigma_v\tan\varphi}{b}}-\mathrm{d}h=0 \tag{11-22}$$

式中，φ——围岩似摩擦角，°；

b——松动宽度之半，m。

将式(11-22)积分，并引进边界条件 $h=0$，$\sigma_v=0$，得

$$\sigma_v=\frac{\gamma b}{K\tan\varphi}\left(1-\mathrm{e}^{-K\tan\varphi\frac{h}{b}}\right) \tag{11-23}$$

随着隧道埋深 h 的增大，式中 $\mathrm{e}^{-K\tan\varphi\frac{h}{b}}$ 趋近于零，则 σ_v 趋近于某一个固定值，且

$$\sigma_v=\frac{\gamma b}{K\tan\varphi} \tag{11-24}$$

K. Terzaghi 根据实验结果，得出 $K=1.0\sim1.5$，取 $K=1.0$，则

$$\sigma_v=\frac{\gamma b}{\tan\varphi} \tag{11-25}$$

如以 $\tan\varphi=f$ 代入式(11-25)，则

$$\sigma_v=\frac{\gamma b}{f}=\gamma h \tag{11-26}$$

此时便与普氏理论一致。

K. Terzaghi 从理论和实践的分析上给出了估算坑道地层压力的经验数值(表 11-3)。从表 11-3 可以看到，竖向压力的估算带有极大的主观任意性，但该表在英美等国目前仍被视为经典，使用仍很广泛。

表 11-3 **Terzaghi 地层压力表**

地层情况	地层压力按坍落高度计(m)	地层情况	地层压力按坍落高度计(m)
坚硬地层或成薄层	0~0.5b	有压力的覆盖较薄	1.1c~2.1c
大块的有较轻微裂隙	0~2.5b	有压力的覆盖较厚	2.1c~4.5c
有轻微碎块未活动	0.25b~0.35c	有膨胀压力	可达 8c
有强烈破碎未活动	0.35c~1.1c	砂	0.6c~1.4c
成碎块的未解体	1.1c		

注：表中 b 为坍落拱跨度的一半(m)；$c=b+$净空高(m)；适用条件：埋深>1.5c。
坑道位于地下水位以上时，表列值可减少 50%。

2) 我国有关部门推荐的围岩压力计算方法

我国公(铁)路部门，以工程模拟法为基础，统计分析了我国数百公(铁)路隧道的坍塌方调查资料，统计出围岩竖直均匀压力的计算公式。我国《公路隧道设计规范》(JTG70—2004)亦推荐此计算法，即

$$q=0.45\times2^{s-1}\times\gamma\omega \tag{11-27}$$

式中，q——围岩竖直均布压力，kN/m²；

s——围岩类别，如属 V 类围岩则 $s=5$；如果属第Ⅱ类围岩，则 $s=2$；

γ——围岩容重，kN/m³；

ω——宽度影响系数，$\omega=1+i(B-5)$；

i——以 $B=5$m 的围岩竖直均布压力为基准，B 每增减 1m 时，围岩压力增减率，当 $B<5$m 时，取 $i=0.2$；当 $B>5$m 时，可取 $i=0.1$。

式(11-27)的适用条件为 $H/B<1.7$，H 为隧道开挖高度(m)，B 为隧道宽度(m)，不产生显著偏压力及膨胀力的一般围岩。

围岩水平均布压力可按表 11-4 中的经验公式计算，其适用条件同式(11-27)。

表 11-4 **围岩水平均布压力(kN/m²)**

围岩类别	Ⅰ、Ⅱ	Ⅲ	Ⅳ	Ⅴ	Ⅵ
水平均布压力 e	0	<0.15q	(0.15~0.3)q	(0.3~0.5)q	(0.5~1.0)q

2. 浅埋地下工程围岩压力计算

1)埋深≤等效荷载高度

当埋深 H≤等效荷载高度 $h_q\left(h_q=\dfrac{q}{r}\right)$时，荷载视为均布垂直压力 $q=\gamma H$(r 为隧道上覆围岩容重，H 为坑道埋深，指隧道顶距离地面的距离)。其侧向压力 e 按下式计算(按均布考虑)：

$$e=\gamma\left(H+\frac{1}{2}H_t\right)\tan^2\left(45°-\frac{\varphi_g}{2}\right) \tag{11-28}$$

式中，e——侧向均布压力，kN/m^2；

γ——围岩容重，kN/m^3；

H——隧道埋深，m；

H_t——坑道高度，m；

φ_g——计算摩擦角，°，按围岩类别取值(表 11-5)。

表 11-5　　各类围岩计算摩擦角(φ_g)

围岩类别	Ⅰ	Ⅱ	Ⅲ	Ⅳ	Ⅴ	Ⅵ
φ_g	>78°	67°~78°	55°~66°	43°~54°	31°~42°	≤30°

2)埋深>等效荷载高度

当 $h_q<H\leqslant H_p$(深埋与浅埋地下工程分界深度)时，为便于计算，作如下假定：

(1)假定土体中形成的破裂面是一条与水平成 β 角的倾斜线，如图 11-11 所示。

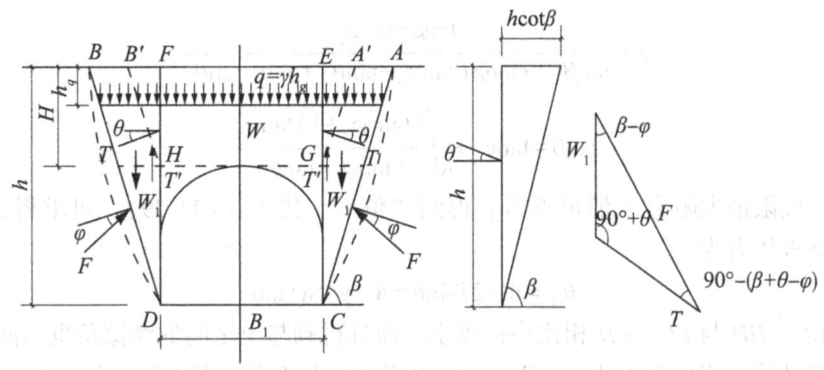

图 11-11　浅埋隧道围岩压力计算图式

(2)岩体 $HFEG$ 下沉，带动两侧三棱岩体(图中 FDB 及 ECA)下沉；当整个岩体 $ABDC$ 下沉时，又要受到未扰动岩体的阻力。

(3)斜直线 AC 或 BD 是假定的破裂面，分析时考虑内聚力 c，并采用了计算摩擦角 φ；另一滑面 FH 或 EG 并非破裂面，因此，滑面阻力要小于破裂滑面的阻力；若该滑动面的摩擦角为 θ，则 θ 值应小于 φ 值，无实测资料时，θ 值可参考表 11-6 采用。

在图 11-11 中，坑道上覆岩体 $EFHG$ 的重力为 W，两侧三棱岩体 FDB 或 ECA 的重力为 W_1，未扰动岩体对整个滑动体的阻力为 F，当 $EFHG$ 下沉，两侧受到的阻力为 T 或 T'。

表 11-6 **各类围岩的 θ 角**

围岩类别	≥Ⅳ	Ⅲ	Ⅱ
$\theta_{值}$	0.9φ	$(0.7\sim0.9)\varphi$	$(0.5\sim0.7)\varphi$

由图 11-11 中所见，作用在 HG 面上的垂直压力总值 $\theta_{浅}$ 为

$$\theta_{浅}=W-2T'=W-2T\sin\theta \tag{11-29}$$

三棱体自重为

$$W_1=\frac{1}{2}\gamma h\frac{h}{\tan\beta} \tag{11-30}$$

式中，γ——岩体容重，kN/m^3；

h——坑道底部到地面的距离，m；

β——破裂面与水平面的夹角，°。

在图 11-11 中，按正弦定律，得

$$T=\frac{\sin(\beta-\varphi_g)W_1}{\sin[90°-(\beta-\varphi_g+\theta)]} \tag{11-31}$$

将式(11-30)代入式(11-31)，得

$$T=\frac{1}{2}\gamma h^2\frac{\lambda}{\cos\theta} \tag{11-32}$$

式中，λ——侧压力系数，即

$$\lambda=\frac{\tan\beta-\tan\varphi_g}{\tan\beta[1+\tan\beta(\tan\varphi_g-\tan\theta)+\tan\kappa_g\tan\theta]}$$

$$\tan\beta=\tan\varphi_g+\sqrt{\frac{(\tan^2\varphi_g+1)\tan\varphi_g}{(\tan\varphi_g-\tan\theta)}}$$

至此，极限最大阻力 T 值可求得。得到 T 值后，代入式(11-29)，可求得作用在 HG 面上的总垂直压力为

$$\theta_{浅}=W-2T\sin\theta=W-\gamma h^2\lambda\tan\theta \tag{11-33}$$

由于 GC、HD 与 EG、FH 相比往往较小，而且衬砌与土之间的摩擦角也不同，前面分析时均按 T 计算。当中间土块下滑时，由 FH 及 GE 面传递，考虑压力稍大些，对设计的结构也偏于安全，因此，摩擦阻力 T 不计隧道部分而只计碉顶部分，即在计算中用埋深 H 代替 h，这样，式(11-33)则变为

$$\theta_{浅}=W-\gamma H^2\lambda\tan\theta$$

由于 $W=B_tH\gamma$，故有

$$\theta_{浅}=B_tH\gamma-\gamma H^2\lambda\tan\theta=\gamma H(B_t-H\lambda\tan\theta) \tag{11-34}$$

式中，B_t——坑道宽度，m；

H——碉顶至地面的距离，即埋深，m；

λ——侧压力系数。

换算为作用在支护结构上的均布荷载如图 11-12 所示，即

$$q_{浅}=\frac{Q_{浅}}{B_t}=\gamma H\left(1-\frac{H}{B_t}\lambda\tan\theta\right) \tag{11-35}$$

作用在支护结构两侧的水平侧压力为

$$e_1=\lambda\gamma H$$

$$e_2=\lambda\gamma h$$

侧压力视为均布压力时为

$$e=\frac{1}{2}(e_1+e_2) \tag{11-36}$$

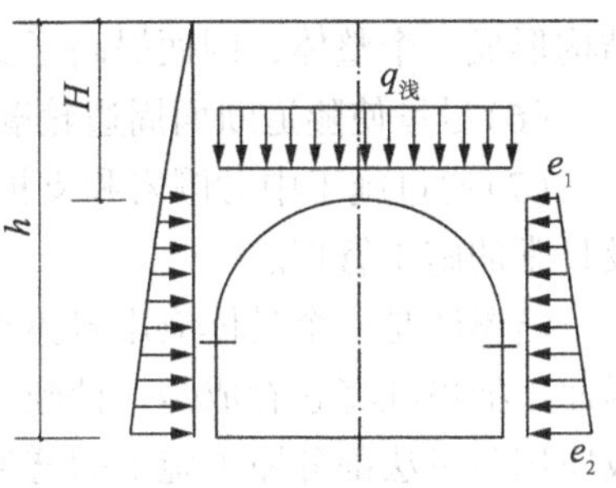

图 11-12　支护结构上均布荷载图标

11.4.3　地下工程支护设计

1. 新奥法简介

20 世纪 60 年代，奥地利工程师 L. V. Rabcewicz 在总结前人经验的基础上，提出了一种新的隧道设计施工方法，称为新奥地利隧道施工方法，简称新奥法(NATM)，新奥法目前已成为地下工程的主要设计施工方法之一。1978 年，L. Müller 教授比较全面地论述了新奥法的基本指导思想和主要原则，并将其概括为 22 条。

1980 年，奥地利土木工程学会地下空间分会把新奥法定义为“在岩体或土体中设置的、以使地下空间的周围岩体形成一个中空筒状支撑环结构为目的的设计施工方法”。新奥法的核心是利用围岩的自承作用来支撑隧道，促使围岩本身变为支护结构的重要组成部分，使围岩与构筑的支护结构共同形成坚固的自承环。

新奥法是应用岩体力学原理，以维护和利用围岩的自稳能力为基点，将锚杆和喷射混凝土作为主要支护手段，及时进行支护，以便控制围岩的变形与松弛，使围岩成为支护体系的组成部分，形成了以锚杆、喷射混凝土和隧道围岩三位一体的承载结构，共同支承山体压力。通过对围岩与支护的现场量测，及时反馈围岩-支护复合体的力学动态及其变化状况，为二次支护提供合理的架设时机；通过监控量测，及时反馈信息，指导隧道和地下工程的设计与施工。

新奥法不同于传统隧道工程中应用厚壁混凝土结构支护松动围岩的理论，它把岩体视为连续介质，在黏弹、塑性理论指导下，根据在岩体中开挖隧道后，从围岩产生变形到岩体破坏有一个时间效应，适时地构筑柔性、薄壁且能与围岩紧贴的喷射混凝土和锚杆的支护结构来保护围岩的天然承载力，变围岩本身为支护结构的重要组成部分，使围岩与支护结构共同形成坚固的支承环，共同形成长期稳定的支护结构，其基本要点可归纳如下：

(1)开挖作业多采用光面爆破和预裂爆破，并尽量采用大断面或较大断面开挖，以减少对围岩的扰动；

(2)隧道开挖后，尽量利用围岩的自承能力，充分发挥围岩自身的支护作用；

(3)根据围岩特征，采用不同的支护类型和参数，及时施作密贴于围岩的柔性喷射混凝土和锚杆初期支护，以控制围岩的变形和松弛；

(4)在软弱破碎围岩地段，使断面及早闭合，以有效发挥支护体系的作用，保证隧道

稳定；

(5)二次衬砌原则上是在围岩与初期支护变形基本稳定的条件下修筑的，围岩与支护结构形成一个整体，因而提高了支护体系的安全度；

(6)尽量使隧道断面周边轮廓圆顺，避免棱角突变处应力集中；

(7)通过施工中对围岩和支护的动态观察、量测，合理安排施工程序，进行设计变更及日常的施工管理。

新奥法是一个具体应用岩体动态性质的完整力学概念，较传统的隧道修建方法先进，因而不能单纯将它看成是一种施工方法或支护方法，也不能片面理解，认为仅用锚喷支护或应用新奥法部分原理施工的隧道，就是采用新奥法修建的，事实上，锚喷支护并不能完全表达新奥法的含义，因此应全面理解新奥法的内容。

新奥法的适用范围很广，从铁路隧道、公路隧道、城市地铁、地下储库、地下厂房直至水电站输水隧洞、矿山巷道等，都可用新奥法构筑。

2. 锚喷支护结构设计

按支护的作用机理，支护结构大致可分为刚性支护结构、柔性支护结构、复合式支护结构三类。复合式支护结构是柔性支护与刚性支护的组合。通常，初期支护是柔性支护，一般采用锚喷支护，最终支护是刚性支护，一般采用现浇混凝土支护或高强钢架。复合式支护是一种新兴的支护结构型式，主要用于软弱地层，特别是塑性流变地层的支护。近年来，复合式支护结构常用于一些重要工程或者内部需要装饰的工程，以提高支护结构的安全度或改善美化程度。

对于锚喷支护的力学作用，当前流行着两种分析方法：一种是从结构观点出发，如把喷层与部分围岩组合在一起，视为组合梁或承载拱，或把锚杆看成是固定在围岩中的悬吊杆等；另一种是从围岩与支护的共同作用观点出发，不仅把支护看成是承受来自围岩的压力，而且反过来也给围岩以压力，由此改善围岩的受力状态；施作锚喷支护后，还可提高围岩的强度指标，从而提高围岩的承载能力。目前，普遍认为后一种观点更能反映支护与围岩共同作用的机理。

1)锚杆支护结构设计

(1)锚杆承载力计算。当地质结构比较发育，岩体将被切割成各种不同的块状结构体。开挖后，要维持块状围岩的稳定状态，关键在于及时对“危石”进行支护。

以图 11-13(a)中的“危石”ABC 为例，说明锚杆加固对锚杆受力状态的分析。设“危石”的重量为 W，它沿锚杆 EF 的分力 T 使锚杆承受拉力，W 沿破裂面 AB 的分力 Q 使锚杆 EF 沿 AB 方向承受着力。如果以 α 和 β 分别表示“危石”AB 面及 AC 面与水平方向的夹角，如图 11-13(b)所示，根据正弦定律，可得

$$\frac{W}{\sin[180°-(\alpha+\beta)]}=\frac{T}{\sin\beta}=\frac{Q}{\sin\alpha} \tag{11-37}$$

由此可得锚杆的拉力 T 和剪力 Q 为

$$T=\frac{\sin\beta}{\sin(\alpha+\beta)}W$$
$$Q=\frac{\sin\beta}{\sin(\alpha+\beta)}W \tag{11-38}$$

由上式根据锚杆的强度，可确定锚杆的横载面积。锚杆的长度应以穿过块状岩块并进入整体岩层一定深度为宜。

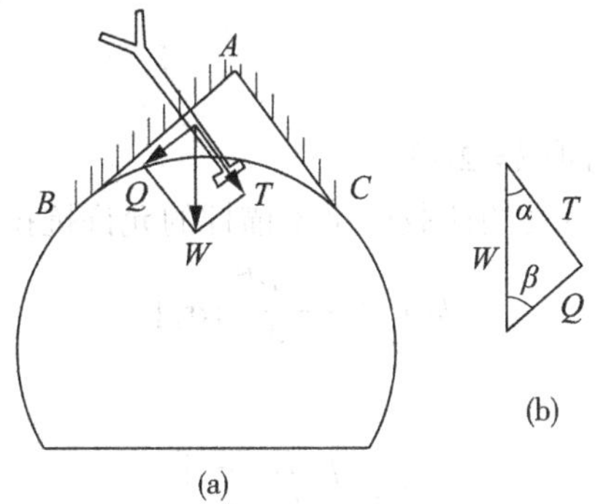

图 11-13　用锚杆支护“危岩”

(2)锚杆长度的确定。以砂浆锚杆为例，根据钢筋抗拉能力与砂浆黏结力相等的强度原则，求出锚杆插入稳定岩层中的长度 L_1(即锚固深度)。

因为

$$[\sigma_t]=\frac{\pi d^2}{4}=\pi d L_1[c]$$

所以

$$L_1 \geqslant \frac{d[\sigma_t]}{4[c]} \tag{11-39}$$

式中，$[c]$——砂浆与锚杆间的作用黏结力，kPa；

$[\sigma_t]$——锚杆钢材的作用拉应力，kPa；

d——锚杆直径，mm，常用 ϕ16~22mm 螺纹钢。

工程实践中，要求 $L_1 \geqslant 300$mm。

从锚杆的组合和悬吊作用出发，锚杆总长度应按下式计算：

$$L=L_1+h_1+L_2 \tag{11-40}$$

式中，L_2——锚杆外露长度，一般为 50~100mm；

h_1——锚杆的有效长度，一般取顶板岩层变形厚度；对整体性好的岩层，可取规则拱形滑落时的自然平衡拱高。

美国预应力岩层锚杆设计方法中的锚固长度设计公式为

$$L=\frac{kPa\pi\tau_\omega}{2} \tag{11-41}$$

式中，L——锚固段长度；

τ_ω——有效黏结应力；

k——安全系数；

a——锚杆半径；

P——设计张力。

(3)锚杆间距的确定。如果采用等距离布置，每根锚杆所负担的岩体重量即其所承受的荷载：

$$p_i = k\gamma h_1 i^2 \tag{11-42}$$

式中，i——锚杆间距；

γ——岩体的岩重；

k——安全系数，通常取 $k=2\sim3$。

锚杆受拉破坏时，其所承受的荷载应小于锚杆的允许抗拉能力，即

$$krh_1 i^2 \leqslant \frac{\alpha\pi d^2}{4}[\sigma_t]$$

故有

$$i^2 \leqslant \frac{d}{2}\sqrt{\frac{\pi[\sigma_t]}{krh_1}} \tag{11-43}$$

锚杆的拉应力、间距、杆径是互为函数的，确定其中任意两个量后，即可求出另一个量，但是，为了使各锚杆作用力的影响范围能彼此相交，在围岩中形成一个完整的承载体系(承载环)，锚杆长度应为其间距 i 的两倍以上，即 $L\geqslant 2i$。

2)喷射混凝土设计与计算

危岩除用锚杆支护外，也可采用喷射混凝土薄层进行支护，如图 11-14 所示。危岩的重量 W 由混凝土喷层支承。喷层厚度太薄会产生图 11-14(a)所示的“冲切型”破坏，喷层与岩面间的黏结力过小会出现图 11-14(b)所示的“撕开型”破坏。因此，喷层的厚度可按以下方法确定。

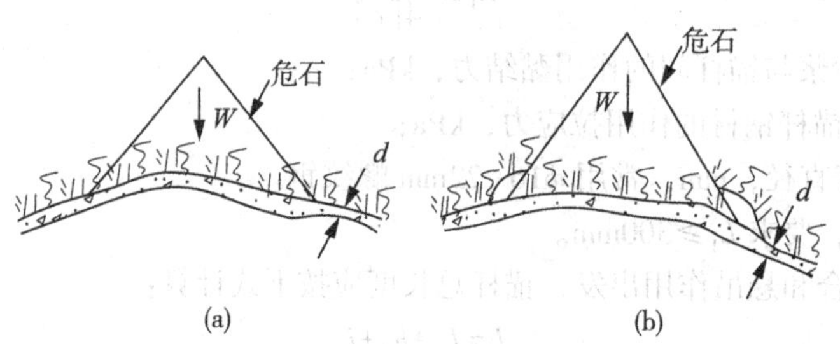

图 11-14 用喷层支护危岩

(1)按“冲切型”破坏验算喷层的厚度。设危岩自重为 W，危岩底面周长为 u，喷层厚度为 h，混凝土的抗拉强度为 R_L，k 为安全系数(可取 3~5)。

由图 11-14(a)可知，要使喷层不产生“冲切型”破坏，应满足下式：

$$\frac{kW}{hu} \leqslant R_L$$

即

$$h \geqslant \frac{kW}{R_L u} \tag{11-44}$$

(2)按“撕开型”破坏验算喷层的厚度。喷层受剪切的同时，它与危石周围岩石之间将产生拉应力，当最大拉应力大于喷层的计算黏结强度时，喷层就会在该结合面处撕开，如

图 11-14(b)所示。简化计算可用下式：

$$h \geqslant \frac{kW}{R_{Lu} u} \tag{11-45}$$

式中，R_{Lu}——喷层与岩石间的计算黏结强度。

若已知喷层所受地压，则喷层厚度可按下式计算：

$$P_i \frac{h}{2} \leqslant \frac{t}{\sin\alpha_1} \tau_B$$

$$t \geqslant \frac{P_i h \sin\alpha_1}{2\tau_B} \tag{11-46}$$

式中，t——喷层厚度；

P_i——作用在喷层上的变形地压，由芬涅尔公式求得；

h——锥形剪切体的底宽，圆形硐室 $h=2a\cos\alpha_1$(a 为隧道半径，α_1 为围岩的剪切角)，拱形隧道 h 取硐高；

τ_B——喷层材料的抗剪强度，可取其抗压强度的 20%；

α_1——喷层材料的剪切角，$\alpha_1=45°-\frac{\varphi_1}{2}$，$\varphi_1$ 为喷层材料的内摩擦角。

3. 支护结构与围岩的相互作用

地下工程支护结构的设计原理是基于围岩体和柔性支护共同变形的弹塑性理论。在分析地下工程新奥法施工支护与围岩的共同作用方面，目前多以圆形硐室为例，并作出如下假定：

(1)围岩为均质的各向同性的连续弹塑性体，岩体在塑性变形和剪切破坏的极限平衡中仍表现有剩余强度；

(2)硐室初始应力场为自重应力场，侧压力系数为 1。

(3)硐室在一定的埋深条件下，将它看成无限体中的孔洞问题。

地下工程开挖后，围岩发生变形，当内缘的二次应力小于围岩强度时，硐室仍是稳定的，当开挖后的二次应力超过围岩强度时，围岩就产生塑性变形和松弛，如不加支护，隧道将坍塌破坏。理论分析和计算表明，给予围岩内缘的支护力 P_i 越小，则围岩体中出现的塑性区越大；若围岩体中出现的塑性区(相应的塑性半径)越大，则围岩对支护的形变压力 P_a(与支护力 P_i 相平衡)越小。这是新奥法柔性支护理论的出发点，是设计、施工中采取支护措施时要积极利用的，以便使支护受到尽可能小的形变压力，相应减小支护工程量和降低造价。

硐室所处的原岩初始应力 P_0 愈大，则塑性区半径 R 就愈大。反映围岩强度性质的两个指标(即黏结力 c 和内摩擦角 φ)值愈小，岩体强度愈低，则塑性区半径 R 就愈大。硐室周边的位移公式，可根据弹塑性条件，求得

$$u=r_0(1-\sqrt{1-A}) \tag{11-47}$$

式中，$A=\left[\frac{(p_0+c\cot\varphi)}{(p_i+c\cot\varphi)}(1-\sin\varphi)\right]^{\frac{1-\sin\varphi}{2\sin\varphi}} B(2-B)$；

$B=\frac{1+\mu}{E}\sin\varphi(p_0+c\cot\varphi)$；

μ——围岩的泊松比；

E——围岩的形变模量。

从式(11-47)可知，硐室周边径向位移的大小主要取决于支护力 P_i，当 P_i减小时，周边径向位移增大，反之则减小。式(11-46)可表达为 $u=f(p_i)$的形式，图 11-15 中所示的曲线称为围岩位移曲线。

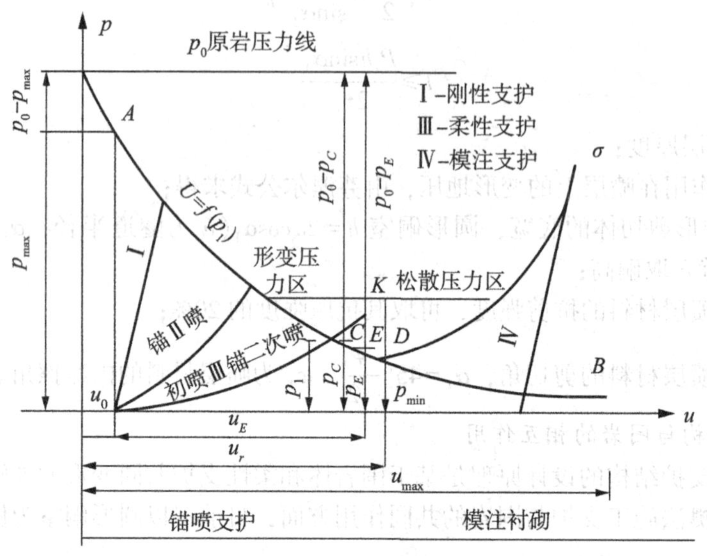

图 11-15 围岩位移及支护特性曲线

为了解作用在支护结构上的变形压力 P_a与支护变形结构变形的关系，可把支护结构视为厚度均匀的厚壁圆筒，在外侧均布径向压力作用下，由弹性理论，可求得

$$P_a=Ku \tag{11-48}$$

式中，$K=\dfrac{E_0}{r_0\left(\dfrac{a^2+1}{a^2-1}-\mu_0\right)}$，$E_0=\dfrac{E}{1-\mu^2}$，$\mu_0=\dfrac{\mu}{1-\mu}$，$a=\dfrac{r_0}{r_s}$；

E——支护结构弹性模量；

M——支护结构泊松比；

r_0——支护结构外半径；

r_s——支护结构内半径；

u——支护结构外缘各点径向位移。

式(11-48)表明，对于一定的支护结构(E_0、μ_0、r_0、r_s等均为常数)，作用在支护结构上的形变压力 P_a与支护结构外缘所产生的径向位移间比值为一常数 K，称为支护的刚度系数。把式(11-48)画在图上，称为支护特性曲线。

由图 11-15 中可以看出：

(1)硐室开挖后，如支护非常快，且支护刚度又很大，没有或很少变形，则在图中 A 点取得平衡，支护需提供很大支护力 P_{max}；围岩仅负担产生弹性变形的压力 u_0的压力 P_0-

P_{max}，故刚度大的支护是不合理的；相反，支护应有相当的柔性变形能力，并允许围岩产生一定量的变形，适度的变形有助于围岩通过应力调整，形成足够大的塑性区，充分发挥塑性区岩体的卸载作用，使传到支护上的压力大为减小，图中平衡位置由 A 点移至 C 点、E 点，形变压力 P_{max} 减至 P_C 和 P_E。

(2)若硐室开挖后不加支护，或支护很不及时，也就是允许围岩自由变形，在图中是曲线 DB。这时，硐室周边位移达到最大值 u_{max}，形变压力 p_a 很小或接近于零。这在新奥法中是不允许存在的。因为实际上周边位移达到某一位移值(如图中 u_r)时，围岩就出现松弛、散落、坍塌的情况。这时，围岩对支护的压力就不是形变压力，而是围岩坍塌下来的岩石重量，即松散压力(塌方荷载)，其大小由曲线 D_a 决定。从时间上和围岩状况上都已不适于作锚喷支护，只能按传统施工方法施作模注混凝土衬砌。

(3)较佳的支护工作点应当在 D 点以左，邻近 D 点处，如图中 E 点。该点上，既能让围岩产生较大的变形(u_0+u_E)，较多地分担岩体压力(P_0-P_E)，支护分担的形变压力较小(P_E)，又保证围岩不产生松动、失稳、局部岩石脱落、坍塌的现象。锚喷支护的设计与施工，就应该掌握在该点附近。这就要掌握好施作时间(相应围岩变形 u_0)和支护刚度 K(支护特性曲线的斜率)。不过，完全通过计算来确定支护的合理刚度和施作时间是很困难的。实际施工中，之所以要分二次支护，是因为硐室开挖后，尽可能及时进行初期支护和封闭，保证周边不产生松动和坍塌；塑性区内岩体保持一定的强度，让围岩在有控制的条件下变形。通过对围岩变形的监测，掌握硐室周边位移和岩体、支护变形情况，待位移和变形基本趋于稳定时，即达到图中 i 点附近时，再进行第二次支护。在 i 点，围岩和支护的变形处于平衡状态。随着围岩和支护的徐变，支护的形变压力将发展到 P_E，支护和围岩在最佳工作点 E 处共同随围岩形变压力。围岩承受的压力值为 P_0-P_E，支护承受的压力值为 P_E。

习　题

11-1　名词解释：围岩、二次应力场、围岩压力。

11-2　简述地下工程的 Barton 分类和埋置深度分类。

11-3　分析地下工程围岩应力的弹塑性分布特征。

11-4　简述地下工程围岩体的破坏机理。

11-5　简述地下工程脆性围岩、塑性围岩的破坏形式及产生的机制。

11-6　简述新奥法及其特点。

11-7　地下工程支护设计方法有哪几种?

11-8　地下工程支护结构有哪几种类型?锚喷支护的力学作用机理是什么?

11-9　锚杆支护对围岩有哪些作用?如何确定锚杆的长度和间距?

11-10　什么是围岩变形曲线和支护特性曲线?支护特性曲线的主要作用是什么?

11-11　在 $K_0=1$ 的均质石灰岩体地下 100m 深度处开挖一圆形硐室，已知岩体的物理力学性质指标为：$\gamma=25\text{kN/m}^3$，$c=0.3\text{MPa}$，$\varphi=36°$。试问：硐壁是否稳定?

第12章　岩土的动力特性

12.1　岩土中的弹性波理论

12.1.1　波在介质中的传播

当一个急剧作用在介质中引起局部扰动时，扰动会立即传播或扩展到介质的其余部分。从日常生活的许多事例中，例如声音的传播以及地震的传播等，都可以看到此类现象。这些简单的现象，即为研究波动问题的基础。

介质中局部扰动的传播，究其最终的物理原因，仍在于原子之间的相互作用。最简单和粗糙的模型，就是用弹簧连接起来的一串质点。当其中一个质点受到扰动时，就会通过弹簧传给相邻质点，如此继续下去，很快就传到了全部质点上。在此过程中，每个质点只在它的平衡位置附近作微小振动，被传递的只是扰动。由于这种传播是以波的形式实现的，从整体上看是一种波的运动，故简称为波动。显然，在此模型中，质点的质量和连接弹簧的刚度对传播速度有影响。质量减小和弹簧刚度增大，将使传播速度加快；反之，传播速度将减慢。在极端情况下，可导致瞬时传播或不传播。

以上所述的模型虽有一系列缺点，但在一定程度上说明了波动过程，有助于了解各种介质的波动。实际上，各种不同介质中的波动虽然具有许多共同的特点，但也有很大的差别，以致不能得出完整的、普遍性的结论，因而必须作为单独的课题加以研究。在此所讨论的只是波在固体中的传播，而且限于弹性波，即在弹性介质中传播的波。

一般扰动是在三维空间中向外传播的。传播中，位于最前面的扰动称为波前。处于波前前面的介质尚无运动，而在波前后面的部分则已经受到扰动，并在某一时间内继续振动。由于弹性体既能传递拉压应力，又能传递剪切应力，因而在弹性体中可以存在两种不同形式的波。主要由于各微小部分间的拉压作用而传播的波，称为膨胀波，因为此时单元体的对角线不转动，故也称无旋转波。另一种主要是由于弹性体中各微小部分间的剪切作用而传播的波，称为畸变波，因为剪切作用不会改变单元体的体积，故也称为等体积波。

当然，扰动的向外传播只是波动的形式之一。传播的结果必然会遇到介质的边界面，这时将发生波的反射、折射等一系列现象。而当弹性波传播到边界面时，一般说来，上述的任何一种波都会同时引起膨胀波和畸变波，这一特点是声波或电磁波所没有的。

12.1.2　波动方程

理想弹性体的运动微分方程为

$$(\lambda+G)\frac{\partial e}{\partial x}+G\nabla^2 u-\rho\frac{\partial^2 u}{\partial^2 t}=0$$

$$(\lambda+G)\frac{\partial e}{\partial y}+G\nabla^2 v-\rho\frac{\partial^2 v}{\partial^2 t}=0 \tag{12-1}$$

$$(\lambda+G)\frac{\partial e}{\partial z}+G\nabla^2 w-\rho\frac{\partial^2 w}{\partial^2 t}=0$$

式中，ρ——体积密度；

λ——lame 弹性常数，$\lambda=\frac{\mu E}{(1+\mu)(1-2\mu)}$；

E，G，μ——材料的动弹性常数；

e——体积应变，$e=\frac{\partial u}{\partial x}+\frac{\partial v}{\partial y}+\frac{\partial w}{\partial z}$；

∇^2——拉普拉斯算子，$\nabla^2=\frac{\partial^2}{\partial x^2}+\frac{\partial^2}{\partial y^2}+\frac{\partial^2}{\partial z^2}$。

假设波动所产生的变形中体积应变为零时，即变形仅由剪切的歪斜与转动构成，运动方程式(12-1)变为

$$\frac{\partial^2 u}{\partial t^2}=\frac{G}{\rho}\nabla^2 u$$

$$\frac{\partial^2 v}{\partial t^2}=\frac{G}{\rho}\nabla^2 v \tag{12-2}$$

$$\frac{\partial^2 w}{\partial t^2}=\frac{G}{\rho}\nabla^2 w$$

因上述方程表示的波动中，单元体的体积无变化，故通常称其为等体积波或畸变波。

假设波动所产生的变形中不存在旋转，即变形仅由体积改变构成，运动方程式(12-1)变为

$$\frac{\partial^2 u}{\partial t^2}=\frac{\lambda+2G}{\rho}\nabla^2 u$$

$$\frac{\partial^2 v}{\partial t^2}=\frac{\lambda+2G}{\rho}\nabla^2 v \tag{12-3}$$

$$\frac{\partial^2 w}{\partial t^2}=\frac{\lambda+2G}{\rho}\nabla^2 w$$

显然，这也是一组波动方程，说明在无转动的条件下，仍然有一种波的运动。这种波称为无旋转波或膨胀波。

实际上，一般情况下，传播于弹性体中的波是这两种波的叠加，即既有膨胀波，也有畸变波。综合式(12-2)及式(12-3)，两种波的运动方程可统一写成

$$\frac{\partial^2 \eta}{\partial t^2}=a^2\nabla^2\eta \qquad (\eta=u,\ v,\ w) \tag{12-4}$$

对于膨胀波：$$a=c_1=\sqrt{\frac{\lambda+2G}{\rho}}$$

对于畸变波：
$$a=c_2=\sqrt{\frac{G}{\rho}}$$

12.1.3 平面波

当扰动产生于弹性体中一点时，波动将由此点开始向各个方向传播。此时的波前并不在一个平面上。但是，当距离扰动中心足够远时，则可以近似认为波的传播是以平面的形式向前推进，所有质点的运动都平行于传播方向或垂直于传播方向，这种波称为平面波。其中，当质点运动方向平行于传播方向时，称为纵波，它相当于上述的膨胀波。而当质点运动方向垂直于传播方向时，称为横波，它相当于上述的畸变波。

1. 纵波

假设 x 轴为传波方向，根据纵波的特点，此时 $v=w=0$，而 u 仅为坐标 x 和时间 t 的函数，方程(12-3)简化为
$$\frac{\partial^2 u}{\partial t^2}=c^2{}_1\frac{\partial^2 u}{\partial^2 x} \tag{12-5}$$
这就是纵波的波动方程。

其传播速度为
$$c_1=\sqrt{\frac{\lambda+2G}{\rho}}$$

将 λ 及 G 代入上式，得
$$c_1=\sqrt{\frac{E(1-\mu)}{(1+\mu)(1-2\mu)\rho}} \tag{12-6}$$
式中，c_1——无限介质中纵波(膨胀波)的传播速度，对于石灰岩类介质，$c_1\approx 4000\text{m/s}$。

2. 横波

沿用前面的坐标，把 x 轴设在传波方向，y 轴设在质点运动的方向，则在横波中，各点只有 y 向的位移 v，它是坐标 x 与时间 t 的函数，其余两个方向的位移 $u=w=0$。波动方程(12-2)简化为
$$\frac{\partial^2 v}{\partial t^2}=c_2^2\frac{\partial^2 v}{\partial^2 x} \tag{12-7}$$

其传播速度为
$$c_2=\sqrt{\frac{G}{\rho}}=\sqrt{\frac{E}{2(1+\mu)\rho}} \tag{12-8}$$

对比式(12-6)可知：
$$\frac{c_2}{c_1}=\sqrt{\frac{1-2\mu}{2(1-\mu)}}$$

这一结果很重要。例如，对于石灰岩，$\mu=0.25$，则由此式可以算出 $c_2=\frac{c_1}{\sqrt{3}}$。

12.1.4 等直杆中纵波的基本理论

结合实际需要，本节讨论一个特殊问题——纵波在等直杆中的传播。主要目的是弄清这种

情况下的波速、质点振动速度、应力变化规律以及波在固定端或自由端的反射等问题。

1. 波动方程

设有一个无限长的等截面直杆，受到扰动后，沿其轴向有纵波传播。以坐标 x 表示任意截面的位置，则截面的位移将是 x 与时间 t 的函数，即 $u=u(x,\ t)$。现由杆中截出长为 dx 的微小段，其两端曲面上的应力如图 12-1 所示。以 A 表示杆的横截面积，ρ 表示材料的密度，略去体积力，由牛顿第二定律可列出微段杆的运动微分方程：

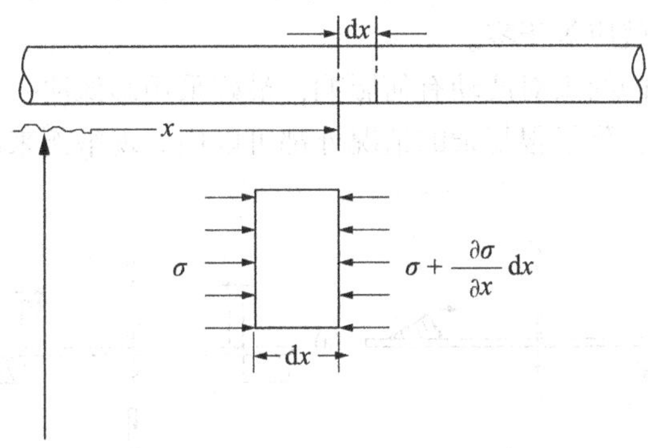

图 12-1　分析单元

$$-\sigma A+\left(\sigma+\frac{\partial\sigma}{\partial x}\mathrm{d}x\right)A=\rho A\mathrm{d}x\ \frac{\partial^2 u}{\partial^2 t}$$

整理后得

$$\frac{\partial\sigma}{\partial x}=\rho\ \frac{\partial^2 u}{\partial^2 t} \tag{12-9a}$$

考虑到现在杆受单向应力，故有

$$\sigma=E\varepsilon=E\ \frac{\partial u}{\partial t} \tag{12-9b}$$

代入式(12-9a)得

$$E\ \frac{\partial^2 u}{\partial^2 x}=\rho\ \frac{\partial^2 u}{\partial^2 t}$$

或

$$\frac{\partial^2 u}{\partial^2 t}=\frac{E}{\rho}\frac{\partial^2 u}{\partial^2 x} \tag{12-10}$$

纵波在等截面直杆内的传播速度为

$$c_0=\sqrt{\frac{E}{\rho}} \tag{12-11}$$

应注意，此时 c_0 不同于无限介质中的纵波速度 c_1。由式(12-5)及式(12-11)可以得出

$$\frac{c_1}{c_0}=\sqrt{\frac{1-\mu}{(1+\mu)(1-2\mu)}}$$

对于岩土类材料，通常 $\mu=0.3$，此时比值为 1.16。

这里应当指出，在推导波动方程式(12-10)时，认为杆的侧面不受任何外力作用，但允许由于横向效应而有尺寸变化，同时，还略去了横向的惯性，并且，假定核截面上应力是均匀分布的。

2. 波在固定端和自由端的反射

(1)固定端的反射。现假定所考察的杆一端固定，另一端在无限远处，即是个半无限杆。把坐标原点设在固定端，则此处的边界条件为，当 $x=0$ 时：

$$u(0,\ t)=0 \tag{12-12}$$

这个边界条件的意思是：无论是何种形式的扰动(脉冲)，也无论在什么时间，只要它达到固定端，其位移就应等于零。

为研究这种固定端的约束对波动有何影响，最好采用影像法——波动研究中另一重要的方法。此法比较直观，除了很复杂的情况外都可以用。现举例来说明。

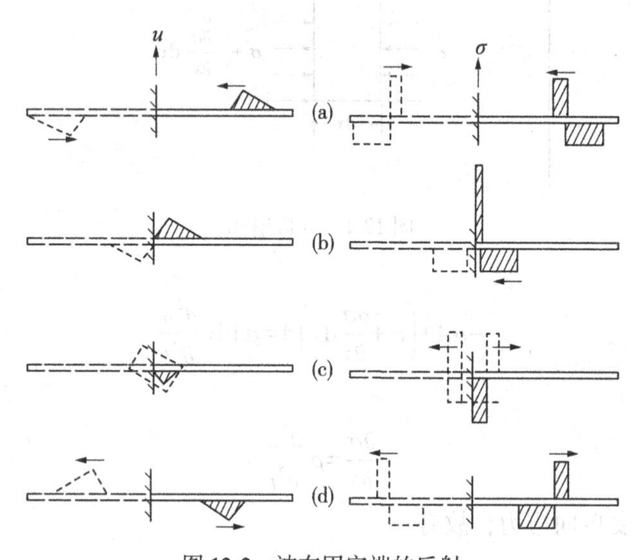

图 12-2　波在固定端的反射

如图 12-2 所示，设有三角形的位移脉冲向固定端传来，当它到达固定端时，应满足式(12-12)的条件，即位移为零。假想有一个形状完全相同但位移值为负的脉冲，以同样的距离和速度由固定端的另一面传来，好像是真实脉的影像(图 12-2(a))，它与真实脉冲同时到达固定端。由于二者形状相同而位移相反，于是在脉冲到达固定端时位移为零，也就是说，根据边界条件，固定端的作用相当于造成一个从另一面传来的负位移脉冲。与这些位移脉冲相应的应力脉冲，可用图形微分的力法求出并画在图的右列。

图 12-2(b)表示脉冲到达固定端时的情况。特别值得注意的是，此时两个应力脉冲方向相同。因互相叠加的结果，使固定端处的应力是单个脉冲时的一倍。在图 12-2(c)阶段，因两个位移脉冲叠加的结果造成有剖面线部分的小脉冲，同时，应力脉冲因叠加的结果造成压应力增加一倍。这种应力成倍增加的现象，是固定端边界的特点之一。图 12-2(d)表示脉冲与固定端作用以后的情况。由图可见，经反射之后，应力脉冲保持原来的形状。拉应力在前，压应力在后，并且二者的大小不变。反射后能保持原有应力的型式及数值，这是固定端的另一个特点。

总之，当波与固定端相互作用时，其应力值会增加一倍。经反射后，位移改变符号而应力保持原有型式。

(2) 自由端的反射。现假定半无限杆有一端自由，将坐标原点放在此处。因自由端无外力作用，截面应力为零，故此处的边界条件当 $x=0$ 时：

$$\frac{\partial u(0,\ t)}{\partial x}=0 \tag{12-13}$$

下面仍然采用影像法说明自由端对波的反射作用。

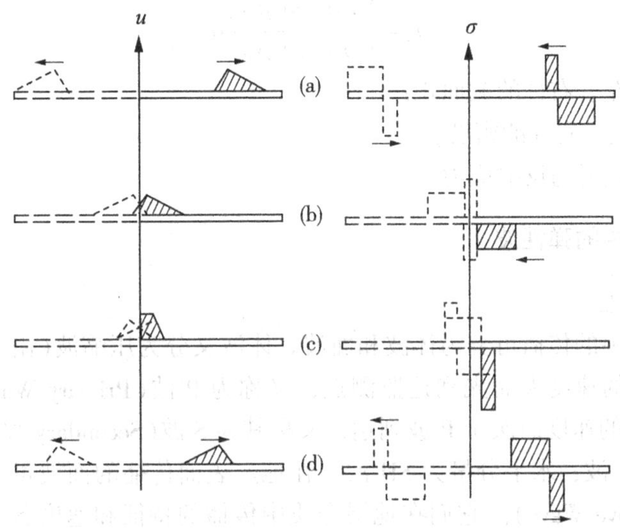

图 12-3　波在自由端的反射

如图 12-3 所示，设有三角形的位移脉冲传向自由端。为保证条件式(12-13)得到满足，可假想有一形状、符号都相同的位移脉冲从另一方传向自由端，如图 12-13(a)所示，相应的应力脉冲画在右列。由于两个位移波形的斜率相等、方向相反，所以二者叠加后恰能满足边界条件。图 12-13(b)、(c)表示两个脉冲相互作用的情况，实际上也就是脉冲与自由端相互作用的情况。可以看出，当两个位移脉冲的峰值同时到达自由端时，位移量将增加一倍，但自由端的应力始终为零。在图 12-13(d)阶段，脉冲与自由端的作用已结束。由图可看出，原来的拉应力变成了压应力，而压应力变成了拉应力，即经自由端的反射，应力将改变符号。自由端的这一特点，在许多试验中都已被利用。

3. 波传入另一个杆的问题

设有两个半无限杆，截面积、材料的密度及弹性模量都不同，两者在交界处紧密接触，如图 12-4 所示。

现假定从左边的杆内向右传来一个脉冲(为方便计，称之为入射波)，当它到达交界面时，其中一部分将被反射回去。另一部分将传入右段杆中。假设，以 i 代表入射参数，r 代表反射参数，t 代表透射参数，则当已知入射应力 σ_i 时，可以求出反射和透射应力：

$$\sigma_t=\frac{2A_1\rho_2c_2}{A_1\rho_1c_1+A_2\rho_2c_2}\sigma_i$$

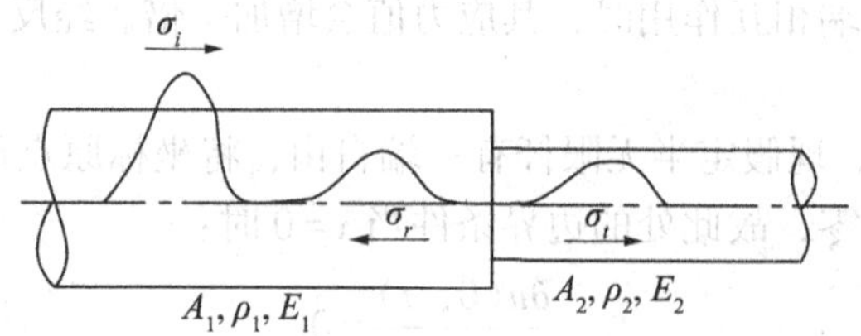

图 12-4 波传入另一个杆示意图

$$\sigma_r = \frac{A_2\rho_2 c_2 - A_1\rho_1 c_1}{A_1\rho_1 c_1 + A_2\rho_2 c_2}\sigma_i \tag{12-14}$$

式中，A_1，A_2——左、右杆的截面积；

ρ_1，ρ_2——左、右杆的密度；

σ_t，σ_r——透射与反射应力。

12.1.5 岩土中的弹性波

1. 弹性波的类型

弹性波在地层中的传播可分为体波和面波。体波又分为压缩波(由于振动时这种波的传播速度比其他波的速度大而先到达监测点，又称为 P 波(Primary Wave))和剪切波(由于其波速小于 P 波的速度而次于 P 波到达，又称其为 S 波(Secondary Wave)。剪切波的垂直分量为期不远 SV 波，水平分量为 SH 波。在地层表面传播的面波可分为瑞利(Rayleigh Wave)和勒夫波(Love Wave)。它们在地层介质中传播的特征和速度各不相同，由此，可以在时域波形中加以区别。

在弹性半空间中，各种波的能量密度都将随着离振源的距离的增大而减小(即位移振幅减小)，这种能量密度的减小称为几何阻尼。对于体波而言，其振幅与$\frac{1}{r}$成比例减小，但在地表体波衰减很快，其位移振幅与$\frac{1}{r^2}$成比例衰减；而面波的位移振幅与$\frac{1}{\sqrt{r}}$成比例衰减。可见，Rayleigh 波比体波随震源距离 r 的增加而衰减要慢得多。

根据 Miller 和 Percy(1955)的计算，三种弹性波各占总输入能量的百分比见表 12-1。

表 12-1 三种波占输入能量的百分比

波的类型	占总能量的比例
Rayleigh 波	67
剪切波(S 波)	26
压缩波(P 波)	7

在弹性波速测试中，为确定与波速有关的岩土参数，进行场地类别划分，为场地地震反应分析与动力机械基础进行动力分析提供地基土动参数，检验地基处理效果等方面的应用，主要有三种测试方法，其特点见表 12-2。

表 12-2　　几种波速测试方法的比较

测试方法	测试波形	钻孔数量	测试深度	激振形式	测试仪器	波速精度	工作效率	测试成本
单孔法	P，SH	1	深	地面、孔内	简单	平均值	较高	低
跨孔法	P，SV	2	深	孔内	复杂	高	低	高
瑞利波法	R	—	较浅	地面	复杂	较高	高	低

2. 波速在工程中的应用

(1)计算岩土动力参数；

(2)计算地基刚度和阻尼比；

(3)划分建筑场地抗震类别；

(4)计算场地地基卓越周期；

(5)判定砂土地基液化；

(6)地震小区划；

(7)检验地基加固处理效果；

(8)地层剪切波速度和地基土的弹性模量参考值；

(9)判定桩、混凝土结构的质量；

(10)确定围岩松动圈等。

12.2　岩土的动力特性

12.2.1　动力问题与动荷载

在土木工程建设中，土体经常会受到诸如天然振源的地震(Earthquake)、波浪(Wave)、风(Wind)或人工振源的车辆(Rolling Stock)、爆炸(Explosion)、打桩(Pile Driving)、强夯(Dynamic Compaction，Dynamic Consolidation)、动力机器基础(Dynamic Machine Foundation)等引起的动荷载作用。在这些动荷载作用下，土的强度与变形特性都将受到影响。动荷载可能造成土体的破坏，必须加以重视；动荷载也可利用改善不良土体的性质如地基处理(Ground Treatment)中的爆炸法(Explosion Method)、强夯法、换填垫层法(Cushion Method)等。

天然振源和人工振源的振动频率、振动次数和振动波形各不相同。天然振源发生随机振动荷载，其振动周期、幅值及方向都是不规则的；人工振源没有瞬时脉冲振动荷载，一次作用时间很短，但土的动应变较大，也有规则的循环荷载，土的动应变属小应变范围。在不同的动荷载作用下，土的强度和变形各不相同，其共同特点是都受到加荷速率和加荷次数的影响。动荷载都是在很短的时间内施加的，一般是 $10^{-1} \sim 10^{-2}$s，如爆炸荷载只有几毫秒，通常，在 10s 以内时，应看成动力问题。按动荷载的加荷次数，可以分为：①一次快速施加的瞬时荷载，如爆炸和爆破作业，加荷时间非常短，所引起土体的振动，由于受到阻尼作用，振幅在不长的时间内衰减为零，称为冲击荷载(Impact Load)，如图 12-5(a)所示；②加荷几次至几十次甚至千百次的动荷载，如地震、打桩引起的振动作用等，荷载随时间的变化没有规律可循，称为不规则荷载(Erratic Load)，如图 12-5(b)所示；③加荷几万次以上的动荷载，以同一振幅和周期反复循环作用的荷载，称为周期荷载(Periodic Load)，如图 12-5(c)所示，如车辆行驶对路基的作用、往复运动和旋转运动的机器基础对地基的作用等。

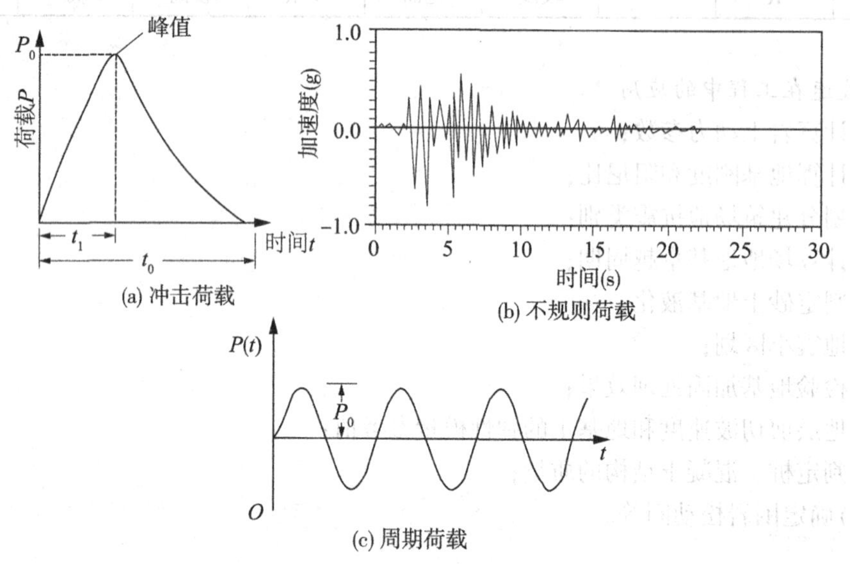

(a) 冲击荷载 (b) 不规则荷载 (c) 周期荷载

图 12-5 动荷载的类型

当地基土特别是饱和松散的砂土和粉土受到动荷载作用(如地震作用)时，地震会造成建(构)筑物的破坏，除地震直接引起结构破坏外，还有场地条件的原因，如地震引起的地表错动与地裂、滑坡和土的振动液化等，从而发生地表类似于液体性质而完全丧失抗剪强度的现象，即振动液化现象，从而发生地表喷水冒砂、振陷、滑坡、上浮及地基失稳等，最终导致建筑物或构筑物的破坏。1976 年唐山大地震时，液化区喷水高度达 8m，厂房沉降高达 1m，很多房屋、桥梁、道路路面结构出现破坏。特别需要指出的是，地震可引起大面积甚至深层的土体液化，常能造成场地的整体失稳，具有面积广、破坏性严重等特点。因此，土的振动液化问题已成为工程抗震设计中的重要内容之一。

12.2.2 岩土动力参数

1. 岩体的动力变形参数

反映岩体动力变形性质的参数通常有动弹性模量、动泊松比及动剪切模量。这些参数均可通过声波测试资料求得：

$$E_d = v_{mp}^2 \rho \frac{(1+\mu_d)(1-2\mu_d)}{1-\mu_d} \tag{12-15}$$

或

$$E_d = 2v_{mp}^2\rho(1+\mu_d) \tag{12-16}$$

$$\mu_d = \frac{v_{mp}^2 - 2v_{ms}^2}{2(v_{mp}^2 - 2v_{ms}^2)} \tag{12-17}$$

$$G_d = \frac{E_d}{2(1+\mu_d)} = v_{mp}^2\rho\ v_{mp}^2 \tag{12-18}$$

式中，G_d，E_d——岩体的动弹性模量和动剪切模量，GPa；

μ_d——动泊松比；

ρ——岩体密度，g/cm^3；

v_{mp}，v_{ms}——岩体纵波速度与横波速度，km/s。

利用声波法测定岩体动力学参数的优点是不扰动被测岩体的天然结构和应力状态，测定方法简便，省时省力，且能在岩体中各个部位进行测试。

从大量的试验资料可知：不论是土层还是岩体，其动弹性模量普遍大于静弹性模量。两者的比值$\frac{E_d}{E_{me}}$，对于坚硬完整岩体为 1.2~2.0；而对风化、裂隙发育的岩体和软弱岩体，该比值较大，一般为 1.5~10.0，大者可超过 20.0。造成这种现象的原因可能有以下几方面：

(1)静力法采用的最大应力大部分在 1.0~10.0MPa，少数则更大，变形量常以 mm 计，而动力法的作用应力则约为 10^{-4}MPa 量级，引起的变形量微小，因此静力法必然会测得较大的不可逆变形，而动力法则测不到这种变形。

(2)静力法持续的时间较长。

(3)静力法扰动了岩体的天然结构和应力状态。

然而，由于静力法试验时岩体的受力情况接近于工程岩体的实际受力状态，故实践应用中，除某些特殊情况外，多数工程仍以静力变形参数为主要设计依据。由于原位变形试验费时、费钱，这时，可通过动、静弹性模量间关系的研究，来确定岩体的静弹性模量。如有人提出用如下经验公式来求 E_{me}：

$$E_{me} = jE_d \tag{12-19}$$

式中，j——折减系数，可据岩体完整性系数 K_v 查表 12-3 求取；

E_{me}——岩体静弹性模量。

表 12-3 **K_v 与 j 的关系**

K_v	1.0~0.9	0.9~0.8	0.8~0.7	0.7~0.65	<0.65
j	1.0~0.75	0.75~0.45	0.45~0.25	0.25~0.2	0.2~0.1

2. 土体的动力变形参数

土的动力变形参数包括动弹性模量或动剪切模量、阻尼比或衰减系数，其中动剪切模量(Dynamic Shear Modulus)和阻尼比(Damping Ratio)是表征土的动力特征的两个主要参数。

土的动剪切模量 G_d 是指产生单位动剪应变时所需要的动剪应力，即动剪应力 τ_d 与动

剪应变 ε_d之比值，按下式计算：

$$G_d=\frac{\tau_d}{\varepsilon_d} \tag{12-20}$$

土体作为一个振动体系，其质点在运动过程中由于黏滞摩擦作用而有一定能量的损失，这种现象称为阻尼，也称黏滞阻尼。在自由振动中，阻尼表现为质点的振幅随振次而逐渐衰减。在强迫振动中，则表现为应变滞后于应力而形成滞回圈。土的阻尼比 ξ 是指阻尼系数与临界阻尼系数的比值。由物理学可知，非弹性体对振动波的传播有阻尼作用，这种阻尼力作用与振动的速度成正比关系，比例系数即为阻尼系数(Damping Factor)，使非弹性体产生振动过渡到不产生振动时的阻尼系数，称为临界阻尼系数。阻尼比是衡量吸收振动能量的尺度。地基或土工建筑物振动时，阻尼有两类：一类是逸散阻尼，另一类是材料阻尼。前者是土体中积蓄的振动能量以表面波或体波(包含剪切波和压缩波)向四周和下方扩散而产生的，后者是土粒间摩擦和孔隙中水与气体的黏滞性产生的。

土动力问题研究应变的范围很大，从精密设备基础振幅很小的振动到强烈地震或核爆炸的震害。剪应变从 10^{-6}到 10^{-2}。在这样广阔的应变范围内，土动力计算中所用的特征参数，需用不同的测试方法来确定。对于动剪切模量和阻尼比，可用表 12-4 和表 12-5 所列各种室内外试验方法测定。

表 12-4 **动剪切模量和阻尼比的室内试验方法**

试验方法	动剪切模量	阻尼比	试验方法	动剪切模量	阻尼比
超声波脉冲	√		周期单剪	√	√
共振柱	√	√	周期剪扭	√	√
周期三轴剪		√			

表 12-5 **动剪切模量和阻尼比的原位试验方法**

试验方法	动剪切模量	阻尼比	试验方法	动剪切模量	阻尼比
折射法	√		钻孔波速法	√	
反射法	√		动力旁压试验		√
表面波法	√		标准贯入试验	√	

土动力测试和其他土工试验一样，尽管原位测试可以得到代表实际土层性质的测试资料，但限于原位试验的条件和较大的试验费用，通常在原位只做小应变试验，而在实验室内则可以做从小应变到大应变的试验。

土的动力特征参数的室内测定，由于周期加荷三轴剪试验相对比较简单，故一般用它来确定土的动剪切模量 G_d(换算得到)和阻尼比 ξ。周期加荷三轴试验仪器如图 12-6 所示(根据加荷方式，分为电磁激振器激振、气压或液压激振，故周期加荷三轴仪的型式也有多种)。试验时，对圆柱形土样施加轴向周期压力，直接测量土样的应力和应变值，从而绘出应力应变曲线，如图 12-7 所示，称滞回曲线。

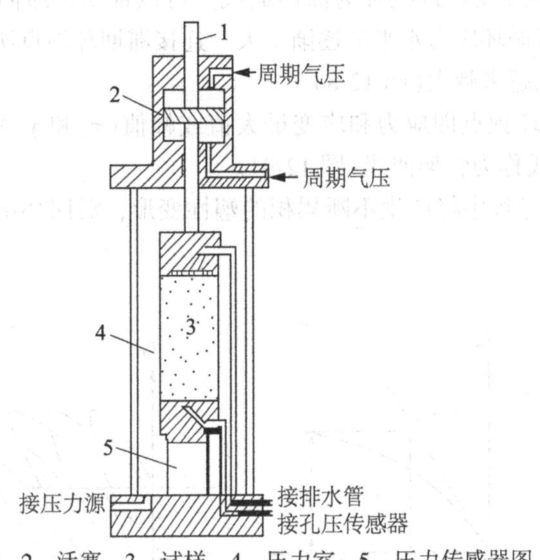

图 12-6　周期加荷三轴仪

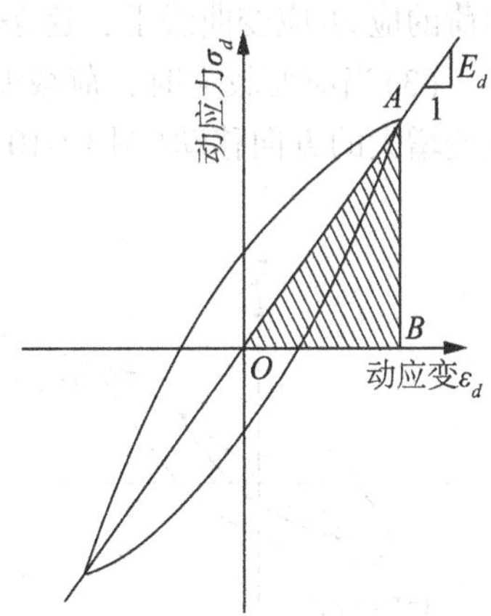

图 12-7　动应力与动应变关系曲线

试验所得滞回曲线是在周期荷载作用下的结果，所以求得的模量称动弹性模量 E_d，而动剪切模量 G_d则可由下式求出：

$$G_d=\frac{E_d}{2(1+\mu)} \tag{12-21}$$

式中，μ——土的泊松比。

土的阻尼比可由图 12-7 所示的滞回圈按下式求得：

$$\xi=\frac{\Delta F}{4\pi F} \tag{12-22}$$

式中，ΔF——滞回圈包围的面积，表示加荷与卸荷的能量损失；

F——滞回圈顶点至原点的连线与横坐标所形成的直角三角形 AOB 的面积，表示加荷与卸荷的应变能。

另一种测定阻尼比的方法是让土样受一瞬时荷载作用，引起自由振动，量测振幅的衰减规律，用下式求土的阻尼比：

$$\zeta=\frac{\omega_r}{2\pi\omega}\ln\frac{U_k}{U_{k+1}} \tag{12-23}$$

式中，ω_r、ω——有阻尼和无阻尼时土样的自由振动频率；

U_k、U_{k+1}——第 k 和 $k+1$ 次循环的振幅。

一般 ω_r与 ω 差别不大，故上式可简化为

$$\zeta=\frac{1}{2\pi}\ln\frac{U_k}{U_{k+1}} \tag{12-24}$$

12.2.3　岩土的动力变形特性

一般而论，岩土的动应力应变关系具有如下特征：

(1)一次循环作用期间的应力-应变轨迹线称为滞回曲线。可以证明，滞回环的面积表征一个循环中的能量耗损。随着循环应力水平的逐渐变大，连接滞回环顶点所得直线的斜率越来越小；滞回环所围的面积越来越大(图 12-8)。

(2)循环应变水平不同的滞回环顶点即应力和应变最大值或幅值(τ_m和γ_m)落在初始加荷的应力-应变曲线上，这条曲线称为骨架曲线(图 12-9)。

(3)当应变较大时，荷载循环过程中将产生不断累积的塑性变形，滞回环中心不断朝应变增大的方向移动(图 12-10)。

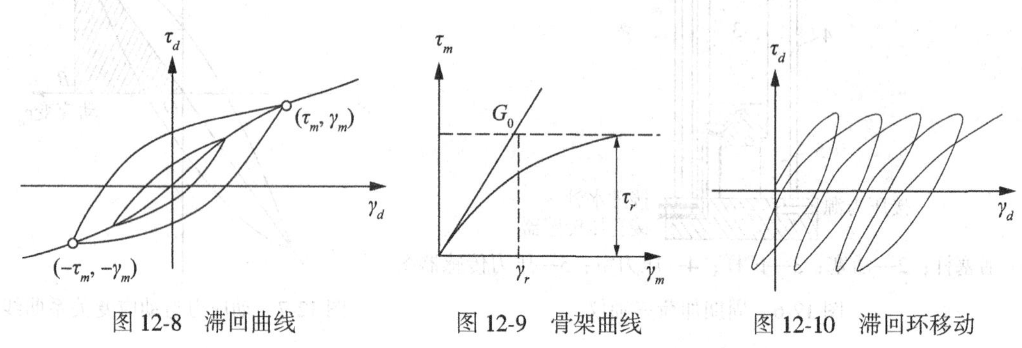

图 12-8 滞回曲线　　图 12-9 骨架曲线　　图 12-10 滞回环移动

可见，在循环荷载作用下，土不仅具有非线性，而且具有滞后性和塑性变形累积性。骨架曲线反映了动应力应变关系的非线性；滞回曲线表示某个应力循环内各时刻应力-应变之间的关系，反映了应变-应力关系的滞后性；滞回环中心的移动反映了塑性变形的累积性。

图 12-11 所示为室内条形基础的模型试验，砂土上的模型基础尺寸为 75mm×228mm，在反复荷载的作用下，砂土的沉降随作用次数的增加而增加，随动应力与单轴抗压强度之比$\dfrac{\sigma_d}{q_u}$值的增加而增加。

同样，动荷载的加荷速度对土的强度与变形也将产生影响，如图 12-12 所示，加荷速度越慢，其强度越低，但承受的应变范围越大。

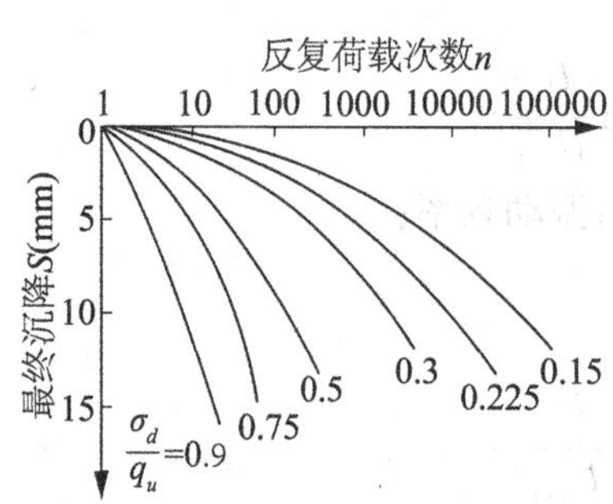

图 12-11 条形基础模型试验中反复荷载引起的塑性变形

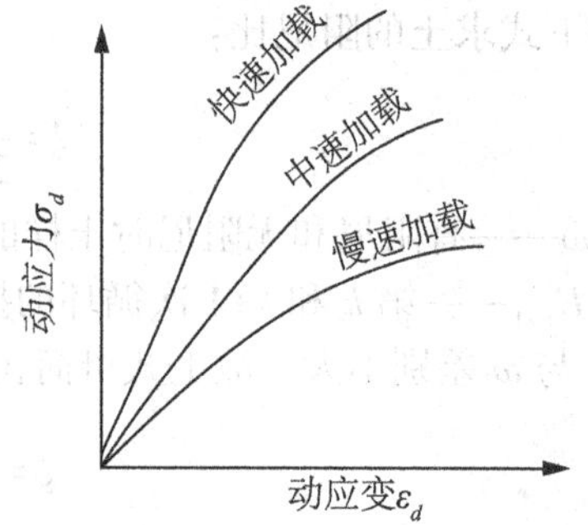

图 12-12 加荷速率对土的应力-应变的影响

12.2.4　岩土的动力强度特性

土的动力强度是指土在动荷载作用下破坏时的应力，而破坏常与动应变相联系。在循环荷载作用下，土的应变将随动应力的增大而增大，随荷载循环次数 N 的增大而增大。因此，欲使试样产生一定的应变，可以采用低循环次数下高的动应力，也可采用高循环次数下低的动应力。通常是针对一定的循环次数来确定动强度，循环次数越低，动强度越高；循环次数越高，动强度越低。此外，动强度也与初始静应力有关。初始应力可以用两个变量表示，即参考面上的初始剪应力 τ_0 和初始有效法向应力 σ_1'。动强度定义为在一定循环次数 N，一定初始剪应力比 $\alpha=\dfrac{\tau_0}{\sigma_1'}$ 下，参考面上初始静应力 τ_0 和动剪应变幅值达到某一数值时的循环剪应力 τ_{df} 之和，即 $\tau_0+\tau_{df}$。很显然，如果所规定的破坏应变不同，那么相应的动强度也就不同。因此，合理地确定破坏应变，是讨论动强度问题的基础。对于黏性土，通常以双幅动剪应变达到 5%为破坏标准。

在研究土的动强度特性时，必须注意动荷载随时间变化的两种效应，即加荷速率效应和循环效应。一方面，在快速加荷时，土的动强度均大于静强度。随着加荷速率的增大，土的动强度也增大，而且含水量越大，强度的增大越显著。这种现象不仅出现在黏性土中，而且也出现在无黏性土中。例如，Casagrande 等(1948)进行的曼彻斯特干砂试验和 Seed 等(1954)进行的饱和细砂试验均发现强度增大 15%～20%。另一方面，在循环荷载下，与静强度相比，循环扰动则引起强度降低。动强度与静强度相比是增大还是减小，取决于这两种因素的共同作用。

对于特定的土，确定动强度的主要参数有初始剪应力比 $\alpha=\dfrac{\tau_0}{\sigma_0'}$、初始有效应力 σ_0'、动荷载循环次数 N、破坏剪应变 γ_{df}。为了确定动强度，在动单剪强度试验中，制备若干个相同的试样。首先保持 α 和 σ_0' 不变，分别在不同动剪应力 τ_0 下进行循环载荷试验。为确定 τ_0 大小对试验结果的影响，需要在 5～7 个 τ_d 下进行试验。然后保持 α 不变，改变 σ_0'，重复上述试验。为确定 σ_0' 对试验结果的影响，需要在 2～3 个 σ_0' 下进行试验。最后改变 α 重复上述试验。为确定 α 对试验结果的影响，需要在 2～3 个 α 下进行试验。

动强度可表示为达到破坏标准时的循环次数 N_f 与动应力比 $\dfrac{\tau_d}{\sigma_0'}$ 之间的关系，即 $\dfrac{\tau_d}{\sigma_0'}-\lg N_f$ 曲线(图 12-13)。在循环次数、初始剪应力比确定后，可以绘出动强度 $\tau_f^d=\tau_0+\tau_{df}$ 必与 σ_0' 的关系，并整理出动强度参数(图 12-14)。

$$\tau_f^d=a+b\sigma_0' \tag{12-25}$$

其中，参数 a，b 与 α 之间的关系近似为直线，可表示为

$$a=a_0+a_1\alpha$$

$$b=b_0+b_1\alpha$$

而 a_0，a_1，b_0，b_1 为试验常数。

在动三轴强度试验中，首先保持固结比 $K_e=\dfrac{\sigma_{1c}}{\sigma_{3c}}$ 和侧向固结压力 σ_{3c} 不变，分别在不同动荷载 σ_d 下进行试验。然后保持 K_c 不变，改变 σ_{3c}，重复上述试验。最后改变 K_c，重复

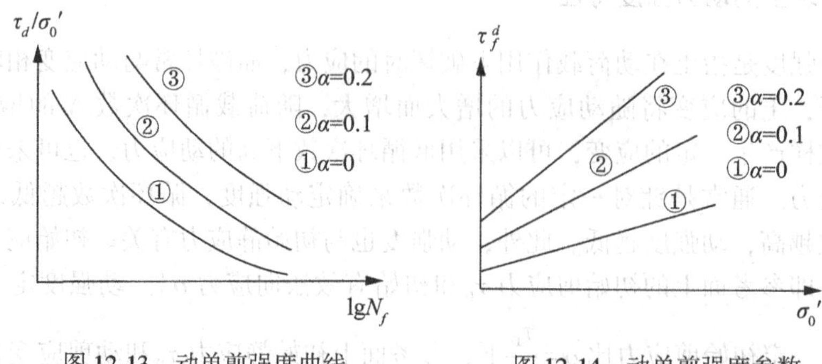

图 12-13　动单剪强度曲线　　　　图 12-14　动单剪强度参数

上述试验。动强度可表示为达到破坏标准时的循环次数 N_f 与动应力 f_d 的关系。通常，按45°面上的动剪应力 $\tau_d=\dfrac{\sigma_d}{2}$ 与 σ_{3c} 之比，对 $\lg N_f$ 作动强度曲线。试验表明，$\dfrac{\tau_d}{\sigma_{3c}}$-$\lg N_f$ 从曲线随 K 的增大而增高(图 12-15)。

根据上述动强度曲线，也可以求出动抗剪强度参数(图 12-16)。还可采用另一种方式求出动强度包线与参数。当循环次数 N_f 和固结 K_c 一定时，从曲线上可确定动强度比 $\dfrac{\tau_d}{\sigma_{3c}}$，对于某确定的 σ_{3c}，由 K_c 计算出 σ_{1c}；并由 $\dfrac{\tau_d}{\sigma_{3c}}$ 算出 σ_d。于是，破坏时的大小主应力分别为 $\sigma_{1f}=\sigma_{1c}+\sigma_d$ 和 $\sigma_{3f}=\sigma_{3c}$，由此可绘出一个极限应力圆。对不同的 σ_{3c}，重复上述做法，可得若干个极限应力圆，从而确定出强度包线及相应的强度参数 c_d 和 φ_d。根据破坏时的动孔隙水压力 u_d，还可确定动荷载下土的有效应力强度参数 c'_d 和 φ'_d。

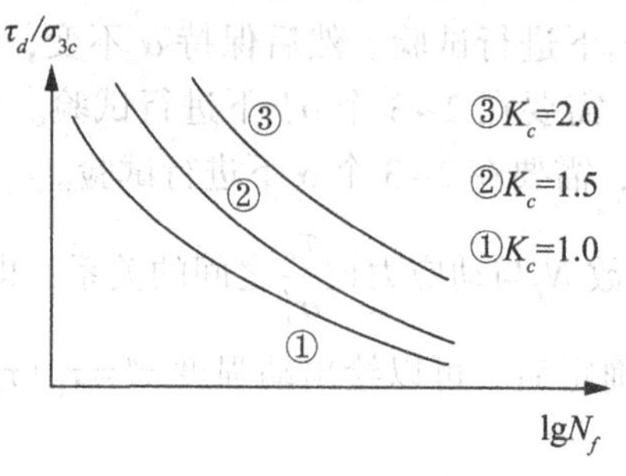

图 12-15　动三轴强度曲线

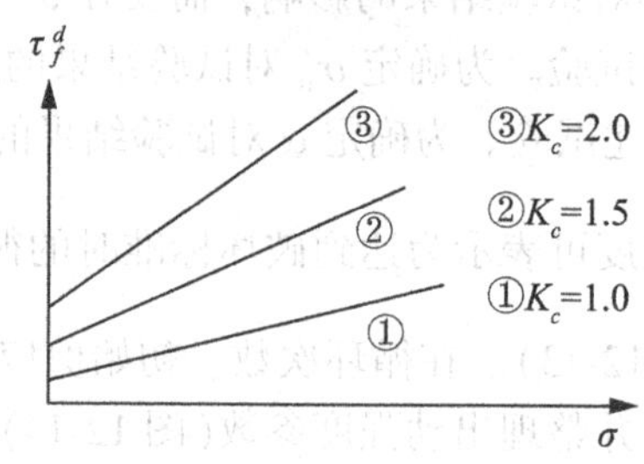

图 12-16　动三轴强度参数

按剪切破坏面确定动强度时，剪切面上的法向应力包括动应力和静应力。通常以静应力为参数比较方便，为此，汪闻韶研究了单向激振时剪切破坏面 $45°+\dfrac{\varphi'_d}{2}$ 上的初始有效法向应力 σ'_{0f}、初始剪应力 τ_{0f}、动剪应力 τ_{df}，推导出下列公式：

$$\sigma'_{0f}=\sigma'_0\pm\tau_0\sin\varphi'_d \tag{12-26}$$

$$\tau_{0f}=\tau_0\cos\varphi'_d \tag{12-27}$$

$$\tau_{df}=\tau_d\cos\varphi'_d \tag{12-28}$$

$$\alpha_f=\frac{\tau_{0f}}{\sigma'_{0f}} \tag{12-29}$$

式中，φ'_d——动有效内摩擦角；

σ'_0，τ_0，τ_d——45°面上的初始法向应力、初始剪应力和动剪应力；

"±"号分别适用于拉、压破坏情况。

12.3　土的振动液化

12.3.1　土的振动液化机理及试验分析

土、特别是饱和松散砂土、粉土，在振动荷载作用下，土中(超)孔隙水压力逐渐累积，有效应力下降，当孔隙水压力累积至总应力时，有效应力为零，土粒处于悬浮状态，表现出类似于水的性质，而完全丧失其抗剪强度，这种现象称为土的液化(Liquefaction)。地震、波浪以及车辆荷载、打桩、爆炸、机器振动等引起的振动力均可能引起土的振动液化。振动力通常可引起无黏性土、低塑性黏性土、粉土、粉煤灰等的振动液化。

根据饱和土的有效应力原理和无黏性土抗剪强度公式 $\tau_f=(\sigma-u)\tan\varphi'=\sigma'\tan\varphi'$，当有效应力为零，即抗剪强度为零时，没有黏聚力的饱和松散砂土就丧失了承载能力，这就是饱和砂土振动液化的基本原理。

土的振动液化可由室内试验研究分析，但室内试验必须模拟现场土体实际的受力状态。图 12-17(a)表示现场微单元土体在地震前的应力状态，此时，单元土体的竖向有效应力和水平向有效应力分别分 σ_v 和 $\sigma_h=K_0\sigma_v$，其中 K_0 为静止土压力系数；图 12-17(b)表示地震作用时，单元土体的应力状态，此时，震动引起的往复剪应力 τ_h 作用在单元体上。

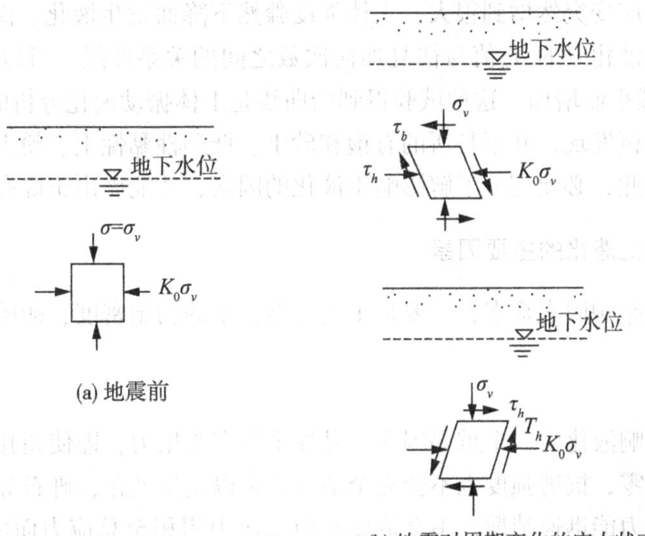

(a) 地震前

(b) 地震对周期变化的应力状态

图 12-17　在微单元土体上地震前、后的应力状态

因此，任何室内研究液化问题的试验，都必须模拟这样一种状态，即有不变的法向应力和往复的剪应力作用在土样的某一个平面上。

室内研究液化问题的试验方法很多，如周期加荷三轴试验、周期加荷单剪试验等，其中，周期加荷三轴试验是最普遍使用的试验。饱和砂样的室内周期加荷三轴试验的方法是先给土样施加周围压力 σ_3，完成固结，然后仅在轴向作用大小为 σ_d 的往复荷载，并不允许排水(图 12-18)。在往复加荷过程中，可以测出轴向应变和超孔隙水压力。

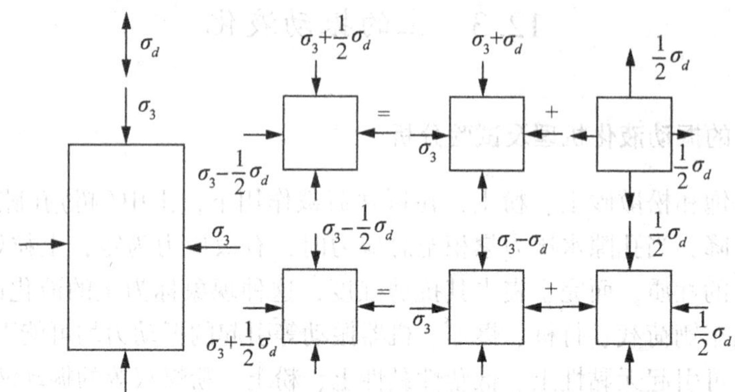

图 12-18　周期三轴试验剪切面上往复应力的模拟

图 12-19 所示为 H. B. 希得、K. L. 里(Seed&Lee，1966)用饱和砂样做的周期加荷三轴压缩试验典型结果。砂样的初始孔隙比为 0.87，初始周围压力和初始孔隙水压力分别为 98.1kPa 和 196.2kPa，在周围固结压力 $\sigma_3=98.1$kPa 下，往复动应力 σ_d 为 38.2kPa 以 2 周/秒的频率作用在土样上。从图中可以看出，每次应力循环后都残留一定的孔隙水压力，随着动应力循环次数的增加，孔隙水压力累积而逐渐上升直至孔隙水压力等于总应力而有效应力等于零时，应变突然增到很大，土体强度骤然下降而发生液化。图 12-20 所示为上述试验中土样发生液化时的 σ_d 值与往复加荷次数之间的关系曲线。可以看出，往复加荷的次数随 σ_d 值的减小而增加。这种试验得到的曲线是上体振动液化分析的基本依据。

试验研究与分析发现，并不是所的有饱和砂土、低塑性黏性土、粉土等在地震时都会发生液化现象，因此，必须充分了解影响土液化的因素，才能做出正确有判断。

11.3.2　影响土液化的主要因素

影响土液化的影响因素众多，主要是土的类型、土的初始密度、初始固结压力、往复应力强度与次数。

1. 土的类型

土的类型是影响液化的一个重要因素。黏性土具有黏聚力，即使超孔隙水压力等于总应力、有效应力为零，抗剪强度也不会完全消失，难以发生液化，砾石等粗粒土因为透水性大，超孔隙水压力能迅速消散，不会造成孔隙水压力累积至总应力而使有效应力为零，也难以发生液化；只有没有黏聚力或黏聚力很小且处于地下水位以下的砂土和粉土，由于其渗透系数不大，不足以在第二次振动荷载作用之前把孔隙水压力全部消散，才有可能积

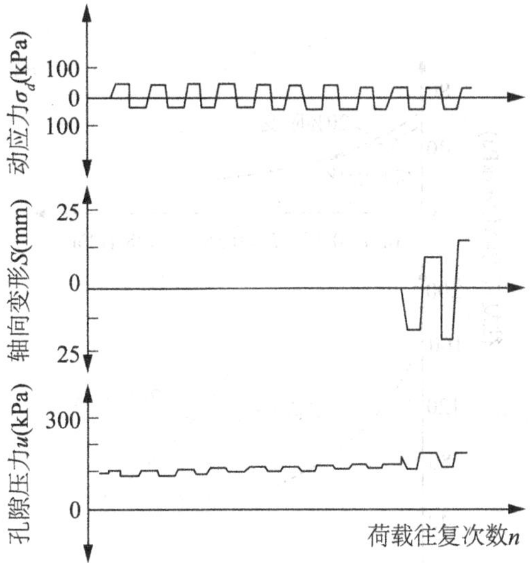

图 12-19 某饱和松散砂样的往复荷载试验

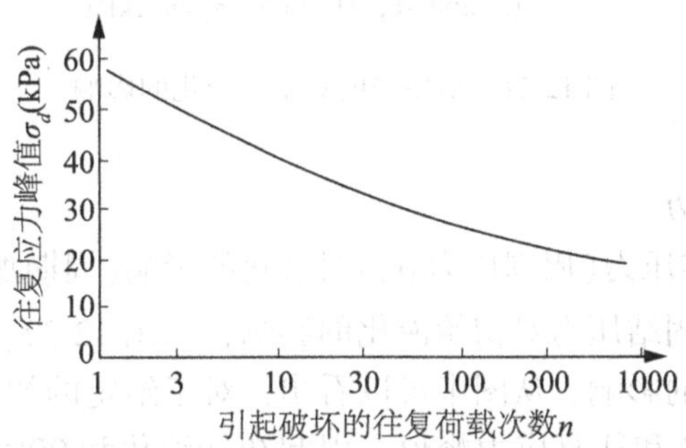

图 12-20 某砂样液化时 σ_d与 n 的关系

（初始孔隙比 $e=0.87$，$\sigma_3=98.1$kPa）

累孔隙水压力，并使强度完全丧失而发生液化。所以，一般情况下塑性指数高的黏土不易液化，低塑性和无塑性的土易于液化。在振动作用下发生液化的饱和土，一般平均粒径小于 2mm，黏粒含量低于 10%～15%，塑性指数低于 7。

2. 土的初始密实度

初始密实度对液化的影响表示在图 12-21 中（周期加荷三轴压缩试验结果）。土中孔隙水压力等于固结压力 σ_3是产生液化的必要条件，此时定义为初始液化。在大多数场合下，20%的全幅应变值被认为土样已经破坏。图 12-21(a)中的松砂初始孔隙比 $e=0.87$，相对密实度 $D_r=0.38$，给定往复应力峰值 σ_d，初始液化和破坏同时发生；然而，当砂的初始密实度增加时，初始孔隙比 $e=0.61$，相对密实度 $D_r=1.0$，引起 20%全幅应变和初始液化所需要的往复加荷次数的差别明显增加，如图 12-21(b)所示，这说明，土的初始密实度越大，在振动力作用下，土越不容易产生液化。1964 年日本新泻地震表明，相对密实度 $D_r=0.50$ 的地方普遍发生液化，而相对密度 $D_r>0.70$ 的地方则没有发生液化。我国《海城地震砂土液化考察报告》中也提出了类似的结论。

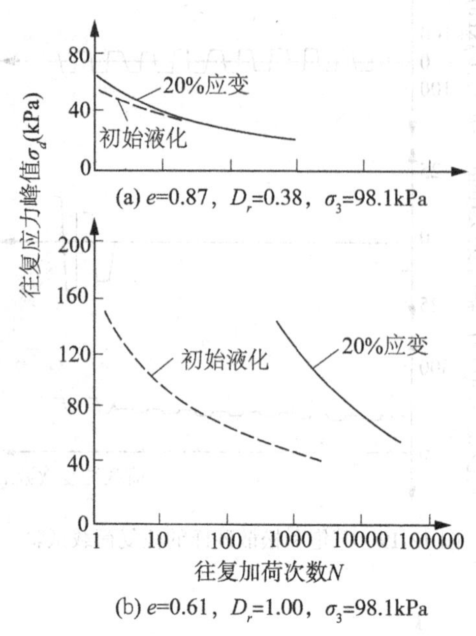

图 12-21　初始密度对某砂液化的影响

3. 土的初始固结压力

图 12-22 所示为固结压力(周围压力 σ_3)对液化的影响(周期加荷三轴压缩试验结果)，其中，图 12-22(a)表示固结压力对初始液化的影响，而图 12-22(b)表示固结压力对 20%的全幅应变(土样破坏)的影响，从图中可以看出，对于给定的初始孔隙比(e=0.61)、初始相对密实度(D_r=1.00)和往复应力峰值，引起初始液化和 20%全幅应变所需的往复荷载次数都将随着固结压力的增加而增加(对所有的相对密实度都适用)，这说明周围压力越大，在其他条件相同的情况下，越不容易发生液化。地震前，地基土的固结压力可以用土层有效的覆盖压力乘以侧压力系数来表示，因此，地震时土层埋藏越深，越不易液化。

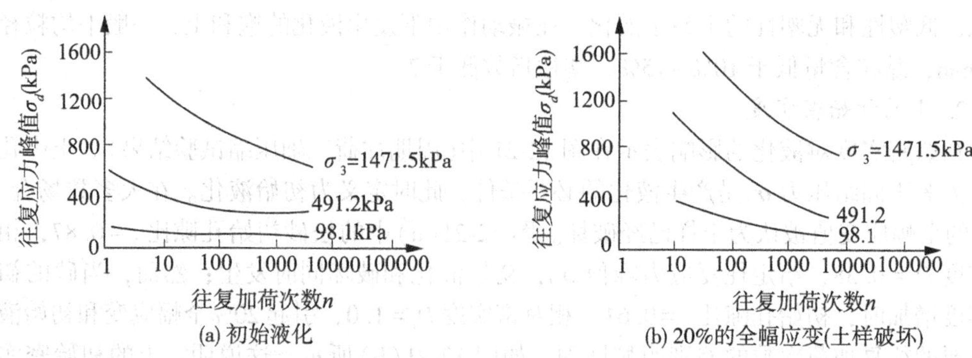

图 12-22　周围压力对某砂样液化的影响

4. 往复应力强度与往复次数

图 12-23 所示是周期加荷单剪仪液化试验的典型结果。从图中可以看出，对于给定的固结压力 σ_v 和不同相对密实度 D_r，就同一种土类而言，往复应力越小，则需越多的振动次数才可产生液化；反之，则在很少振动次数时，就可产生液化。现场的震害调查也证明了这一点，如 1964 年日本新泻地震时，记录到地面最大加速度为 $0.16\times10^{-2}m/s^2$，其余 22 次地震的地而加速度变化为 $(0.005\sim0.12)\times10^{-2}m/s^2$，但都没有发生液化。同年美国阿拉斯加地震时，安科雷奇滑坡是在地震开始后 90s 才发生，这表明要持续足够的应力周期后，才发生液化和土体失去稳定性。

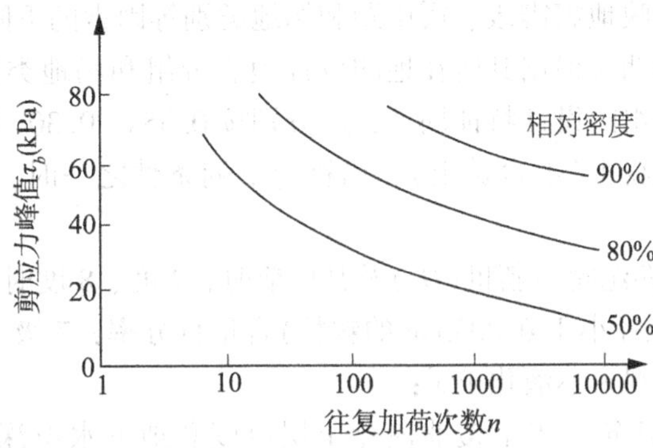

图 12-23　某砂样周期单剪试验的初始液化曲线(σ_v = 784.8kPa)

11.3.3　地基液化判别与防治

1. 液化的初步判别

在场址的初步勘察阶段和进行地基失效区划时，常利用已有经验，采取对比的方法，把一大批明显不会发生液化的地段勾画出来，以减轻勘察任务，节省勘察时间与费用。这种利用各种界限勾画不液化地带的方法，称为液化的初步判别。我国根据对邢台、海城、唐山等地地震液化现场资料的研究，发现液化与土层的地质年代、地貌单元、黏粒含量、地下水位深度和上覆非液化土层厚度有密切关系。可利用这些关系进行液化的初步判别。

《建筑抗震设计规范》(GB50011—2010)规定：建筑所在地区遭受的地震影响，应采用相应于抗震设防烈度的设计基本地震加速度和设计特征周期来表征，或对已编制抗震设防区划的城市，可按批准的设计地震参数来表征。抗震设防烈度为 6 度及以上地区的建筑，必须进行抗震设计。

抗震设防烈度(Seismic Fortification Intensity)，定义为按国家规定的权限批准作为一个地区抗震设防依据的地震烈度。述及“抗震设防烈度为 6、7、8 度或 9 度”时，一般略去“抗震设防烈度”字样，简称“6 度、7 度、8 度或 9 度”。

设计基本地震加速度(Design Basic Acceleration of Ground Motion)，定义为 50 年设计基准期超越概率 10%的地震加速度的设计值。抗震设防烈度和设计基本地震加速度取值的对应关系应符合表 12-6 的规定。这个取值与《中国地震动参数区划图 A1》所规定的“地震动峰值加速度”相当，即在 0.10g 和 0.20g 之间有一个 0.15g 的区域，在 0.20g 和 0.40g

之间有一个0.30g的区域，在这两个区域内建筑的抗震设计要求，除另有具体规定外，分别同7度和8度地区相当(表12-7)。

表12-6 **抗震设防烈度和设计基本地震加速度取值对应关系(GB50011—2010)**

抗震设防烈度	6	7	8	9
设计基本地震加速度值	0.05g	0.10(0.15)g	0.20(0.30)g	0.40g

设计特征周期(Design Characteristic Period of Ground Motion)，定义为抗震设计用的地震影响系数曲线中，反映地震震级、震中距和场地类别等因素的下降段起始点对应的周期值。建筑的设计特征周期应根据其所在地的设计地震分组和场地类别确定。对Ⅱ类场地，第一组、第二组和第三组的设计特征周期，应分别按0.35s、0.30s和0.45s采用。

对于饱和的砂土或粉土(不含黄土)，当符合下列条件之一时，可初步判别为不液化或可不考虑液化影响：

(1)地质年代为第四纪晚更新世(Q_3)及其以前时，7度、8度时可判为不液化土；

(2)粉土的黏粒(粒径小于0.005mm的颗粒)含量百分率，7级、8度和9度分别不小于10、13和16时，可判为不液化土①；

(3)对天然地基的建筑，当上覆非液化土层厚度和地下水位深度符合下列条件之一时，可不考虑液化影响：

$$d_u>d_0+d_b-2 \tag{12-30}$$

$$d_w>d_0+d_b-3 \tag{12-31}$$

$$d_w+d_u>1.5d_0+2d_b-4.5 \tag{12-32}$$

式中，d_w——地下水位深度，m，宜按设计基准期内年平均最高水位采用，也可按近期内年最高水位采用；

d_u——上覆盖非液化土层厚度，m，计算时宜将淤泥和淤泥质土层扣除；

d_b——基础埋置深度，m，不超2m时应采用2m；

d_0——液化特征深度，m，对于饱和粉土，7度、8度、9度时，分别取6m、7m、8m；对于烈性饱和砂土，则分别取7m、8m、9m。

当初步判别未得到满足，即不能判为不液化土时，需要进行第二步的液化判别。《公路桥涵设计通用规范》(JTGD60—2004)规定：地震动峰值加速度等于0.10g、0.15g、0.20g、0.30g地区的公路桥涵，应进行抗震设计。地震动峰值加速度大于或等于0.40g地区的公路桥涵，应进行专门的抗震研究和设计。地震动峰值加速度小于或等于0.05g地区的公路桥涵，除有特殊要求者外，可采用简易设防。做过地震烈度区划的地区，应按主管部门审批后的地震动参数进行抗震设计。此规定修改了《公路工程抗震设计规范》(JTJ 004—89)有关公路工程包括桥涵工程的抗震设计，根据《中国地震动参数区划图》(GB18306)，不再采用地震基本烈度的概念，取而代之为地震动峰值加速度系数。地震基

① 注：用于液化判别的黏粒含量系采用六偏磷酸钠作为分散剂测定，采用其他方法时应按有关规定换算。

本烈度与地震动峰值加速度系数之间的关系见表 12-7。

表 12-7　**地震基本烈度与地震动峰值加速度系数的对应关系**

地震动峰值加速度系数(g)	<0.05	0.05	0.10	0.15	0.20	0.30	≥0.40
地震基本烈度	<Ⅵ	Ⅵ	Ⅶ	Ⅶ	Ⅷ	Ⅷ	Ⅸ

《公路工程抗震设计规范》适用于中国地震烈度区划图中所规定的基本烈度为 7 度、8 度、9 度地区的公路工程抗震设计；对于基本烈度大于 9 度的地区，公路工程的抗震设计应进行专门研究；基本烈度为 6 度地区的公路工程，除国家特别规定外，可采用简易设防。当在地面以下 20m 范围内，有饱和砂土或饱和亚砂土(即粉土)层时，可根据下列情况初步判定其是否有可能液化：

(1)地质年代为第四纪晚更新世(Q_3)及其以前时，可判为不液化；

(2)基本烈度为 7 度、8 度、9 度地区，亚砂土的黏粒(粒径<0.005mm 的颗粒)含量百分率 P_c(按重量计)分别不小于 10%、13%、16%时，可判为不液化；

(3)基础埋置深度不超过 2m 的天然地基，可根据图 12-24 中规定的上覆非液化土层厚度 d_u 或地下水位深度 d_w，判定土层是否考虑液化影响。

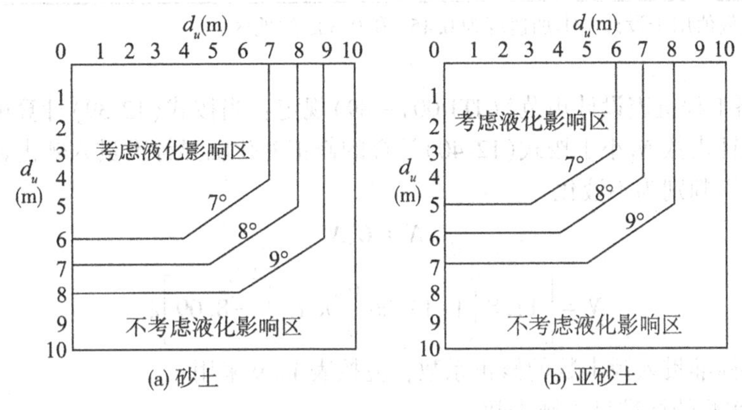

图 12-24　液化初判图

经初步判定有可能液化的土层，可通过标准贯入试验(有成熟经验时亦可采用其他方法)，进一步判定土层是否液化。

2. 液化判别方法

(1)《建筑抗震设计规范》(GB50011—2010)规定：当初步判别认为需进一步进行液化判别时，应采用标准贯入试验判别法判别地面下 15m 深度范围内土的液化；当采用桩基或埋深大于 5m 的深基础时，尚应判别 15~20m 范围内土的液化。当饱和的标准贯入锤击数(未经杆长修正)小于液化判别标准贯入锤击数临界值时，应判别为液化土；当有成熟经验时，尚可采用其他判别方法。

在地面下 15m 深度范围内，液化判别标准贯入锤击数临界值可按下式计算：

$$N_{cr}=N_0\left[0.9+0.1(d_s-d_w)\sqrt{\frac{3}{\rho_c}}\right]\quad(d_s\leqslant 15)\tag{12-33}$$

在地面下15~20m深度范围内，则可按下式计算：

$$N_{cr}=N_0\left[2.4+0.1d_s\sqrt{\frac{3}{\rho_c}}\right]\quad(15\leqslant d_s\leqslant 20)\tag{12-34}$$

式中，N_{cr}——液化判别标准贯入锤击数临界值；

N_0——液化判别标准贯入锤击数基准值，应按表12-8采用；

d_s——标准贯入点深度，m；

d_w——地下水位深度，m；

ρ_c——黏粒含量百分率，当小于3或为砂土时，应采用3。

表12-8 标准惯入锤击数基准值

设计地震分区	7度	8度	9度
第一组	6(8)	10(13)	16
第二、三组	8(10)	12(15)	18

注：括号内数值用于设计基本加速度为0.15g和0.30g的地区。

(2)《公路工程抗震设计规范》(JTJ 004—89)规定：当按式(12-39)计算的土层实测的修正标准贯入锤击数N_1小于按式(12-40)计算的修正液化临界标准贯入锤击数N_c时，则判别为液化；否则判别为不液化。

$$N_1=C_nN\tag{12-35}$$

$$N_c=\left[11.8\left(1+13.06\frac{\sigma_0}{\sigma_e}K_hC_v\right)^{\frac{1}{2}}-8.09\right]\xi\tag{12-36}$$

式中，C_n——标准贯入锤击数的修正系数，应按表12-9采用；

N——实测的标准贯入锤击数；

K_h——水平地震系数，应按表12-10采用；

σ_0——标准贯入点处土的总上覆压力，kPa，$\sigma_0=\gamma_u d_w+\gamma_d(d_s-d_w)$；

σ_e——标准贯入点处土的有效覆盖压力，kPa，$\sigma_e=\gamma_u d_w+(\gamma_d-10)(d_s-d_w)$；

γ_u——地下水位以上土的重度，砂土为18.0kN/m^3，粉土为18.5kN/m^3；

γ_d——地下水位以下土的重度，砂土为20.0kN/m^3，粉土为20.5kN/m^3；

d_s——标准贯入点深度，m；

d_w——地下水位深度，m；

C_v——地震剪应力随深度的折减系数，应按表12-11采用；

ξ——黏粒含量修正系数，$\xi=1-0.17(P_c)^{\frac{1}{2}}$；

P_c——黏粒含量百分率，%。

表 12-9　　标准贯入锤击数的修正系数 C_n(JTJ004—89)

σ_0(kPa)	0	20	40	60	80	100	120	140	160	180
C_n	2	1.7	1.46	1.29	1.16	1.05	0.97	0.89	0.83	0.78
σ_0(kPa)	200	220	240	260	280	300	350	400	450	500
C_n	0.72	0.69	0.65	0.60	0.58	0.55	0.49	0.44	0.42	0.40

表 12-10　　水平地震系数 K_h(JTJ004—89)

基本烈度(度)	7	8	9
水平地震系数 K_h	0.1	0.2	0.4

表 12-11　　地震剪应力随深度的折减系数 C_v(JTJ004—89)

d_s(m)	1	2	3	4	5	6	7	8	9	10
C_v	0.994	0.991	0.986	0.976	0.965	0.958	0.945	0.935	0.920	0.902
d_s(m)	11	12	13	14	15	16	17	18	19	20
C_v	0.884	0.866	0.844	0.822	0.794	0.741	0.691	0.647	0.631	0.612

(3)用 Seed H. B. 的经验方法。Seed H. B. 以世界各国的资料(包括中国)为基础，提出了地震剪应力比，$\dfrac{\tau}{\sigma'}$与修正标贯击数 N_1 的关系图，如图 12-25 所示。在$\dfrac{\tau}{\sigma'}$-N_1的关系图中，临界液化剪应力比$\left(\dfrac{\tau}{\sigma'}\right)_{cr}$可用直线近似表示为

$$\left(\frac{\tau}{\sigma'}\right)_{cr}=0.011N_1 \tag{12-37}$$

土层中的等效地震剪应力比$\left(\dfrac{\tau}{\sigma'}\right)_E$按下式计算：

$$\left(\frac{\tau_{av}}{\sigma'_v}\right)_E=0.1(M-1)\frac{a_{\max}}{g}\cdot\frac{\sigma_v}{\sigma'_v}(1-0.015d_s) \tag{12-38}$$

式中，σ'_v——竖向有效应力，kPa；

σ_v——竖向总应力，kPa，将竖向有效应力 σ'_v 调整为 100kPa 时的修正标贯击数，与实测标贯击数 N 的近似关系为

$$N_1=\frac{C_N}{N} \tag{12-39}$$

$$C_N=\frac{10}{\sqrt{\sigma'_v}} \tag{12-40}$$

M——震级；

$a_{\max}$——地面水平向峰值加速度；

g——重力加速度；

d_s——土层深度，m。

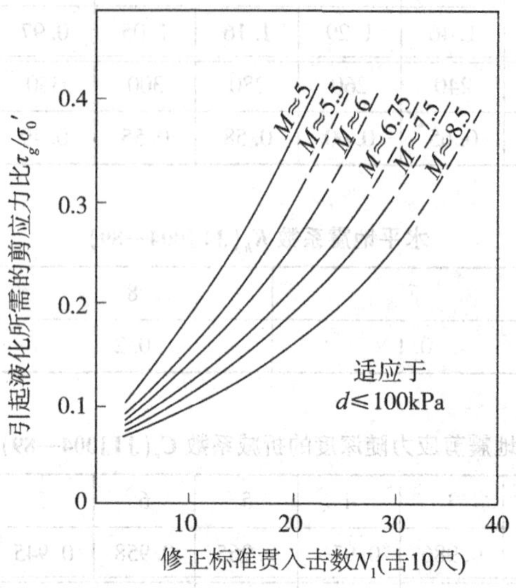

图 12-25 判别砂土液化的 Seed H. B. 经验方法图

当满足下述关系：

$$\left(\frac{\tau_{av}}{\sigma_v'}\right)_E > \left(\frac{\tau}{\sigma'}\right)_{cr} \tag{12-41}$$

时，判别为液化；否则，判别为不液化。应当指出，式(12-37)在$\left(\frac{\tau}{\sigma'}\right)_{cr}$取值 0.1~0.3 时有足够精度，大于 0.3 之后取值偏小，即偏于安全。

3. 液化土层的液化等级划分

对存在液化土层的地基，应探明各液化土层的深度与厚度。按下式计算每个钻孔的液化指数，并按表 12-12 综合划分地基的液化等级：

$$I_{IE} = \sum_{i=1}^{n}\left(1 - \frac{N_i}{N_{cri}}\right) d_i W_i \tag{12-42}$$

式中，I_{IE}——液化指数；

n——在判别深度范围内每一个钻孔标准贯入试验点的总数；

N_i、N_{cri}——i 点标准贯入击数的实测值和临界值，当实测值大于临界值时应取临界值的数值；

d_i——i 点所代表的土层厚度，m，可采用与该标准贯入试验点相邻的上、下两标准贯入试验点尝试差的一半，但上界不高于地下水位的深度，下界不深入于液化深度；

W_i——i 土层单位土层厚度的层位影响权函数值，m^{-1}，若判别深度为 15m，当该层中点深度不大于 5m 时应采用 10，等于 15m 时应采用零值，5~15m 时按线性内插法取值；若判别深度为 20m，当该层中点深度不大于 5m 时应采用 10，等于 20m 时应采用零值，5~20m 时按线性内插法取值。

表 12-12　**液化等级(GB50011—2010)**

液化等级	轻微	中等	严重
判别深度为 15m 时的液化指数	$0<I_{IE}\leqslant 5$	$5<I_{IE}\leqslant 15$	$I_{IE}\geqslant 5$
判别深度为 20m 时的液化指数	$0<I_{IE}\leqslant 6$	$6<I_{IE}\leqslant 18$	$I_{IE}\leqslant 18$

4. 地基液化防治

对于可能产生液化的地基，必须采取相应的工程措施加以防治。

采用桩基础或其他深基础、全补偿筏板基础、箱形基础等防治。当采用桩基时，桩端伸入液化深度以下稳定土层中的长度(不包括桩尖部分)应按计算确定，且对碎石土，砾，粗、中砂，坚硬黏性土和密实粉土，尚不应小于 0.5m，对其他非岩石土，尚不宜小于 1.5m；采用深基础时，基础底面应埋入液化深度以下的稳定土层中，其深度不应小于 0.5m。对于穿过液化土层的桩基础，桩周摩擦力应视土层液化可能性大小，或全部扣除，或作适当折减。对于液化指数不高的场地，仍可采用浅基础，但适当调整基底面积，以减小基底压力和荷载偏心；或者选用刚度和整体性较好的基础型式，如筏板基础等。

采用地基处理方法防治时，可以采用振冲、振动加密、挤密碎石桩、强夯、胶结、设置排水系统等方法处理地基，也可用非液化土替换全部液化土层。加固时，应处理至液化深度下界。振冲或挤密碎石桩加固后，桩间土的标准贯入锤击数不宜小于规范规定的液化判别标准贯入锤击数临界值；采用加密法或换土法处理时，在基础边缘以外的处理宽度，应超过基础底面下处理深度的$\frac{1}{2}$且不小于基础宽度的$\frac{1}{5}$。胶结法包括使用添加剂的深层搅拌和高压喷射注浆，设置排水通道往往与挤密结合起来，材料可以用碎石和砂。

习　　题

12-1　试述应力波的传播与反射特点。

12-2　试述岩土中弹性波的类型及其特点。

12-3　岩体的动弹模量和静弹模量相比如何？为什么？

12-4　常见确定岩石变形参数的原位试验有哪几种？简述声波法试验的基本原理。

12-5　为什么黏性土和砾石土一般难以发生液化？

12-6　试述土的振动液化机理及其影响因素。

12-7　土的液化初步判别有何意义？如何判别？土的液化判别方法有哪些？

12-8　在一次岩体地震波试验中，测得压缩波与剪切波的波速分别为 4500m/s、2500m/s，假定岩体的容重为 25.6kN/m^3，试计算 E_d，μ_d。

12-9　如图 12-26 所示场地，抗震设防烈度为 8 度，设计地震分组为第一组，根据图中土层分布和标准贯入试验击数，试判定土层的液化等级(标准贯入击数基准值 $N_0=10$，砂土的黏粒含量百分率 $\rho_c=3$)。($I_{IE}=14.84$，属于中等液化等级)

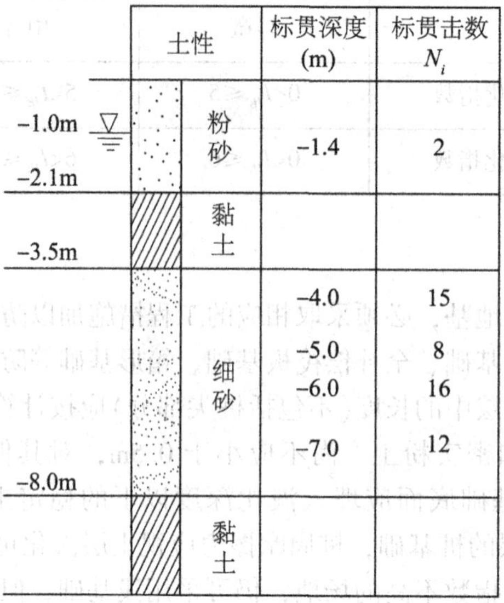

深度	土性	标贯深度 (m)	标贯击数 N_i
−1.0m（地下水位）	粉砂	−1.4	2
−2.1m			
−3.5m	黏土		
	细砂	−4.0	15
	细砂	−5.0	8
	细砂	−6.0	16
	细砂	−7.0	12
−8.0m			
	黏土		

图 12-26

附　　录

附表 1　　矩形基底三角形分布荷载角点下的竖向附加应力系数 α_{t1} 和 α_{t2}

z/b	l/b									
	0.2		0.4		0.6		0.8		1.0	
	1	2	1	2	1	2	1	2	1	2
0.0	0.0000	0.2500	0.0000	0.2500	0.0000	0.2500	0.0000	0.2500	0.0000	0.2500
0.2	0.0223	0.1821	0.0280	0.2115	0.0296	0.2165	0.0301	0.2178	0.0304	0.2182
0.4	0.0269	0.1094	0.0420	0.1604	0.0487	0.1781	0.0517	0.1844	0.0531	0.1870
0.6	0.0259	0.0700	0.0448	0.1164	0.0560	0.1405	0.0621	0.1520	0.0654	0.1575
0.8	0.0232	0.0480	0.0421	0.0853	0.0553	0.1093	0.0637	0.1232	0.0688	0.1311
1.0	0.0201	0.0346	0.0375	0.0638	0.0508	0.0852	0.0602	0.0996	0.0666	0.1086
1.2	0.0171	0.0260	0.0324	0.0491	0.0450	0.0673	0.0546	0.0807	0.0615	0.0901
1.4	0.0145	0.0202	0.0278	0.0386	0.0392	0.0540	0.0483	0.0661	0.0554	0.0751
1.6	0.0123	0.0160	0.0238	0.0310	0.0339	0.0440	0.0424	0.0547	0.0492	0.0628
1.8	0.0105	0.0130	0.0204	0.0254	0.0294	0.0363	0.0371	0.0457	0.0435	0.0534
2.0	0.0090	0.0108	0.0176	0.0211	0.0255	0.0304	0.0324	0.0387	0.0384	0.0456
2.5	0.0063	0.0072	0.0125	0.0140	0.0183	0.0205	0.0236	0.0265	0.0284	0.0318
3.0	0.0046	0.0051	0.0092	0.0100	0.0135	0.0148	0.0176	0.0192	0.0214	0.0233
5.0	0.0018	0.0019	0.0036	0.0038	0.0054	0.0056	0.0071	0.0074	0.0088	0.0091
7.0	0.0009	0.0010	0.0019	0.0019	0.0028	0.0029	0.0038	0.0038	0.0047	0.0047
10.0	0.0005	0.0004	0.0009	0.0010	0.0014	0.0014	0.0019	0.0019	0.0023	0.0024

z/b	l/b									
	1.2		1.4		1.6		1.8		2.0	
	1	2	1	2	1	2	1	2	1	2
0.0	0.0000	0.2500	0.0000	0.2500	0.0000	0.2500	0.0000	0.2500	0.0000	0.2500
0.2	0.0305	0.2184	0.0305	0.2185	0.0306	0.2185	0.0306	0.2185	0.0306	0.2185
0.4	0.0539	0.1881	0.0543	0.1886	0.0545	0.1889	0.0546	0.1891	0.0547	0.1892
0.6	0.0673	0.1602	0.0684	0.1616	0.0690	0.1625	0.0694	0.1630	0.0696	0.1633
0.8	0.0720	0.1355	0.0739	0.1381	0.0751	0.1396	0.0759	0.1405	0.0764	0.1412
1.0	0.0708	0.1143	0.0735	0.1176	0.0753	0.1202	0.0766	0.1215	0.0774	0.1225
1.2	0.0664	0.0962	0.0698	0.1007	0.0721	0.1037	0.0738	0.1055	0.0749	0.1069
1.4	0.0606	0.0817	0.0644	0.0864	0.0672	0.0879	0.0692	0.0921	0.0707	0.0937
1.6	0.0545	0.0696	0.0586	0.0743	0.0616	0.0780	0.0639	0.0806	0.0656	0.0826
1.8	0.0487	0.0596	0.0528	0.0664	0.0560	0.0681	0.0585	0.0709	0.0604	0.0730
2.0	0.0434	0.0513	0.0474	0.0560	0.0507	0.0596	0.0533	0.0625	0.0553	0.0649
2.5	0.0326	0.0365	0.0362	0.0405	0.0393	0.0440	0.0419	0.0469	0.0440	0.0491
3.0	0.0249	0.0270	0.0280	0.0303	0.0307	0.0333	0.0331	0.0359	0.0352	0.0380
5.0	0.0104	0.0108	0.0120	0.0123	0.0135	0.0139	0.0148	0.0154	0.0161	0.0167
7.0	0.0056	0.0056	0.0064	0.0066	0.0073	0.0074	0.0081	0.0083	0.0089	0.0091
10.0	0.0028	0.0028	0.0033	0.0032	0.0037	0.0037	0.0041	0.0042	0.0046	0.0046

续表

z/b	l/b									
	3.0		4.0		6.0		8.0		10.0	
	1	2	1	2	1	2	1	2	1	2
0.0	0.0000	0.2500	0.0000	0.2500	0.0000	0.2500	0.0000	0.2500	0.0000	0.2500
0.2	0.0306	0.2186	0.0306	0.2186	0.0306	0.0702	0.1639	0.2186	0.0306	0.2186
0.4	0.0548	0.1894	0.0549	0.1894	0.0549	0.0702	0.1639	0.1894	0.0549	0.1894
0.6	0.0701	0.1638	0.0702	0.1639	0.0702	0.1640	0.0702	0.1640	0.0702	0.1640
0.8	0.0773	0.1423	0.0776	0.1424	0.0776	0.1426	0.0776	0.1426	0.0776	0.1426
1.0	0.0790	0.1244	0.0794	0.1248	0.0795	0.1250	0.0796	0.1250	0.0796	0.1250
1.2	0.0774	0.1096	0.0779	0.1103	0.0782	0.1105	0.0783	0.1105	0.0783	0.1105
1.4	0.0739	0.0973	0.0748	0.0982	0.0752	0.0986	0.0752	0.0987	0.0753	0.0987
1.6	0.0697	0.0870	0.0708	0.0882	0.0714	0.0887	0.0715	0.0888	0.0715	0.0889
1.8	0.0652	0.0782	0.0666	0.0797	0.0673	0.0805	0.0675	0.0806	0.0675	0.0808
2.0	0.0607	0.0707	0.0624	0.0726	0.0634	0.0734	0.0636	0.0736	0.0636	0.0738
2.5	0.0504	0.0559	0.0529	0.0585	0.0543	0.0601	0.0547	0.0604	0.0548	0.0605
3.0	0.0419	0.0451	0.0449	0.0482	0.0469	0.0504	0.0474	0.0509	0.0476	0.0511
5.0	0.0214	0.0221	0.0248	0.0256	0.0283	0.0290	0.0296	0.0303	0.0301	0.0309
7.0	0.0124	0.0126	0.0152	0.0154	0.0186	0.0190	0.0204	0.0207	0.0212	0.0216
10.0	0.0066	0.0066	0.0084	0.0083	0.0111	0.0111	0.0128	0.0130	0.0139	0.0141

附表 2　均布条形荷载作用时的竖向附加应力系数 α_{sz}

z/b	x/b					
	0	0.25	0.50	1.00	1.50	2.00
0	1.000	1.000	0.500	0	0	0
0.25	0.959	0.902	0.497	0.019	0.003	0.001
0.50	0.818	0.735	0.480	0.084	0.017	0.005
0.75	0.668	0.607	0.448	0.146	0.042	0.015
1.00	0.550	0.510	0.409	0.185	0.071	0.029
1.25	0.462	0.436	0.370	0.205	0.095	0.044
1.50	0.396	0.379	0.334	0.211	0.114	0.059
1.75	0.345	0.334	0.302	0.210	0.127	0.072
2.00	0.306	0.298	0.275	0.205	0.134	0.083
3.00	0.208	0.206	0.198	0.171	0.136	0.103
4.00	0.158	0.156	0.153	0.140	0.122	0.102
5.00	0.126	0.126	0.124	0.117	0.107	0.095
6.00	0.106	0.105	0.104	0.100	0.094	0.086

附表 3 均布矩形荷载角点下的竖向附加应力系数 α_c

z/b	l/b											
	1.0	1.2	1.4	1.6	1.8	2.0	3.0	4.0	5.0	6.0	10.0	条形
0.0	0.250	0.250	0.250	0.250	0.250	0.250	0.250	0.250	0.250	0.250	0.250	0.250
0.2	0.249	0.249	0.249	0.249	0.249	0.249	0.249	0.249	0.249	0.249	0.249	0.249
0.4	0.240	0.242	0.243	0.243	0.244	0.244	0.244	0.244	0.244	0.244	0.244	0.244
0.6	0.223	0.228	0.230	0.232	0.232	0.233	0.234	0.234	0.234	0.234	0.234	0.234
0.8	0.200	0.207	0.212	0.215	0.216	0.218	0.220	0.220	0.220	0.220	0.220	0.220
1.0	0.175	0.185	0.191	0.195	0.198	0.200	0.203	0.204	0.204	0.204	0.205	0.205
1.2	0.152	0.163	0.171	0.176	0.179	0.182	0.187	0.188	0.189	0.189	0.189	0.189
1.4	0.131	0.142	0.151	0.157	0.161	0.164	0.171	0.173	0.174	0.174	0.174	0.174
1.6	0.112	0.124	0.133	0.140	0.145	0.148	0.157	0.159	0.160	0.160	0.160	0.160
1.8	0.097	0.108	0.117	0.124	0.129	0.133	0.143	0.146	0.147	0.148	0.148	0.148
2.0	0.084	0.095	0.103	0.110	0.116	0.120	0.131	0.135	0.136	0.137	0.137	0.137
2.2	0.073	0.083	0.092	0.098	0.104	0.108	0.121	0.125	0.126	0.127	0.128	0.128
2.4	0.064	0.073	0.081	0.088	0.093	0.098	0.111	0.116	0.118	0.118	0.119	0.119
2.6	0.057	0.065	0.072	0.079	0.084	0.089	0.102	0.107	0.110	0.111	0.112	0.112
2.8	0.050	0.058	0.065	0.071	0.076	0.080	0.094	0.100	0.102	0.104	0.105	0.105
3.0	0.045	0.052	0.058	0.064	0.069	0.073	0.087	0.093	0.096	0.097	0.099	0.099
3.2	0.040	0.047	0.053	0.058	0.063	0.067	0.081	0.087	0.090	0.092	0.093	0.094
3.4	0.036	0.042	0.048	0.053	0.057	0.061	0.075	0.081	0.085	0.086	0.088	0.089
3.6	0.033	0.038	0.043	0.048	0.052	0.056	0.069	0.076	0.080	0.082	0.084	0.084
3.8	0.030	0.035	0.040	0.044	0.048	0.052	0.065	0.072	0.075	0.077	0.080	0.080
4.0	0.027	0.032	0.036	0.040	0.044	0.048	0.060	0.067	0.071	0.073	0.076	0.076
4.2	0.025	0.029	0.033	0.037	0.041	0.044	0.056	0.063	0.067	0.070	0.072	0.073
4.4	0.023	0.027	0.031	0.034	0.038	0.041	0.053	0.060	0.064	0.066	0.069	0.070
4.6	0.021	0.025	0.028	0.032	0.035	0.038	0.049	0.056	0.061	0.063	0.066	0.067
4.8	0.019	0.023	0.026	0.029	0.032	0.035	0.046	0.053	0.058	0.060	0.064	0.064
5.0	0.018	0.021	0.024	0.027	0.030	0.033	0.043	0.050	0.055	0.057	0.061	0.062
6.0	0.013	0.015	0.017	0.020	0.022	0.024	0.033	0.039	0.043	0.046	0.051	0.052
7.0	0.009	0.011	0.013	0.015	0.016	0.018	0.025	0.031	0.035	0.038	0.043	0.045
8.0	0.007	0.009	0.010	0.011	0.013	0.014	0.020	0.025	0.028	0.031	0.037	0.039
9.0	0.006	0.007	0.008	0.009	0.010	0.011	0.016	0.020	0.024	0.026	0.032	0.035
10.0	0.005	0.006	0.007	0.007	0.008	0.009	0.013	0.017	0.020	0.022	0.028	0.032
12.0	0.003	0.004	0.005	0.005	0.006	0.006	0.009	0.012	0.014	0.017	0.022	0.026
14.0	0.002	0.003	0.004	0.004	0.004	0.005	0.007	0.009	0.011	0.013	0.018	0.023
16.0	0.002	0.002	0.003	0.003	0.003	0.004	0.005	0.007	0.009	0.010	0.014	0.020
18.0	0.001	0.002	0.002	0.002	0.003	0.003	0.004	0.006	0.007	0.008	0.012	0.018
20.0	0.001	0.001	0.002	0.002	0.002	0.002	0.004	0.005	0.006	0.007	0.010	0.016
25.0	0.001	0.001	0.001	0.001	0.001	0.002	0.002	0.003	0.004	0.004	0.007	0.013
30.0	0.001	0.001	0.001	0.001	0.001	0.001	0.002	0.002	0.003	0.003	0.005	0.011
35.0	0.000	0.000	0.000	0.000	0.001	0.001	0.001	0.002	0.002	0.002	0.004	0.009
40.0	0.000	0.000	0.000	0.000	0.001	0.001	0.001	0.001	0.001	0.002	0.003	0.008

附表4　矩形面积上均布荷载作用下通过角点竖直线上的平均竖向附加应力系数 $\overline{\alpha}$

z/b l/b	1.0	1.2	1.4	1.6	1.8	2.0	2.4	2.8	3.2	3.6	4.0	5.0	10.0
0.0	0.2500	0.2500	0.2500	0.2500	0.2500	0.2500	0.2500	0.2500	0.2500	0.2500	0.2500	0.2500	0.2500
0.2	0.2496	0.2497	0.2497	0.2498	0.2498	0.2498	0.2498	0.2498	0.2498	0.2498	0.2498	0.2498	0.2498
0.4	0.2474	0.2479	0.2481	0.2483	0.2483	0.2483	0.2484	0.2485	0.2485	0.2485	0.2485	0.2485	0.2485
0.6	0.2423	0.2437	0.2444	0.2448	0.2451	0.2452	0.2454	0.2455	0.2455	0.2455	0.2455	0.2455	0.2456
0.8	0.2346	0.2372	0.2387	0.2395	0.2400	0.2403	0.2407	0.2408	0.2409	0.2409	0.2410	0.2410	0.2410
1.0	0.2252	0.2291	0.2313	0.2326	0.2335	0.2340	0.2346	0.2349	0.2351	0.2352	0.2352	0.2353	0.2353
1.2	0.2149	0.2199	0.2229	0.2248	0.2260	0.2268	0.2278	0.2282	0.2285	0.2286	0.2287	0.2288	0.2289
1.4	0.2043	0.2102	0.2140	0.2164	0.2180	0.2191	0.2204	0.2211	0.2215	0.2217	0.2218	0.2220	0.2221
1.6	0.1939	0.2006	0.2049	0.2079	0.2099	0.2113	0.2130	0.2138	0.2143	0.2146	0.2148	0.2150	0.2152
1.8	0.1840	0.1912	0.1960	0.1994	0.2018	0.2034	0.2055	0.2066	0.2073	0.2077	0.2079	0.2082	0.2084
2.0	0.1746	0.1822	0.1875	0.1912	0.1938	0.1958	0.1982	0.1996	0.2004	0.2009	0.2012	0.2015	0.2018
2.2	0.1659	0.1737	0.1793	0.1833	0.1862	0.1883	0.1911	0.1927	0.1937	0.1943	0.1947	0.1952	0.1955
2.4	0.1578	0.1657	0.1715	0.1757	0.1789	0.1812	0.1843	0.1862	0.1873	0.1880	0.1885	0.1890	0.1895
2.6	0.1503	0.1583	0.1642	0.1686	0.1719	0.1745	0.1779	0.1799	0.1812	0.1820	0.1825	0.1832	0.1838
2.8	0.1433	0.1514	0.1574	0.1619	0.1654	0.1680	0.1717	0.1739	0.1753	0.1763	0.1769	0.1777	0.1784
3.0	0.1369	0.1449	0.1510	0.1556	0.1592	0.1619	0.1658	0.1682	0.1698	0.1708	0.1715	0.1725	0.1733
3.2	0.1310	0.1390	0.1450	0.1497	0.1533	0.1562	0.1602	0.1628	0.1645	0.1657	0.1664	0.1675	0.1685
3.4	0.1256	0.1334	0.1394	0.1441	0.1478	0.1508	0.1550	0.1577	0.1595	0.1607	0.1616	0.1628	0.1639
3.6	0.1205	0.1282	0.1342	0.1389	0.1427	0.1456	0.1500	0.1528	0.1548	0.1561	0.1570	0.1583	0.1595
3.8	0.1158	0.1234	0.1293	0.1340	0.1378	0.1408	0.1452	0.1482	0.1502	0.1516	0.1526	0.1541	0.1554
4.0	0.1114	0.1189	0.1248	0.1294	0.1332	0.1362	0.1408	0.1438	0.1459	0.1474	0.1485	0.1500	0.1516
4.2	0.1073	0.1147	0.1205	0.1251	0.1289	0.1319	0.1365	0.1396	0.1418	0.1434	0.1445	0.1462	0.1479
4.4	0.1035	0.1107	0.1164	0.1210	0.1248	0.1279	0.1325	0.1357	0.1379	0.1396	0.1407	0.1425	0.1444
4.6	0.1000	0.1070	0.1127	0.1172	0.1209	0.1240	0.1287	0.1319	0.1342	0.1359	0.1371	0.1390	0.1410
4.8	0.0967	0.1036	0.1091	0.1136	0.1173	0.1204	0.1250	0.1283	0.1307	0.1324	0.1337	0.1357	0.1379
5.0	0.0935	0.1003	0.1057	0.1102	0.1139	0.1169	0.1216	0.1249	0.1273	0.1291	0.1304	0.1325	0.1348
5.2	0.0906	0.0972	0.1026	0.1070	0.1106	0.1136	0.1183	0.1217	0.1241	0.1259	0.1273	0.1295	0.1320
5.4	0.0878	0.0843	0.0996	0.1039	0.1075	0.1105	0.1152	0.1186	0.1211	0.1229	0.1243	0.1265	0.1292
5.6	0.0852	0.0916	0.0968	0.1010	0.1046	0.1076	0.1122	0.1156	0.1181	0.1200	0.1215	0.1238	0.1266
5.8	0.0828	0.0890	0.0941	0.0983	0.1018	0.1047	0.1094	0.1128	0.1153	0.1172	0.1187	0.1211	0.1240
6.0	0.0805	0.0866	0.0916	0.0957	0.0991	0.1021	0.1067	0.1101	0.1126	0.1146	0.1161	0.1185	0.1216

续表

z/b l/b	1.0	1.2	1.4	1.6	1.8	2.0	2.4	2.8	3.2	3.6	4.0	5.0	10.0
6.2	0.0783	0.0842	0.0891	0.0932	0.0966	0.0995	0.1041	0.1075	0.1101	0.1120	0.1136	0.1161	0.1193
6.4	0.0762	0.0820	0.0869	0.0909	0.0942	0.0971	0.1016	0.1050	0.1076	0.1096	0.1111	0.1137	0.1171
6.6	0.0742	0.0799	0.0847	0.0886	0.0919	0.0948	0.0993	0.1027	0.1053	0.1073	0.1088	0.1114	0.1149
6.8	0.0723	0.0779	0.0826	0.0865	0.0898	0.0926	0.0970	0.1004	0.1030	0.1050	0.1066	0.1092	0.1129
7.0	0.0705	0.0761	0.0806	0.0844	0.0877	0.0904	0.0949	0.0982	0.1008	0.1028	0.1044	0.1071	0.1109
7.2	0.0688	0.0742	0.0787	0.0825	0.0857	0.0884	0.0928	0.0962	0.0987	0.1008	0.1023	0.1051	0.1090
7.4	0.0672	0.0725	0.0769	0.0806	0.0838	0.0865	0.0908	0.0942	0.0967	0.0988	0.1004	0.1031	0.1071
7.6	0.0656	0.0709	0.0752	0.0789	0.0820	0.0846	0.0889	0.0922	0.0948	0.0963	0.0984	0.1012	0.1054
7.8	0.0642	0.0693	0.0736	0.0771	0.0802	0.0828	0.0871	0.0904	0.0929	0.0950	0.0966	0.0994	0.1036
8.0	0.0627	0.0678	0.0720	0.0755	0.0785	0.0811	0.0853	0.0886	0.0912	0.0932	0.0948	0.0976	0.1020
8.2	0.0614	0.0663	0.0705	0.0739	0.0769	0.0795	0.0837	0.0869	0.0894	0.0914	0.0931	0.0959	0.1004
8.4	0.0601	0.0649	0.0690	0.0724	0.0754	0.0779	0.0820	0.0852	0.0878	0.0898	0.0914	0.0943	0.0988
8.6	0.0588	0.0636	0.0676	0.0710	0.0739	0.0764	0.0805	0.0836	0.0862	0.0882	0.0898	0.0927	0.0973
8.8	0.0576	0.0623	0.0663	0.0696	0.0724	0.0749	0.0790	0.0821	0.0846	0.0866	0.0882	0.0912	0.0959
9.2	0.0554	0.0599	0.0637	0.0670	0.0697	0.0721	0.0761	0.0792	0.0817	0.0837	0.0853	0.0882	0.0931
9.6	0.0533	0.0577	0.0614	0.0645	0.0672	0.0696	0.0734	0.0765	0.0789	0.0809	0.0825	0.0855	0.0905
10.0	0.0514	0.0556	0.0592	0.0622	0.0649	0.0672	0.0710	0.0739	0.0763	0.0783	0.0799	0.0829	0.0880
10.4	0.0496	0.0537	0.0572	0.0601	0.0627	0.0649	0.0686	0.0716	0.0739	0.0759	0.0775	0.0804	0.0857
10.8	0.0479	0.0519	0.0553	0.0581	0.0606	0.0628	0.0664	0.0693	0.0717	0.0736	0.0751	0.0781	0.0834
11.2	0.0463	0.0502	0.0535	0.0563	0.0587	0.0609	0.0644	0.0672	0.0695	0.0714	0.0730	0.0759	0.0813
11.6	0.0448	0.0486	0.0518	0.0545	0.0569	0.0590	0.0625	0.0625	0.0675	0.0694	0.0709	0.0738	0.0793
12.0	0.0435	0.0471	0.0502	0.0529	0.0552	0.0573	0.0606	0.0634	0.0656	0.0674	0.0690	0.0719	0.0774
12.8	0.0409	0.0444	0.0474	0.0499	0.0521	0.0541	0.573	0.0599	0.0621	0.0639	0.0654	0.0682	0.0739
13.6	0.0387	0.0420	0.0448	0.0472	0.0493	0.0512	0.0543	0.0568	0.0589	0.0607	0.0621	0.0649	0.0707
14.4	0.0367	0.0398	0.0425	0.0448	0.0468	0.0486	0.0516	0.0540	0.0561	0.0577	0.0592	0.0619	0.0677
15.2	0.0349	0.0379	0.0404	0.0426	0.0446	0.0463	0.0492	0.0515	0.0535	0.0551	0.0565	0.0592	0.0650
16.0	0.0332	0.0361	0.0385	0.0407	0.0425	0.0442	0.0469	0.0492	0.0511	0.0527	0.0540	0.0567	0.0625
18.0	0.0297	0.0323	0.0345	0.0364	0.0381	0.0396	0.0422	0.0442	0.0460	0.0475	0.0487	0.0512	0.0570
20.0	0.0269	0.0292	0.0312	0.0330	0.0345	0.0359	0.0383	0.0402	0.0418	0.0432	0.0444	0.0468	0.0524

注：b 为矩形的短边，l 为矩形的长边；z 为从荷载作用平面起算的深度。

矩形面积上均布荷载作用下通过角点竖直线上的平均竖向附加应力系数。

附表5　矩形面积上三角形分布荷载作用下通过角点竖直线上的平均竖向附加应力系数 $\overline{\alpha}$

z/b	l/b 0.2		0.4		0.6		0.8		1.0		1.2		1.4	
	1	2	1	2	1	2	1	2	1	2	1	2	1	2
0.0	0.0000	0.2500	0.0000	0.2500	0.0000	0.2500	0.0000	0.2500	0.0000	0.2500	0.0000	0.2500	0.0000	0.2500
0.2	0.012	0.2161	0.0140	0.2308	0.0148	0.2333	0.0151	0.02339	0.0152	0.0234	0.0153	0.02342	0.0153	0.02343
0.4	0.0179	0.0181	0.0245	0.02084	0.0270	0.2153	0.0280	0.2175	0.0285	0.2184	0.0288	0.2187	0.0289	0.2189
0.6	0.0207	0.1505	0.0308	0.1851	0.0355	0.1966	0.0376	0.2011	0.0388	0.2030	0.0394	0.2039	0.0397	0.2043
0.8	0.0217	0.1277	0.0340	0.1640	0.0405	0.1787	0.0440	0.1852	0.0459	0.1883	0.0470	0.1899	0.0476	0.1907
1.0	0.0217	0.1140	0.0351	0.1461	0.0430	0.1624	0.0476	0.1704	0.0502	0.1746	0.0518	0.1769	0.0528	0.1781
1.2	0.0212	0.0970	0.0351	0.1312	0.0439	0.1480	0.0492	0.1571	0.0525	0.1621	0.0546	0.1649	0.0560	0.1666
1.4	0.0204	0.0865	0.0344	0.1187	0.0436	0.1356	0.0495	0.1451	0.0534	0.1507	0.0559	0.1541	0.0575	0.1562
1.6	0.0195	0.0779	0.0333	0.1082	0.0427	0.1247	0.0490	0.1345	0.0533	0.1405	0.0561	0.1443	0.0580	0.1467
1.8	0.0186	0.0709	0.0321	0.0993	0.0415	0.1153	0.0480	0.1252	0.0625	0.1313	0.0556	0.1354	0.0578	0.1381
2.0	0.0178	0.0650	0.0308	0.0917	0.0401	0.1071	0.0467	0.1169	0.0513	0.1232	0.0547	0.1274	0.0570	0.1303
2.5	0.0157	0.0538	0.0278	0.0769	0.0365	0.0908	0.0429	0.1000	0.0478	0.1063	0.0513	0.1107	0.0540	0.1139
3.0	0.0140	0.0458	0.0248	0.0661	0.0330	0.0786	0.0392	0.0871	0.0439	0.0931	0.0476	0.0976	0.0503	0.1008
5.0	0.0097	0.0289	0.0175	0.0424	0.0236	0.0476	0.0285	0.0576	0.0324	0.0624	0.0356	0.0661	0.0382	0.0690
7.0	0.0073	0.0211	0.0133	0.0311	0.0180	0.0352	0.0219	0.0427	0.0251	0.0465	0.0277	0.0496	0.0299	0.0520
10.0	0.0053	0.0150	0.0097	0.0222	0.0133	0.0253	0.0162	0.0308	0.0186	0.0336	0.0207	0.0359	0.0224	0.0376

z/b	l/b 1.6		1.8		2.0		3.0		4.0		6.0		10	
	1	2	1	2	1	2	1	2	1	2	1	2	1	2
0.0	0.0000	0.2500	0.0000	0.2500	0.0000	0.2500	0.0000	0.2500	0.0000	0.2500	0.0000	0.2500	0.0000	0.2500
0.2	0.0153	0.2343	0.0153	0.2343	0.0153	0.2343	0.0153	0.2343	0.0153	0.2343	0.0153	0.2343	0.0153	0.2343
0.4	0.0290	0.2190	0.0290	0.2190	0.0291	0.2191	0.0290	0.2192	0.0290	0.2192	0.0290	0.2192	0.0290	0.2192
0.6	0.0399	0.2046	0.0400	0.2047	0.0501	0.2048	0.0402	0.2050	0.0402	0.2050	0.0402	0.2050	0.0402	0.2050
0.8	0.0486	0.1912	0.0486	0.1915	0.0483	0.1917	0.0486	0.1920	0.0487	0.1920	0.0487	0.1921	0.0487	0.1921
1.0	0.0534	0.1789	0.0638	0.1794	0.0540	0.1797	0.0545	0.1803	0.0546	0.1803	0.0546	0.1804	0.0546	0.1804
1.2	0.0568	0.1678	0.0574	0.1684	0.0577	0.1689	0.0584	0.1697	0.0586	0.1699	0.0587	0.1700	0.0587	0.1700
1.4	0.0586	0.1576	0.0594	0.1585	0.0596	0.1591	0.0609	0.1603	0.0612	0.1605	0.0613	0.1606	0.0613	0.1606
1.6	0.0594	0.1484	0.0603	0.1494	0.0609	0.1502	0.0623	0.1517	0.0626	0.1521	0.0628	0.1523	0.0628	0.1523
1.8	0.0593	0.1400	0.0604	0.1413	0.0611	0.1422	0.0628	0.1441	0.0633	0.1445	0.0635	0.1447	0.0635	0.1448
2.0	0.0587	0.1324	0.0599	0.1338	0.0608	0.1348	0.0629	0.1371	0.0634	0.1377	0.0637	0.1380	0.0638	0.0138
2.5	0.0560	0.1163	0.0675	0.1180	0.0586	0.1193	0.0614	0.1223	0.0623	0.1233	0.0627	0.1237	0.0628	0.0123
3.0	0.0525	0.0714	0.0541	0.1052	0.0554	0.1067	0.0589	0.1104	0.0600	0.1116	0.0607	0.0833	0.0609	0.0112
5.0	0.0403	0.0421	0.0421	0.0734	0.0435	0.0749	0.0480	0.0797	0.0500	0.0817	0.0515	0.0663	0.0521	0.0839
7.0	0.0318	0.0541	0.0333	0.0558	0.0347	0.0572	0.0391	0.0619	0.0414	0.0642	0.0435	0.0509	0.0445	0.0674
10.0	0.0239	0.0395	0.0252	0.0558	0.0347	0.0572	0.0391	0.0619	0.0414	0.0642	0.0435	0.0509	0.0364	0.0526

附表 6　　库仑主动土压力系数 K_a 值

δ	α	β \ φ	15°	20°	25°	30°	35°	40°	45°	50°
0°	-20°	0°	0.497	0.380	0.287	0.212	0.153	0.106	0.070	0.043
		10°	0.595	0.439	0.323	0.234	0.166	0.114	0.074	0.045
		20°		0.707	0.401	0.274	0.188	0.125	0.080	0.047
		30°				0.498	0.239	0.147	0.090	0.051
		40°						0.301	0.116	0.060
	-10°	0°	0.540	0.433	0.344	0.270	0.209	0.158	0.117	0.093
		10°	0.644	0.500	0.389	0.301	0.229	0.171	0.125	0.088
		20°		0.785	0.482	0.353	0.261	0.190	0.136	0.094
		30°				0.614	0.331	0.226	0.155	0.104
		40°						0.433	0.200	0.123
	0°	0°	0.589	0.490	0.406	0.333	0.271	0.217	0.172	0.132
		10°	0.704	0.569	0.462	0.374	0.300	0.238	0.186	0.142
		20°		0.883	0.573	0.441	0.344	0.267	0.204	0.154
		30°				0.750	0.436	0.318	0.235	0.172
		40°						0.587	0.303	0.206
	10°	0°	0.652	0.560	0.478	0.407	0.343	0.288	0.238	0.194
		10°	0.784	0.655	0.550	0.461	0.384	0.318	0.61	0.211
		20°		1.015	0.685	0.548	0.444	0.360	0.291	0.231
		30°				0.925	0.566	0.433	0.337	0.262
		40°						0.785	0.437	0.316
	20°	0°	0.736	0.648	0.569	0.498	0.434	0.375	0.322	0.274
		10°	0.896	0.768	0.663	0.572	0.492	0.421	0.358	0.302
		20°		1.205	0.834	0.688	0.576	0.484	0.405	0.337
		30°				1.169	0.740	0.586	0.474	0.385
		40°						1.064	0.620	0.469
5°	-20°	0°	0.457	0.352	0.267	0.199	0.144	0.101	0.067	0.041
		10°	0.557	0.410	0.302	0.220	0.157	0.108	0.070	0.043
		20°		0.688	0.380	0.259	0.178	0.119	0.076	0.045
		30°				0484	0.228	0.140	0.085	0.049
		40°						0.293	0.111	0.058
	-10°	0°	0.503	0.406	0.324	0.256	0.199	0.151	0.112	0.080
		10°	0.612	0.474	0.369	0.286	0.219	0.164	0.120	0.085
		20°		0.776	0.463	0.339	0.250	0.183	0.131	0.091
		30°				0.607	0.321	0.218	0.149	0.100
		40°						0.428	0.195	0.120
	0°	0°	0.556	0.465	0.387	0.319	0.260	0.210	0.166	0.129
		10°	0.680	0.541	0.444	0.360	0.289	0.230	0.180	0.138
		20°		0.886	0.558	0.428	0.333	0.259	0.199	0.150
		30°				0.753	0.428	0.311	0.229	0.168
		40°						0.589	0.299	0.202
	10°	0°	0.622	0.536	0.460	0.393	0.333	0.280	0.233	0.191
		10°	0.767	0.636	0.534	0.448	0.374	0.311	0.255	0.207
		20°		1.305	0.676	0.538	0.436	0.354	0.286	0.228
		30°				0.943	0.563	0.428	0.333	0.259
		40°						0.801	0.436	0.314
	20°	0°	0.709	0.627	0.553	0.485	0.424	0.368	0.318	0.271
		10°	0.887	0.775	0.650	0.562	0.484	0.416	0.355	0.300
		20°		1.250	0.835	0.684	0.571	0.480	0.402	0.335
		30°				1.212	0.746	0.587	0.474	0.385
		40°						1.103	0.627	0.472

续表

δ	α	φ β	15°	20°	25°	30°	35°	40°	45°	50°
10°	−20°	0°	0.427	0.330	0.252	0.188	0.137	0.096	0.064	0.039
		10°	0.529	0.388	0.286	0.209	0.149	0.103	0.068	0.041
		20°		0.675	0.364	0.248	0.170	0.114	0.073	0.044
		30°				0.475	0.220	0.135	0.082	0.047
		40°						0.288	0.108	0.056
	−10°	0°	0.477	0.385	0.309	0.245	0.191	0.146	0.109	0.078
		10°	0.590	0.455	0.354	0.275	0.221	0.159	0.116	0.082
		20°		0.773	0.450	0.328	0.242	0.177	0.127	0.088
		30°				0.605	0.313	0.212	0.146	0.098
		40°						0.426	0.191	0.117
	0°	0°	0.533	0.447	0.373	0.309	0.253	0.204	0.163	0.127
		10°	0.664	0.531	0.431	0.350	0.382	0.225	0.177	0.136
		20°		0.897	0.549	0.420	0.326	0.254	0.195	0.148
		30°				0.762	0.423	0.306	0.226	0.166
		40°						0.596	0.297	0.201
	10°	0°	0.603	0.520	0.448	0.384	0.326	0.275	0.230	0.189
		10°	0.759	0.626	0.524	0.440	0.369	0.307	0.253	0.206
		20°		1.064	0.674	0.534	0.432	0.351	0.284	0.227
		30°				0.969	0.564	0.427	0.332	0.258
		40°						0.823	0.438	0.315
	20°	0°	0.695	0.615	0.543	0.478	0.419	0.365	0.316	0.271
		10°	0.890	0.752	0.646	0.558	0.482	0.414	0.354	0.300
		20°		1.308	0.844	0.687	0.573	0.481	0.403	0.337
		30°				1.268	0.758	0.594	0.478	0.388
		40°						0.155	0.640	0.480
15°	−20°	0°	0.405	0.314	0.240	0.180	0.132	0.093	0.062	0.038
		10°	0.509	0.372	0.201	0.201	0.144	0.100	0.066	0.040
		20°		0.667	0.239	0.352	0.164	0.110	0.071	0.042
		30°				0.470	0.214	0.131	0.080	0.046
		40°			0.298			0.284	0.105	0.055
	−10°	0°	0.458	0.371	0.344	0.237	0.186	0.142	0.106	0.076
		10°	0.576	0.442	0.441	0.267	0.205	0.155	0.114	0.081
		20°		0.776		0.320	0.237	0.174	0.125	0.087
		30°				0.607	0.308	0.209	0.143	0.097
		40°			0.363			0.428	0.189	0.116
	0°	0°	0.518	0.434	0.423	0.301	0.248	0.201	0.160	0.125
		10°	0.656	0.522	0.546	0.343	0.277	0.222	0.174	0.135
		20°		0.914		0.415	0.323	0.251	0.194	0.147
		30°				0.777	0.422	0.305	0.225	0.165
		40°			0.441			0.608	0.298	0.200
	10°	0°	0.592	0.511	0.520	0.378	0.323	0.273	0.228	0.189
		10°	0.760	0.623	0.679	0.437	0.366	0.305	0.252	0.206
		20°		1.103		0.535	0.432	0.351	0.284	0.228
		30°				1.005	0.571	0.430	0.334	0.260
		40°			0.540			0.853	0.445	0.319
	20°	0°	0.690	0.611	0.649	0.476	0.419	0.366	0.317	0.273
		10°	0.904	0.757	0.862	0.560	0.484	0.416	0.357	0.303
		20°		1.383	0.000	0.697	0.579	0.486	0.408	0.341
		30°				1.341	0.778	0.606	0.478	0.395
		40°						1.221	0.659	0.492

续表

δ	α	β \ φ	15°	20°	25°	30°	35°	40°	45°	50°
20°	-20°	0°			0.231	0.174	0.128	0.090	0.061	0.038
		10°			0.266	0.195	0.140	0.097	0.064	0.039
		20°			0.344	0.233	0.160	0.108	0.069	0.042
		30°				0.468	0.210	0.129	0.079	0.045
		40°						0.283	0.104	0.054
	-10°	0°			0.291	0.232	0.182	0.140	0.103	0.076
		10°			0.337	0.262	0.202	0.153	0.113	0.080
		20°			0.437	0.316	0.233	0.171	0.124	0.086
		30°				0.614	0.306	0.207	0.142	0.096
		40°						0.433	0.188	0.115
	0°	0°			0.357	0.297	0.245	0.199	0.160	0.125
		10°			0.419	0.340	0.275	0.220	0.174	0.135
		20°			0.547	0.414	0.322	0.251	0.193	0.147
		30°				0.798	0.425	0.306	0.225	0.166
		40°						0.625	0.300	0.202
	10°	0°			0.438	0.377	0.322	0.273	0.229	0.190
		10°			0.521	0.438	0.367	0.306	0.254	0.208
		20°			0.690	0.540	0.436	0.354	0.286	0.230
		30°				1.105	0.582	0.437	0.338	0.264
		40°						0.893	0.456	0.325
	20°	0°			0.543	0.479	0.422	0.370	0.321	0.277
		10°			0.659	0.568	0.490	0.423	0.363	0.309
		20°			0.891	0.715	0.592	0.496	0.417	0.349
		30°				1.434	0.807	0.624	0.501	0.406
		40°						1.305	0.685	0.509
25°	-20°	0°				0.170	0.125	0.089	0.060	0.037
		10°				0.191	0.137	0.096	0.063	0.039
		20°				0.229	0.157	0.106	0.069	0.041
		30°				0.470	0.207	0.127	0.078	0.045
		40°						0.284	0.103	0.053
	-10°	0°				0.228	0.180	0.139	0.104	0.075
		10°				0.259	0.200	0.151	0.112	0.080
		20°				0.314	0.232	0.170	0.123	0.086
		30°				0.620	0.307	0.207	0.142	0.096
		40°						0.441	0.189	0.116
	0°	0°				0.296	0.245	0.199	0.160	0.126
		10°				0.340	0.275	0.221	0.175	0.136
		20°				0.417	0.324	0.252	0.195	0.148
		30°				0.828	0.432	0.309	0.228	0.168
		40°						0.647	0.306	0.205
	10°	0°				0.379	0.325	0.276	0.232	0.193
		10°				0.443	0.371	0.311	0.258	0.211
		20°				0.551	0.443	0.360	0.292	0.235
		30°				1.112	0.600	0.448	0.346	0.270
		40°						0.944	0.471	0.335
	20°	0°				0.488	0.430	0.377	0.329	0.284
		10°				0.582	0.502	0.433	0.372	0.318
		20°				0.740	0.612	0.512	0.430	0.360
		30°				1.553	0.846	0.650	0.520	0.421
		40°						1.414	0.721	0.532

参考文献

1. 张永兴．岩石力学．第二版．北京：中国建筑工业出版社，2008.

2. 蔡美峰．岩石力学与工程．北京：科学出版社，2002.

3. 冯夏庭．智能岩石力学导论．北京：科学出版社，2000.

4. 高玮．岩石力学．北京：北京大学出版社，2010.

5. 刘佑荣，唐辉明．北京：化学工业出版社，2009.

6. J. A. Hudson，J. P. Harrison. Engineering Rock Mechanics-An Introduction to the Principles. Elsevier Science Ltd.，2000.

7. J. P. Harrison，J. A. Hudson. Engineering Rock Mechanics. Part2. Illustrative Worked Examples. Elsevier Science Ltd.，2000.

8. 沈明荣．岩体力学．上海：同济大学出版社，1999.

9. 徐志英．岩石力学．北京：中国水利水电出版社，1993.

10. 李兆权．应用岩石力学．北京：冶金工业出版社，1994.

11. 张清，杜静．岩石力学基础．北京：中国铁道出版社，1997.

12. 孙广忠．岩体结构力学．北京：中国建筑工业出版社，2001.

13. 汤康民．岩土工程．武汉：武汉理工大学出版社，2001.

14. 周维垣．高等岩石力学．北京：水利电力出版社，1990.

15. 徐干成，白洪才，郑颖人．地下工程支护结构．北京：中国水利水电出版社，2002.

16. 李世辉．隧道支护设计新论——典型模拟分析法应用和理论．北京：科学出版社，1999.

17. R. E. Goodman. Introduction to Rock Mechanics. Second Edition. New York：John Wiley&Sons，1989.

18. [澳]J. C. 耶格，N. G. W. 库克．岩石力学基础. 中国科学院工程力学研究所，译. 北京：科学出版社，1983.

19. [英]E. Hoek，J. W. Bray. 岩石边坡工程．卢世宗，李成村，雷化南等，译．北京：冶金工业出版社，1983.

20. 刘兴远，雷用，康景文．边坡工程设计、监测、鉴定与加固．北京：中国建筑工业出版社，2007.

21. 高磊．矿山岩石力学，北京：机械工业出版社，1987.

22. 郑颖人，董飞云，徐振远等．地下工程锚喷支护设计指南．北京：中国铁道出版社，1988.

23. [英]E. Hoek，E. T. Brown. 岩石地下工程．连志升，田良灿，王维德，译. 北京：冶金工业出版社，1986.

24. [法]J. 塔罗勃．岩石力学. 林天健，葛修润等，译．北京：中国工业出版社，1965.

25. 华南理工大学，东南大学，浙江大学，湖南大学．地基及基础．第1版，第2版，第3版. 北京：中国建筑工业出版社，1981，1991，1998.

26. 洪毓康．土质学与土力学．第2版．北京：人民交通出版社，1987.

27. 陈仲颐，周景星，王洪瑾．土力学．北京：清华大学出版社．1994.

28. 钱家欢．土力学．第2版．南京：河海大学出版社，1995.

29. 顾晓鲁，钱鸿给，刘惠珊等．地基与基础．第2版．北京：中国建筑工业出版社，1993.

30. 黄文熙．土的工程性质．北京：水力电力出版社，1983.

31. 张怀静．土力学．北京：机械工业出版社，2011.

32. [美]K. Terzaghi. Theoretical Soil Mechanics. New York：JohnWiley&Sons，1943(中译本：理论土力学．徐志英，译．北京：地质出版社，1960).

33. 钱家欢，殷宗泽．土工原理与计算．第2版．北京：水力电力出版社，1994.

34. 天津大学．土力学与地基．北京：人民交通出版社，1980.

35. 蔡伟铭，胡中雄．土力学与基础工程．北京：中国建筑工业出版社，1991.

36. 陈希哲．土力学地基基础．第3版．北京：清华大学出版社，1998.

37. 赵明华．土力学与基础工程．长沙：湖南科技出版社，1996.

38. 夏明耀，曾胜伦．地下工程设计施工手册．北京：中国建筑工业出版社，1999.

39. 中国土木工程学会第八届土力学及岩土工程学术会议文集．北京：万国学术出版社，1999.

40. Tien-Hsing Wu. Soil Mechanics. 1976 Second Edition. Allyn and Bacon. Inc. Boston. London：Sydney.

41. H. F. Winterkorn Hsai-Yang Fang. Foundation Engineering Handbook. 1975 Van Nostrand Reinhold Company. New York. Cincinati. Toronto. London. Melbourne.

42. C. R. Scott. An Introduction to Soil Mecharrics and Foundations. 1980 Third Edition. Applied Science Publishers Ltd. London.

43. H. J. Lang，J. Huder. P. Arnann. Bodenmechanik and Grundbau. 1996 Sechs Auflage. Springer-Verlag. Berlin. Heidelberg. New York. Barcelona. Budpest. Hong Kong. Mailand Paris. Santa. Clara. Singapur. Tokio.

44. T. W. Lambe，R. V Whitman. Soil Mechanics. 1979 John Wiley&Sons Ine.

45. 徐芝伦．弹性力学简明教程. 北京：高等教育出版社，2002.

46. 夏才初，李永盛．地下工程测试理论与监测技术. 上海：同济大学出版社，1999.

47. 张有天．岩石高边坡的变形与稳定. 北京：中国水利水电出版社，1999.

48. 陈祖煜．岩质边坡稳定分析原理、方法、程序. 北京：中国水利水电出版社，2005.

49. 张永兴，王桂林，胡居义．岩石硐室地基稳定性分析方法与实践．北京：科学出版社，2005.

50. 刘北辰，陆鸿森．弹性力学．北京：冶金工业出版社，1979.

51. 杨桂通．土动力学．北京：中国建筑材料工业出版社，2000.

52. 谢定义．土动力学．西安：西安交通大学出版社，1988.